T0155711

Manuale di microbiologia predittiva

a cura di
Fausto Gardini
Eugenio Parente

Manuale di microbiologia predittiva

Concetti e strumenti per l'ecologia microbica quantitativa

Fausto Gardini
Dipartimento di Scienze e Tecnologie Agroalimentari
Università degli Studi di Bologna
Bologna

Eugenio Parente
Scuola di Scienze Agrarie, Forestali, Alimentari ed Ambientali
Università degli Studi della Basilicata
Potenza
Istituto di Scienze dell'Alimentazione, CNR
Avellino

Additional material to this book can be downloaded from http://extras.springer.com.

ISBN 978-88-470-5354-0
ISBN 978-88-470-5355-7 (eBook)
DOI 10.1007/978-88-470-5355-7

Springer fa parte di Springer Science+Business Media
springer.com

Realizzazione editoriale: Scienzaperta, Novate Milanese (MI)
Copertina: Simona Colombo, Milano

Springer-Verlag Italia S.r.l., Via Decembrio 28, I-20137 Milano

Prefazione

Perché questo manuale?

La microbiologia predittiva è la branca della microbiologia degli alimenti che si occupa dello sviluppo di modelli matematici per prevedere la crescita, la sopravvivenza e l'inattivazione dei microrganismi. In quasi cento anni di storia – dai primi modelli per l'inattivazione sviluppati all'inizio del secolo scorso, fino alla creazione di database relazionali e sistemi esperti e alla diffusione di modelli quantitativi per l'analisi del rischio negli ultimi decenni – questa disciplina ha assunto un'importanza crescente nella valutazione del rischio microbiologico e nella progettazione e ottimizzazione dei processi dell'industria alimentare, vedendo riconosciuto il proprio ruolo nella recente legislazione comunitaria con il Regolamento (CE) 2073/2005 (e successive modificazioni).

La letteratura scientifica in materia di microbiologia predittiva diventa sempre più ricca e sono disponibili eccellenti testi, come quelli di McKellar e Lu[1] e di Brul e colleghi[2], nonché numerose review su prestigiose riviste scientifiche. Tuttavia, sia i libri sia gli articoli scientifici sono spesso destinati a un target composto prevalentemente da ricercatori ed esperti con un'ottima padronanza della lingua inglese e delle principali tecniche statistiche e matematiche, oltre che di una solida conoscenza microbiologica.

Questo libro è destinato a un pubblico ampio – studenti universitari, professionisti e ricercatori in primo luogo, ma anche responsabili e tecnici dei settori ricerca e sviluppo delle aziende alimentari – e non necessariamente "esperto"; affronta quindi la disciplina in maniera orientata al *problem solving*, fornendo le informazioni essenziali per la progettazione di esperimenti, la raccolta e l'analisi dei dati, la formulazione di modelli, l'utilizzo degli strumenti informatici e l'interpretazione dei risultati ottenuti.

Data l'importanza crescente della microbiologia predittiva per l'industria alimentare e la salute pubblica, sorprende che nel nostro Paese moduli o insegnamenti formali che trattano tale materia siano attivi attualmente (primavera 2013) solo presso alcune delle sedi universitarie che offrono lauree magistrali in Scienze e Tecnologie Alimentari. In particolare, nelle Università degli Studi di Bari, Bologna, Foggia, Firenze, Parma, Potenza e Udine questa disciplina viene trattata in moduli che vanno da due a sei crediti formativi (la maggioranza

[1] McKellar RC, Lu X (eds) Modeling microbial responses in food. CRC Press, Boca Raton, 2003.

[2] Brul S, Van Gerwen S, Zwietering MH (eds) Modelling microorganisms in food. CRC Press, Boca Raton, 2007.

prevede tre crediti formativi, riservando ampio spazio alle esercitazioni). Confidiamo che la disponibilità di un libro di testo possa conseguire, tra gli altri obiettivi, anche quello di incrementare significativamente l'offerta formativa nell'ambito delle lauree triennali e magistrali e dei master di primo e secondo livello.

Per quanto riguarda gli operatori del settore alimentare, questo libro rappresenta un valido supporto per quanti lavorano nell'area di ricerca e sviluppo e per i responsabili dell'assicurazione di qualità, come suggerito dal Regolamento (CE) 2073/2005. Gli strumenti della microbiologia predittiva sono da tempo in uso nei laboratori di ricerca e sviluppo di molte multinazionali del settore alimentare (che hanno contribuito in maniera fondamentale allo sviluppo di alcuni dei software e dei database utilizzati in questo campo), mentre la loro diffusione nelle piccole e medie aziende è tuttora limitata. Per tale motivo, ci siamo sforzati di realizzare un testo che potesse essere utile ai ricercatori, ai tecnici e ai professionisti operanti in realtà di dimensioni minori, fornendo loro le basi teoriche e pratiche per accedere facilmente a tutti gli strumenti on line già disponibili e per progettare esperimenti, da semplici a complessi, per la valutazione della sicurezza igienica di alimenti e processi, l'ottimizzazione della formulazione di nuovi alimenti, la valutazione della shelf life dei prodotti e la valutazione qualitativa e quantitativa del rischio microbiologico.

L'impostazione del testo è quindi sostanzialmente didattica e applicativa: senza sacrificare la qualità e la correttezza scientifica dei contenuti, viene fornito un quadro completo della disciplina, fruibile a diversi livelli, e la ricca bibliografia aggiornata consente di approfondire tutti gli argomenti presentati. Anche se una buona formazione di base in microbiologia degli alimenti e alcuni fondamenti di matematica e statistica sono certamente utili per il lettore, i concetti essenziali per la comprensione degli argomenti sono ripresi più volte nel corso della trattazione.

Organizzazione del volume

Il libro è articolato in quattordici capitoli, molti dei quali sono corredati da materiale per le esercitazioni pratiche scaricabile dal sito http://extras.springer.com/, con numerosi esempi passo-passo, che accompagnano i lettori nella progettazione, esecuzione e analisi di esperimenti di microbiologia predittiva.

- Il primo capitolo – cui ha contribuito uno dei ricercatori più prestigiosi del settore – fornisce un'ampia panoramica della materia e delinea il quadro scientifico, storico, ma anche filosofico, entro il quale si è sviluppata la microbiologia predittiva, dalle origini ai giorni nostri.

- I capitoli 2 e 3 presentano i concetti basilari della microbiologia predittiva.
  Nel capitolo 2 sono richiamati i principi di ecologia microbica quantitativa degli alimenti, ponendo in evidenza gli effetti dei principali fattori tecnologici e ambientali considerati nell'industria alimentare sulla crescita e sulla sopravvivenza dei microrganismi.
  Il capitolo 3 introduce i concetti fondamentali della modellazione dei fenomeni biologici e delinea i passaggi logici e operativi necessari tra l'acquisizione dei dati sperimentali e la costruzione di modelli, empirici prima e meccanicistici poi; nello stesso capitolo è anche sintetizzata la classica distinzione tra modelli primari, secondari e terziari, che sarà ripresa nei capitoli successivi.

- I capitoli 4 e 5 sono prevalentemente dedicati alla descrizione dettagliata dei modelli primari per la crescita, l'inattivazione e la sopravvivenza dei microrganismi.
  Il capitolo 4 presenta i principali modelli primari per la crescita microbica e fornisce le basi per la pianificazione e l'esecuzione di esperimenti di modellazione della crescita. Questo capitolo è fondamentalmente indirizzato alla valutazione delle variazioni nel tempo della numerosità delle popolazioni microbiche (o di un parametro a esse associato) in condizioni in cui tutte le variabili fisiche, chimiche e ambientali sono strettamente controllate. Vengono inoltre discusse le metodologie per la raccolta delle osservazioni sperimentali necessarie per la costruzione di modelli. Sono infine descritti i principali modelli empirici (come l'equazione di Gompertz) e i più importanti modelli meccanicistici (come quello di Baranyi e Roberts), per terminare con la discussione di modelli dinamici, e in particolare di quelli in grado di integrare gli effetti di temperature variabili.
  Il capitolo 5 è dedicato ai modelli utilizzati per descrivere la diminuzione del numero di microrganismi, sia quando è determinata dall'applicazione di processi di sanificazione – come i trattamenti termici, che causano direttamente la morte delle cellule – sia quando è dovuta alla persistenza di condizioni sfavorevoli non solo alla moltiplicazione dei microrganismi, ma anche alla loro sopravvivenza (inattivazione). Oltre ai classici e tradizionali modelli applicati nell'industria (basati sulle cinetiche di morte di primo ordine), in questo capitolo sono descritti gli approcci emersi negli ultimi anni, che rendono conto delle cinetiche non lineari o probabilistiche dell'abbattimento microbico, con particolare enfasi sull'inattivazione causata da trattamenti termici, senza dimenticare i modelli di inattivazione con altri trattamenti fisici.

- I capitoli 6, 7 e 8 sono dedicati, rispettivamente, ai modelli per la valutazione dell'effetto delle condizioni ambientali sui parametri dei modelli primari di crescita, alla modellazione probabilistica della crescita/assenza di crescita e ai cosiddetti modelli terziari, cioè strumenti informatici per la microbiologia predittiva
  Nel capitolo 6 sono discussi i modelli secondari, nei quali i parametri della crescita microbica sono descritti in relazione al variare di parametri fisico-chimici e ambientali. In questo contesto viene anche presentato il cosiddetto *gamma concept*, cioè l'impostazione metodologica secondo la quale l'effetto dei diversi fattori che influiscono sulle performance microbiche è di tipo additivo. Nello stesso capitolo vengono inoltre esaminati alcuni aspetti di grande importanza pratica per chi voglia applicare la microbiologia predittiva a prodotti reali, come l'adozione di disegni sperimentali per valutare l'effetto contemporaneo di più variabili e l'utilizzo di modelli cardinali. Sono infine discusse alcune applicazioni delle reti neuronali artificiali e di modelli che prevedono la modellazione secondaria in condizioni dinamiche.
  Il capitolo 7 è in gran parte dedicato all'applicazione di modelli per la valutazione della probabilità che un evento abbia luogo, e in particolare ai modelli logit applicati all'esplorazione della cosiddetta interfaccia sviluppo/non sviluppo dei microrganismi in rapporto alle condizioni fisico-chimiche che connotano l'ambiente. Si tratta di un tema di fondamentale importanza per l'individuazione delle combinazioni di fattori che prevengono in maniera assoluta la sopravvivenza o la crescita di microrganismi patogeni.
  Il capitolo 8 passa in rassegna i principali software e database per la microbiologia predittiva attualmente disponibili. I diversi strumenti, stand alone e on line, vengono approfonditamente discussi, descrivendone le peculiarità, le potenzialità e le fondamentali modalità di utilizzo

- I capitoli 9, 10 e 11 mettono in relazione le conoscenze fornite nei capitoli precedenti con le tecniche utilizzate nella produzione e nello sviluppo dei prodotti alimentari e nella valutazione della loro sicurezza.
  Nel capitolo 9 i modelli predittivi per la crescita si integrano con i fenomeni fisici e chimico-fisici connessi ai materiali e alle tecnologie di confezionamento, per la realizzazione di packaging in grado di prevenire la contaminazione microbica ed estendere la shelf life dei prodotti
  Il capitolo 10 illustra il ruolo determinante dei modelli per l'inattivazione e la sopravvivenza microbica nella progettazione e nel dimensionamento degli impianti per i trattamenti termici, tuttora fondamentali per l'industria alimentare.
  Il capitolo 11 è specificamente dedicato all'utilizzo dei modelli qualitativi e quantitativi per la valutazione del rischio microbiologico, un settore che sta assumendo una rilevanza sempre maggiore nell'ambito della sicurezza alimentare.

- Gli ultimi tre capitoli forniscono alcuni richiami di statistica per la microbiologia predittiva, utili per la consultazione del volume.
  Nel capitolo 12 sono richiamati alcuni fondamentali concetti statistici, necessari per la progettazione dei disegni sperimentali e la rappresentazione dei risultati.
  Il capitolo 13 fornisce una base sistematica sulle procedure di regressione lineare, non lineare e logistica.
  Il capitolo 14 è dedicato all'utilizzo di R, un ambiente *open source* per l'analisi statistica particolarmente adatto alle esigenze della modellazione.

- I materiali scaricabili dal sito http://extras.springer.com/ e le relative modalità di accesso sono presentati a fine volume, nell'indice degli Allegati on line.

Ringraziamo in primo luogo tutti i colleghi che hanno voluto partecipare con noi alla non semplice preparazione di questo testo, condividendo lo sforzo di tradurre in un linguaggio comprensibile a studenti e operatori del settore argomenti apparentemente astratti o tradizionalmente confinati a una cerchia di "addetti ai lavori".

Un ringraziamento particolare ad Angela Tedesco, per averci pazientemente supportato durante il lungo tragitto necessario per la realizzazione di questo libro, e alla casa editrice Springer, per averne compreso l'importanza.

Infine, saremo riconoscenti a tutti i colleghi e i lettori che vorranno segnalarci i loro commenti e suggerimenti.

Aprile, 2013

Fausto Gardini
Eugenio Parente

Indice

Gli indirizzi internet citati nel testo e nelle bibliografie dei capitoli sono stati verificati nel mese di aprile 2013.

Elenco degli Autori

József Baranyi
Institute of Food Research
Norwich Research Park
Norwich, United Kingdom

Nicoletta Belletti
IRTA
Food Safety Programme
Monells, España

Sara Bover-Cid
IRTA
Food Safety Programme
Monells, España

Elena Cosciani-Cunico
Istituto Zooprofilattico Sperimentale
della Lombardia e dell'Emilia-Romagna
Brescia

Enrico Fabrizi
Dipartimento di Scienze Economiche
e Sociali, Università Cattolica
del Sacro Cuore
Piacenza

Fausto Gardini
Dipartimento di Scienze
e Tecnologie Agroalimentari
Università degli Studi di Bologna
Bologna

Rosalba Lanciotti
Dipartimento di Scienze
e Tecnologie Agroalimentari
Università degli Studi di Bologna
Bologna

Sara Limbo
Dipartimento di Scienze per gli Alimenti,
la Nutrizione e l'Ambiente – DeFENS
Università degli Studi di Milano
Milano

Mauro Moresi
Dipartimento per l'Innovazione dei Sistemi
Biologici, Agroalimentari e Forestali (DIBAF)
Università degli Studi della Tuscia
Viterbo

Eugenio Parente
Scuola di Scienze Agrarie, Forestali,
Alimentari ed Ambientali,
Università degli Studi della Basilicata
Potenza
Istituto di Scienze dell'Alimentazione, CNR
Avellino

Francesca Patrignani
Dipartimento di Scienze e Tecnologie
Agroalimentari
Università degli Studi di Bologna
Bologna

Luciano Piergiovanni
Dipartimento di Scienze per gli Alimenti,
la Nutrizione e l'Ambiente – DeFENS
Università degli Studi di Milano
Milano

Annamaria Ricciardi
Scuola di Scienze Agrarie, Forestali,
Alimentari ed Ambientali,
Università degli Studi della Basilicata
Potenza

Sylvain L. Sado Kamdem
Departément de Biochimie
Faculté des Sciences
Université de Yaoundé
Yaoundé, Cameroun

Giulia Tabanelli
Centro Interdipartimentale di Ricerca
Industriale agroalimentare (CIRI)
Università degli Studi di Bologna
Bologna

Carlo Trivisano
Dipartimento di Scienze Statistiche
Università degli Studi di Bologna
Bologna

Vincenzo Trotta
Dipartimento di Scienze
Università degli Studi della Basilicata
Potenza

Capitolo 1
La microbiologia predittiva tra passato e futuro

József Baranyi, Elena Cosciani-Cunico

1.1 Cenni storici

La capacità di predire gli eventi ha sempre avuto un ruolo centrale nelle attività intellettuali dell'uomo, sia in campo religioso sia in campo scientifico. Dedurre predizioni dalle osservazioni è stato uno dei primi risultati concreti della scienza, e un trionfo del processo logico utilizzato per trarre tali deduzioni. Furono gli antichi Greci che diedero alla logica una struttura precisa, formalizzata, che – parallelamente allo sviluppo dei metodi matematici e del rigoroso linguaggio necessario per descriverli – rese possibile la nascita dell'arte/tecnica che oggi chiamiamo "modellazione matematica". Quando questa è utilizzata per descrivere la risposta microbica negli ambienti caratteristici degli alimenti, parliamo di "microbiologia predittiva degli alimenti".

Tradizionalmente, la sicurezza e la shelf life dei prodotti alimentari sono state stimate ricorrendo a contaminazioni sperimentali (*challenge test*) (Hinkens et al, 1996; Cayré et al, 2003; Faith et al, 1997). La crescita, la morte e la sopravvivenza dei microrganismi vengono studiate inoculando l'alimento con il microrganismo in esame, la cui presenza viene poi valutata a intervalli prestabiliti di tempo, durante il quale l'alimento viene mantenuto in normali condizioni di conservazione o in situazioni di abuso (in particolare, a temperature inadeguate). Questa procedura è costosa, richiede tempo e spesso non è in grado di garantire che un prodotto rimarrà sicuro lungo tutta la filiera. Vi è sempre stata la percezione che i risultati potessero essere predetti/stimati combinando appropriati dati di laboratorio e risultati di altri esperimenti microbiologici. Tuttavia, l'estrapolazione a situazioni ambientali differenti non è affatto scontata.

La tecnica fondamentale per affrontare questo problema è stata la modellazione matematica. Oggi è ampiamente riconosciuto che i modelli matematici possono essere utilizzati nelle analisi microbiologiche degli alimenti come strumenti complementari agli esami di laboratorio tradizionali. Negli anni Ottanta il termine, relativamente impreciso, "microbiologia predittiva" è entrato nell'uso comune per indicare questa disciplina scientifica, impegnata nella ricerca di soluzioni quantificabili e attendibili. Forse l'espressione "ecologia microbica quantitativa degli alimenti" (McMeekin et al, 1993) sarebbe stata più appropriata, ma ormai il termine originale era fortemente radicato nella letteratura del settore.

La microbiologia predittiva si basa sui seguenti presupposti:

a. le risposte dei microrganismi (ossia la loro crescita, sopravvivenza e morte) agli stimoli ambientali sono riproducibili a livello di popolazione e possono quindi essere descritte mediante equazioni cinetiche;

F. Gardini, E. Parente (a cura di) *Manuale di microbiologia predittiva*
DOI 10.1007/978-88-470-5355-7_1 © Springer-Verlag Italia 2013

b. la variazione stocastica di queste risposte può essere caratterizzata in un modo altrettanto coerente mediante distribuzioni di probabilità a livello di singola cellula.

Pertanto è possibile, basandosi su precedenti osservazioni, predire il comportamento dei microrganismi in determinate condizioni ambientali (Ross, McMeekin, 1994) e stimare l'accuratezza di tali predizioni. Da ciò consegue che la microbiologia predittiva deve fondarsi su due pilastri: database strutturati e organizzati in modo sistematico e modelli matematici. Questi due elementi sono strettamente correlati, in quanto ciascuno concorre allo sviluppo e alla validazione dell'altro. Inoltre, affinché siano fruibili dai diversi utilizzatori, è essenziale che i risultati siano accessibili (in primo luogo sul web), facili da gestire e da comprendere. I software disponibili in rete sono strumenti essenziali per la diffusione delle conoscenze nell'interesse della sicurezza degli alimenti.

I primi modelli predittivi per la microbiologia alimentare descrivevano l'inattivazione di microrganismi patogeni, in condizioni di temperatura costante, mediante modelli loglineari. Agli inizi del secolo scorso, Bigelow (1921) e poi Esty e Meyer (1922) osservarono che il logaritmo della concentrazione di spore di *Clostridium botulinum*, in verdure in scatola sottoposte a trattamento termico a temperatura costante, diminuiva nel tempo in modo lineare. Secondo questo semplice modello, la frazione della popolazione di cellule inattivate per unità di tempo (cioè la velocità specifica di morte) risultava costante. Successivamente si dimostrò che il logaritmo della velocità specifica di morte aumenta in modo lineare all'aumentare della temperatura. Questa relazione, oggi chiamata cinetica di morte di primo ordine, è il primo e più semplice modello predittivo per la microbiologia alimentare.

Negli anni Ottanta sono diventati facilmente disponibili nuovi strumenti per svolgere facilmente calcoli che erano in precedenza complessi e costosi. Con la diffusione dei personal computer sono stati compiuti nel campo delle biotecnologie progressi sostanziali nell'utilizzo di metodi e modelli matematici, dei quali si sono avvalsi i microbiologi alimentari per sviluppare nuovi modelli predittivi. Rispetto alle biotecnologie, tuttavia, la microbiologia degli alimenti presenta alcune sostanziali differenze:

- l'obiettivo è prevenire (e non ottimizzare) la crescita microbica;
- l'attenzione è focalizzata sulla variazione dell'ordine di grandezza del numero di cellule microbiche, che nelle applicazioni pratiche parte tipicamente da bassi livelli, inferiori a 10^3 cellule/mL (mentre nelle biotecnologie il livello di interesse è tipicamente superiore a 10^7 cellule/mL);
- i dati disponibili sono solitamente più contaminati dall'errore sperimentale e dalla variabilità biologica che in biotecnologia e l'incertezza dei dati ha un ruolo significativo nella modellazione.

1.2 Gli ingredienti per la microbiologia predittiva

I database non sono semplici raccolte di dati in formato elettronico (vedi cap. 8). In qualche modo, la loro costruzione segue lo stesso principio utilizzato per creare un modello matematico: si tratta di un esercizio di astrazione. Quando diverse informazioni, provenienti da fonti disparate, devono essere organizzate in una struttura predefinita, si deve inevitabilmente semplificare la loro diversità e omettere i dettagli non necessari per le finalità del database. Si potrebbe obiettare che, mentre lo scopo è raccogliere dati oggettivi, il modo in cui questi vengono organizzati non è necessariamente oggettivo.

Un esempio di tali database è ComBase (http://www.combase.cc), sistema disponibile gratuitamente in rete (Baranyi, Tamplin, 2004), utilizzato dal mondo accademico, dagli organi regolatori, dai produttori e dai distributori di alimenti per:

- migliorare la sicurezza microbiologica degli alimenti;
- progettare sperimentazioni, produzione, stoccaggio e distribuzione di alimenti;
- ridurre i costi;
- valutare il rischio microbiologico degli alimenti.

ComBase è composto da oltre 50.000 profili di crescita o sopravvivenza di microrganismi, in vari alimenti e terreni di coltura, ed è integrato da strumenti per navigare tra i dati e per generare predizioni. L'utente può non solo generare predizioni, ma anche sovrapporle alle osservazioni sperimentali per una valutazione della performance dei modelli matematici utilizzati (vedi cap. 8). Secondo una review dei sistemi informatici per la gestione della sicurezza degli alimenti (McMeekin et al, 2006), gli effetti dello sviluppo di questo database sulle modalità con cui i professionisti del settore alimentare gestiscono gli enormi volumi di dati che caratterizzano la loro attività possono essere ricondotti alle seguenti tre categorie.

- *Effetto Via Lattea*. Considerati singolarmente, singoli set di dati possono non essere sufficienti per valutarne il potenziale, ma la loro somma può rivelare precisi andamenti. Il riferimento è a un'immaginaria rappresentazione fotografica della Via Lattea: se consideriamo solo il fotogramma corrispondente a un segmento di cielo stellato, non ci possiamo aspettare di riconoscere la configurazione della Via Lattea, che appare solo mettendo insieme i diversi segmenti.
- *Effetto Gutenberg*. La disponibilità di dati sul web ha sul loro utilizzo un impatto comparabile a quello dell'invenzione della stampa.
- *Effetto Platone*. Platone fu il primo a sostenere che la ricerca scientifica necessita di astrazione ("omettere il superfluo"), e chi deve organizzare e catalogare i dati deve imparare quest'arte.

Quest'ultimo punto è di particolare rilevanza. La necessità per i microbiologi alimentari di disporre di database ben organizzati, comporta la capacità di omettere il superfluo non solo da parte di chi progetta i modelli, ma anche da parte di chi sviluppa i database, al fine di mantenere la reciproca compatibilità. La trascrizione sistematica su supporto informatico di dati microbiologici (che è un prerequisito per la creazione dei modelli matematici, e dei software per la predizione che ne derivano) richiede ben definite strutture (*ontologia*) di database, affinché si possano raccogliere i risultati sperimentali provenienti da diversi laboratori. L'enorme quantità di dati richiede l'impiego di database relazionali, rigorosamente strutturati, che non inglobino indiscriminatamente qualsiasi informazione. Chi costruisce un database deve decidere quali sono le informazioni rilevanti e omettere quelle non necessarie, altrimenti si creerebbe un ammasso di dati più che una banca dati (McMeekin et al, 2006).

Anche la modellazione matematica è basata su semplificazioni. È importante comprendere che non consiste nella semplice compilazione di un insieme di equazioni; in qualche modo, implica anch'essa la capacità di omettere il superfluo: non può essere un processo automatico, poiché l'entità e la natura delle omissioni dipendono dalle finalità del modello.

Come si è già ricordato, quando si presenta la necessità di applicare modelli matematici in un campo scientifico, l'approccio più immediato consiste nel prendere in prestito terminologie, metodi e modelli utilizzati da scienze affini. Ciò è avvenuto, per esempio, quando

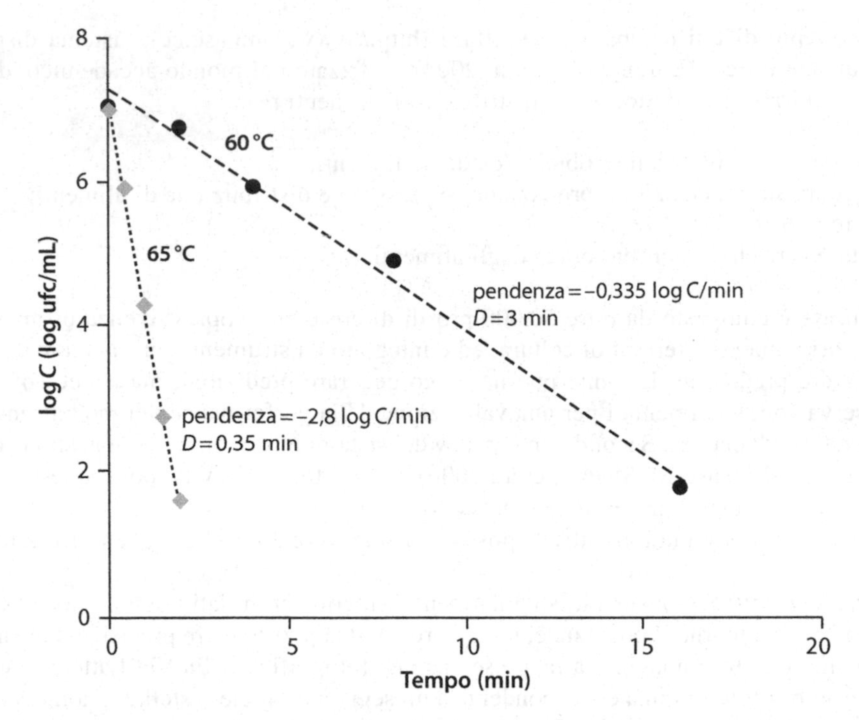

Fig. 1.1 Cinetica lineare di inattivazione termica di *Listeria monocytogenes* nel latte (record ID = LMart3_exp1_1b e LMart3_exp2_1b nel database ComBase). Cerchi e rombi rappresentano i dati osservati mediante conta in piastra. Le linee tratteggiate sono ottenute mediante regressione lineare. Il valore di z si ricava dalla pendenza della retta che mette in relazione i valori di log D con la temperatura: $z = (65 - 60) / [\log(3) - \log(0{,}35)] \approx 5{,}36$ °C

la cinetica di morte lineare è stata impiegata per descrivere la sopravvivenza di spore di *Clostridium botulinum* durante un trattamento termico. Il modello richiamava quelli utilizzati per descrivere le reazioni biochimiche e le dinamiche di popolazione in condizioni ambientali avverse. Esso ometteva numerosi dettagli, come la matrice alimentare, o semplicemente il fatto che non è facile calcolare la diminuzione logaritmica lineare quando rimangono solo poche cellule. Tuttavia il modello si è dimostrato utile in molte circostanze, in un'epoca in cui gli strumenti di calcolo erano molto meno potenti e i dati a disposizione molto meno abbondanti di oggi.

Per l'inattivazione termica, un semplice modello lineare della cinetica di morte è stato a lungo considerato soddisfacente per le esigenze della microbiologia degli alimenti. Le due curve di inattivazione della Fig. 1.1 mostrano la riduzione di una popolazione di *Listeria monocytogenes* a 60 e 65 °C. Il modulo del reciproco della pendenza della retta che descrive l'andamento nel tempo del logaritmo della concentrazione cellulare (log$C$ *vs* tempo) è definito valore D (*D value*); tale valore corrisponde al tempo necessario per ridurre la concentrazione batterica di un fattore 10. È stato dimostrato che log$D$ varia linearmente con la temperatura (almeno a temperature > 53 °C circa), e il modulo del reciproco della pendenza della retta che descrive questa relazione (log$D$ *vs* temperatura) è stato chiamato valore z. Il valore z indica l'aumento di temperatura necessario per ridurre il valore D di un fattore 10. La combinazione di questi due modelli lineari costituisce il modello lineare per la cinetica di inattivazione termica (vedi cap. 5).

Analogamente ai modelli di inattivazione, i modelli loglineari possono essere applicati anche alle temperature di crescita, quando ci si attende che il logaritmo della conta microbica aumenti linearmente con il tempo (crescita esponenziale su scala aritmetica). Questo è stato, infatti, il primo e più semplice *modello primario* (vedi cap. 4), che descrive la variazione nel tempo della concentrazione cellulare in una coltura omogenea; in termini matematici è comunemente descritto come segue.

Sia $x(t)$ il numero di cellule al tempo t; il numero di divisioni in un piccolo intervallo di tempo Δt sarà Δx. Il numero di divisioni di una cellula è $\Delta x/x$; se tale valore è costante, si ottiene il ben noto modello di crescita esponenziale:

$$\frac{d}{dt}x = \mu x \tag{1.1a}$$

la cui soluzione è:

$$x(t) = x_0\, e^{\mu t} \tag{1.1b}$$

dove $x_0 = x(0)$. Questo modello è applicabile alla dinamica di una popolazione microbica solo in una situazione ideale, cioè quando le cellule si trovano in un ambiente costante e possono moltiplicarsi secondo la loro massima capacità di crescita caratteristica per quell'ambiente. Questo scenario semplificato, tuttavia, si verifica nella pratica anche meno frequentemente che nel caso dell'inattivazione termica. La fase esponenziale (lineare, su scala logaritmica) può essere preceduta e seguita da fasi di transizione, rispettivamente *dalla* fase lag e *alla* fase stazionaria, in cui la crescita è assente o insignificante. Inoltre, le fasi di transizione dipendono dalla storia delle cellule (fase lag) e dalle loro interazioni (fase stazionaria). I corsi di introduzione alla microbiologia predittiva iniziano comunemente assumendo come modello primario una curva sigmoidale.

I *modelli secondari* descrivono l'effetto dei più importanti fattori ambientali (principalmente temperatura, pH e attività dell'acqua) sui parametri del modello primario, in particolare sulla velocità specifica di crescita/morte (vedi cap. 6). L'assunto su cui si basano tali modelli è che sia sufficiente considerare solo pochi fattori ambientali per predire le risposte microbiche con adeguata accuratezza. Le potenzialità di questo approccio dal punto di vista pratico sono evidenti: attraverso software basati su modelli matematici, è possibile prevedere la crescita di microrganismi alteranti e patogeni in funzione del processo di produzione e dell'ambiente di conservazione dell'alimento.

L'integrazione tra database e modelli predittivi è stata schematizzata da Tamplin et al (2003) come segue.

- *Dati grezzi*: raccolta di dati microbiologici generati in diversi substrati e sotto diverse condizioni.
- *Database*: i dati raccolti vengono organizzati secondo una sintassi e una semantica rigorose; la compilazione del database richiede la comprensione dei dati, un giudizio competente e conoscenze informatiche.
- *Data browser*: programma per navigare nel database e selezionare mediante *query* sottoinsiemi di dati.
- *Predictor*: programma che utilizza equazioni matematiche per generare predizioni, sulla base degli input forniti dall'utente.

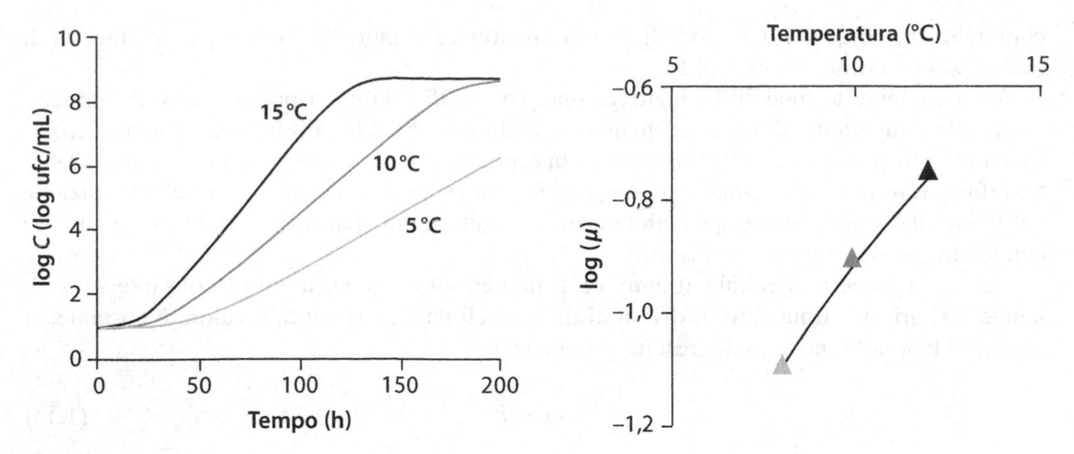

Fig. 1.2 **a** Curva sigmoidale (modello primario) per la crescita microbica in un terreno colturale. La crescita esponenziale (lineare su scala logaritmica) è preceduta dalla fase lag e seguita dalla fase stazionaria. **b** La relazione tra il logaritmo della velocità di crescita μ (pendenza nella fase esponenziale delle curve a sinistra) e una variabile ambientale (in questo caso, la temperatura) dà luogo a un modello secondario

1.3 I modelli primari dinamici

1.3.1 Struttura matematica

Come si è visto, i modelli primari descrivono la variazione nel tempo del logaritmo della concentrazione cellulare ($\log C$) in una coltura in *batch*, in un ambiente costante. Il parametro principale del modello primario è la pendenza della curva nella fase esponenziale, cioè (assumendo che si utilizzino i logaritmi naturali) la velocità specifica di crescita massima (μ). In questo caso, la velocità di crescita (o di morte) specifica può essere espressa come il rapporto tra il numero medio di cellule nate (o morte) nell'unità di tempo e il numero totale di cellule.

Lo scenario è più complesso quando, durante la crescita/morte microbica, l'ambiente può cambiare. In questi casi la velocità specifica ha un significato *istantaneo* (dipende dal tempo) e il modello primario deve ricorrere a equazioni differenziali, non facilmente implementabili nei comuni fogli di calcolo. In particolare, si possono incontrare notevoli difficoltà nel *fitting* dei cosiddetti modelli primari dinamici (vedi cap. 4). Un modello primario dinamico comunemente utilizzato è quello di Baranyi e Roberts (1994), che può essere schematizzato come segue.

Supponiamo che una popolazione microbica omogenea sia prelevata da un ambiente E_1 e inoculata in un ambiente E_2, e che una sostanza intracellulare P (per esempio un enzima necessario per metabolizzare un nuovo substrato presente in E_2) sia il fattore limitante del processo di adattamento al nuovo ambiente. Indichiamo con $P(t)$ la concentrazione intracellulare tempo-dipendente di tale sostanza. Supponiamo che la velocità specifica di crescita delle cellule sia influenzata da $P(t)$, in analogia con la ben nota cinetica di Michaelis-Menten[1]. Le equazioni 1.1a e 1.1b possono essere riformulate tenendo conto del "periodo di adattamento":

[1] La cinetica di Michaelis-Menten è un semplice modello non lineare che esprime la variazione della velocità iniziale di una reazione enzimatica in funzione della concentrazione di un substrato. Può essere estesa, per analogia, a fenomeni più complessi nei quali un'unica reazione enzimatica sia limitante.

$$\alpha(t) = \frac{P(t)}{K_P + P(t)} \tag{1.2}$$

dove K_P è la costante di Michaelis-Menten. Si supponga che, dopo l'inoculazione, l'accumulo di P segua una cinetica di primo ordine:

$$\frac{d}{dt}P = \nu P \tag{1.3}$$

dove la velocità specifica di accumulo di P, ν, è caratteristica del nuovo ambiente: $\nu = \nu(E_2)$.

La funzione di adattamento (1.2) dipende dal rapporto $P(t)/K_P$, che sarà utilizzato per caratterizzare lo stato fisiologico delle cellule. Ponendo $q(t) = P(t)/K_P$, si ha:

$$\frac{d}{dt}x = \frac{q(t)}{1+q(t)}\mu x \tag{1.4}$$

$$\frac{d}{dt}q = \nu q \tag{1.5}$$

con valori iniziali $x(0) = x_0$ $q(0) = q_0 = P(0)/K_P$

Baranyi e Roberts (1994) hanno dimostrato che l'equazione

$$\lambda = \frac{\ln(1+1/q_0)}{\nu} \tag{1.6}$$

rappresenta una valida definizione della durata della fase lag, che dipende dal rapporto $P(0)/K_P$ (effetto della storia della cellula), e da ν (che può essere intesa come velocità di adattamento).

La funzione che descrive la fase di transizione può essere riscritta come:

$$\alpha(t) = \frac{q_0}{q_0 + e^{-\nu t}} \tag{1.7}$$

quindi:

$$A(t) = t + \frac{1}{\nu}\ln\left(\frac{e^{-\nu t} + q_0}{1+q_0}\right) \tag{1.8}$$

la soluzione dell'equazione (1.4) è una versione del modello esponenziale riparametrizzato in funzione del tempo:

$$x(t) = x_0 \exp[\mu\, A(t)] \tag{1.9}$$

Utilizzando il modello logistico per descrivere la transizione alla fase stazionaria, l'andamento sigmoidale è dato da:

$$\frac{dx}{dt} = \frac{q}{1+q}\mu x\left(1 - \frac{x}{x_{max}}\right)$$

$$\frac{d}{dt}q = \nu q \qquad (1.10)$$

dove x_{max} è la massima densità di popolazione (*carring capacity* dell'ambiente E_2). Si esprime la soluzione mediante $y(t) = \ln(x(t))$, logaritmo naturale della concentrazione cellulare:

$$y(t) = y_0 + \mu A(t) - \ln\left(1 + \frac{e^{\mu A(t)} - 1}{e^{y_{max} - y_0}}\right) \qquad (1.11)$$

$A(t)$ può essere anche scritto come:

$$A(t) = t - \lambda + \frac{\ln\left(1 - e^{-\nu t} + e^{-\nu(t-\lambda)}\right)}{\nu} \qquad (1.12)$$

dove $\alpha_0 = q_0/(1+ q_0)$ è un parametro compreso tra 0 e 1, che esprime il grado di adattamento dell'inoculo al nuovo ambiente, e $\lambda = -(\ln\alpha_0)/\nu$ è la durata della fase lag.

Il vantaggio di questo modello dinamico è che le equazioni 1.11 e 1.12 sono soluzioni analitiche esplicite, utilizzabili per il *fitting* della curva. Le equazioni differenziali originali 1.4 e 1.5 devono essere utilizzate per scenari dinamici, dei quali le formule esplicite descrivono solo un caso particolare, in cui ν e μ sono costanti.

1.3.2 Interpretazione biologica

Le riparametrizzazioni del valore iniziale q_0

$$\alpha_0 = \frac{q_0}{1+q_0} \qquad (1.13)$$

$$h_0 = -\ln\alpha_0 \qquad (1.14)$$

hanno anche un'interpretazione biologica.

Per il primo valore si potrebbe dire che, se cresce solo la frazione α_0 dell'inoculo, quella che può crescere immediatamente senza alcuna fase lag, si otterrà una curva di crescita con la stessa pendenza di quella che presenta la fase lag.

L'ulteriore assunzione che il rapporto tra la velocità specifica di accumulo del composto essenziale e la velocità specifica di crescita è $\nu/\mu = 1$ ha come conseguenza il fatto che μ è anche una costante in grado di regolare la transizione tra la fase lag e la fase esponenziale; quindi, esprimendo h_0 in funzione della durata della fase lag, si ottiene:

$$h_0 = \frac{\lambda}{1/\mu} \qquad (1.15)$$

dove $1/\mu$ approssima il *tempo di generazione medio* durante la fase esponenziale (il valore esatto del tempo di generazione dipende dalla distribuzione dei tempi di generazione delle singole cellule).

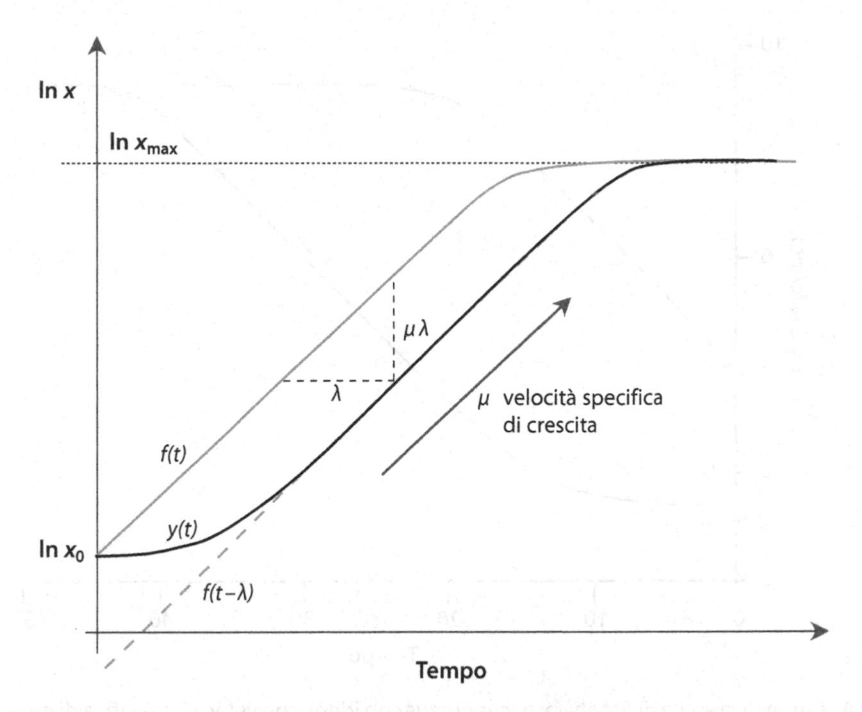

Fig. 1.3 Relazione tra la curva potenziale di crescita senza fase lag, $f(t)$ (*linea continua grigia*), la sua versione "ritardata" $f(t - \lambda)$ (*linea tratteggiata*) e la curva di crescita con passaggio graduale dalla fase lag alla fase esponenziale, $y(t) = f(A(t))$ (*linea continua nera*). L'andamento sigmoidale di $y(t)$ è dovuto all'inibizione della crescita prima e dopo il segmento lineare (crescita esponenziale su scala logaritmica)

Quindi h_0 può essere anche considerato come un "lavoro da svolgere", che consiste nell'adattamento al substrato per consentire alla coltura di raggiungere le condizioni per conseguire la massima crescita potenziale $f(t)$. In altre parole, il ritardo dovuto all'adattamento può essere misurato da $h_0 = \mu\lambda$, numero di generazioni "in ritardo" (Fig. 1.3).

La durata della fase lag dipende, quindi, dalla storia delle cellule attraverso il valore di q_0 (o delle sue versioni riparametrizzate, α_0 o h_0). Per il parametro α_0 è anche usato il termine "stato fisiologico iniziale". Se $\alpha_0 = 1$ (il 100% delle cellule è "adatto" al nuovo ambiente), non si osserva fase lag. In Fig. 1.4 sono riportate due serie di osservazioni sperimentali relative alla crescita nello stesso ambiente di cellule con storia diversa: le due curve mostrano la stessa velocità specifica di crescita, ma differenti durate della fase lag dovute al differente stato fisiologico iniziale.

1.4 Errore moltiplicativo e accuratezza della predizione

I modelli predittivi sono strumenti utili per supportare i sistemi HACCP, lo sviluppo di nuovi prodotti alimentari e la valutazione quantitativa del rischio microbiologico (vedi cap. 11). Quest'ultima analisi si concentra sull'incertezza delle previsioni e soprattutto sul costo degli inevitabili errori. È importante comprendere che l'incertezza delle previsioni può dipendere

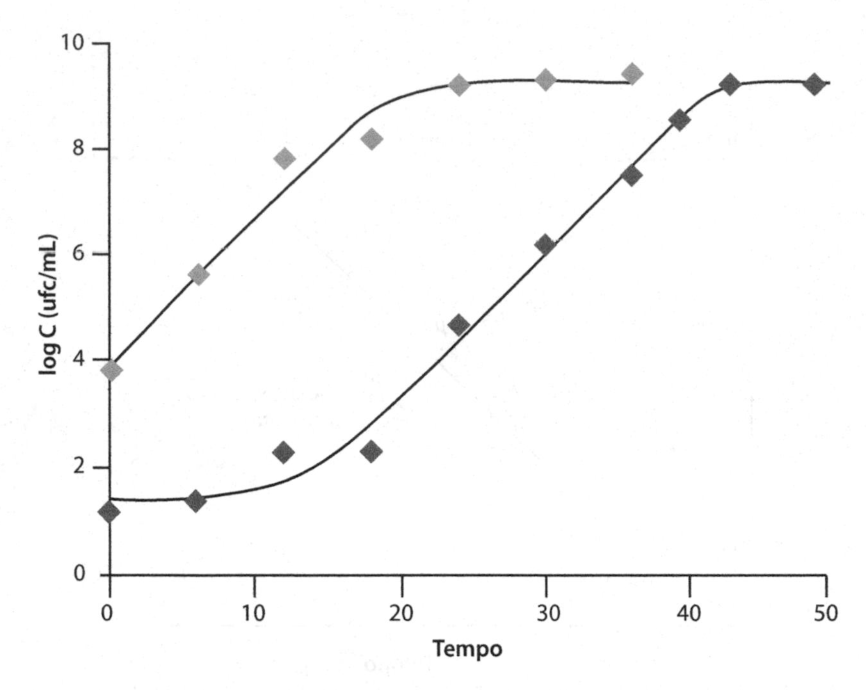

Fig. 1.4 Curve di crescita di *Staphylococcus aureus* con identiche velocità specifica di crescita, ma diverse durate della fase lag. Da ComBase ID: J102_SA e J110_SA

non solo dall'imprecisione del modello matematico, ma anche dall'inevitabile, naturale casualità (dovuta all'eterogeneità sia microbiologica sia umana) o dalla mancanza di conoscenze.

Questi elementi di incertezza possono avere origine interna (legata alle caratteristiche dei microrganismi) o esterna (ambientale, caratteristiche e modalità di conservazione dei prodotti alimentari). Anche il metodo di rilevazione delle osservazioni (per esempio a causa dell'imprecisione delle misurazioni) contribuisce all'errore delle predizioni. L'analisi probabilistica – che usa simulazioni di Monte Carlo per stimare l'effetto dell'incertezza e della variabilità sulle predizioni – applicata ai modelli di microbiologia predittiva può migliorare la sicurezza alimentare (vedi cap. 11).

La maggior parte dei modelli predittivi è basata su dati generati con terreni di coltura sintetici negli ambienti ben controllati dei laboratori, dove tutto è ottimale per la crescita del microrganismo tranne i fattori ambientali (temperatura, pH, a_w ecc.) dei quali si intende modellare l'effetto. Operando con gli alimenti lo scenario è però generalmente molto più complesso, a causa delle diverse composizioni del substrato, delle condizioni di conservazione ecc. Confrontare le "previsioni" basate sui terreni colturali con le osservazioni nei prodotti alimentari è un po' come confrontare la caduta sul pavimento di due oggetti, costituiti di materiali diversi, basandosi sull'accelerazione gravitazionale. Sicuramente la caduta di un foglio di carta, in condizioni normali, è molto più stocastica e più lenta di quella di una sfera di ferro in una camera a vuoto. Tuttavia, nessun modello matematico per la descrizione della caduta del foglio di carta potrebbe essere costruito senza considerare la costante gravitazionale. Dobbiamo usare la legge di gravità con un fattore che la modifichi, tenendo conto della resistenza dell'aria. In quest'analogia, la costante gravitazionale occupa il ruolo della velocità specifica di crescita μ nel terreno colturale, mentre il materiale dell'oggetto in caduta è assimilabile alla composizione dell'alimento. Il "sistema alimento" è ancora più complesso: mentre la costante gravitazionale è ben nota, con elevata precisione, la velocità specifica di crescita è conosciuta con una precisione del 30-40% circa (vedi oltre).

Per quantificare questi errori, Ross (1996) ha proposto due indici: il *bias factor*, che indica se il modello, in media, fornisce predizioni maggiori o minori rispetto alle osservazioni indipendenti utilizzate nel confronto, e l'*accuracy factor*, che rappresenta la differenza media tra osservazioni e previsioni. La deviazione tra osservazioni e predizioni è misurata dal loro rapporto, che è alla base dell'analisi del cosiddetto errore moltiplicativo; per le proprietà dei logaritmi, tale rapporto può essere convertito in una differenza di logaritmi.

L'idea originale di Ross (1996) è stata sviluppata in una successiva pubblicazione della quale è coautore lo stesso Ross (Baranyi et al, 1999), nella quale il bias factor (B_f) e l'accuracy factor (A_f) vengono definiti come segue:

$$B_f = \exp\left(\frac{\sum_{i=1}^{n} \ln(f_i) - \ln(\mu_i)}{n}\right) \tag{1.16}$$

$$A_f = \exp\left(\sqrt{\frac{\sum_{i=1}^{n} [\ln(f_i) - \ln(\mu_i)]^2}{n}}\right) \tag{1.17}$$

dove μ_i rappresenta le velocità specifiche di crescita osservate e f_i le rispettive velocità specifiche di crescita predette per $i = 1, \ldots, n$ serie di osservazioni.

In altre parole, $\ln(B_f)$ è la media aritmetica delle differenze tra i logaritmi delle predizioni e i logaritmi delle osservazioni, mentre $\ln(A_f)$ è lo scarto quadratico medio del valore assoluto delle differenze tra i valori logaritmici. Il vantaggio di queste definizioni appare evidente se si considera che i valori logaritmici della velocità di crescita mostrano varianze omogenee.

Ammesso che il bias sia pari a zero e che i valori stimati non presentino deviazioni sistematiche da quelli predetti, la bontà di adattamento del modello può essere stimata con la radice dell'errore quadratico medio (RMSE; vedi capp. 13 e 14 per gli stimatori di bontà di regressione), che può essere tradotta in termini di %Accuratezza:

RMSE	% Accuratezza
0,1	11%
0,2	22%
0,3	35%
0,4	49%

Per esempio, l'accuratezza dei modelli di crescita presenti in ComBase (http://modelling.combase.cc/ComBase_Predictor.aspx) – che predicono l'effetto di a_w, temperatura e pH sulla velocità specifica di crescita di vari patogeni alimentari – è generalmente del 30-40% circa, in funzione del microrganismo e della gamma di fattori ambientali considerati. Generalmente l'accuratezza diminuisce se viene modellato l'effetto di più variabili ambientali sulla velocità specifica di crescita, oppure se si considerano valori delle variabili non compresi nella regione utilizzata per sviluppare il modello. Di norma si confrontano le velocità di crescita osservate e quelle predette all'interno dell'intervallo dei valori sperimentali su cui si basa il modello; se $\ln(A_f) > 0{,}4$, l'affidabilità del modello è piuttosto scarsa e la sua utilità dubbia. In un terreno colturale utilizzato per generare i dati per lo sviluppo del modello la probabilità che una nuova velocità specifica di crescita osservata non sia compresa nell'intervallo $[\mu(1-2\ln(A_f); \mu(1+2\ln(A_f)]$ è del 5% circa.

Ciò dipende principalmente dall'inevitabile variabilità random del microambiente e dal metodo utilizzato per la conta microbica e, secondariamente, dalla variabilità microbiologica della popolazione batterica. Come riferito da Baranyi et al (2013), questo principio è stato dimostrato per le muffe ma può essere esteso anche ai batteri.

La differenza tra variabilità e incertezza è discussa dettagliatamente da Nauta (2000).

I fattori A_f e B_f sono utilizzati, comunemente, per quantificare l'affidabilità dei modelli predittivi, ma possono anche essere usati per confrontare tra loro modelli predittivi diversi. Per un esempio di questo tipo di confronto, si rimanda a Pin et al (1999).

Il vantaggio della modellazione del logaritmo naturale della velocità di crescita è rappresentato dal fatto che tra il logaritmo naturale della velocità di crescita e i fattori A_f e B_f vi è una relazione lineare diretta. Tuttavia Ratkowsky (1982) ha evidenziato che i dati della velocità di crescita specifica massima μ osservati in funzione della temperatura tendono ad avere una distribuzione degli errori la cui varianza può essere stabilizzata se per trasformare i valori di μ osservati si usa la radice quadrata anziché il logaritmo. Per tale motivo, il modello che utilizza la radice quadrata della velocità di crescita in fase esponenziale è il modello secondario più frequentemente impiegato quando la temperatura è la sola variabile esplicativa del modello predittivo da costruire.

1.5 Prevedere il futuro della microbiologia predittiva

Gli step fondamentali per la costruzione di modelli per la microbiologia predittiva possono essere riassunti come segue (McMeekin et al, 1993; vedi anche cap. 6).

1. Raccolta di informazioni sulle caratteristiche chimiche e chimico-fisiche e sulle variabili di processo che caratterizzano un substrato alimentare durante tutta la dinamica di maturazione e trasformazione dello stesso.
2. Conoscenza del comportamento del microrganismo di interesse in un substrato costante (brodo di coltura) e calcolo della sua velocità specifica di crescita o di morte.
3. Studio della relazione che intercorre tra la cinetica di comportamento del microrganismo e il cambiamento delle variabili esterne che caratterizzano il substrato.
4. Validazione del modello matematico tramite contaminazioni sperimentali dell'alimento e confronto tra predizioni del modello e situazione reale.

Questo tipo di approccio sarà valido anche quando si affermeranno nuovi metodi applicati alla biologia.

L'approccio interdisciplinare ha sicuramente avuto un ruolo chiave nello sviluppo della microbiologia predittiva. Non è difficile prevedere che anche la collaborazione tra ricercatori, tra chi produce i dati e chi li elabora, sarà fondamentale per il futuro. I microbiologi e gli esperti di scienza e tecnologia alimentare devono imparare a gestire l'enorme mole di dati di cui possono disporre ed essere consapevoli che la visione di insieme di una grande quantità di dati offre informazioni che il singolo set non è in grado di fornire a causa dell'inevitabile imprecisione. I ricercatori devono apprendere l'"arte di omettere il superfluo", la filosofia alla base della modellazione dei dati. D'altro canto, i matematici che progettano i modelli devono sviluppare una maggiore empatia, aiutare i colleghi a "sapere che cosa chiedere", che è il primo passo di qualsiasi modellazione. In sostanza questa "empatia" potrebbe essere determinante per comprendere meglio l'errore e l'applicabilità dei modelli predittivi.

Inoltre, sebbene la legislazione vigente preveda l'utilizzo dei modelli di microbiologia per valutare la sicurezza degli alimenti (Reg. CE 2073/2005, Allegato II), sarebbe auspicabile che questa disciplina fosse maggiormente fruibile e "sfruttabile" da parte sia degli operatori del settore alimentare, per la valutazione del rischio microbiologico, sia degli organi di controllo, per una corretta vigilanza. La chiusura verso nuovi approcci scientifici è spesso la causa del mancato utilizzo dei mezzi già disponibili in rete.

Il futuro di questa disciplina deve vedere, necessariamente, una maggiore apertura e condivisione delle informazioni da parte sia dei produttori di alimenti, che devono rendere più disponibili i dati sulle caratteristiche (anche igienico-sanitarie) dei propri prodotti, sia degli organi di vigilanza, che devono pubblicare l'esito del monitoraggio degli alimenti in relazione ai diversi microrganismi. La disponibilità di grandi quantità di dati ottenuti da varie fonti permetterà di integrare modelli stocastici e modelli meccanicistici, consentendo così di ottenere stime più affidabili della probabilità che un fattore di pericolo (microrganismo, tossina) raggiunga negli alimenti livelli tali da causare un danno ai consumatori finali. Modelli probabilistici relativamente *user friendly* sono già in parte disponibili (vedi cap. 8) e la loro consultazione in rete sarà sempre più facile da parte di ricercatori e operatori del settore alimentare.

Bibliografia

Baranyi J, Csernus O, Beczner J (2013) Error analysis in predictive modelling demonstrated on mould data. *International Journal of Food Microbiology* (submitted)

Baranyi J, Pin C, Ross T (1999) Validating and comparing predictive models. *International Journal of Food Microbiology*, 48(3): 159-166

Baranyi J, Roberts TA (1994) A dynamic approach to predicting bacterial-growth in food. *International Journal of Food Microbiology*, 23(3-4): 277-294

Baranyi J, Tamplin ML (2004) ComBase: a common database on microbial responses to food environments. *Journal of Food Protection*, 67(9): 1967-1971

Bigelow WD (1921) Logarithmic nature of thermal death curves. *The Journal of Infectious Diseases*, 29(5): 528-536

Cayré ME, Vignolo G, Garro O (2003) Modeling lactic acid bacteria growth in vacuum-packaged cooked meat emulsions stored at three temperatures. *Food Microbiology*, 20(5): 561-566

Esty JR, Meyer KF (1922) The heat resistance of the spores of B botulinus and allied anaerobes. *The Journal of Infectious Diseases*, 31:650

Faith NG, Parniere N, Larson T et al (1997) Viability of *Escherichia coli* O157:H7 in pepperoni during the manufacture of sticks and the subsequent storage of slices at 21, 4 and -20 degrees C under air, vacuum and CO_2. *International Journal of Food Microbiology*, 37(1):47-54

Hinkens JC, Faith NG, Lorang TD et al (1996) Validation of pepperoni processes for control of *Escherichia coli* O157:H7. *Journal of Food Protection*, 59(12): 1260-1266

McMeekin TA, Baranyi J, Bowman J et al (2006) Information system in food safety management. *International Journal of Food Microbiology*, 112(3): 181-194

McMeekin TA, Olley JN, Ross T, Ratkowsky DA (1993) *Predictive microbiology*. John Wiley & Sons, Chichester, UK

Nauta MJ (2000) Separation of uncertainty and variability in quantitative microbial risk assessment models. *International Journal of Food Microbiology*, 57(1-2): 9-18

Pin C, Sutherland JP, Baranyi J (1999) Validating predictive models of food spoilage organisms. *Journal of Applied Microbiology*, 87(4): 491-499

Ratkowsky DA, Olley J, McMeekin TA, Ball A (1982) Relation between temperature and growth rate of bacterial cultures. *Journal of Bacteriology*, 149(1): 1-5

Regolamento (CE) n. 2073/2005 della Commissione del 15 novembre 2005 sui criteri microbiologici applicabili ai prodotti alimentari

Ross T (1996) Indices for performance evaluation of predictive models in food microbiology. *Journal of Applied Bacteriology*, 81(5): 501-508

Ross T, McMeekin TA (1994) Predictive microbiology. *International Journal of Food Microbiology*, 23(3-4): 241-264

Tamplin ML, Baranyi J, Paoli G (2003) Software programs to increase the utility of predictive microbiology information. In: McKellar RC, Lu X (eds) *Modeling microbial responses in foods*. CRC Press, Boca Raton

Capitolo 2

Fattori che influenzano il metabolismo dei microrganismi negli alimenti

Francesca Patrignani, Giulia Tabanelli

2.1 Introduzione

Gli alimenti costituiscono veri e propri ecosistemi, in quanto sono spesso colonizzati da diverse popolazioni microbiche. La crescita e la morte dei microrganismi presenti – indipendentemente dal ruolo positivo (agenti fermentativi e probiotici) o negativo (agenti alteranti o patogeni) da essi svolto – sono legate a diversi fattori e alle condizioni ecologiche che si instaurano nell'alimento stesso.

In un sistema alimento la crescita microbica può essere paragonata a quella che si realizza in una coltura in *batch* (o sistema chiuso discontinuo), dove i nutrienti si esauriscono o comunque variano la loro concentrazione nel tempo, mentre si accumulano metaboliti che possono anche avere un effetto inibente sulla crescita stessa. In questo sistema la crescita microbica può essere rappresentata da una curva (Fig. 2.1) caratterizzata da diverse fasi: fase di latenza, fase di crescita esponenziale, fase stazionaria e fase di morte (per approfondimenti, vedi cap. 4).

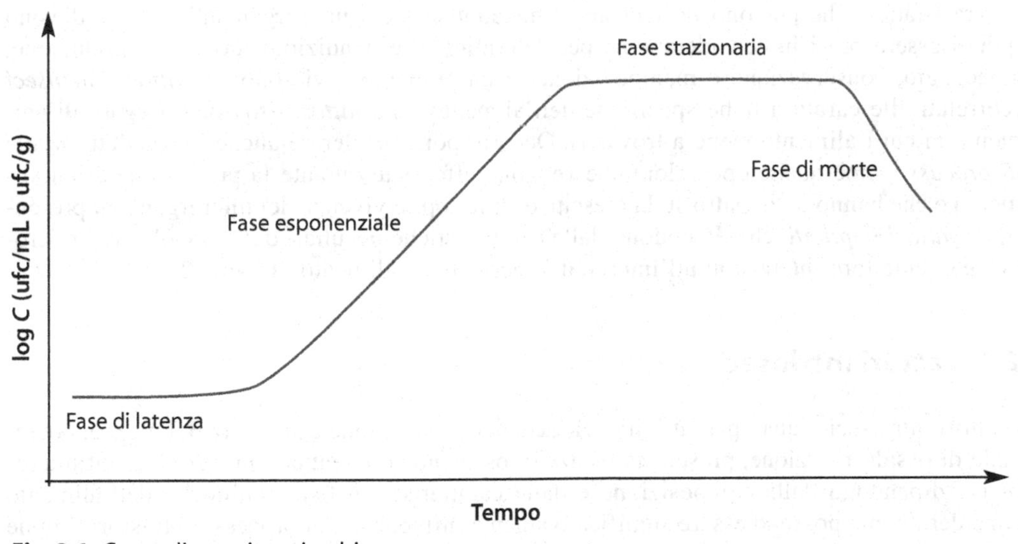

Fig. 2.1 Curva di crescita microbica

F. Gardini, E. Parente (a cura di) *Manuale di microbiologia predittiva*
DOI 10.1007/978-88-470-5355-7_2

Tabella 2.1 Fattori che influenzano la crescita e la sopravvivenza dei microrganismi in un alimento

Tipo di fattori	*Descrizione*	*Esempi*
Fattori intrinseci	Dipendono dalla composizione e dalle caratteristiche fisico-chimiche dell'alimento	pH, a_W, composizione e struttura del mezzo, potenziale redox, presenza/assenza di ossigeno ed eventuale presenza di antimicrobici
Fattori estrinseci	Insieme dei fattori caratterizzanti l'ambiente di trasformazione, conservazione e stoccaggio	Temperatura e umidità relativa dell'ambiente
Fattori di processo	Fattori che intervengono nel corso della produzione (processi tecnologici applicati)	Trattamenti ad alta temperatura, packaging, trattamenti alternativi ai trattamenti termici
Fattori impliciti	Relazioni che si instaurano tra i microrganismi presenti	Mutualismo, competizione, commensalismo, amensalismo

Gli alimenti possono essere considerati ecosistemi "in divenire", in quanto le relazioni che intercorrono tra le loro caratteristiche e le popolazioni microbiche in essi presenti sono influenzate da fattori che possono cambiare nel corso dell'intera vita del prodotto, dal campo alla tavola. Infatti, non solo il numero di microrganismi presente in un alimento può aumentare o diminuire in ciascuna fase della filiera, ma anche gli equilibri tra le diverse popolazioni microbiche possono modificarsi sotto la spinta esercitata dalle condizioni che vengono a realizzarsi. Pertanto, per riuscire a esercitare un'azione di controllo microbiologico, mettendo a punto condizioni ecologiche adeguate, è di fondamentale importanza conoscere sia le caratteristiche dei microrganismi che possono essere presenti in un dato alimento, sia i fattori che possono influenzarne la crescita o la morte.

Tra i fattori che possono influenzare il metabolismo dei microrganismi – e che devono quindi essere presi in considerazione per determinare le condizioni idonee di produzione, stoccaggio, conservazione e manipolazione di un alimento – vi sono sia *fattori intrinseci* (correlati alle caratteristiche specifiche dell'alimento), sia *fattori estrinseci* (legati all'ambiente in cui l'alimento viene a trovarsi). Occorre poi considerare anche i cosiddetti *fattori di processo*, cioè quelle operazioni che vengono effettuate durante la produzione di un alimento e che hanno un impatto sulla crescita o sulla sopravvivenza dei microrganismi presenti, e i *fattori impliciti*, che dipendono dalle caratteristiche peculiari delle popolazioni microbiche e dalle loro interazioni all'interno dell'ecosistema alimento (Tabella 2.1).

2.2 Fattori intrinseci

I fattori intrinseci – quali pH, attività dell'acqua, composizione e struttura del mezzo, potenziale di ossido-riduzione, presenza/assenza di ossigeno ed eventuale presenza di antimicrobici – dipendono dalla composizione e dalle caratteristiche fisico-chimiche dell'alimento considerato, ma possono essere significativamente influenzati dai processi di trasformazione e dalla stessa attività microbica.

2.2.1 pH e potere tampone del mezzo

L'acidificazione degli alimenti è stata utilizzata come metodo di conservazione fin dall'antichità, soprattutto attraverso la fermentazione; l'acidità influenza infatti direttamente la crescita dei microrganismi, che si moltiplicano con ritmi diversi a seconda del pH. Per ogni specie microbica è possibile individuare – a parità di tutte le altre condizioni – i valori di pH minimo, massimo e ottimale di crescita, cioè rispettivamente i pH al di sotto e al di sopra dei quali il microrganismo cessa di moltiplicarsi e il pH al quale lo sviluppo procede più velocemente. In generale, dal punto di vista dell'industria alimentare, le strategie di stabilizzazione sono basate più sull'abbassamento del pH che sul suo innalzamento. L'aumento di acidità degli alimenti, ottenuto attraverso l'aggiunta diretta di acidi o mediante processi fermentativi, può quindi permettere di controllare la crescita dei microrganismi in essi presenti.

La Fig. 2.2 riporta i valori indicativi di pH che supportano la crescita dei principali gruppi microbici di interesse alimentare, comprese alcune specie patogene per l'uomo. Occorre comunque tenere presente che singoli ceppi o specie possono essere caratterizzati da valori cardinali di pH (massimi, ottimali e minimi) molto diversi da quelli riscontrabili all'interno del loro gruppo microbico di appartenenza. In generale, i batteri Gram-negativi sono più sensibili all'acidità dei Gram-positivi, mentre le muffe e i lieviti sono in grado di sviluppare a valori di pH inferiori a quelli dei batteri. In base al pH ottimale per la loro crescita, i microrganismi sono classificati in *acidofili* (pH ottimale acido), *basofili* o *alcalofili* (pH ottimale alcalino) e *neutrofili* (pH ottimale prossimo alla neutralità). Peraltro, va sottolineato che alcuni microrganismi di interesse alimentare possono essere definiti acido-tolleranti, in quanto hanno un ottimo di pH per lo sviluppo nell'ambito della neutralità ma sono in grado di crescere anche a pH relativamente bassi. Occorre inoltre ricordare che il pH minimo per la crescita dei microrganismi dipende non solo dal suo valore assoluto ma anche dal tipo di acido utilizzato per aumentare l'acidità, poiché molti acidi organici possono agire da batteriostatici o battericidi (par. 2.4.3).

Gli intervalli di pH ambientale che consentono lo sviluppo microbico non coincidono naturalmente con i valori di acidità che devono essere mantenuti all'interno delle cellule microbiche e che sono caratterizzati da range molto più restrittivi. Infatti, variazioni anche relativamente modeste del pH intracellulare possono compromettere le attività enzimatiche della cellula. Quindi la capacità della cellula di espellere verso l'esterno ioni H^+, anche contro gradienti di concentrazione notevoli, costituisce un aspetto chiave dell'omeostasi interna. Inoltre non va dimenticato che il pH dell'ambiente esterno può influenzare notevolmente l'attività delle proteine (e in particolare degli enzimi) presenti sulla parete o inglobate nella membrana cellulare.

L'effetto del pH sulla crescita microbica può essere influenzato dall'interazione con altri parametri, quali attività dell'acqua (a_w), concentrazione di sali, temperatura di processo e di conservazione, presenza di antimicrobici, potere tampone dell'alimento ecc. Il pH può inoltre svolgere un'azione indiretta, poiché valori non ottimali possono rendere le cellule più sensibili nei confronti di altri fattori di stress applicati. Per esempio, l'efficacia dei trattamenti termici nell'abbattimento della vitalità cellulare può essere incrementata in condizioni di pH acido.

Oltre al valore di pH in quanto tale, è importante considerare la capacità tampone dell'alimento in esame, cioè la sua capacità di opporsi ai cambiamenti di pH. Un alimento con scarso potere tampone sarà soggetto a più facili e rapidi cambiamenti di pH a causa della produzione di metaboliti (acidi o alcalini) da parte dei microrganismi in esso presenti. In pratica, quanto più alto è il potere tampone di un alimento, tanto maggiore sarà il tempo necessario

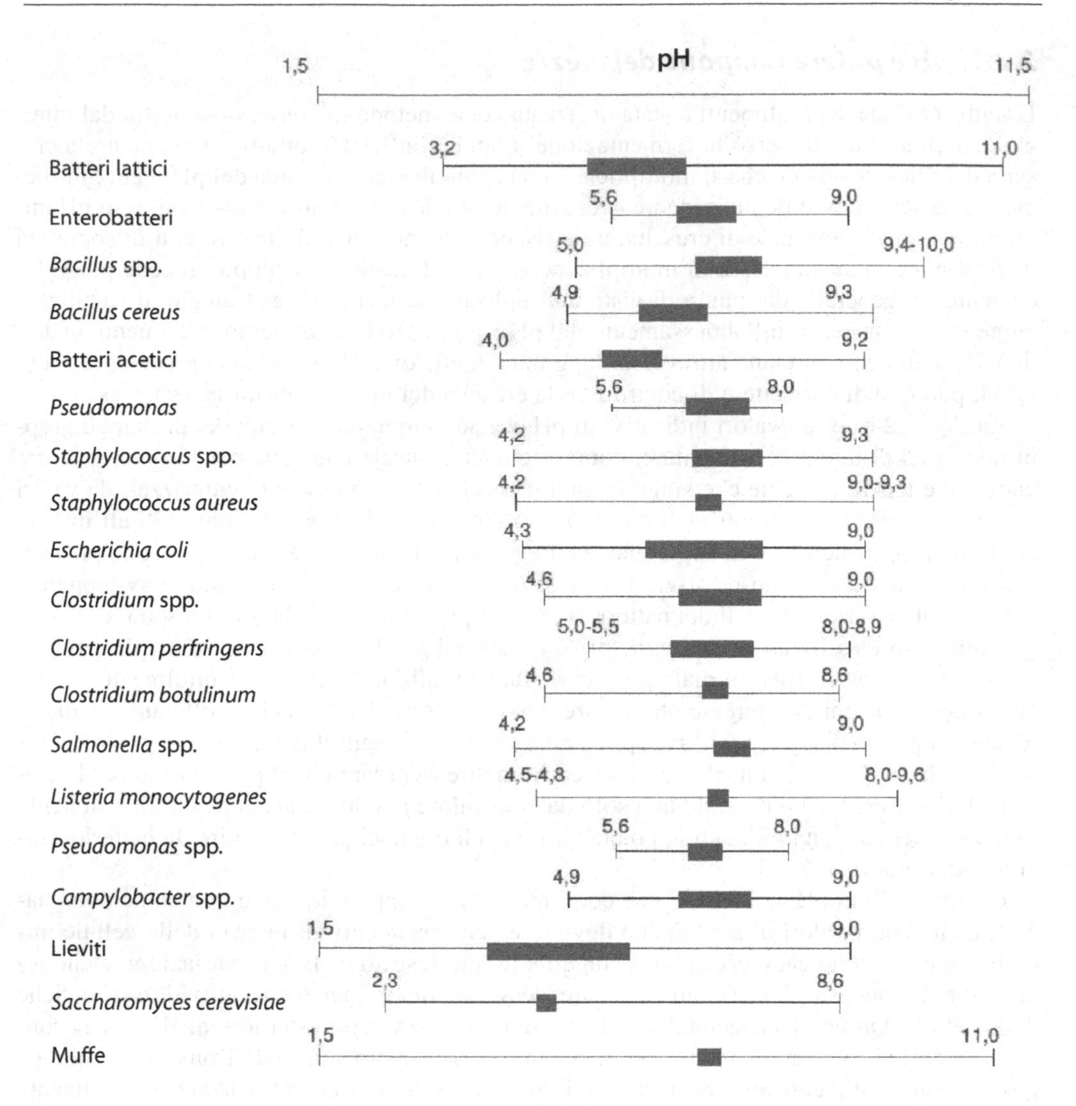

Fig. 2.2 Valori indicativi di pH che supportano la crescita dei principali gruppi microbici e di alcune specie patogene per l'uomo

perché il pH del sistema cambi per effetto della crescita microbica o dell'aggiunta di conservanti, quali alcuni acidi.

Il potere tampone di un alimento dipende soprattutto dal contenuto in proteine. Gli alimenti di origine animale sono ricchi di proteine e hanno perciò un elevato potere tampone, mentre i prodotti di origine vegetale hanno una capacità tampone limitata a causa dello scarso contenuto proteico. Per esempio, nel processo produttivo dei crauti o di altri vegetali fermentati sono sufficienti le piccole quantità di acido lattico accumulate nei primi stadi di fermentazione a opera dei batteri lattici presenti per abbassare il pH in misura tale da inibire l'attività di enzimi pectinolitici e di microrganismi indesiderati.

2.2.2 Attività dell'acqua (a_w)

L'attività dell'acqua (a_w) è definita come il rapporto tra la pressione di vapore dell'acqua in un prodotto (P) e la pressione di vapore dell'acqua pura (P_0) a una data temperatura:

$$a_w = \frac{P}{P_0}$$

Questo parametro indica la quantità di acqua libera da legami con altri componenti di un determinato sistema (per esempio un alimento) e quindi in quale misura l'acqua presente è disponibile per partecipare alle reazioni chimiche e biochimiche indispensabili per il metabolismo e la moltiplicazione dei microrganismi. Il valore di a_w di un alimento si misura su una scala che va da 0 (alimento completamente disidratato) a 1 (acqua pura).

Per moltiplicarsi, i microrganismi necessitano di acqua disponibile per i processi biologici ed enzimatici del loro metabolismo e per ogni specie microbica può essere individuato un

Tabella 2.2 Valori di a_w minimi di crescita di alcuni gruppi microbici e di alcune specie di interesse alimentare

Gruppo o specie	***Condizioni***	***a_w minima di crescita***
Batteri lattici		0,90
Batteri alofili		0,75
Muffe		0,80
Lieviti		0,88
Saccharomyces cerevisiae	in presenza di glucosio	0,89
	in presenza di saccarosio	0,90
	in presenza di NaCl	0,92
Zygosaccharomyces rouxii		0,65
Batteri patogeni		
Listeria monocytogenes		0,90-0,92
Escherichia coli		0,93-0,95
Staphylococcus aureus	in anaerobiosi	0,91
	in aerobiosi	0,86
	in aerobiosi e in presenza di xilitolo	0,93
	in aerobiosi e in presenza di glicerolo	0,89
	in aerobiosi e in presenza di eritritolo	0,95
Salmonella spp.		0,93-0,94
Campylobacter spp.		0,98
Escherichia coli		0,91
Bacillus spp.		0,90
Bacillus cereus	in presenza di glicerolo	0,90
	in presenza di NaCl	0,94
Clostridium spp.		0,93
Clostridium botulinum		0,93-0,95
Clostridium perfringens		0,93-0,95

Adattata da Alzamora et al, 2003.

Tabella 2.3 Valori indicativi di pH e a_w di alcuni alimenti

Tipo di alimento	*pH*	a_w
Carne fresca	5,6-6,2	> 0,98
Salame stagionato	5,2-6,0	0,84-0,92
Pesce fresco	6,6-6,8	> 0,98
Uova	9,0 (albume); 6,2-6,5 (tuorlo)	0,97
Latte	6,3-6,5	> 0,98
Formaggio stagionato	4,8-5,6	0,88-0,95
Verdure	5,5-6,5	> 0,97
Mele	3,0-3,4	> 0,98
Melone	6,3-6,7	> 0,99
Farine	> 6,0	0,67-0,87

valore di a_w minimo di crescita (Tabella 2.2). Questo valore minimo è in relazione con gli altri fattori che vengono a instaurarsi nel sistema alimento e con il tipo di sostanza responsabile dell'abbassamento dell'a_w (zuccheri, sali ecc.). In generale, le specie Gram-positive sono più resistenti ai bassi valori di a_w rispetto alle Gram-negative.

In base alle esigenze nei confronti dell'acqua disponibile, i microrganismi vengono arbitrariamente classificati in diversi gruppi:

- *xerofili*: microrganismi in grado di crescere a valori di a_w estremamente bassi, pari a 0,75 o addirittura inferiori (per esempio alcune specie di muffe);
- *alofili*: microrganismi che per crescere necessitano della presenza di sale, tra cui alcuni batteri con habitat estremi;
- *alotolleranti*: microrganismi che hanno una crescita ottimale a basse concentrazione di sale ma in grado di crescere anche a elevate concentrazioni (per esempio *Staphylococcus aureus*);
- *osmofili*: microrganismi che hanno uno sviluppo privilegiato a elevate concentrazioni di zuccheri (per esempio alcune specie di lieviti, come *Zygosaccharomyces*).

Molti degli alimenti più comuni hanno valori di a_w compatibili con la crescita della maggior parte dei microrganismi (Tabella 2.3); per questa ragione la riduzione del loro contenuto di acqua libera è da sempre stata impiegata per rallentarne la degradazione e conservarli più a lungo (Alzamora et al, 2003). L'a_w di un alimento può essere ridotta con diversi metodi, in particolare mediante la rimozione fisica dell'acqua per essiccazione o disidratazione oppure attraverso l'azione di soluti addizionati o naturalmente presenti nell'alimento, quali zuccheri, sale, altri composti a basso peso molecolare e proteine. La capacità delle proteine di legare molecole di acqua può essere modificata per effetto di trattamenti applicati all'alimento (per esempio processi ad alta pressione di omogeneizzazione).

Il metodo impiegato per sequestrare l'acqua libera presente influenza il comportamento delle cellule microbiche a bassi valori di a_w. Per esempio l'aggiunta di sale o zucchero determina un aumento della pressione osmotica del sistema, con conseguenti danni per la cellula microbica, che tende a perdere acqua. Se questi danni sono irreversibili, i microrganismi muoiono per plasmolisi, mentre se l'a_w non scende al di sotto del valore minimo tollerabile, le cellule mettono in atto diversi meccanismi di resistenza allo stress osmotico, tra cui l'accumulo all'interno del citoplasma di soluti non tossici (per questo definiti compatibili) che hanno lo scopo di trattenere l'acqua bilanciandone la migrazione verso l'esterno, senza tuttavia influire sulla sua biodisponibilità per il metabolismo cellulare. Questi soluti, la cui natura varia a seconda del gruppo microbico, possono essere costituiti da ioni (in particolare K^+) o da molecole organiche come glicerolo e zuccheri (trealosio). Va inoltre sottolineato che, oltre al valore assoluto di a_w, occorre considerare anche l'effetto soluto, e cioè che le strategie di adattamento all'abbassamento dell'a_w variano a seconda del gruppo microbico. Per esempio batteri riconducibili alle *Micrococcaceae* o alle *Staphylococcaceae* sono più resistenti alla riduzione di a_w operata tramite aggiunta di NaCl, o comunque di sali, mentre le specie fungine sono in generale meno sensibili alla presenza di elevate quantità di zuccheri (Alzamora et al, 2003). Altri metodi comunemente impiegati per abbassare l'a_w, come la disidratazione per liofilizzazione, permettono una più veloce rimozione dell'acqua libera rispetto a quella ottenuta mediante l'aggiunta di soluti e ciò consente alle cellule microbiche di sopravvivere anche per lunghi periodi di tempo (Parente, Villani, 2012).

Occorre ricordare che – per ostacolare più efficacemente lo sviluppo di microrganismi alteranti o patogeni – il controllo dell'a_w può essere combinato con altri metodi (abbassamento del pH, impiego di sostanze ad azione batteriostatica ecc.).

2.2.3 Potenziale di ossido-riduzione

Il potenziale di ossido-riduzione (Eh), o potenziale redox, di un sistema può essere definito come una misura (espressa in mV) dell'attitudine di un substrato a cedere o acquistare elettroni, diventando ossidato quando cede elettroni e ridotto quando ne acquista. Quando gli elettroni sono trasferiti da un substrato all'altro si ha, come noto, una reazione di ossido-riduzione, nella quale una sostanza viene ossidata e la seconda ridotta. In queste reazioni il donatore di elettroni, riducendo una sostanza ossidata, è detto anche agente riducente (o antiossidante), mentre l'accettore di elettroni, ossidando una sostanza ridotta, è detto anche agente ossidante. Il valore di Eh può variare tra –420 e +816 mV. In generale i substrati nel loro stato ossidato (con tendenza ad accettare elettroni) hanno valori di potenziale redox positivo (+mV), mentre nel loro stato ridotto (con tendenza a donare elettroni) hanno valori negativi (Parente, Villani, 2012).

Il potenziale redox degli alimenti può influenzare la crescita microbica. Il range di Eh al quale i microrganismi possono crescere può essere così sintetizzato:

- aerobi da +300 a +500 mV;
- anaerobi facoltativi da +300 a –100 mV;
- anaerobi da +100 a –400 mV.

Questi valori variano in funzione della presenza di antiossidanti e di ossigeno. Per esempio le muffe crescono preferibilmente sulla superficie degli alimenti a contatto con l'aria, anche se *Byssochlamys fulva* può causare alterazione della frutta inscatolata. Il genere *Clostridium* è notoriamente anaerobio stretto, sebbene alcune specie possano crescere anche a valori di Eh di +100 mV. Inoltre uno o più microrganismi possono modificare l'Eh iniziale di un alimento favorendo la crescita di specie che in esso normalmente non si sviluppano.

Gli alimenti possono mostrare valori di Eh diversi in relazione a fattori intrinseci e di processo. Per esempio la frutta fresca, i vegetali e gli alimenti carnei freschi sono caratterizzati da bassi valori di Eh garantiti nella carne dai gruppi –SH associati alle proteine, negli alimenti di origine vegetale dalla presenza di acido ascorbico e zuccheri riducenti. Per quanto concerne i fattori di processo, è noto per esempio che i tagli di carne intera sono caratterizzati da potenziale redox di –200 mV mentre le carni macinate raggiungono i +200 mV per effetto della macinatura e del dissolvimento di ossigeno. Altri fattori che possono influenzare il potenziale redox sono il pH, lo sviluppo e il metabolismo microbico, la tensione parziale di ossigeno nell'ambiente di conservazione, la formulazione dell'alimento stesso nonché la sua capacità stabilizzante. Quest'ultima, analogamente al potere tampone (vedi par. 2.2.1), rappresenta la capacità di un alimento di resistere ai cambiamenti di Eh ed è, a sua volta, influenzata dai componenti ossidanti e riducenti presenti nell'alimento, come pure dalla presenza di sistemi attivi respiratori.

2.2.4 Presenza o assenza di ossigeno

L'effetto dell'ossigeno sulla crescita microbica è una delle principali discriminanti che definiscono le potenzialità di colonizzazione di un alimento. In funzione del loro rapporto con questa specie chimica estremamente reattiva, i microrganismi possono essere distinti in quattro grandi gruppi.

- *Aerobi obbligati*: microrganismi che richiedono ossigeno molecolare per moltiplicarsi, poiché ottengono energia esclusivamente attraverso la respirazione aerobia, utilizzando l'ossigeno come accettore finale di elettroni (per esempio *Bacillaceae* e *Pseudomonadaceae*). Va comunque ricordato che concentrazioni di ossigeno troppo elevate (>20%) possono essere tossiche anche per questi microrganismi.
- *Anaerobi facoltativi*: microrganismi che si moltiplicano in presenza di ossigeno utilizzando la respirazione aerobia per ottenere energia, ma che sono in grado, in caso di scarsità o assenza di ossigeno, di ottenere energia alternativamente attraverso metabolismi di tipo fermentativo (per esempio *Enterobacteriaceae*, *Staphylococcaceae* e molti lieviti di interesse industriale).
- *Anaerobi obbligati*: microrganismi incapaci di sopravvivere in presenza di ossigeno anche a basse concentrazioni e che ottengono energia attraverso metabolismi di tipo fermentativo o attraverso la respirazione anaerobia. Per queste specie l'ossigeno è tossico e può causare gravi danni cellulari che portano rapidamente alla morte (per esempio *Clostridium*).
- *Microaerofili*: fanno parte di questo gruppo
  - microrganismi anaerobi che, pur non utilizzando l'ossigeno come accettore finale di elettroni, sono in grado di tollerarne la presenza (sia pure in misura diversa) e di difendersi dai suoi composti tossici (per esempio batteri lattici);
  - microrganismi aerobi che si sviluppano in maniera ottimale a concentrazioni di ossigeno più basse di quella atmosferica (specie del genere *Campylobacter*).

L'ampia variabilità di comportamento dei batteri nei confronti dell'ossigeno dipende dal fatto che questo gas può essere causa di "stress ossidativo", un effetto tossico determinato dall'accumulo nella cellula di composti pro-ossidanti. Infatti, durante le attività metaboliche che avvengono in presenza di ossigeno si formano specie chimiche altamente reattive e/o tossiche, tra le quali perossido di idrogeno, radicali e altre specie reattive dell'ossigeno (ROS). L'esposizione della cellula a queste molecole provoca un danno ossidativo che può colpire le membrane, il DNA (provocando anche mutazioni) o l'RNA. Per queste ragioni i microrganismi che riescono a crescere in presenza di ossigeno – e soprattutto quelli per i quali è indispensabile per moltiplicarsi – possiedono precisi meccanismi di difesa per evitare l'effetto tossico di queste specie reattive, mentre i microrganismi anaerobi ne sono sprovvisti. In particolare, la tolleranza o la sensibilità delle cellule all'ossigeno è collegata alla presenza o meno di enzimi capaci di detossificare o rimuovere le specie chimiche più pericolose prodotte in presenza di ossigeno (Parente, Villani, 2012): per esempio, la superossido dismutasi (che disattiva il radicale superossido), la catalasi, la perossidasi o enzimi con funzione analoga (che rimuovono il perossido di idrogeno dalla cellula).

2.2.5 Composizione del mezzo

Per crescere ed esercitare tutte le proprie funzioni metaboliche, i microrganismi di interesse alimentare utilizzano i componenti degli alimenti, quali acqua, carboidrati, composti azotati, lipidi, minerali, vitamine e fattori di crescita correlati (Jay et al, 2009).

Nella maggior parte degli alimenti la ricchezza di nutrienti è tale da soddisfare le esigenze di molte specie diverse di microrganismi: le fonti energetiche impiegate con più facilità sono i carboidrati semplici e gli amminoacidi, ma alcuni microrganismi, dotati di specifici corredi enzimatici, riescono a utilizzare anche zuccheri più complessi, come amidi e cellulosa, previa idrolisi. Anche i lipidi possono rappresentare una fonte di energia, sebbene siano utilizzati da poche specie microbiche presenti negli alimenti. Per quanto concerne le fonti azotate, quella maggiormente impiegata da quasi tutti i microrganismi è rappresentata dagli amminoacidi. Infatti, benché alcune specie prediligano peptidi e proteine, la maggior parte dei microrganismi tende a utilizzare composti semplici prima di quelli più complessi. In generale lo stesso principio vale per i polisaccaridi e i grassi.

In linea di massima, i microrganismi di interesse alimentare meno esigenti dal punto di vista nutrizionale sono le muffe, seguite da batteri Gram-negativi, lieviti e batteri Gram-positivi.

I microrganismi necessitano di piccole quantità di vitamine del gruppo B, ampiamente diffuse in quasi tutti gli alimenti. Le muffe e i batteri Gram-positivi possono sintetizzare la maggior parte di tali composti e riescono quindi a svilupparsi anche in alimenti che ne contengono quantità esigue.

Per definizione, gli alimenti sono substrati estremamente ricchi dal punto di vista nutrizionale e possono generalmente supportare la crescita di numerose specie microbiche. Spesso, tuttavia, la loro composizione costituisce un potente fattore di selezione, favorendo alcune specie microbiche a scapito di altre: molti microrganismi, per esempio, non sono in grado di utilizzare alcuni zuccheri (come il lattosio); altri dipendono strettamente dalla forma e dalla disponibilità dell'apporto azotato (azoto inorganico, amminoacidi prontamente disponibili o peptidi/proteine, amminoacidi essenziali ecc.).

2.2.6 Presenza di antimicrobici naturali

Numerosi alimenti e materie prime contengono naturalmente sostanze dotate di attività antimicrobica, in grado di influenzare o inibire lo sviluppo dei microrganismi. In molti casi queste stesse molecole possono essere purificate o sintetizzate e impiegate nell'industria alimentare per la loro azione conservante, anche in alimenti in cui non sono naturalmente presenti.

È nota, per esempio, l'attività antimicrobica di alcuni composti caratterizzati da un'elevata componente aromatica che si formano attraverso la via della lipossigenasi (come esanale, (E)-2-esenale e nonanale), come pure di alcuni terpeni o terpenoidi concentrabili nei cosiddetti oli essenziali. Per quanto i meccanismi d'azione antimicrobica di queste molecole non siano ancora del tutto chiariti, la loro efficacia nella selezione e nella limitazione dello sviluppo di varie specie microbiche è ben documentata (Raybaudi-Massilia et al, 2009).

Inoltre molte materie prime possiedono enzimi che possono avere un ruolo antimicrobico importante negli alimenti (Jay et al, 2009). Basti ricordare, per esempio, la lattoferrina, il sistema lattoperossidasi (costituito da perossidasi, tiocianato e perossido di idrogeno) e la conglutinina, presenti nel latte e potenzialmente nei prodotti da esso derivati. Un altro antimicrobico naturale, presente in particolare nell'albume delle uova, è il lisozima, largamente impiegato come additivo in bevande fermentate, quali birra e vino, o in prodotti lattiero-caseari, come il grana padano. Essendo in grado di idrolizzare il legame β-1,4-glicosidico tra acido *n*-acetilmuramico e *n*-acetilglucosammina del peptidoglicano, questo enzima è attivo nei confronti dei batteri Gram-positivi, mentre la sua azione nei confronti dei Gram-negativi è limitata (Iucci et al, 2007).

Negli alimenti possono essere inoltre naturalmente presenti o accumularsi nelle fasi di produzione e conservazione composti con specifica attività antimicrobica, come acidi deboli (benzoico, sorbico, lattico, acetico, propionico), solfiti, nitrati o nitriti, per la cui trattazione si rimanda al par. 2.4.3.

2.2.7 Struttura del mezzo

Il naturale rivestimento di alcuni alimenti (gusci di semi e uova, tegumenti della frutta ecc.) fornisce loro un'eccellente protezione contro l'attacco e il successivo deterioramento da parte di microrganismi alteranti. L'integrità di queste strutture biologiche è fondamentale per evitare la penetrazione e la proliferazione dei numerosi microrganismi patogeni o alteranti che possono essere presenti sulla superficie degli alimenti. Durante i processi di trasformazione queste barriere vengono modificate o distrutte, aumentando la possibilità di attacco e di crescita microbica, in misura dipendente dagli altri fattori in gioco.

Anche la struttura interna dell'alimento può costituire un ostacolo per la sopravvivenza e la crescita dei microrganismi, poiché influenza la distribuzione delle cellule microbiche, dell'acqua libera presente e degli acidi organici, compresi gli eventuali conservanti. È noto che la proliferazione microbica avviene nella fase acquosa di un alimento, le cui caratteristiche influenzano pertanto la crescita (Wilson et al, 2002).

Questo parametro dovrebbe essere considerato soprattutto in relazione ai trattamenti tecnologici applicati agli alimenti, come l'impiego di alte pressioni (specie per l'omogeneizzazione, vedi par. 2.4.4), la macinatura delle carni (che determina una diversa compartimentalizzazione della struttura lipido-proteica e dell'acqua) o la formazione di emulsioni (come nel caso della maionese e di prodotti analoghi).

Va inoltre ricordato che i processi ad alta temperatura possono modificare profondamente la microstruttura degli alimenti e quindi influenzare le cinetiche di inattivazione microbica. Come riportato da Mañas et al (2003), quando i tuorli e gli albumi vengono sottoposti a trattamento termico a 65 °C la microstruttura cambia per effetto della coagulazione di alcune proteine, come la ovotransferrina, aumentando la viscosità del sistema. L'elevata viscosità può proteggere i microrganismi presenti dai trattamenti termici applicati, rendendo questi ultimi meno efficaci e influenzando significativamente la curva di inattivazione termica.

2.3 Fattori estrinseci

I fattori estrinseci sono indipendenti dal substrato e possono essere definiti come l'insieme delle caratteristiche essenziali dell'ambiente in cui gli alimenti vengono conservati e commercializzati; essi possono pertanto influenzare la shelf life degli alimenti attraverso l'effetto che svolgono sui microrganismi in essi presenti. I principali fattori estrinseci sono rappresentati dalla temperatura e dall'umidità dell'ambiente di stoccaggio.

2.3.1 Temperatura di conservazione

Tra i fattori estrinseci, l'applicazione di basse temperature di conservazione svolge un ruolo fondamentale nel controllo della crescita microbica negli alimenti. Le basse temperature comprendono sia temperature di refrigerazione (da +5/10 a –1/0 °C) sia temperature di congelamento (da –1 a –18 °C) e surgelazione (da –18 a –40 °C). Queste ultime non permettono lo sviluppo microbico e – pur determinando la morte di alcune cellule per ragioni meccaniche, in seguito alla formazione di cristalli di ghiaccio – non sono in grado di inattivare completamente i microrganismi presenti. Inoltre, anche le spore e gli enzimi sono resistenti ai processi di congelamento.

Ogni specie microbica è caratterizzata da una terna di temperature cardinali che individuano – a parità di tutte le altre condizioni – i valori minimo, massimo e ottimale di crescita, cioè rispettivamente: le temperature al di sotto e al di sopra delle quali il microrganismo cessa di moltiplicarsi e la temperatura alla quale lo sviluppo procede più velocemente. In funzione di questi valori, i microrganismi sono generalmente classificati in tre gruppi principali, psicrofili, mesofili e termofili, cui si aggiunge il gruppo degli psicrotrofi, che può essere considerato un sottogruppo dei mesofili.

I microrganismi *psicrofili* hanno una temperatura ottimale di crescita compresa tra 10 e 20 °C; la temperatura massima di crescita è generalmente inferiore a 25 °C. Le specie appartenenti a questo gruppo non sono numerose e per lo più sono adattate a sopravvivere in ambienti estremi. Poche di esse sono di interesse per l'industria alimentare, sebbene alcune siano riconducibili ai generi *Vibrio* e *Psychrobacter*.

I microrganismi mesofili sono caratterizzati da una temperatura ottimale di crescita variabile da 25 a 37 °C e da temperature massime che possono raggiungere i 45-50 °C. Questo gruppo comprende la maggior parte dei microrganismi di interesse alimentare, tra i quali molte specie alteranti e alcuni batteri potenzialmente patogeni come *Salmonella* spp., *Clostridium botulinum*, *Listeria monocytogenes* e *Staphylococcus aureus*. I funghi (lieviti e muffe) sono in grado di svilupparsi in un intervallo di temperatura molto ampio, pur avendo valori ottimali compresi tra 25 e 30 °C.

I microrganismi termofili sono caratterizzati da una temperatura ottimale di crescita superiore a 40 °C. La maggior parte dei termofili di interesse alimentare appartiene ai generi *Lactobacillus* (*L. delbrueckii*, *L. helveticus*, *L. acidophilus* ecc.), *Streptococcus* (*S. thermophilus*), *Geobacillus*, *Alicyclobacillus*, *Thermoanaerobacter*, *Paenibacillus*; fanno parte di questo gruppo anche alcune specie del genere *Bacillus* (*B. thermoleovorans*, *B. coagulans*) e alcune specie e ceppi del genere *Clostridium*. Questi ultimi generi hanno grande importanza nell'industria conserviera (in particolare nella produzione di succhi di frutta) per la loro capacità di produrre spore. La sporulazione può avvenire in un intervallo di temperatura compreso tra 15 e 41 °C; le spore sono generalmente caratterizzate da elevata resistenza alle alte temperature e alle condizioni stressanti in generale.

Al di là di questa classificazione, nell'industria alimentare assumono particolare importanza i microrganismi definiti *psicrotrofi*, caratterizzati da valori ottimali di temperatura compresi nell'intervallo definito per i microrganismi mesofili, ma in grado di mantenere una buona attività metabolica anche a basse temperature, incluse quelle di refrigerazione. Fanno parte di questo gruppo specie dei generi *Pseudomonas*, *Shewanella*, *Brochothrix*, alcuni funghi e anche diversi batteri patogeni. Questi microrganismi possono essere causa di alterazione di alimenti freschi o trasformati conservati a basse temperature e possono anche comportare rischi igienico-sanitari poiché comprendono specie patogene mesofile con attitudine psicrotrofa, come *Listeria monocytogenes*. Infatti, l'impiego di temperature di refrigerazione non determina la sanificazione dell'alimento, ma piuttosto l'allungamento più o meno pronunciato della fase di latenza della curva di crescita dei microrganismi con attitudine psicrotrofa e l'inibizione della crescita di quelli con caratteristiche mesofile o termofile. A temperature più basse rispetto a quella ottimale, i microrganismi psicrotrofi producono talvolta elevati livelli di polisaccaridi. Esempio ben noto di tale fenomeno è la produzione di filamenti (*rope*) nel latte e nel pane, mentre nelle carni l'aumentata sintesi di polisaccaridi si manifesta con la formazione di una patina superficiale viscida, tipica dell'alterazione batterica in wurstel, pollame e carne bovina macinata.

La temperatura massima di crescita è rappresentata dalla temperatura alla quale il metabolismo cellulare non è più in grado di tradursi in moltiplicazione cellulare. Questo valore non coincide, anche se a volte può essere molto prossimo, alla temperatura di morte, cioè alla temperatura alla quale le cellule cominciano a soccombere. Per un determinato microrganismo il limite massimo di temperatura per la crescita non è immutabile; infatti, può essere aumentato di qualche grado in seguito all'instaurarsi di risposte allo stress che comportano modificazioni del metabolismo e di alcune strutture vitali come la membrana cellulare. Per esempio, i microrganismi termofili sono caratterizzati da membrane cellulari rigide perché ricche di lipidi saturi o ramificati e possiedono enzimi in grado di esplicare le loro funzioni metaboliche a elevate temperature. Inoltre questi microrganismi possono produrre le cosiddette *heat-shock protein*, in grado di proteggere i processi cellulari e di conferire resistenza nei confronti di stress termici (come trattamenti termici blandi) o di altra natura (acido, osmotico ecc.).

La temperatura minima di crescita, che caratterizza ogni specie microbica, sembra direttamente correlata alla perdita di funzionalità della membrana. Per questa ragione, i microrganismi che crescono a basse temperature modificano la composizione della propria membrana cellulare aumentando la proporzione di acidi grassi insaturi che le conferiscono maggiore fluidità consentendo il mantenimento della funzionalità (Nedwell, 1999).

2.3.2 Umidità relativa dell'ambiente

Le condizioni in cui un alimento viene mantenuto sono importanti in relazione non solo alla temperatura, ma anche all'umidità relativa dell'ambiente di stoccaggio (UR, espressa percentualmente). Gli alimenti non confezionati tendono infatti a raggiungere più o meno rapidamente un equilibrio con l'ambiente che li circonda e, a seconda delle condizioni in cui si trovano, possono essere soggetti a scambi di umidità con l'ambiente stesso.

In generale, se la sua sicurezza e la sua stabilità dipendono da una bassa a_w, un alimento deve essere conservato in condizioni ambientali tali da impedire l'assorbimento di umidità dall'ambiente, poiché ciò determinerebbe un innalzamento di a_w favorevole alla crescita microbica. Per contro, alimenti con valori di a_w elevati posti in ambienti con bassa UR(%) tendono a perdere acqua per raggiungere un equilibrio con l'ambiente esterno (Parente, Villani, 2012); questa migrazione di acqua dall'interno all'esterno dell'alimento può comportare una perdita di umidità e fenomeni di disidratazione superficiale poco gradevoli. Nella scelta dell'UR(%) di stoccaggio occorre quindi considerare il duplice aspetto della possibile contaminazione microbica e della qualità organolettica dell'alimento e devono essere comunque presi in considerazione anche altri fattori, come una modifica della composizione dei gas dell'atmosfera di conservazione in grado di ritardare la contaminazione superficiale dell'alimento senza abbassare l'UR(%).

Anche la temperatura di stoccaggio svolge un ruolo fondamentale da questo punto di vista. In un sistema chiuso, infatti, al crescere della temperatura diminuisce l'UR(%), e viceversa.

Per questa ragione, a temperature di refrigerazione può crearsi condensa sulle superfici, favorendo la crescita di lieviti, muffe e di alcuni batteri aerobi che causano un'alterazione superficiale. Anche gli alimenti possono essere soggetti a una condensazione di acqua in superficie per effetto di sbalzi di temperatura; la scelta delle caratteristiche del packaging assume dunque un'importanza fondamentale, poiché un materiale idoneo può impedire gli scambi di umidità con l'ambiente e ridurre così le possibilità di sviluppo microbico.

2.4 Fattori di processo

2.4.1 Trattamenti ad alte temperature

Il più importante fattore di processo impiegato per l'abbattimento della popolazione microbica è rappresentato dal calore.

La principale strategia di conservazione degli alimenti prevede l'utilizzo di alte temperature attraverso l'impiego di calibrati trattamenti termici che devono conciliare due obiettivi: da un lato, ridurre le popolazioni microbiche (patogene e/o alteranti) a livelli accettabili e, dall'altro, preservare quanto più possibile le caratteristiche organolettiche dell'alimento. A seconda dell'entità del trattamento termico, si parla di pastorizzazione o di sterilizzazione (Jay et al, 2009).

In realtà tale distinzione è più tecnologica che biologica.

In linea generale la pastorizzazione consiste in un trattamento termico che permette di eliminare quasi tutte le forme vegetative dei microrganismi presenti, e in particolare delle specie patogene, e di inattivare la maggior parte degli enzimi endogeni dell'alimento, mentre non è efficace nei confronti dei microrganismi più termoresistenti e delle spore. Di norma, la pastorizzazione è conseguita con diverse combinazioni tempo-temperatura: i trattamenti possono essere condotti, per esempio, a 60-70 °C per diversi minuti oppure a 85-90 °C per pochi secondi.

La sterilizzazione viene invece praticata a temperature superiori a 100 °C e permette di eliminare, oltre a tutti i microrganismi patogeni e non patogeni, anche le spore. È anche in grado di inattivare la maggior parte degli enzimi endogeni dell'alimento, sebbene sussistano alcune notevoli eccezioni. In realtà, nell'industria conserviera si parla piuttosto di "sterilità commerciale", per indicare che nessun microrganismo vitale può essere rilevato mediante i comuni metodi colturali o che il numero di sopravvissuti è così basso da non essere significativo nelle condizioni di confezionamento e conservazione previste. Inoltre, nelle conserve possono essere presenti microrganismi che non sono in grado di moltiplicarsi per effetto di valori inadeguati di altri parametri (pH, potenziale redox, temperatura di conservazione ecc.). Le relazioni tra l'andamento dell'inattivazione dei microrganismi e la durata e la temperatura del trattamento termico sono approfondite nei capitoli 5 e 10.

Quando si parla di trattamenti termici l'aspetto critico è rappresentato dai microrganismi in grado di sporificare. Le spore batteriche sono forme di quiescenza della cellula che, a differenza delle corrispondenti forme vegetative, sono molto resistenti alle elevate temperature e ad altri fattori di stress. In base alla termoresistenza mostrata in particolari condizioni, possono essere suddivise in spore a bassa resistenza termica (come quelle di *Clostridium botulinum* tipo E, *Bacillus macerans*, *B. megaterium*, *B. cereus* var. *mycoides*), media resistenza termica (*C. botulinum* tipi A e B, la maggior parte delle specie di *Bacillus*), alta resistenza termica (*Geobacillus stearothermophilus*, *C. nigrificans*, *C. sporogenes*) e, infine, altissima resistenza termica (*C. thermosaccharolyticum*).

La termoresistenza di una spora o di una cellula vegetativa varia in relazione a diversi fattori, tra i quali:

- *acqua presente*, e in particolare il valore di a_w: minore è la quantità di acqua, maggiore è la termoresistenza, poiché la denaturazione delle proteine non idratate – che sono tra i principali target del trattamento termico – richiede temperature più elevate;
- *pH*: i microrganismi sono più resistenti alle alte temperature quando il pH è ottimale per la loro crescita, cioè generalmente prossimo alla neutralità; a pH acidi e alcalini la termoresistenza diminuisce;
- *sostanze che esercitano un'azione protettiva nei confronti del calore*: la presenza di alcuni composti (come lipidi, carboidrati, proteine, altri colloidi e sali) può aumentare la termoresistenza, almeno in un certo intervallo di temperatura. Gli acidi grassi a lunga catena esercitano una protezione migliore nei confronti delle alte temperature rispetto a quelli a corta catena. Anche alcuni ioni, come Mn^{++}, hanno lo stesso effetto;
- *carica microbica*: quanto maggiore è il numero dei microrganismi, tanto maggiore è l'intensità del trattamento termico necessaria per eliminarli o, comunque, ridurli;
- *età della cellula*: la massima sensibilità si osserva nelle cellule in fase esponenziale di crescita, mentre quelle che hanno raggiunto la fase stazionaria sono generalmente più termoresistenti;
- *temperatura di incubazione*: per uno stesso microrganismo la termoresistenza aumenta con l'aumentare della temperatura a cui viene incubato;
- *sostanze inibenti*: la termoresistenza diminuisce in presenza di sostanze quali antibiotici, CO_2, SO_2 ecc.

2.4.2 Controllo delle atmosfere di conservazione

Tra le tecnologie applicate per ritardare o inibire lo sviluppo microbico allo scopo di allungare la shelf life degli alimenti, un ruolo estremamente importante è svolto dalle tecniche impiegate per modificare la composizione della fase gassosa che circonda il prodotto alimentare, variandola rispetto alla normale atmosfera. In generale, queste tecniche si basano sulla rimozione di componenti dell'atmosfera, come l'O_2 (indispensabile per la moltiplicazione di molti microrganismi) o sull'arricchimento di altri componenti che possiedono caratteristiche antimicrobiche. Tra questi ultimi va ricordata in primo luogo la CO_2, sicuramente la più utilizzata, ma anche altre sostanze, come O_3 e CO, sulle quali – indipendentemente dal recepimento nelle legislazioni nazionali e internazionali – sono state condotte molte ricerche. Va sottolineato che queste tecniche non sono sanificanti, ma hanno piuttosto l'effetto di spostare gli equilibri tra le popolazioni microbiche presenti; per tale motivo sono spesso abbinate ad altre tecniche di controllo microbiologico.

Una strategia da tempo largamente impiegata è il confezionamento sottovuoto, che consiste nell'eliminazione più o meno spinta della fase gassosa che circonda il prodotto confezionato. La rimozione dell'ossigeno comporta l'inibizione della crescita di tutti i microrganismi strettamente aerobi (par. 2.2.4), come numerosi batteri Gram-negativi psicrotrofi, batteri sporigeni Gram-positivi del genere *Bacillus* e molte muffe. Il confezionamento sottovuoto è ormai diffusissimo e riguarda numerose matrici di origine animale (come carni, salumi e formaggi) e vegetale (caffè, riso ecc.).

Con l'espressione confezionamento in atmosfera modificata o protettiva vengono invece identificate le strategie volte a cambiare la composizione originaria dell'atmosfera, sostituendola con una più confacente alla conservazione del prodotto. Quando questa atmosfera

Tabella 2.4 Esempi di miscele di gas impiegate per il confezionamento in atmosfera protettiva di alcuni alimenti

Prodotto	*%CO_2*	*%O_2*	*%N_2*
Formaggi freschi	30	0	70
Formaggi stagionati	0	0	100
Prodotti da forno	20-70	0	30-80
Carni rosse fresche	20-30	70-80	0
Pesce azzurro	60	0	40
Pollame	75	0	25
Affettati e salumi	30	0	70
Pizze e focacce	30	0	70
Uova	20	0	80
Frutta secca	0	0	100

è definita al momento del confezionamento, senza possibilità di controllarne successivamente la composizione, si parla di atmosfera modificata; se invece è possibile – attraverso la permeabilità selettiva (in entrata o in uscita) dei film plastici impiegati – una qualche forma di controllo anche dopo il confezionamento, si parla più propriamente di atmosfera modificata di equilibrio (Parente, Villani, 2012).

Il gas sicuramente più utilizzato per controllare la proliferazione microbica attraverso atmosfere modificate è la CO_2, il cui spettro di attività antimicrobica risulta leggermente più ampio di quello osservato per il sottovuoto. Questo gas può, infatti, inibire la crescita dei diversi microrganismi esercitando su di essi un effetto tossico a partire da concentrazioni superiori a qualche punto percentuale. Il massimo dell'effetto antimicrobico e batteriostatico, a pressione ordinaria, si ottiene per concentrazioni nell'atmosfera attorno al 30-40%. Questo effetto è dovuto alla penetrazione del gas nelle membrane cellulari e quindi alla sua capacità di abbassare il pH intracellulare e di inibire alcune vie metaboliche della respirazione. Inoltre, la CO_2 è in grado di dissolversi anche negli alimenti diminuendone il pH. Alle concentrazioni generalmente impiegate per il confezionamento in atmosfera modificata la CO_2 svolge le proprie attività antimicrobiche indipendentemente dalla presenza di O_2. Tuttavia, nelle più comuni atmosfere modificate l'O_2 viene eliminato anche per prevenire l'ossidazione della frazione lipidica del prodotto. Fanno eccezione molti prodotti carnei per i quali è necessaria un'atmosfera addirittura arricchita di O_2 (sia pure in presenza contestuale di CO_2) per evitare i fenomeni di imbrunimento.

L'azoto, invece, essendo un gas inerte, non ha effetti diretti sulle cellule ma è utilizzato sostanzialmente per compensare la frazione atmosferica non coperta dagli altri gas o semplicemente, come nel caso della pasta secca, per sostituire completamente l'O_2.

Nella scelta della composizione dell'atmosfera modificata occorre comunque considerare che una data atmosfera pur avendo un effetto antimicrobico nei confronti di alcuni gruppi può promuovere la crescita di altri. La rimozione dell'ossigeno, per esempio, da un lato può evitare la crescita di microrganismi patogeni o alteranti aerobi, prevenendo così fenomeni di ossidazione, dall'altro può promuovere la crescita di microrganismi anaerobi facoltativi (come le enterobatteriacee, gli stafilococchi o alcuni lieviti), di batteri anaerobi (tra i quali i clostridi) o di batteri microaerofili (come i batteri lattici, che in taluni casi possono anche essere utilizzati come colture bioprotettive, vedi par. 2.5).

L'efficacia antimicrobica dell'atmosfera di confezionamento può essere influenzata da fattori sia estrinseci sia intrinseci. La temperatura di stoccaggio è particolarmente importante, in quanto condiziona sia direttamente la velocità di crescita microbica sia indirettamente la solubilità dei gas nell'alimento. La capacità inibente delle atmosfere modificate può inoltre essere condizionata dalle proprietà di permeabilità del packaging, dal rapporto tra il volume dell'alimento e la quantità di gas presente nella confezione, come pure dalla carica microbica iniziale, dalle popolazioni di microrganismi presenti e dalla composizione dell'alimento (Piergiovanni, Limbo, 2010).

Alcune delle più comuni composizioni di atmosfere modificate per alimenti sono riportate nella Tabella 2.4.

2.4.3 Conservanti

Oltre alle sostanze "naturali" ad attività antimicrobica trattate nel par. 2.2.6, ve ne sono numerose altre tradizionalmente e ampiamente utilizzate nell'industria alimentare come conservanti.

Un primo gruppo di molecole è costituito da diversi acidi organici (lattico, malico, acetico, citrico ecc.), che, oltre a essere normalmente presenti in numerosi alimenti, sono largamente utilizzati nell'industria alimentare come acidificanti e stabilizzanti di prodotti quali sottaceti, condimenti, dessert, bevande di fantasia, conserve e zuppe, secondo modalità definite dalla Direttiva 95/2/CE e successive modifiche. Molti di questi acidi devono la propria capacità di limitare la crescita microbica non solo all'abbassamento di pH che inducono, ma anche alla caratteristica di essere acidi deboli. Infatti, pur dipendendo da diversi fattori (quali tipo e concentrazione di acido utilizzato), l'efficacia antimicrobica negli alimenti di queste sostanze è soprattutto legata alla loro capacità di penetrare all'interno della cellula microbica, con conseguente alterazione della funzionalità per effetto dell'abbassamento del pH intracellulare. Generalmente è la forma indissociata degli acidi deboli a esplicare questa funzione (Samelis, Sofos, 2003) e ciò spiega perché la loro attività sia potenziata a bassi valori di pH, inferiori al pKa dell'acido (che solitamente ha valori superiori a 4). In questa categoria rientrano sicuramente anche benzoati, sorbati e propionati, estensivamente utilizzati come conservanti.

Tra gli additivi, l'anidride solforosa e i solfiti sono impiegati nell'industria alimentare come conservanti antimicrobici, antienzimatici e antiossidanti; a seconda della concentrazione, possono esibire proprietà batteriostatiche o battericide. Vengono utilizzati per inattivare muffe, lieviti e batteri, oltre che per preservare il colore e proteggere dall'imbrunimento i prodotti alimentari (in particolare frutta e verdure trasformate), anche se la loro principale e più antica applicazione si ha nella produzione di bevande alcoliche.

I nitriti e i nitrati sono sostanze naturalmente presenti nei vegetali e utilizzati come additivi nelle preparazioni alimentari. Vengono normalmente impiegati nella produzione di prodotti a base di carne (insaccati e salmistrati, trasformati o stagionati), mentre il loro uso è vietato nelle carni fresche e in preparazioni quali hamburger, carne trita, spiedini ecc. Il loro utilizzo e le dosi di impiego sono regolamentati dalla Direttiva 2006/52/CE; dosi superiori a quelle indicate non sono consentite, in quanto i nitriti possono reagire con ammine secondarie formando nitrosammine, composti tossici e cancerogeni. Oltre a mantenere la caratteristica colorazione delle carni legandosi alla mioglobina, nitriti e nitrati favoriscono lo sviluppo dell'aroma nei prodotti stagionati agendo selettivamente nei confronti di microrganismi che contribuiscono alla stagionatura dei salumi e, soprattutto, svolgono azione antimicrobica nei confronti di *Clostridium botulinum*.

2.4.4 Processi alternativi ai trattamenti termici

Negli ultimi anni, si è verificato un interesse crescente per le tecnologie "non termiche" di stabilizzazione degli alimenti, sia in sostituzione dei trattamenti termici classici sia in combinazione con trattamenti termici blandi o con altri ostacoli alla moltiplicazione microbica; ciò ha determinato un incremento degli studi a livello accademico, come pure delle applicazioni in campo industriale. Il ricorso a strategie di stabilizzazione diverse dai trattamenti termici classici risponde soprattutto a una precisa domanda dei consumatori, sempre più orientati verso alimenti "naturali" e "minimamente trattati" (Ross et al, 2003). In generale, queste tecnologie riescono a inattivare microrganismi patogeni o alteranti di interesse alimentare a temperature ambiente o quasi, evitando gli effetti deleteri del calore sulle qualità nutrizionali e organolettiche degli alimenti trattati. L'inattivazione delle spore risulta invece più difficile; pertanto a questi trattamenti ne vengono solitamente associati altri (blando preriscaldamento della matrice, abbassamento del pH ecc.) per meglio garantire la conservabilità. La resistenza microbica ai processi non termici dipende sia dal tipo di processo applicato sia dalla natura (batteri, lieviti, spore) e dallo stato fisiologico delle cellule presenti nelle matrici (le cellule in fase esponenziale sono solitamente più suscettibili ai processi tecnologici rispetto a quelle in fase stazionaria). Anche la composizione della matrice può influenzare, positivamente o negativamente, la resistenza microbica ai trattamenti non termici.

Tra i processi alternativi al trattamento termico vi sono l'irradiazione (con raggi UV e radiazioni ionizzanti), l'ultrasonicazione (anche con ultrasuoni ad alta intensità) e l'applicazione di luce pulsata, ma i processi più studiati e con maggior potenziale a livello industriale sono senza dubbio quelli basati su campi elettrici pulsati (PEF, *pulsed electric field*), alte pressioni idrostatiche (HHP, *high hydrostatic pressure*) e alte pressioni di omogeneizzazione (HPH, *high pressure homogenization*), da soli o in combinazione con ultrasuoni ad alta intensità.

Pur conseguendo buoni risultati in termini di inattivazione microbica, l'irradiazione, in particolare con radiazioni ionizzanti, è scarsamente utilizzata nell'industria alimentare italiana (e comunque limitata a patate, aglio, cipolle, erbe aromatiche e spezie), a causa sia delle limitazioni di impiego poste dalla vigente legislazione sia della diffidenza dei consumatori. In altri paesi europei, soprattutto Belgio, Francia, Paesi Bassi e Regno Unito, oltre ai tuberi è possibile irradiare pollame, pesci e molluschi, cosce di rana, prodotti ortofrutticoli, fiocchi e germi di cereali ecc. Il processo consiste nel sottoporre l'alimento a quantità ben definite di radiazioni ionizzanti (da 5 a 100 kGy), in camere sigillate, per inattivare il corredo genetico delle cellule microbiche, inibendone la suddivisione, e per alterare l'attività degli enzimi degradativi, rallentando quindi il deterioramento degli alimenti. Tra i microrganismi dotati di elevata resistenza a questo processo, vi sono *Deinococcus radiodurans* (precedentemente classificato come *Micrococcus radiodurans*) e gli psicrotrofi del gruppo *Moraxella-Acinetobacter*, la cui inattivazione richiede trattamenti con dosi elevate. Anche i lieviti e i lattobacilli presentano un'insolita resistenza all'irradiazione e – soprattutto quando la loro carica è elevata – possono causare problemi in prodotti sottovuoto o in atmosfera modificata. Generalmente, le spore batteriche mostrano notevole resistenza a questo tipo di trattamenti.

La tecnologia basata sui campi elettrici pulsati consiste nell'applicazione a matrici liquide di un campo elettrico ad alto voltaggio (compreso tra 2 e 80 kV/cm) con impulsi della durata compresa tra 1 e 100 µs; trova impiego in particolare nella stabilizzazione di succhi di frutta e loro derivati e del latte (Jaeger et al, 2009). L'inattivazione microbica avviene per effetto dell'elettroporazione irreversibile della membrana cellulare, con conseguente rilascio del contenuto intracellulare o lisi. In generale: i lieviti sono più sensibili rispetto ai batteri; le forme vegetative dei Gram-negativi sono più sensibili di quelle dei Gram-positivi; le spore sono più resistenti delle forme vegetative. L'efficacia del processo, in termini di inattivazione microbica, è largamente influenzata dalle caratteristiche della camera di trattamento (distribuzione del campo elettrico pulsato, distribuzione della velocità di flusso e della temperatura). Alcuni studi hanno evidenziato che il trattamento di matrici liquide mediante campi elettrici pulsati, anche di debole intensità, aumenta l'effetto antimicrobico di molecole come nisina e lisozima, grazie a un miglior accesso alla membrana citoplasmatica in seguito all'elettroporazione.

L'impiego di alte pressioni ha dimostrato un enorme potenziale nell'industria alimentare, per la capacità di allungare la shelf life dell'alimento con minimo scadimento delle caratteristiche sensoriali, qualitative e nutrizionali. In questi processi si distinguono due tecnologie che utilizzano, rispettivamente, alte pressioni idrostatiche (da 100 a 1000 MPa), applicabili ad alimenti liquidi o solidi, e alte pressioni di omogeneizzazione (da 50 a 400 MPa), applicabili ad alimenti fluidi o fluidificabili. Sebbene basate su principi fisici e dinamiche di inattivazione microbica differenti, le due tecnologie presentano alcune caratteristiche comuni. In generale, i parametri che influenzano l'inattivazione microbica tramite alte pressioni possono essere ricondotti al tipo di processo, alla fisiologia delle cellule microbiche e alle caratteristiche della matrice (Diels, Michiels, 2006).

Tra i parametri di processo, l'aumento della pressione porta in generale a un incremento dell'inattivazione microbica. Le temperature applicate durante l'alta pressione idrostatica o quelle raggiunte nel fluido sottoposto ad alta pressione di omogeneizzazione possono avere una significativa ripercussione sull'inattivazione microbica: nei processi con pressione idrostatica sono stati osservati livelli maggiori di inattivazione a temperature superiori o inferiori a quelle ambientali; nei processi con pressione dinamica l'innalzamento di temperatura comporta una maggior fluidità del substrato trattato e quindi anche una maggiore inattivazione. L'applicazione di ripetuti cicli di trattamento ad alta pressione può essere considerata una valida strategia per incrementare l'efficienza dell'inattivazione microbica.

La sensibilità dei microrganismi alle alte pressioni dipende da diversi fattori, legati soprattutto alle condizioni del substrato (temperatura, pH e attività dell'acqua). In generale, i batteri Gram-positivi risultano più resistenti dei Gram-negativi, grazie alla presenza di un maggiore strato di peptidoglicano e al numero di legami crociati tra le catene polisaccaridiche. Rispetto alle cellule in fase esponenziale, le cellule in fase stazionaria sono più resistenti grazie alla sintesi di proteine che le proteggono anche da altre condizioni avverse, quali alte temperature, danni ossidativi ecc. La resa dei processi ad alta pressione di omogeneizzazione in termini di inattivazione microbica è influenzata anche da caratteristiche della matrice da trattare, e in particolare dalla viscosità, che può influenzare alcuni meccanismi che determinano la rottura cellulare (come turbolenza, cavitazione, impatto con superfici solide e stress di estensione). Anche la presenza di sostanze antimicrobiche, quali lisozima, nisina, lattoferrina e alcune batteriocine, può aumentare l'inattivazione microbica.

2.5 Fattori impliciti

I fattori impliciti sono il risultato delle relazioni tra le diverse popolazioni microbiche che colonizzano l'alimento nelle condizioni determinate dalla combinazione dei fattori intrinseci, estrinseci e di processo. Una popolazione microbica è un insieme di ceppi di una stessa specie che condividono lo stesso habitat, mentre più popolazioni presenti nello stesso ambiente (alimento) costituiscono una comunità. L'interazione tra i microrganismi e il sistema alimento determina continue variazioni nella comunità microbica presente e tra le diverse popolazioni si possono instaurare diversi tipi di rapporti, sia sinergici sia antagonistici.

I rapporti di competizione si instaurano quando una delle popolazioni che colonizzano un habitat entra in conflitto con un'altra per assicurarsi i nutrienti presenti o lo spazio (per esempio, se occorrono dei siti di adesione per colonizzare l'ambiente). I microrganismi con un elevato potenziale metabolico prendono spesso il sopravvento, consumando in breve tempo le fonti nutritive presenti e inibendo così la crescita di altre popolazioni. È stato spesso riportato che – quando si trovano in competizione con coliformi o con *Pseudomonas* spp. – gli stafilococchi, particolarmente sensibili alla scarsità di nutrienti, non riescono a crescere a causa del rapido esaurirsi di amminoacidi per loro indispensabili. Per la rapidità con cui consumano niacina, biotina e nicotinammide, anche gli streptococchi riescono a limitare la crescita degli stafilococchi. Per questa ragione, pur essendo frequentemente isolato in campioni di carne o altri alimenti simili, *Staphylococcus aureus* è un competitore molto debole nei confronti di altre specie da cui viene facilmente sopraffatto (ICMSF, 1980).

La competizione può esercitarsi anche attraverso la produzione di sostanze inibenti, poiché l'accumulo di alcuni metaboliti prodotti da una specie può limitare o inibire la crescita di altre. In questi casi si parla più propriamente di *amensalismo*. Per esempio, la presenza di acidi organici prodotti da batteri lattici o acetici o di etanolo prodotto da lieviti ha un effetto antimicrobico nei confronti di diverse specie. Inoltre, alcune specie batteriche sono in grado di produrre sostanze ad azione antimicrobica di natura amminoacidica (batteriocine) attive nei confronti di altre specie, più o meno strettamente correlate al produttore. Sulla capacità di alcuni batteri lattici di produrre batteriocine si basa l'impiego delle cosiddette *colture protettive*, cioè colture costituite da batteri privi di rischi per il consumatore e con un trascurabile impatto organolettico, che sviluppandosi in un alimento inibiscono la crescita di specie patogene o alteranti. Queste specie pro-tecnologiche vengono deliberatamente inoculate nel prodotto affinché prendano il sopravvento sulle specie indesiderate eventualmente presenti inibendone la crescita, soprattutto in previsione di probabili abusi termici durante la distribuzione e la vendita. I microrganismi utilizzati a tale scopo appartengono per lo più ai batteri lattici: alcuni ceppi infatti producono nisina, una batteriocina con un ampio spettro d'azione nei confronti di specie analoghe ma anche di altri batteri Gram-positivi potenzialmente patogeni, come *Listeria monocytogenes* e *Staphylococcus aureus* (Thomas, Delves-Broughton, 2005). La nisina, peraltro, viene già utilizzata come additivo antimicrobico in alcuni prodotti.

I microrganismi possono competere anche modificando le caratteristiche intrinseche del mezzo in cui si trovano a crescere. Lo sviluppo di batteri lattici e acetici, per esempio, provoca un abbassamento del pH che inibisce i microrganismi più sensibili all'acidità, mentre lo sviluppo di specie strettamente aerobie, riducendo l'ossigeno disponibile, limita la crescita di altre specie che necessitano di ossigeno per svilupparsi.

Le complesse e continue interazioni che si instaurano tra le popolazioni nel sistema alimento possono essere anche di tipo positivo (sinergia) quando un dato gruppo di microrganismi viene favorito dallo sviluppo di un altro gruppo, sia nelle fermentazioni desiderate sia nei processi degradativi. Alla base della cooperazione tra diverse specie microbiche vi sono diversi meccanismi, come cambiamenti del pH e del potenziale redox, rimozione di metaboliti tossici o produzione di metaboliti utili per altre specie. In questo contesto si definisce *commensalismo* una relazione nella quale un microrganismo si avvale dei prodotti del metabolismo di un'altra specie senza arrecarle danni, ma nemmeno vantaggi; se il vantaggio è reciproco si parla invece di *mutualismo*. Negli alimenti è frequente la *protocooperazione*, una particolare forma di associazione mutualistica tra due specie che non vivono a diretto contatto, nella quale ciascuna specie produce sostanze utili all'altra. Nello yogurt, per esempio, *Lactobacillus delbrueckii* subsp. *bulgaricus* libera peptidi e amminoacidi essenziali per lo sviluppo di *Streptococcus thermophilus* il quale, a sua volta, è responsabile della produzione di composti (come acido folico, acido formico e CO_2) che stimolano il metabolismo del bacillo. Sono ben note anche le relazioni positive che si instaurano tra alcuni lieviti e i batteri lattici presenti nelle paste acide. Meno studiate sono le sinergie che si instaurano durante processi alterativi, tuttavia è noto che lo sviluppo di lieviti produce vitamina B, stimolando la crescita dei batteri lattici (Gobbetti, 1998). Anche la crescita di alcune muffe su un substrato ricco di amido può aiutare la crescita di altri microrganismi, tra i quali i lieviti, grazie alla liberazione di mono- e disaccaridi.

Bibliografia

Alzamora SM, Tapia MS, Welti-Chanes J (2003) The control of water activity. In: Zeuthen P, Bøgh-Sørensen L (eds) *Food preservation techniques*. CRC Press, Boca Raton

Diels AM, Michiels CW (2006) High-pressure homogenization as a non-thermal technique for the inactivation of microorganisms. *Critical Reviews in Microbiology*, 32(4): 201-216

Direttiva 95/2/CE del Parlamento europeo e del Consiglio del 20 febbraio 1995 relativa agli additivi alimentari diversi dai coloranti e dagli edulcoranti

Direttiva 2006/52/CE del Parlamento europeo e del Consiglio del 5 luglio 2006 che modifica la direttiva 95/2/CE relativa agli additivi alimentari diversi dai coloranti e dagli edulcoranti e la direttiva 94/35/CE sugli edulcoranti destinati ad essere utilizzati nei prodotti alimentari

Gobbetti M (1998) The sourdough microflora: interactions of lactic acid bacteria and yeasts. *Trends in Food Science & Technology*, 9(7): 267-274

International Commission on Microbiological Specification of Foods (ICMSF) (1980) Microbial ecology of foods, Volume 1, Factors affecting life and death of microorganisms. Academic Press, Orlando, p 311

Iucci L, Patrignani F, Vallicelli M et al (2007) Effects of high pressure homogenization on the activity of lysozyme and lactoferrin against *Listeria monocytogenes*. *Food Control*, 18(5): 558-565

Jaeger H, Meneses N, Knorr D (2009) Impact of PEF treatment in homogeneity such as electric field distribution, flow characteristics and temperature effects on the inactivation of *E. coli* and milk alkaline phosphatase. *Innovative Food Science & Emerging Technologies*, 10(4): 470-480

Jay JM, Loessner MJ, Golden DA (2009) *Microbiologia degli alimenti*. Springer, Milano

Mañas P, Pagán R, Alvarez I, Condón Usón S (2003) Survival of *Salmonella senftenberg* 775 W to current liquid whole egg pasteurization treatments. *Food Microbiology*, 20(5): 593-600

Nedwell DB (1999) Effect of low temperature on microbial growth: lowered affinity for substrates limits growth at low temperature. *FEMS Microbiology Ecology*, 30(2): 101-111

Parente E, Villani F (2012) Ecofisiologia dei microrganismi negli alimenti. In: Farris GA, Gobbetti M, Neviani E, Vincenzini M (eds) *Microbiologia dei prodotti alimentari*. Casa Editrice Ambrosiana, Milano, pp 37-68

Piergiovanni L, Limbo S (2010) *Food packaging*. Springer, Milano

Raybaudi-Massilia RM, Mosqueda-Melgar J, Soliva-Fortuny R, Martın-Belloso O (2009) Control of pathogenic and spoilage microorganisms in fresh-cut fruits and fruit juices by traditional and alternative natural antimicrobials. *Comprehensive Reviews in Food Science and Food Safety*, 8(3): 157-180

Ross AIV, Griffiths MW, Mittal GS, Deeth HC (2003) Combining nonthermal technologies to control foodborne microorganisms. *International Journal of Food Microbiology*, 89(2-3): 125-138

Samelis J, Sofos JN (2003) Organic acids. In: Roller S (ed) *Natural antimicrobials for the minimal processing of foods*. CRC Press, Boca Raton

Thomas LV, Delves-Broughton J (2005) Nisin. In: Davidson PM, Sofos JN, Branen AL (eds) *Anti - microbials in Food*. Taylor & Francis, Boca Raton, pp 237-274

Wilson PDG, Brocklehurst TF, Arino S et al (2002) Modelling microbial growth in structured foods: towards a unified approach. *International Journal of Food Microbiology*, 73(2-3): 275-289

Capitolo 3
Principi di modellazione in microbiologia

Eugenio Parente

3.1 Esperimenti e modelli: Alice e il bruco

Alice ha un problema (del resto, chi non ne ha?): non riesce a tornare dell'altezza "giusta". Piuttosto imprudentemente, accetta il consiglio di un bruco: mangiando un lato (di un fungo) diventerà più alta, mangiando l'altro lato diventerà più bassa. Nella storia, dopo un po' di tentativi (o esperimenti) che le fanno raggiungere estremi imbarazzanti, la bambina riesce a tornare dell'altezza "giusta". La bambina ha risolto in maniera empirica un problema di modellazione: mangiando un po' di un lato e un po' dell'altro (del fungo) è riuscita a portare a 0 la velocità di cambiamento della sua altezza esattamente quando la sua altezza era quella "giusta". Il matematico che ha scritto questa storia avrebbe potuto proporre un approccio diverso alla soluzione del problema: l'effetto totale sull'altezza della quantità di fungo mangiata con ogni boccone era proporzionale alla quantità mangiata? C'era qualche relazione tra la quantità e la velocità di cambiamento dell'altezza (è sempre imbarazzante crescere troppo velocemente o troppo lentamente)? Si trattava di una relazione lineare o non lineare? Sarebbe stato possibile individuare una strategia in grado di ottimizzare sia la velocità di crescita sia l'altezza finale?

Prudentemente, tutto questo ragionamento – che poteva essere espresso come sistema di equazioni differenziali, che avrebbe annoiato a morte le ascoltatrici di Charles Dodgson – non è finito in *Alice nel paese delle meraviglie*, ma è approdato qui per introdurre, in modo un po' insolito, il problema della modellazione. Del resto tutti noi risolviamo, spesso in maniera inconscia, problemi di modellazione: quando lanciamo una palla, costruiamo un modello della sua traiettoria risolvendo mentalmente (e con una discreta precisione) un problema di dinamica; quando scegliamo di intraprendere un viaggio in auto, cerchiamo di evitare il traffico costruendo un modello della probabilità di rimanere imbottigliati insieme a migliaia di altri infelici; se prepariamo un'insalata di riso e decidiamo di conservarla in frigo costruiamo inconsapevolmente un modello della sua shelf life che ci permetterà di prevedere, in maniera approssimativa, per quanto tempo l'insalata rimarrà edibile. Tuttavia, la caratteristica delle previsioni formulate in modo inconscio è la loro "vaghezza": siamo in grado di prevedere una tendenza, ma non con grande precisione, e il processo di previsione stesso è difficile da comunicare. Se acchiappiamo la palla, lo facciamo aggiustando continuamente con il nostro sistema di sensori il movimento del braccio e della mano, ma ci riuscirebbe difficile se non impossibile spiegare come abbiamo fatto o ripetere esattamente i gesti che abbiamo compiuto. Più complesso è un problema, più difficile è prevedere il destino di un sistema o la soluzione ottimale.

F. Gardini, E. Parente (a cura di) *Manuale di microbiologia predittiva*
DOI 10.1007/978-88-470-5355-7_3

Fig. 3.1 Alice e il Bruco. Illustrazione originale di Sir John Tenniel per la prima edizione del libro di Lewis Carroll (Charles Dodgson) *Alice's Adventures in Wonderland*, 1865

I modelli sono dunque rappresentazioni astratte, più o meno complesse, della realtà. Il modello migliore è quello che permette di comprendere, spiegare e rappresentare un fenomeno, fornendo previsioni affidabili, con la maggiore semplicità possibile (cioè utilizzando il minor numero di variabili e la rappresentazione matematica più semplice). Un modello, quindi, deve catturare l'essenza della realtà, lasciando da parte i dettagli che potrebbero oscurare o confondere gli aspetti fondamentali del fenomeno che il modello intende rappresentare: un buon modello è come una buona mappa, che ci consente di ricavare le informazioni di cui abbiamo bisogno su un determinato territorio senza "distrarci" con un eccesso di dettagli.

Analogamente a una buona mappa, un modello può avere "scale" diverse che catturano livelli diversi di complessità e mostrano i fenomeni rilevanti per ciascuna scala (una cartina stradale è ben diversa da una carta geologica, ma entrambe servono ai loro rispettivi scopi). Un buon modello, inoltre, è basato su dati sperimentali e consente di risparmiare risorse preziose ottenendo previsioni accettabili (in termini di precisione e accuratezza), con un minimo impegno di risorse materiali.

In questo libro descriveremo modelli di fenomeni biologici (crescita, morte, inattivazione, produzione di metaboliti, consumo di substrati, competizione, amensalismo), fenomeni fisici (trasferimenti di massa ed energia) e fisico-chimici (cambiamenti di pH e a_w) prevalentemente applicati al controllo della crescita e della sopravvivenza di microrganismi utili o dannosi negli alimenti.

La disciplina che si occupa di queste tipologie di modelli è ormai universalmente conosciuta come *microbiologia predittiva*, l'insieme delle conoscenze quantitative sulle dinamiche di crescita, di morte e di inattivazione dei microrganismi negli alimenti. In quasi cent'anni di storia – i primi modelli matematici per l'inattivazione di spore mediante trattamento termico risalgono agli anni Venti del XX secolo (Bigelow, 1921) e sono ancora in uso, in forma più o meno immutata – questa disciplina ha fornito ai ricercatori, ai tecnologi, all'industria e agli organi amministrativi e di governo nazionali e sovranazionali una massa imponente di conoscenze e di dati che sono stati applicati con successo per risolvere problemi di grande complessità.

Questo capitolo ha lo scopo di fornire un'introduzione alla tecnica e all'arte della modellazione, la terminologia di base e una classificazione dei diversi tipi di modelli usati in microbiologia predittiva e in altre discipline correlate. I diversi argomenti verranno introdotti con una procedura passo-passo, a partire da un set reale di dati.

3.2 Da semplice a complesso, da empirico a meccanicistico

Immaginiamo che un'Alice del futuro si trovi in un enorme laboratorio deserto, da qualche parte negli Stati Uniti, dove si imbatte in un quaderno di laboratorio ingiallito. Nel quaderno sono raccolti i dati di un esperimento con il quale viene valutata la crescita di un pool di 2 ceppi di *Salmonella* in tuorlo d'uovo zuccherato a 5 diverse temperature (i dati sono ricavati da ComBase e consultabili nell'**Allegato on line 3.1**; per maggiori informazioni su ComBase, vedi il cap. 8). Il substrato sterile è stato inoculato con approssimativamente 4000 ufc/mL e ogni esperimento è stato ripetuto tre volte.

Alice, che ha molto tempo davanti a sé e un bagaglio minimo di conoscenze di microbiologia, statistica e matematica, decide di studiare un po' il problema. La sequenza di azioni del suo esercizio di modellazione è mostrata nella Fig. 3.2.

Prima di tutto decide di confrontare il valore della crescita a un tempo fisso (approssimativamente 24 h). I risultati sono riportati nella Fig. 3.3. La figura cattura, sotto forma di diagramma a barre, un solo momento della dinamica dell'evoluzione temporale delle popolazioni microbiche: rappresenta quindi un modello statico. Sebbene non possa dire nulla sulla dinamica della crescita che ha portato al valore ottenuto a 24 h, fornisce alcune informazioni

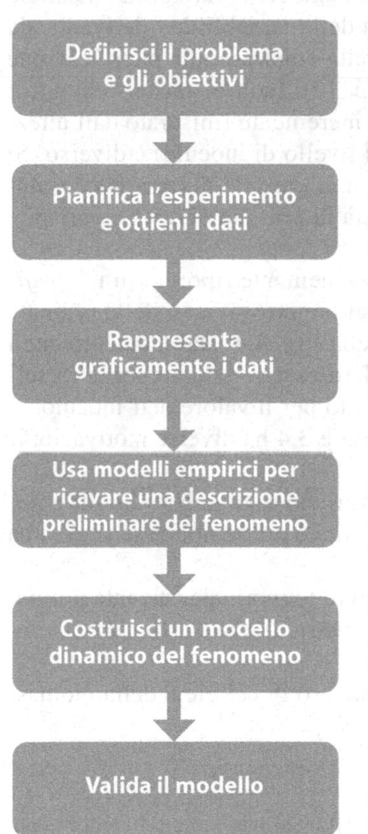

Il tuorlo d'uovo zuccherato può essere contaminato da patogeni, tra cui *Salmonella enterica*, e può supportarne la crescita, che è influenzata da diversi fattori, tra cui la temperatura. Per la valutazione del rischio, è importante conoscere la cinetica di crescita a diverse temperature.

Seleziona due ceppi di *Salmonella enterica* e inocula il substrato; conduci l'incubazione a diverse temperature (10-30 °C) e per intervalli di tempo predefiniti; preleva dei campioni ed esegui una conta in piastra; usa tre repliche per ciascuna temperatura (vedi cap. 4).

Prepara dei diagrammi a barre con il numero di microrganismi (ufc/mL) a tempi fissi (**modelli statici**) a diverse temperature; rappresenta graficamente la cinetica di crescita utilizzando un algoritmo di interpolazione (**modelli statici comparativi**).

Valuta la possibilità di utilizzare semplici equazioni lineari o non lineari per ottenere una descrizione preliminare del fenomeno (**modelli empirici**) che possa consentire l'interpolazione e/o l'estrapolazione. Calcola i parametri dei modelli per regressione e valuta l'effetto della temperatura su uno o più parametri (vedi cap. 13).

Seleziona le variabili di stato, di controllo e i convertitori. Utilizzando l'analogia, costruisci un modello fisico e un modello matematico del fenomeno, se possibile usa un **modello meccanicistico**. Parti da modelli semplici e complicali se necessario. Conduci un'**analisi di sensibilità** sui parametri.

Verifica che il modello sia una rappresentazione adeguata della realtà usando un nuovo set di dati o una parte dei dati già generati: confronta i dati predetti con quelli sperimentali, misura il bias e l'accuratezza del modello.

Fig. 3.2 Approccio passo-passo a un processo di modellazione di curve di crescita

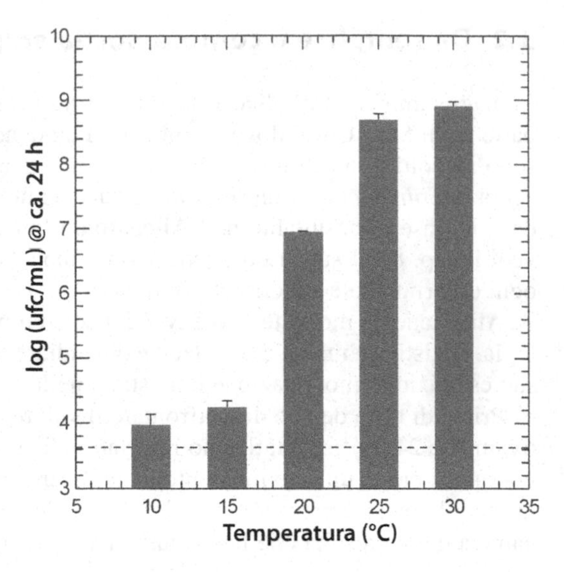

Fig. 3.3 Il diagramma a barre mostra il numero di cellule vitali di *Salmonella* in tuorlo d'uovo zuccherato dopo 24 h di incubazione a diverse temperature. La linea tratteggiata orizzontale rappresenta il livello di inoculo e l'altezza delle barre la media geometrica (media del logaritmo di ufc), mentre le sottili barre verticali rappresentano l'errore standard (vedi cap. 13)

importanti. Innanzi tutto, ciascun risultato è caratterizzato da una certa variabilità, mostrata come errore standard in cima a ciascuna barra (il problema della variabilità – derivante sia dalla variabilità intrinseca dei fenomeni biologici sia da quella connessa alla pianificazione e alla conduzione degli esperimenti – sarà affrontato nel cap. 12). Inoltre, anche se in tutti i casi si è avuto un incremento rispetto al valore iniziale, tale incremento (misurato dall'altezza della colonna rispetto alla linea tratteggiata che indica il livello di inoculo) è diverso. Si potrebbe supporre che la differenza sia dovuta a una velocità di crescita diversa ma costante a ogni temperatura, oppure che sia l'effetto di una velocità di crescita diversa e variabile nell'intervallo 0-24 h e di altri fenomeni.

Per studiare la cinetica del fenomeno, i dati vengono comunemente riportati in un *grafico a dispersione*, con il valore della variabile influenzata dal tempo sull'asse delle ordinate e il tempo sull'asse delle ascisse. Un esempio è mostrato nella Fig. 3.4. Dal momento che i livelli di inoculo sono lievemente diversi, è opportuno standardizzare i risultati per la crescita dividendo il valore ottenuto a ogni tempo di campionamento per il valore dell'inoculo.

L'impiego della *trasformazione logaritmica* nelle Figg. 3.3 e 3.4 ha diverse motivazioni:

- quando in un esperimento i valori del numero di cellule variano di diversi ordini di grandezza (per esempio, da 10^4 a 10^8), l'interpretazione dei grafici è più semplice se si usa una scala logaritmica;
- la distribuzione dei valori delle conte microbiche è in genere lognormale (diventa normale dopo una trasformazione logaritmica, altrimenti è asimmetrica) e la trasformazione logaritmica agevola l'applicazione dei test statistici;
- esistono ragioni teoriche per utilizzare il logaritmo del numero di cellule o della biomassa (vedi cap. 4)[1].

[1] Anche se in realtà sarebbe preferibile utilizzare il logaritmo naturale, il logaritmo in base 10 è di uso più comune, ma richiede qualche cautela nell'interpretazione dei parametri dei modelli (vedi cap. 4). In questo capitolo e nei successivi indicheremo con log(x) il logaritmo in base 10 e con ln(x) il logaritmo naturale.

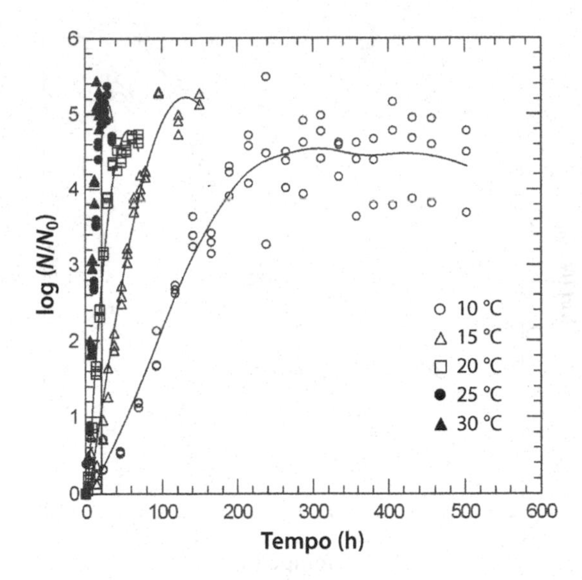

Fig. 3.4 Cinetica di crescita di un pool di 2 ceppi di *Salmonella enterica* in tuorlo d'uovo zuccherato, a diverse temperature. Per ciascuna temperatura sono mostrati i dati di tre curve di crescita indipendenti. Le linee continue sono state ottenute con un algoritmo di interpolazione (Distance-weighted least square smoothing) utilizzato per stimare il valore della relazione tra due punti per i quali è stato eseguito il campionamento

Il grafico della Fig. 3.4 rappresenta un *modello statico comparativo*: anche se, utilizzando un metodo di interpolazione, possiamo ottenere una relazione (come quella rappresentata dalle linee continue della Fig. 3.4) che ci permette di prevedere che cosa accade tra un punto di campionamento e l'altro, il modello non cattura l'intera dinamica del fenomeno. A ciò si aggiungono la variabilità sperimentale e quella biologica, che contaminano con due sorgenti di errore il fenomeno, oscurandolo o rendendolo di più difficile interpretazione.

In realtà, è possibile utilizzare metodi semiautomatici e automatici (vedi cap. 4) per monitorare la crescita microbica a intervalli molto frequenti (approssimativamente continui, anche se questo non risolve il problema della variabilità sperimentale); inoltre, è possibile utilizzare una relazione matematica della forma adatta per rappresentare nel modo migliore possibile il fenomeno. La relazione matematica costituisce un modello empirico del fenomeno e può essere usata per l'*interpolazione* (la stima del valore della funzione tra un punto sperimentale e l'altro) o l'*estrapolazione* (la stima del valore della funzione al di fuori dell'intervallo sperimentale).

Nello specifico, è possibile notare che l'andamento di ciascuna cinetica di crescita è approssimativamente sigmoidale e che, almeno nella parte centrale di ogni curva di crescita (approssimativamente tra 5 e 20 h di incubazione), esiste una relazione lineare tra $\log(N/N_0)$ e il tempo:

$$\log\left(\frac{N}{N_0}\right) = a + bt \tag{3.1}$$

dove a è un'intercetta priva di significato biologico e b è in relazione con la velocità specifica di crescita della popolazione (vedi cap. 4).

I parametri dell'equazione possono essere facilmente stimati per regressione lineare, impiegando il metodo dei minimi quadrati (vedi cap. 13). Il risultato è mostrato nella Fig. 3.5.

La relazione lineare utilizzata per rappresentare una parte della curva costituisce un semplice modello matematico (per ora completamente empirico, cioè basato su un'equazione che permette di rappresentare in maniera accettabile i dati e che non è derivata da considerazioni

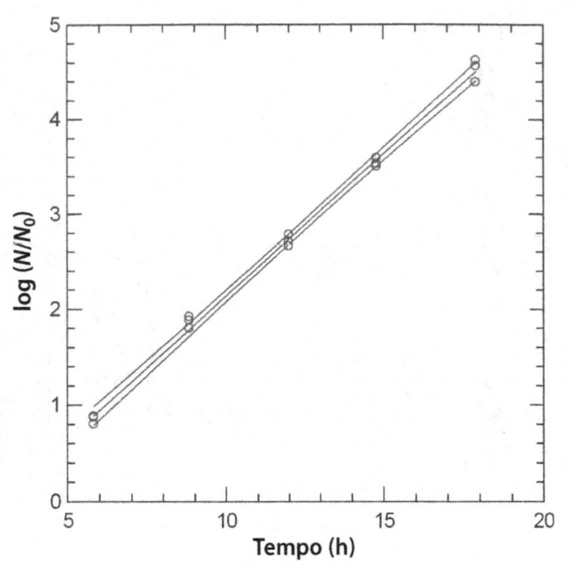

Fig. 3.5 *A destra*: rappresentazione di una regressione lineare sulla sola fase esponenziale delle curve di crescita a 25 °C (Fig. 3.4). *Sotto*: stime di alcuni parametri della regressione, retta di regressione e intervallo di confidenza della retta di regressione al 95% (vedi cap. 13). Il coefficiente per l'effetto TIME_H corrisponde al coefficiente *b* dell'eq. 3.1

Dependent Variable	LOGNN0
N	15
Multiple R	0.998
Squared Multiple R	0.997
Adjusted Squared Multiple R	0.996
Standard Error of Estimate	0.079

Regression Coefficients $B = (X'X)^{-1}X'Y$

Effect	Coefficient	Standard Error	Std. Coefficient	Tolerance	t	p-Value
CONSTANT	-0.857	0.060	0.000	.	-14.225	0.000
TIME_H	0.300	0.005	0.998	1.000	62.713	0.000

Confidence Interval for Regression Coefficients

Effect	Coefficient	95.0% Confidence Interval		VIF
		Lower	Upper	
CONSTANT	-0.857	-0.987	-0.727	.
TIME_H	0.300	0.289	0.310	1.000

teoriche). Impiegando semplici tecniche statistiche è comunque possibile stimare la *velocità specifica di crescita*, un parametro di grande importanza biologica (vedi cap. 4). Il modello è però del tutto inadeguato: per quanto permetta di stimare in maniera relativamente affidabile (per esempio, in termini di differenza tra dati stimati e dati sperimentali) i dati compresi tra 5 e 20 ore, trascura il fatto che la velocità specifica di crescita è approssimativamente costante solo entro un intervallo limitato; la sua estrapolazione al di fuori dell'intervallo di dati usato per stimare i parametri *a* e *b* dell'equazione 3.1 produce valori evidentemente assurdi. Le difficoltà di estrapolazione sono una caratteristica comune dei modelli puramente empirici.

Una possibilità ragionevole per modellare l'intera curva di crescita (vedi cap. 4) è ricorrere a un'equazione non lineare, come il *modello logistico*:

$$y = \frac{a}{\left[1 + e^{(b-cx)}\right]} \tag{3.2}$$

Nel nostro caso $y = \log(N/N_0)$ e $x = t$; in microbiologia predittiva è più comune l'uso della forma riparametrizzata del modello (Zwietering et al, 1990):

$$y = \frac{A}{\left\{1 + \exp\left[\frac{4\mu_{max}}{A}(\lambda - t)\right] + 2\right\}} \tag{3.3}$$

dove A è l'asintoto (il valore massimo raggiunto da y), μ_{max} una stima della velocità di crescita massima, rappresentata come la pendenza al punto di flesso, e λ la durata della fase lag (vedi cap. 4). Anche in questo caso i parametri del modello possono essere stimati per regressione, ma occorre utilizzare un procedimento iterativo (vedi cap. 13), poiché l'equazione 3.3

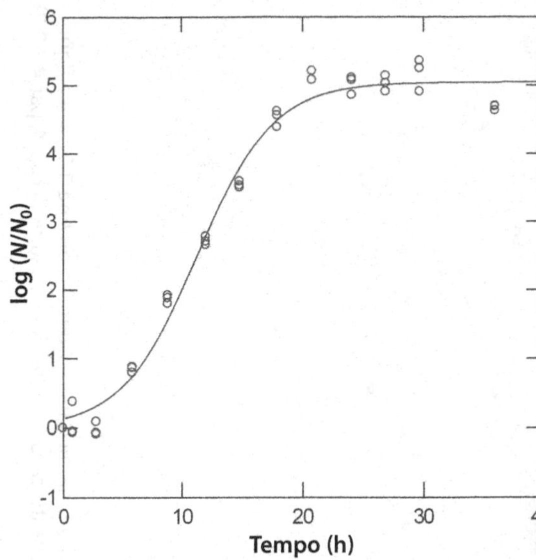

Fig. 3.6 *A sinistra*: rappresentazione di una regressione non lineare per le tre cinetiche di crescita a 25 °C (Fig. 3.4). *Sotto*, nella tabella in basso, stime di alcuni parametri della regressione

Sum of Squares and Mean Squares

Source	SS	df	Mean Squares
Regression	507.918	3	169.306
Residual	2.091	36	0.058
Total	510.009	39	
Mean corrected	166.647	38	

R-squares

Raw R-square (1-Residual/Total)	:	0.996
Mean Corrected R-square (1-Residual/Corrected)	:	0.987
R-square(Observed vs. Predicted)	:	0.988

Parameter Estimates

Parameter	Estimate	ASE	Parameter/ASE	Wald 95% Confidence Interval	
				Lower	Upper
A	5.048	0.070	72.083	4.906	5.190
MUMAX	0.402	0.024	16.895	0.353	0.450
LAG	5.036	0.417	12.090	4.191	5.881

non è lineare né linearizzabile. La cinetica di crescita, con i valori sperimentali e stimati e l'analisi di regressione non lineare, è mostrata nella Fig. 3.6.

È abbastanza evidente che il modello logistico permette una ricostruzione ragionevole dell'intera curva di crescita (con la possibile eccezione della fase di morte finale) e che i suoi parametri sono in relazione con parametri che hanno un preciso significato biologico, come la popolazione massima raggiunta (stimata da A), la velocità specifica di crescita massima (stimata da μ_{max}) e la durata della fase lag (stimata da λ).

Tuttavia, anche incrementando il numero di campionamenti, o utilizzando algoritmi di interpolazione o di regressione, aumenta il dettaglio con il quale è possibile rappresentare la cinetica di crescita, ma non aumenta la nostra comprensione del fenomeno. Sebbene il modello logistico derivi da un modello che ha un importante significato teorico (vedi cap. 4), la sua forma esplicita (eq. 3.2) e quella riparametrizzata (eq. 3.3) non sono altro che rappresentazioni empiriche di una curva sigmoidale.

Un approccio scientifico al problema di modellazione richiede invece uno sforzo ulteriore, con la formulazione di un *modello dinamico* che permetta di descrivere l'andamento delle variabili importanti in tutto l'intervallo sperimentale, catturandone al tempo stesso la dinamica e le relazioni funzionali e logiche. Il modello dinamico può essere reso più o meno complesso e può includere delle spiegazioni meccanicistiche del fenomeno biologico (cioè spiegazioni delle relazioni tra le variabili del modello in termini di rapporti causa-effetto), anche se sono frequenti modelli dinamici empirici e semi-empirici, che usano relazioni derivate per analogia da altri fenomeni chimici, fisici e biologici.

La Fig. 3.7 mostra un diagramma di flusso che esemplifica un possibile approccio alla creazione di un modello dinamico per le curve di crescita discusse negli esempi precedenti. Il modello si sviluppa attraverso una serie di passaggi che possono ripetersi iterativamente fino al raggiungimento del grado di complessità o della capacità predittiva desiderati.

In particolare, il primo passaggio è la costruzione di un *modello logico-verbale* del fenomeno, che descrive, in forma puramente verbale, le variabili importanti e la loro evoluzione

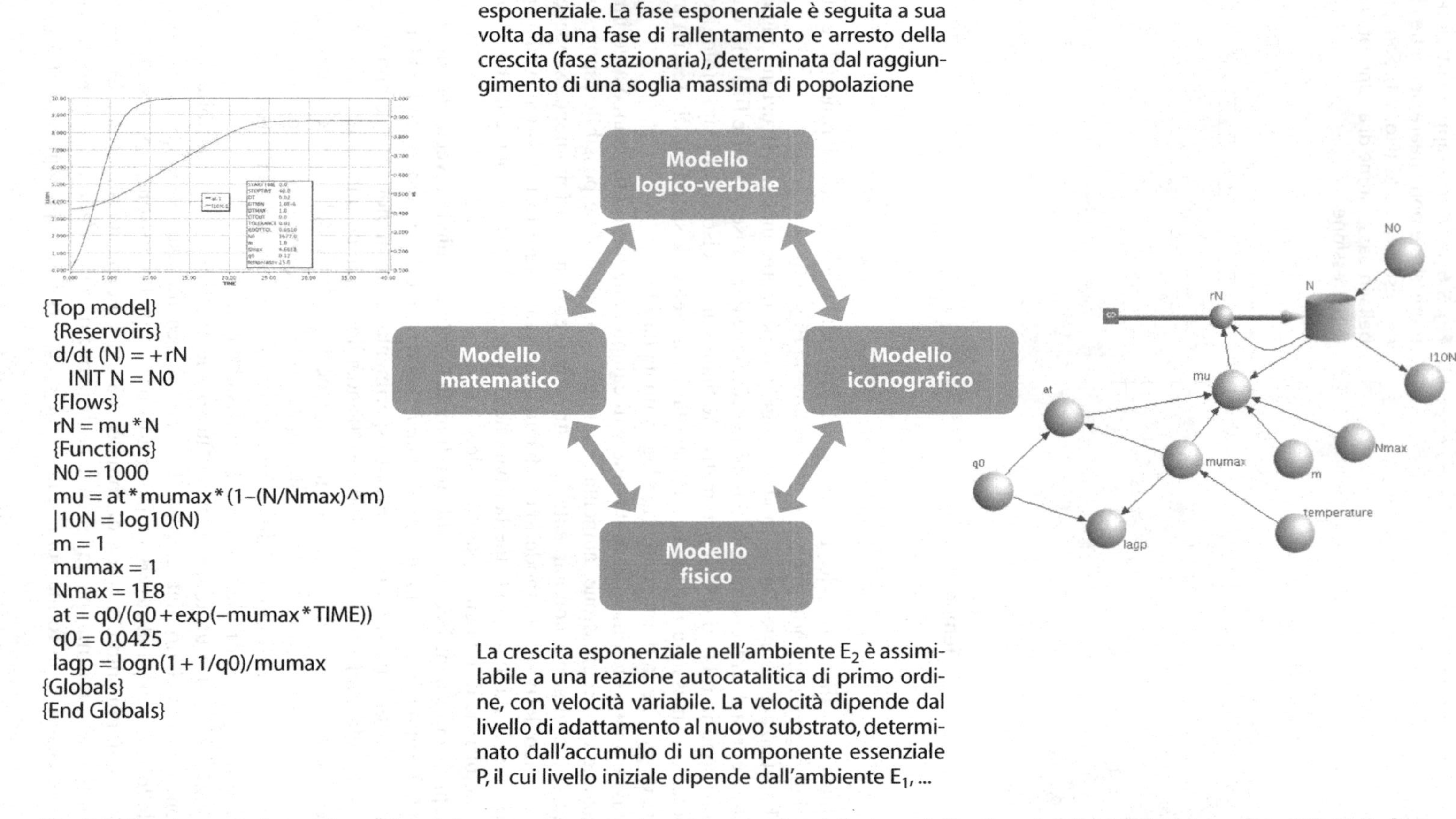

Fig. 3.7 Rappresentazione schematica dei passaggi necessari per la costruzione di un modello dinamico (vedi **Allegato on line 3.2**); Nella figura i simboli μ e μ_{max} sono scritti come mu e mumax, poiché nella maggior parte dei software (in questo caso Berkeley Madonna, vedi cap. 4, par. 4.3.2.2) non è possibile utilizzare lettere greche. (Modificata da Hannon, Ruth, 1997)

nel tempo e formula ipotesi sulle relazioni funzionali tra le variabili e tra queste e il tempo. Ciò che viene espresso verbalmente può essere formalizzato in un diagramma di flusso del modello, che costituisce un *modello iconografico* del fenomeno. La simbologia del diagramma di flusso della Fig. 3.7 – riferito a una versione semplificata del modello (per versioni più complesse, vedi cap. 4) – identifica le diverse tipologie di variabili e rappresenta le loro relazioni mediante connessioni.

a. Il numero di cellule (N) è l'unica *variabile di stato*, rappresentata nel grafico come un serbatoio cilindrico. Le variabili di stato descrivono in ogni istante lo stato del sistema e il loro livello cambia a causa di flussi in entrata o in uscita. Per permettere l'integrazione numerica occorre indicare i valori iniziali, il metodo e l'intervallo di integrazione (il sistema di equazioni differenziali viene risolto numericamente, vedi oltre).
b. La velocità di crescita della popolazione ($r_N = dN/dt$) è l'unica *variabile di controllo*, o flusso, del modello. Nel grafico è rappresentata da un tubo con una sfera che "entra" nel serbatoio N (una sorta di "rubinetto" che alimenta il serbatoio). Le variabili di controllo possono collegare diversi compartimenti del sistema (per esempio, svuotandone uno e riempiendone un altro); in alternativa, se nel modello non è di interesse modellare la fonte del flusso, una delle estremità del tubo può non avere collegamenti. In particolare, in questa versione del modello non interessa modellare la produzione di nuova biomassa a partire da altri compartimenti, come il substrato.
c. Il calcolo delle variabili di stato e di controllo può richiedere altre variabili o costanti (*convertitori*), rappresentate nel grafico da sfere; per esempio, per calcolare la velocità di crescita, è necessario conoscere il valore di N (una variabile di stato) e di μ (la velocità specifica di crescita, un convertitore). A sua volta μ è funzione di N_{max} (il numero massimo di cellule, una costante), μ_{max} (la velocità specifica di crescita massima, costante in questa versione del modello), m (un esponente che modifica la forma della funzione, anch'esso una costante) e N (una variabile di stato). Le relazioni sono rappresentate da frecce o connettori.

Il diagramma di flusso è uno strumento fondamentale per sistematizzare le relazioni tra le variabili del modello e può essere adattato e modificato man mano che la complessità del modello cresce.

Il passaggio successivo è la costruzione di un *modello fisico* del fenomeno, applicando direttamente o per analogia leggi della fisica o della chimica. In particolare, l'osservazione che la crescita, almeno in una parte della curva che la descrive, avviene in modo esponenziale, può indurre a considerare la crescita stessa come un fenomeno autocatalitico del primo ordine (la biomassa è al tempo stesso il catalizzatore, il substrato e il prodotto della reazione). La presenza di una fase di adattamento iniziale può essere spiegata con la necessità di accumulare, con una cinetica definita, un certo composto essenziale prima che la crescita possa avvenire alla velocità massima possibile. Il raggiungimento di una fase stazionaria può essere a sua volta spiegato in modi diversi (vedi cap. 4): nell'esempio riportato nella Fig. 3.7 si assume che la velocità specifica di crescita si azzeri quando la popolazione raggiunge un determinato livello massimo (l'asintoto della curva, la *carrying capacity* dell'ambiente che ospita la popolazione), utilizzando una modifica dell'equazione logistica, derivata dallo studio della dinamica delle popolazioni (Verhulst, 1838).

La scelta dei modelli fisici o chimici permette di formulare un *modello matematico* del fenomeno biologico, generalmente sotto forma di un sistema di equazioni differenziali. L'insieme delle equazioni differenziali, delle condizioni iniziali e dell'intervallo per il quale si desidera studiare il fenomeno permette di utilizzare algoritmi di integrazione numerica per calcolare il valore delle variabili di stato per un determinato intervallo di integrazione. In particolare, per il nostro esempio:

$$r_N = \frac{dN}{dt} = \frac{q_0}{q_0 + e^{-vt}} \mu_{max} \left[1 - \left(\frac{N}{N_{max}} \right)^m \right] N \tag{3.4}$$

con le condizioni iniziali: $N = N_0$ e $t = t_0$ (per la struttura del modello e per gli altri simboli, vedi cap. 4, par. 4.3.2.2).

La cinetica di N può essere ottenuta nell'intervallo t_0-t integrando numericamente l'equazione differenziale con la condizione iniziale indicata.

Qualsiasi modello si basa su un insieme di assunzioni: per esempio, il modello indicato assume che le cellule siano tutte nello stesso stato, che l'ambiente esterno resti costante (e che la crescita non sia in grado di influenzarlo significativamente), che una volta raggiunto il massimo la popolazione resti costante ecc. Alcune di queste affermazioni sono decisamente irrealistiche e possono influenzare negativamente la capacità del modello di spiegare il fenomeno: infatti, se lo scopo dell'esercizio di modellazione, oltre che il miglioramento della comprensione di un fenomeno biologico, è anche quello di sviluppare predizioni affidabili sul fenomeno stesso, il modello va sottoposto a un processo di *validazione* confrontandolo con dati sperimentali reali.

La validazione potrebbe mostrare che il modello si discosta significativamente dalla realtà in uno o più modi: il modello potrebbe essere inadeguato (troppo semplice, basato su relazioni matematiche inappropriate), i parametri del modello potrebbero essere stimati in modo errato ecc. Se invece il modello rappresenta in modo accettabile il fenomeno, durante il processo di validazione è possibile ottenere stime dei parametri chiave del modello (nel nostro caso μ_{max}, m, q_0 ecc.) direttamente dai dati sperimentali. La validazione dovrebbe essere condotta, per quanto possibile, con set di dati diversi da quelli utilizzati per generare il modello (poiché l'uso degli stessi dati fornisce in genere risultati eccessivamente ottimistici). Se ciò non è possibile, conviene riservare per la validazione un subcampione dei dati (in generale il 20%), estratto casualmente dal campione originale, utilizzando per la costruzione del modello la parte rimanente. Il processo di estrazione dei due gruppi di dati e di stima dei parametri può essere ripetuto molte volte per generare distribuzioni dei parametri e degli indicatori di bontà di adattamento (Ratkowsky, 2004); i metodi per valutare la bontà dei modelli verranno descritti nei capitoli successivi e in particolare nel capitolo 13.

Il processo di modellazione ha tipicamente un andamento iterativo: l'esercizio viene ripetuto un certo numero di volte rendendo il modello più complesso – aggiungendo variabili di stato, flussi e convertitori, o alterando le relazioni tra le variabili – e sempre più aderente alla realtà. Un elemento importante è che le cellule microbiche possono trovarsi in "stati" differenti (le cellule in fase stazionaria o le cellule vitali ma non coltivabili, come pure le cellule in fase lag, sono in uno stato completamente diverso da quello delle cellule in attiva crescita): il modello diventa quindi strutturato, ed è possibile modellare i flussi che avvengono da un comparto all'altro. Un ulteriore elemento può essere legato alla natura stocastica dei fenomeni biologici: mentre i *modelli deterministici* assumono un unico valore (stimato per regressione) per parametri come la durata della fase lag, l'interpretazione attuale (vedi cap. 4) è basata su modelli stocastici, che mirano a valutare la distribuzione della probabilità con la quale le singole cellule dell'inoculo passano dallo stato di assenza di crescita alla crescita a velocità costante.

Un'ulteriore distinzione classifica le diverse tipologie di modelli come scatole "bianche", "nere" o "grigie" (*white box, black box, gray box*).

Un modello white box può essere costruito soltanto con una conoscenza pressoché perfetta dei fenomeni fisici, chimici e biologici che sottendono il fenomeno in esame: è tipicamente un modello dinamico meccanicistico.

Un modello black box è l'estremo opposto: i suoi parametri non hanno una relazione diretta con le costanti fisiche, chimiche e biologiche delle equazioni del corrispondente modello white box. Il modello consente solo previsioni per interpolazione e, raramente, per estrapolazione, e tipicamente non permette di aumentare la comprensione del fenomeno. Tipicamente è un modello empirico: esempi comuni sono i modelli secondari polinomiali o le reti neuronali artificiali (Basheer, Hajmeer, 2000; vedi cap. 6). Benché abbiano un'importanza teorica limitata, questi modelli possono essere piuttosto efficaci e spesso costituiscono un primo passo nella modellazione di un fenomeno, specialmente quando le conoscenze sulle leggi che lo regolano sono limitate.

Generalmente, i modelli sviluppati in microbiologia predittiva si trovano in qualche punto intermedio e sono quindi dei gray box: parti del fenomeno possono essere descritte in maniera meccanicistica, mentre altre, per le quali non si dispone di conoscenze o dati sufficienti, vengono descritte in maniera più empirica.

Un aspetto importante della modellazione dinamica è la possibilità di condurre *analisi di sensibilità* (o sensitività) sui parametri del modello o sulle condizioni iniziali: nell'analisi di sensibilità i parametri del modello vengono variati di una piccola quantità (per esempio 1%) e si osserva l'effetto di tale variazione sulle variabili di stato in un solo momento o lungo tutto l'intervallo temporale del modello stesso. In genere il modello è notevolmente più sensibile ad alcuni parametri rispetto ad altri (nell'esempio precedente μ_{max} è sicuramente il parametro più "sensibile"). Per alcuni modelli si può addirittura osservare un'estrema sensibilità alle condizioni iniziali (diverse condizioni iniziali possono condurre a risultati e/o andamenti temporali completamente diversi e spesso molto difficili da prevedere a priori, come accade nei sistemi caotici). L'analisi di sensibilità è fondamentale sia per comprendere l'importanza relativa dei parametri del modello sia per progettare adeguatamente gli esperimenti necessari per stimare i parametri ai quali il modello è più sensibile (e per i quali occorre quindi una maggiore accuratezza e precisione nella stima).

3.3 I livelli della modellazione in microbiologia predittiva

Le singole curve di crescita analizzate nel paragrafo precedente rappresentano il livello iniziale di molti esperimenti di microbiologia predittiva: esse costituiscono un modello primario di un dato fenomeno (la crescita) in un dato set di condizioni (ceppi, pH, temperatura, a_w ecc.). I *modelli primari* (vedi capp. 4 e 5) descrivono quindi la cinetica di un fenomeno (crescita, inattivazione, sopravvivenza). I parametri dei modelli primari stimati per regressione sono a loro volta le variabili dei *modelli secondari*. Un modello secondario descrive l'effetto delle condizioni ambientali e di processo (vedi cap. 2) su un parametro di un modello primario. Nel nostro esempio erano disponibili curve di crescita di *Salmonella* in tuorlo d'uovo zuccherato a diverse temperature ed è ovviamente interessante prevedere che cosa accade all'interno e all'esterno dell'intervallo sperimentale.

Il grafico della Fig. 3.8 rappresenta l'effetto della temperatura sulla radice quadrata della velocità specifica di crescita massima (μ_{max}) calcolata con il modello dinamico di Baranyi et al (1993) per le curve di crescita presentate nella Fig. 3.4.

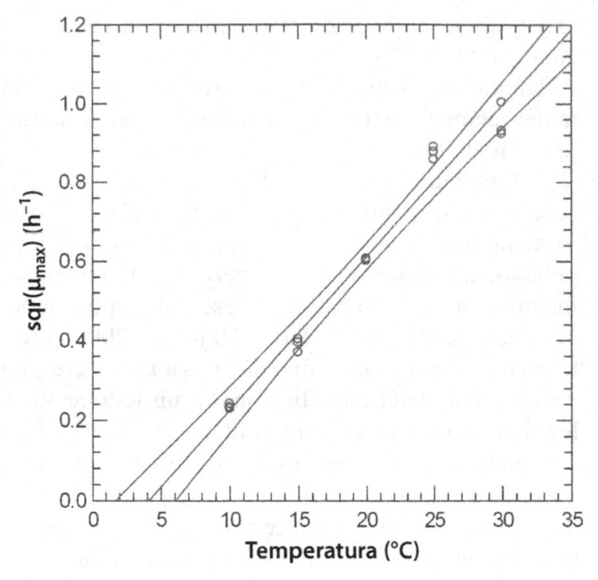

Fig. 3.8 Relazione tra la radice quadrata della velocità specifica di crescita massima (μ_{max}) e la temperatura per un pool di due ceppi di *Salmonella enterica* cresciuti in tuorlo d'uovo zuccherato. Nel grafico è mostrata la retta di regressione con il suo intervallo fiduciario (95%). La retta intercetta l'asse della temperatura a 4,15 °C: questo valore è correlato alla temperatura minima di crescita

Uno dei modelli empirici più semplici per prevedere la relazione tra temperatura e velocità di crescita è il modello di Ratkowsky (Ratkowsky et al, 1982; vedi cap. 6):

$$\sqrt{\mu_{max}} = b(T - T_{min}) \tag{3.5}$$

Questo è un tipico esempio di modello secondario. Estrapolando la relazione per $\mu_{max} = 0$ è possibile ottenere una stima di un parametro (T_{min}) che è in relazione con la temperatura minima di crescita. Tale modello permette di ottenere in modo semplice delle previsioni sulla velocità specifica di crescita a diverse temperature, benché abbia delle limitazioni (è infatti valido tra la temperatura minima e quella ottimale per la crescita; inoltre i valori predetti per la temperatura minima risultano significativamente più bassi di quelli reali; vedi cap. 6).

Un tipo particolare di modelli secondari è costituito dai *modelli probabilistici* (cap. 7), che hanno lo scopo di prevedere la probabilità che un fenomeno rilevante (come la crescita, la morte o la produzione di tossine) si verifichi, piuttosto che il suo andamento nel tempo.

Lo sviluppo di modelli primari e secondari richiede buone conoscenze di microbiologia degli alimenti, matematica, statistica e informatica. Molti modelli primari e secondari possono essere resi facilmente utilizzabili sotto forma di fogli di calcolo (vedi capp. 6 e 8) oppure implementati in programmi per la modellazione dinamica. A puro scopo esemplificativo, i dati sulla crescita di *Salmonella enterica* in tuorlo d'uovo zuccherato sono stati utilizzati per sviluppare un modello dinamico con il software Berkeley Madonna (vedi Box 3.1). Il modello è disponibile come **Allegato on line 3.2**, mentre un esempio dell'interfaccia di simulazione è mostrato nella Fig. 3.9. Gli **Allegati on line 3.3** e **3.4** forniscono brevi istruzioni per scaricare e utilizzare il software.

Sono state inoltre sviluppate numerose interfacce semplificate che permettono a ricercatori e tecnici di accedere rapidamente a database che raccolgono i risultati accumulati da istituzioni e gruppi di ricerca per effettuare previsioni sulla crescita, sull'inattivazione e sulla sopravvivenza dei microrganismi negli alimenti. Due di questi sistemi sono ComBase Predictor

Box 3.1 Modellazione dinamica con Berkeley Madonna

In questo volume e nei relativi Allegati on line vengono proposti alcuni modelli dinamici realizzati con Berkeley Madonna, uno shareware che può essere scaricato all'indirizzo http://www.berkeleymadonna.com. Sono disponibili versioni per Mac OS X (da 10.3 a 10.6.8) e Windows e una versione multipiattaforma (ancora allo stadio di beta). La versione non registrata (demo) presenta alcune limitazioni, ma può essere utilizzata per far girare senza difficoltà i modelli proposti negli Allegati on line.
Istruzioni dettagliate per l'uso di Berkeley Madonna sono disponibili nel manuale utente (http://www.berkeleymadonna.com/BM%20User%27s%20Guide%208.0.2.pdf).
Il menu Help del software fornisce numerosi esempi e tutorial passo-passo.
Inoltre, tutti i modelli dinamici proposti negli Allegati on line sono accompagnati da note che spiegano il background teorico del modello, generalmente in collegamento con il testo, e suggeriscono alcuni esercizi.

(http://www.combase.cc/index.php/en/predictive-models/134-combase-predictor) e Pathogen Modeling Program (http://pmp.arserrc.gov/PMPOnline.aspx). I software creati allo scopo di rendere fruibili i modelli predittivi sono tradizionalmente chiamati *modelli terziari* e verranno descritti in dettaglio nel cap. 8; possono essere utilizzati on line su server remoti o essere scaricati e utilizzati su client muniti di diversi sistemi operativi.

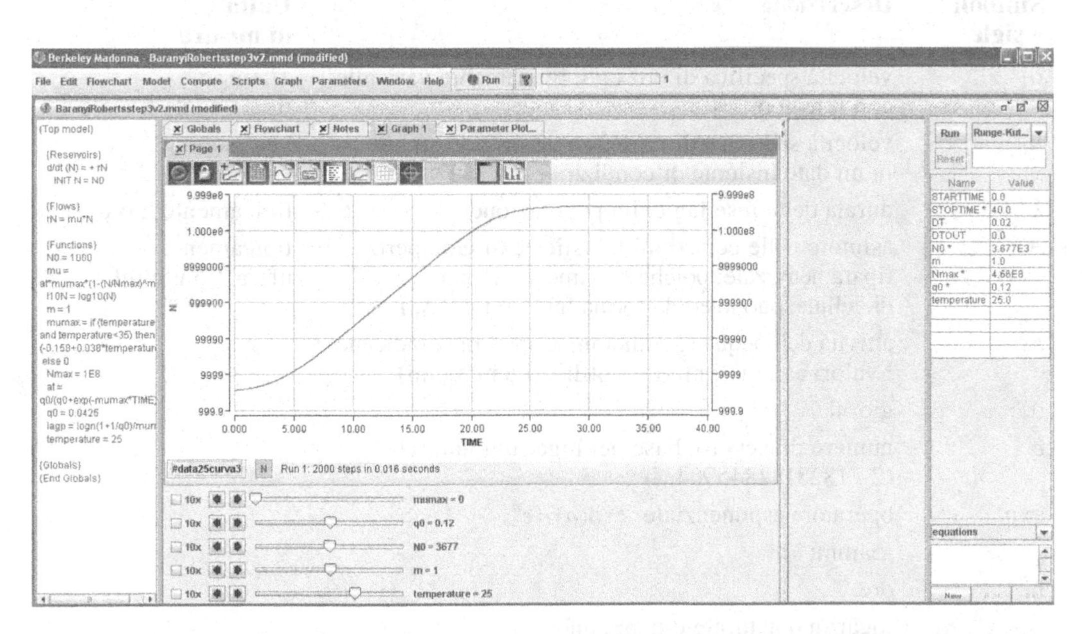

Fig. 3.9 Un semplice modello di simulazione sviluppato con Berkeley Madonna (D-model, Baranyi et al, 1993; Baranyi, Roberts, 1994). Muovendo i cursori nella parte centrale in basso dello schermo, è possibile simulare l'effetto del cambiamento dei parametri sulla curva di crescita. Il modello è basato sulle curve di crescita presentate nella Fig. 3.4

3.4 Conclusioni

Questa breve introduzione sul processo di modellazione in generale, e sulla modellazione in microbiologia predittiva in particolare, non ha la pretesa di esaurire l'argomento. La modellazione dei fenomeni biologici in generale e dei fenomeni legati alla crescita, alla morte e alla sopravvivenza dei microrganismi è un campo estremamente vasto e dinamico che, con i progressi della genomica, della trascrittomica, della metabolomica e della biologia dei sistemi, sta raggiungendo negli ultimi anni livelli di dettaglio impensabili fino a pochi anni fa. Mentre il livello di conoscenze tecnico-scientifiche e la disponibilità di risorse materiali necessarie per la formulazione di modelli meccanicistici dettagliati sono spesso al di là della portata di chi opera nei laboratori di ricerca e sviluppo, questo capitolo e i successivi possono sicuramente fornire gli strumenti di base per affrontare e risolvere molti dei più comuni problemi di modellazione rilevanti per la qualità e la sicurezza degli alimenti. È importante che chi affronta questi temi per la prima volta non si lasci scoraggiare dalla loro apparente complessità: costruire (e ragionare per) modelli è probabilmente una delle attività più stimolanti e soddisfacenti che microbiologi e tecnologi alimentari possono affrontare e molte difficoltà sono solo apparenti. I prossimi capitoli saranno focalizzati sui modelli empirici e meccanicistici usati in microbiologia predittiva, ma il lettore interessato alla modellazione potrà trovare numerosi altri spunti interessanti in alcuni eccellenti libri di testo su questo argomento (Hannon, Ruth, 1997; Farkas, 2001).

3.5 Appendice: Simboli e sigle utilizzati nel capitolo

Simboli e sigle	Descrizione	Unità di misura
μ	velocità specifica di crescita, tipicamente variabile con il tempo	1/tempo, tipicamente h^{-1} o d^{-1}
μ_{max}	velocità specifica di crescita massima, costante in un dato insieme di condizioni	vedi sopra
λ	durata della fase lag della popolazione	tipicamente h o d
A	asintoto nelle equazioni logistica e di Gompertz riparametrizzate; poiché esprime un numero di cellule, può avere la forma $\ln(N)$ o $\ln(N/N_0)$	tipicamente ufc g^{-1} o ufc mL^{-1}
a_w	attività dell'acqua (i pedici min, opt e max indicano i valori cardinali minimi, ottimali e massimi)	
d	giorni	
e	numero di Nepero, base dei logaritmi naturali (2,71828182845904...)	
exp	operatore esponenziale: $\exp(n) = e^n$	
g	grammi	
h	ore	
ln	logaritmo naturale o neperiano	
log	logaritmo in base 10	
m	esponente nelle curve di Richards (vedi par. 4.3.2.2)	

mL	millilitri	
N	numero di microrganismi vitali	dipende dal metodo di conta: tipicamente ufc g^{-1} o ufc mL^{-1}
N_0	numero iniziale di microrganismi vitali	vedi sopra
N_{max}	numero massimo di microrganismi	vedi sopra
q_0	concentrazione iniziale di un prodotto limitante per la crescita normalizzata	
r_N	velocità di crescita assoluta della popolazione	concentrazione/tempo, tipicamente ufc mL^{-1} h^{-1}
sqr	radice quadrata	
t	tempo	tipicamente h o d
T	temperatura (i pedici min, opt e max indicano i valori cardinali minimi, ottimali e massimi)	°C, K
ufc	unità formanti colonie	

Bibliografia

Baranyi J, Roberts TA (1994) A dynamic approach to predicting bacterial growth in food. *International Journal of Food Microbiology*, 23(3-4): 277-294

Baranyi J, Roberts TA, McClure P (1993) A non-autonomous differential equation to model bacterial growth. *Food Microbiology*, 10(1): 43-59

Basheer IA, Hajmeer M (2000) Artificial neural networks: fundamentals, computing, design, and application. *Journal of Microbiological Methods*, 43(1): 3-31

Bigelow WD (1921) Logarithmic nature of thermal death curves. *The Journal of Infectious Diseases*, 29(5): 528-536

Farkas M (2001) *Dynamical models in biology*. Elsevier, Amsterdam

Hannon B, Ruth M (1997) *Modeling dynamic biological systems*. Springer Verlag, New York

Ratkowsky DA (2004) Model fitting an uncertainty. In: McKellar RC, Lu X (eds) *Modeling microbial responses in foods*. CRC Press, Boca Raton

Ratkowsky DA, Olley J, McMeekin TA, Ball A (1982) Relation between temperature and growth rate of bacterial cultures. *Journal of Bacteriology*, 149(1): 1-5

Verhulst P-F (1838) Notice sur la loi que la population poursuit dans son accroissement. *Correspondance mathématique et physique*, 10: 113-121

Zwietering MH, Jongenburger I, Rombouts FM, van't Riet K (1990) Modeling of the bacterial growth curve. *Applied and Environmental Microbiology*, 56(6): 1875-1881

Capitolo 4
Modelli primari per la crescita microbica

Eugenio Parente

4.1 La crescita microbica

La modellazione della crescita microbica è sicuramente uno degli obiettivi più importanti della microbiologia predittiva. In seguito alla crescita, infatti, può aumentare significativamente il rischio legato alla presenza di un pericolo di natura microbica (un microrganismo patogeno o un prodotto tossico del suo metabolismo), in termini sia di probabilità per il consumatore di contrarre una malattia sia di probabilità per l'operatore dell'industria alimentare di superare i limiti di carica microbica previsti dalle normative nazionali o internazionali. Analogamente, la produzione di una tossina o di una sostanza chimica responsabile del deterioramento di un alimento, come pure la produzione di metaboliti fondamentali per la qualità degli alimenti, sono generalmente correlate alla crescita dei rispettivi microrganismi produttori. La modellazione della crescita microbica e della produzione di metaboliti può quindi consentire di rispondere a molte importanti domande. Per esempio, dato un insieme di condizioni ambientali e un livello iniziale di contaminazione:

- quanto tempo è necessario perché la popolazione di un microrganismo indesiderato raggiunga un livello pericoloso per la sicurezza igienica o per la qualità sensoriale di un alimento?
- qual è l'effetto del livello di contaminazione iniziale sulla shelf life?
- qual è il tempo medio di duplicazione della popolazione in un determinato momento della crescita?
- quanto tempo è necessario prima che la popolazione microbica inizi a moltiplicarsi alla velocità massima specifica di crescita?
- qual è il livello massimo di popolazione raggiungibile in un dato set di condizioni?
- qual è l'effetto della competizione con microrganismi utili sulla crescita di un microrganismo pericoloso?

Per convenzione, in microbiologia il termine *crescita* indica l'aumento del numero di cellule di una popolazione microbica. Questa definizione, tuttavia, potrebbe non essere adatta a microrganismi pluricellulari o cenocitici, per i quali l'incremento della biomassa è sicuramente una misura più appropriata.

Nella *crescita bilanciata* tutti i componenti cellulari aumentano (in termini di massa, numero ecc.) alla stessa velocità: misurare la biomassa, il numero di cellule o la concentrazione di un determinato componente cellulare (o, in alcuni casi, di un prodotto del metabolismo) è sostanzialmente equivalente.

F. Gardini, E. Parente (a cura di) *Manuale di microbiologia predittiva*
DOI 10.1007/978-88-470-5355-7_4 © Springer-Verlag Italia 2013

Un *modello primario* per la crescita microbica è un modello matematico che permette di rappresentare la cinetica di crescita (l'evoluzione del numero o della biomassa dei microrganismi nel tempo) in modo accurato e parsimonioso (con il minor numero di parametri possibile). Come in qualsiasi esercizio di modellazione, per la costruzione del modello vengono introdotte di norma delle semplificazioni. Benché generalmente la crescita bilanciata abbia luogo soltanto durante la fase di crescita esponenziale, una delle assunzioni semplificatorie introdotte nello sviluppo di modelli primari la estende a tutta la curva di crescita. Altre assunzioni che vengono introdotte frequentemente sono: che tutte le cellule di una popolazione siano uguali e si comportino nello stesso modo in tutte le fasi di crescita; che il substrato in cui crescono le cellule non venga modificato in modo sostanziale; che le cellule non interagiscano tra loro. Nonostante queste semplificazioni siano talvolta un po' drastiche, semplici modelli matematici primari per la crescita microbica hanno avuto un successo più che soddisfacente nel prevedere la crescita di un gran numero di microrganismi diversi in un gran numero di condizioni diverse. Sono stati inoltre sviluppati parecchi modelli più complessi che permettono di affrontare anche le situazioni più eterogenee.

In questo capitolo descriveremo le principali problematiche che si incontrano nello sviluppo di modelli primari per la crescita, fornendo indicazioni per la progettazione e la realizzazione degli esperimenti, per la stima dei parametri dei modelli e per la loro interpretazione.

4.1.1 Modi di crescita

La definizione di crescita introdotta nel paragrafo precedente si adatta bene alla crescita esponenziale di una popolazione relativamente numerosa di microrganismi unicellulari che si riproducono per scissione binaria: quando la crescita non è sincrona le diverse cellule della popolazione si troveranno in ogni istante in momenti diversi del ciclo di crescita (cellule appena divise, più piccole; cellule immediatamente prima della divisione, più grandi; cellule nelle diverse fasi intermedie). In queste condizioni analizzare la crescita dell'intera popolazione è relativamente semplice, anche da un punto di vista sperimentale (vedi par. 4.1.3).

In realtà, le modalità di crescita differiscono tra i diversi gruppi microbici. Le cellule vegetative dei batteri si riproducono solitamente per scissione binaria: una singola cellula cresce fino a raggiungere una dimensione caratteristica (e contemporaneamente replica il proprio genoma) per poi dividersi in due cellule figlie praticamente identiche. Tuttavia, la dimensione delle singole cellule della popolazione può variare sostanzialmente nella fase stazionaria di crescita. Molte specie batteriche crescono in aggregati caratteristici (catene, coppie, tetradi, ammassi). Prima di poter iniziare la crescita, le endospore eubatteriche – forme dormienti prodotte, per esempio, da specie dei generi *Bacillus*, *Geobacillus*, *Alicyclobacillus*, *Clostridium* – devono iniziare il processo di germinazione, attraverso il quale verrà formata una nuova cellula vegetativa (Jay et al, 2009). In una popolazione di spore esiste una notevole eterogeneità nella capacità di germinare: la prima divisione cellulare, anche in seguito a trattamenti che inducono la germinazione (blandi trattamenti termici, alcuni trattamenti fisici, presenza di amminoacidi), può avvenire dopo 10-30 minuti, ma talora anche dopo diversi giorni. Le spore per le quali è più difficile indurre la germinazione sono dette *superdormienti*.

Talvolta (per esempio in seguito a bruschi abbassamenti di temperatura o dopo periodi prolungati in fase stazionaria), anche le cellule vegetative possono entrare in uno stato di dormienza e perdere temporaneamente la capacità di crescere, a meno che non vengano esposte a stimoli particolari. In alcuni casi le cellule dormienti possono acquisire una resistenza maggiore agli stress (Wen et al, 2009). Le cellule che si trovano in questo stato sono definite cellule vitali ma non coltivabili (*viable but non-culturable*, VBNC) (Keer e Birch, 2003). Le cellule VBNC hanno generalmente dimensioni inferiori a quelle coltivabili, sono dotate di attività metabolica, ma per iniziare la crescita richiedono alcuni stimoli esterni (per esempio, sostanze come sodio piruvato o cisteina), oltre a una sufficiente disponibilità di nutrienti. Secondo ipotesi recenti, il fenomeno di uscita dalla dormienza sarebbe stocastico e singole cellule uscirebbero in modo casuale da tale stato per "esplorare" il nuovo ambiente (Buerger et al, 2012).

Nei lieviti la riproduzione vegetativa avviene per gemmazione, salvo che in alcune specie che si riproducono per scissione binaria (*Schizosaccharomyces*). Nella riproduzione per gemmazione, dalla cellula madre si forma una protuberanza, detta gemma, che poi si separerà dalla cellula madre: a differenza della riproduzione per scissione binaria, cellula madre e cellula figlia hanno in genere dimensioni differenti. In alcuni casi le cellule continuano a germinare senza separarsi, con formazione di pseudomicelio. Molti lieviti sono inoltre in grado di formare spore sessuali (ascospore o basidiospore).

La crescita delle muffe può avvenire in diversi modi: il micelio, formato dall'insieme delle ife (le cellule filamentose che costituiscono le muffe), si sviluppa in massa per accrescimento in corrispondenza degli apici delle ife e per formazione di nuovi apici ifali; frammenti di ifa di dimensioni sufficienti sono in grado di generare nuovo micelio. Inoltre, le muffe sono in grado di formare, su strutture specializzate, un gran numero di spore asessuali (sporangiospore nei *Mucormycotina*, conidi in *Ascomycotina* e *Basidiomycotina*) a diffusione prevalentemente aerea, spore sessuali caratteristiche di ogni *phylum* e forme di conservazione come gli sclerozi. Conidi, spore sessuali e forme di conservazione richiedono un tempo maggiore per germinare e iniziare la crescita. Alcune spore sessuali di lieviti e muffe, come le ascospore di *Byssochlamys fulva*, sono caratterizzate da una notevole resistenza agli stress.

Gli alimenti sono per la maggior parte sistemi solidi, nei quali la contaminazione è distribuita in modo più o meno casuale e spesso estremamente irregolare (Jay et al, 2009). Di conseguenza, i singoli microrganismi contaminanti finiranno per crescere sotto forma di microcolonie, colonie e biofilm. Questa situazione è in realtà abbastanza diversa da quella che si verifica durante la crescita in sistemi liquidi ben agitati, poiché nutrienti e metaboliti incontrano limitazioni diffusionali che in substrati solidi e, soprattutto, all'interno delle colonie, possono determinare gradienti di concentrazione e di pH. Malakar et al (2002; 2003) hanno analizzato questa situazione per colonie di *Lactobacillus curvatus* e per l'interazione tra microrganismi che producono acidi e microrganismi sensibili all'acidità, concludendo che – salvo per livelli bassi di inoculo (<100 ufc/g) – le interazioni inter-colonie prevalgono sulle interazioni intra-colonia (che possono limitare significativamente la velocità di crescita della colonia già quando questa contiene 10^5 ufc) e che i sistemi solidi possono essere approssimati ragionevolmente bene da sistemi in brodo, specialmente quando i coefficienti di diffusione sono relativamente elevati e il potere tampone cresce (come negli alimenti proteici).

4.1.2 La curva di crescita

Se le condizioni sono permissive per la crescita, i propagoli (una singola cellula o un aggregato di cellule, un'endospora, un conidio, una spora sessuale, un frammento di micelio ecc.) che contaminano un alimento (o che vengono inoculati in un substrato di laboratorio) si moltiplicano, spesso dopo una fase più o meno prolungata. La crescita, tuttavia, può avvenire con diverse modalità. In alimenti liquidi ben miscelati la crescita è di solito planctonica (le cellule sono sospese nel liquido in maniera omogenea); molte specie possono però formare aggregati (anche visibili a occhio nudo), che sedimentano più o meno facilmente, o film sulla superficie del liquido o su solidi in esso sospesi. In alimenti solidi (carne, pesce, frutti interi ecc.) la crescita avviene sulla superficie, sotto forma di biofilm, almeno fino a quando l'alimento conserva la propria integrità strutturale. In miscele di solidi o in gel la crescita avviene invece sotto forma di microcolonie discrete, il cui microhabitat può essere dell'ordine di qualche mm^3, mentre le misurazioni sperimentali delle condizioni intrinseche ed estrinseche riguardano volumi decisamente superiori.

Tipicamente la crescita avviene secondo una cinetica che può essere rappresentata, in scala semilogaritmica, da una curva sigmoidale. La curva in Fig. 4.1 esemplifica alcuni degli aspetti tipici della misurazione della cinetica di crescita. Utilizzando uno o più metodi sperimentali (par. 4.1.3), la crescita viene seguita a intervalli più o meno regolari e frequenti (secondi o minuti, quando è possibile effettuare misurazioni automatizzate; decine di minuti o ore, negli altri casi). Dal momento che qualsiasi tipo di misura include un certo livello di variabilità (errore sperimentale), i punti sperimentali mostreranno una certa dispersione intorno a una linea di tendenza più o meno chiara.

Tradizionalmente, la cinetica di crescita in un sistema chiuso (senza aggiunta o rimozione di substrato), in condizioni che vengono considerate costanti, viene divisa in diverse fasi.

1. *Fase lag o di adattamento.* L'inoculo, proveniente da un dato ambiente (E_1) deve adattarsi alla crescita nel nuovo ambiente (E_2); lo stato dell'inoculo (cellule in fase esponenziale o in fase lag, cellule danneggiate a livello subletale, cellule dormienti) e le differenze tra E_1 ed E_2 determinano la durata della fase lag della popolazione (λ). L'adattamento (il lavoro da compiere prima della prima divisione cellulare) può essere dovuto alla necessità di riparare danni subletali, raggiungere una massa cellulare media sufficiente per la prima divisione cellulare, sintetizzare uno o più composti chimici (o enzimi) essenziali per la crescita alla massima velocità nel nuovo ambiente. La fase lag è convenzionalmente definita come la lunghezza del segmento di retta individuato dalle intercette della retta parallela all'asse delle x passante per il livello di inoculo, rispettivamente, con l'asse delle y e con la retta tangente al punto di massima pendenza della curva di crescita (segmento *ab* in Fig. 4.1). La stima della durata della fase lag (par. 4.5) è critica sia per la sicurezza e la qualità degli alimenti sia per le fermentazioni alimentari e industriali: nel primo caso si desidera massimizzarla (per ridurre il rischio di crescita di patogeni e di agenti di deterioramento), nel secondo caso si desidera minimizzarla. Se le condizioni ambientali durante la crescita non sono costanti, possono osservarsi curve di crescita complesse con fasi di adattamento intermedie.
2. *Fase di transizione.* Durante la fase lag e la fase di transizione la velocità di crescita specifica della popolazione aumenta da 0 fino al valore massimo potenzialmente raggiungibile nell'ambiente E_2 (tale valore potrebbe non essere mai raggiunto). L'interpretazione corrente di questa fase è legata alla natura stocastica della durata della fase lag: il tempo necessario per la prima divisione cellulare varia da una cellula all'altra e la fase lag della popolazione è determinata dalla distribuzione della durata delle fasi lag individuali (par. 4.5). Durante le fasi 1 e 2 la crescita non è bilanciata (vedi oltre): la biomassa potrebbe per esempio aumentare prima che inizi la riproduzione, cioè prima dell'aumento del numero di cellule[1].
3. *Fase esponenziale di crescita o fase logaritmica.* Durante questa fase la velocità specifica di crescita (μ) è massima ($\mu = \mu_{max}$), il tempo medio di generazione (MGT) è minimo e la popolazione aumenta in modo esponenziale. La crescita è bilanciata (tutti i componenti cellulari aumentano nello stesso modo e la biomassa aumenta proporzionalmente al numero di cellule) e la dimensione e la composizione media delle cellule sono costanti:

[1] Secondo un'interpretazione alternativa, la fase lag e la fase di transizione sono dovute all'eterogeneità dell'inoculo (vedi par. 4.5).

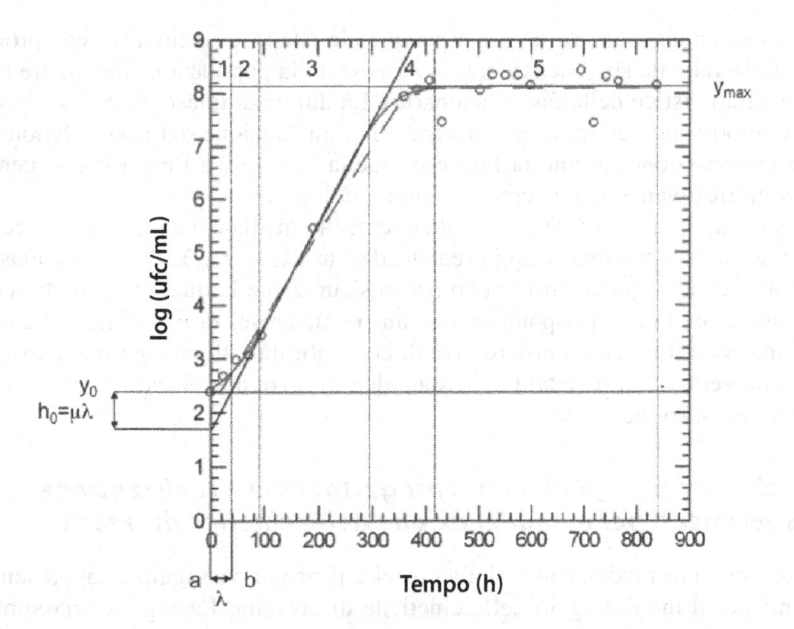

Fig. 4.1 Esempio di rappresentazione semilogaritmica delle diverse fasi della curva di crescita. I dati sperimentali sono ricavati dal record B165_27 di ComBase, relativo alla crescita di cellule di un pool di tre ceppi di *Listeria monocytogenes* in un substrato per microbiologia (TPB) dopo danno termico (55 °C, 30 min). La temperatura di incubazione è 4 °C e il pH iniziale 6,5. Sono mostrate le curve di crescita predette con il modello completo di Baranyi e Roberts (1994) (*linea continua*) e con il modello trifasico di Buchanan et al (1997) (*linea tratteggiata*); i parametri di entrambe le curve sono stati stimati con DMFit web edition (http://modelling.combase.cc/DMFit.aspx; vedi cap. 8). Le diverse fasi della curva di crescita sono delimitate da *linee punteggiate* verticali: 1 fase lag; 2 fase di transizione; 3 fase esponenziale; 4 fase di transizione; 5 fase stazionaria. I segmenti di retta continui indicano le definizioni convenzionali di alcuni parametri della curva di crescita importanti in microbiologia predittiva. Le due linee orizzontali indicano l'asintoto inferiore (y_0 l'inoculo) e quello superiore (y_{max} il livello massimo della popolazione). La linea obliqua è la tangente al punto di massima pendenza della curva di crescita (qui è utilizzata la tangente alla curva definita dal modello di Baranyi e Roberts); la pendenza di questa retta è $\mu_{max}/2{,}303$ (dove μ_{max} è la velocità specifica di crescita; se la crescita fosse espressa come logaritmo naturale del numero di cellule, la pendenza sarebbe μ_{max}). L'intercetta tra questa retta e la retta corrispondente all'asintoto inferiore definisce convenzionalmente la durata della fase lag (segmento *ab*). L'intercetta della tangente con l'asse delle *y* indica il livello teorico dell'inoculo corrispondente a una popolazione che inizi a moltiplicarsi immediatamente, senza fase lag

utilizzando uno qualsiasi dei metodi per la misura della crescita si ottengono risultati equivalenti. In realtà, sia la dimensione cellulare sia il tempo di duplicazione delle cellule possono essere rappresentati da una funzione di densità di probabilità e lo stesso fenomeno della crescita delle singole cellule e della loro divisione è stocastico.

4. *Fase di transizione.* L'accumulo di metaboliti, l'esaurimento di substrati essenziali, l'aumento della densità cellulare (accompagnati da fenomeni legati al *quorum sensing*[2])

[2] Questa via di comunicazione intercellulare tra batteri consente l'espressione di alcune funzioni fisiologiche e fenotipiche in funzione della densità di popolazione. Per un approfondimento, vedi Jay et al, 2009.

determinano una transizione dalla fase esponenziale alla fase stazionaria, con progressiva riduzione della velocità specifica di crescita media della popolazione dal valore massimo a 0 (valore caratteristico della fase stazionaria). La durata di questa fase e la cinetica della transizione possono variare in modo sostanziale in funzione del tipo di fenomeno che determina la transizione. In questa fase e in quella successiva l'espressione genica può cambiare significativamente e la crescita non è più bilanciata.

5. *Fase stazionaria.* In questa fase la velocità di crescita media è 0 e il numero di cellule vitali raggiunge il suo massimo (rappresentato dall'asintoto y_{max}). Il numero massimo di cellule vitali è un altro parametro critico per la sicurezza e la qualità degli alimenti e dipende da numerosi fattori (disponibilità di nutrienti, presenza di inibitori, fenomeni di competizione ecc.). La perdita progressiva di coltivabilità e il passaggio alla fase di dormienza, o alla vera e propria letalità, possono determinare una *fase di declino/morte* successiva alla fase stazionaria.

4.1.3 Dal laboratorio agli alimenti: progettazione e realizzazione di esperimenti per la modellazione della cinetica di crescita

In qualsiasi esercizio di modellazione della crescita il primo passaggio è rappresentato dagli esperimenti per il monitoraggio delle cinetiche di crescita. La Fig. 4.2 riassume in un

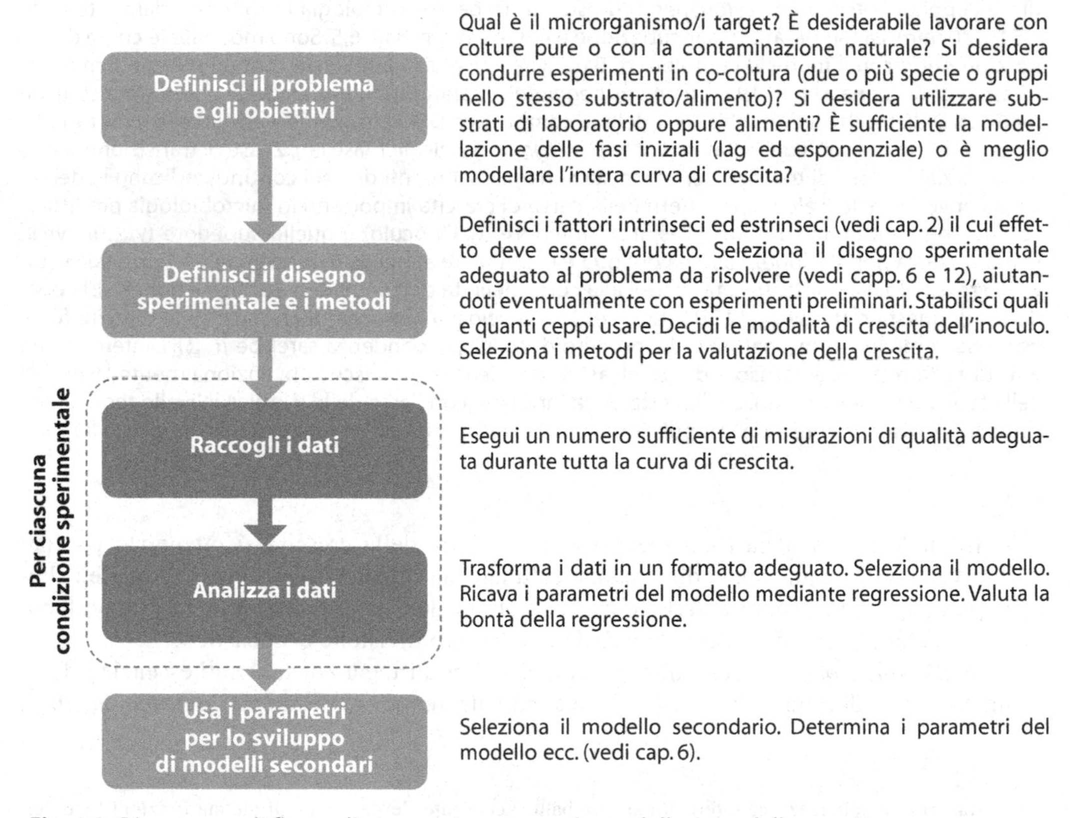

Fig. 4.2 Diagramma di flusso di un esperimento per la modellazione della crescita

diagramma di flusso i passaggi necessari per la realizzazione di un esperimento di crescita, come descritti in dettaglio da Rasch (2004).

Il primo passaggio è la scelta del sistema modello (alimento o substrato di coltura), del microrganismo (o dei microrganismi) e del livello di approfondimento al quale si desiderano trattare le curve di crescita. La scelta del/dei microrganismo/i target è critica: in alcune tipologie di esperimento si è vincolati all'uso di una determinata specie in coltura pura o mista (per esempio nella determinazione della cinetica di crescita di *L. monocytogenes* in alimenti pronti per il consumo, per valutare se saranno rispettati durante tutta la shelf life del prodotto i limiti di carica microbica previsti dal Regolamento (CE) 2073/2005, art. 3 e Allegato II, e successive modifiche); in altre situazioni potrebbe essere di interesse valutare la crescita della generica microflora deteriorante naturale. Mentre l'uso di colture pure di un microrganismo o di un cocktail di ceppi (vedi oltre) di una stessa specie fornisce in linea di massima risultati riproducibili, la modellazione della crescita dei contaminanti naturali di un alimento può fornire risultati che, sebbene più realistici, sono più difficili da interpretare a causa della variabilità dei livelli di contaminazione in termini quali-quantitativi. La crescita in co-coltura di microrganismi diversi richiede generalmente l'uso di terreni di coltura selettivi, che possono introdurre ulteriori complicazioni (vedi oltre). La scelta di utilizzare sistemi modello basati su substrati liquidi per microbiologia piuttosto che alimenti è un altro aspetto critico: mentre i primi sono facili da sterilizzare, sono generalmente limpidi (consentendo l'uso di tecniche basate sulla citometria a flusso o sulla turbidimetria), gli alimenti sono spesso solidi o, se liquidi, generalmente torbidi, e sono contaminati da una microflora naturale più o meno complessa. La stessa sterilizzazione (a meno che non venga condotta con trattamenti fisici non termici, come l'irradiazione o le alte pressioni idrostatiche) può alterare sostanzialmente le proprietà dell'alimento, mentre l'uso di alimenti non sterili ripropone i problemi descritti per la crescita in co-coltura. In realtà molti dei dati relativi acquisiti in passato per microrganismi patogeni e alteranti, e raccolti in modelli terziari come ComBase Predictor e Pathogen Modeling Program (vedi cap. 8), sono stati ottenuti con substrati per microbiologia in coltura pura, utilizzando metodi turbidimetrici. Il confronto tra le predizioni di questi modelli e i dati relativi ad alimenti ottenuti più di recente (molti dei quali disponibili nel database pubblico ComBase, vedi cap. 8) mostra che le predizioni basate sui substrati per microbiologia sono generalmente *fail-safe* (cioè predicono crescita anche quando questa non si verifica nell'alimento).

La pianificazione di un adeguato disegno sperimentale (vedi cap. 12) – in grado di sfruttare i dati ottenuti dalla modellazione delle singole curve di crescita per ottenere modelli secondari (vedi cap. 6) – è un altro aspetto essenziale: infatti, le risorse per svolgere esperimenti di microbiologia predittiva sono in genere limitate, e anche quando si dispone di sistemi automatizzati è possibile testare solo un ridotto numero di condizioni sperimentali. Spesso utilizzando i dati disponibili in letteratura o quelli ricavati da database pubblici (vedi cap. 8) è possibile selezionare con maggiore efficacia l'insieme di condizioni sperimentali da testare.

Sebbene i modelli secondari (vedi cap. 6) e i modelli dinamici della crescita (vedi par. 4.3.2) consentano di modellare la crescita in condizioni non costanti, in generale in una prima fase ogni singolo esperimento viene condotto in condizioni (temperatura, pH, a_w ecc.) che sono, o si assume siano, costanti. In realtà, anche se alcuni fattori estrinseci e parametri di processo (temperatura e atmosfera di conservazione) possono ragionevolmente essere mantenuti costanti durante tutta la curva di crescita, la stessa crescita microbica può alterare significativamente alcuni fattori intrinseci, specialmente in prossimità del passaggio alla fase stazionaria. In particolare, molti microrganismi possono causare variazioni significative (>0,5 unità) del pH del substrato (per esempio, per produzione di acidi organici o per proteolisi e liberazione di ammoniaca); inoltre, in colture non agitate e non aerate microrganismi aerobi possono ridurre in maniera molto significativa la concentrazione di ossigeno disciolto nel substrato, con conseguente limitazione della crescita. Sebbene il pH possa essere controllato entro certi limiti con l'uso di tamponi, il controllo di entrambi i fattori può avvenire soltanto in fermentatori da laboratorio. D'altra parte, quando questi fattori vengono controllati, la disponibilità di nutrienti, che viene assunta come non limitante nella maggior parte degli alimenti, può diventare limitante e influenzare la cinetica di crescita.

Quando si lavora con un'unica specie microbica la selezione dei ceppi presenta ulteriori complicazioni. Condurre esperimenti con microrganismi patogeni di classe 2 e 3 richiede laboratori specificamente attrezzati e particolari procedure autorizzative (DLgs 81/2008). È pertanto vantaggioso servirsi di microrganismi non patogeni che si comportano in modo simile a microrganismi patogeni: per esempio, *Listeria innocua* è un proxy comunemente utilizzato per *L. monocytogenes* e ceppi non patogeni di *Escherichia coli* sono impiegati come proxy di ceppi patogeni della stessa specie (Rasch, 2004). La variabilità tra ceppi di una singola specie in termini di parametri della curva di crescita per un dato set di condizioni è nota, e può aumentare ulteriormente in funzione della differenza tra le condizioni di crescita dell'inoculo e quelle dell'ambiente in cui verrà condotto l'esperimento di crescita. Per ottenere dati rappresentativi si possono seguire diverse strategie (Rasch, 2004).

- Utilizzare ceppi di riferimento: questo approccio facilita il confronto con i dati ottenuti da altri ricercatori ma presenta diverse limitazioni. Infatti, il ceppo deve provenire da una fonte accuratamente controllata e, se possibile, da una collezione internazionale e riconosciuta di microrganismi: la stessa riproduzione di un ceppo per molte generazioni in un dato laboratorio può indurre cambiamenti significativi e la selezione di varianti clonali diverse dal ceppo originale. Inoltre il ceppo o i ceppi di riferimento potrebbero non essere rappresentativi dei ceppi potenzialmente presenti nelle matrici alimentari di interesse.
- Utilizzare cocktail (generalmente 2-5 ceppi): l'uso di miscele di ceppi (possibilmente rappresentativi di quelli isolati dalle matrici alimentari di interesse) è probabilmente uno degli approcci più utilizzati. In teoria, in ogni singola condizione dovrebbe prevalere il ceppo più adatto (con la maggiore velocità di crescita e la minore durata della fase lag in quelle condizioni) e quindi questo approccio è *fail-safe* (prevede crescita anche quando in realtà nella matrice di interesse non è presente il ceppo capace di crescere) e relativamente economico; non è tuttavia adatto per i modelli primari per l'inattivazione (vedi cap. 5).
- Condurre esperimenti diversi con ceppi che abbiano proprietà rappresentative dell'insieme di ceppi che possono potenzialmente contaminare la matrice alimentare di interesse: per quanto sicuramente più accurato dal punto di vista scientifico, tale approccio è più costoso e i risultati sono più difficili da utilizzare, perché è necessario incorporare la distribuzione dei parametri del modello per ceppi diversi in modelli stocastici. I parametri per il modello primario vengono determinati per un gran numero di ceppi (intorno a 50) e incorporati in modelli secondari usando distribuzioni cumulative di probabilità (Lianou, Koutsoumanis, 2011): si tratta di un approccio molto costoso (ma fattibile con sistemi automatizzati per la misura della crescita) che può però fornire risultati più rappresentativi degli approcci precedenti.

La selezione delle modalità di crescita dell'inoculo introduce ulteriori elementi di complessità: stress, danno subletale, durata della permanenza nella fase lag, fattori intrinseci ed estrinseci dell'ambiente di crescita possono tutti modificare significativamente la durata della fase lag. Per esperimenti in sistemi alimentari è sicuramente opportuno preparare l'inoculo nelle condizioni più realistiche per il sistema oggetto di studio: per esempio, volendo modellare la curva di crescita di *L. monocytogenes* in un alimento pronto per il consumo refrigerato, se si

Tabella 4.1 Alcuni metodi per la valutazione della crescita in microbiologia predittiva

Metodo	*Descrizione*	*Vantaggi*	*Svantaggi*	*Esempi di metodi rapidi*
Turbidimetria	L'assorbanza della sospensione cellulare viene misurata (tipicamente a 450, 600 o 650 nm), talvolta previa diluizione	Rapido e poco costoso, facile da automatizzare, può essere usato per la determinazione diretta di parametri della curva di crescita	Non può essere usato per colture miste. Adatto solo a substrati limpidi. Richiede curve di calibrazione. Poco sensibile (>10^6-10^7 ufc/mL). Non discrimina tra cellule vive o morte o tra cellule di diverse specie	Bioscreen C (http://www.bioscreen.fi/bioscreen.html)
Conta in piastra	I microrganismi vengono contati per inclusione o spandimento su substrati adeguati	Flessibile, sensibile, possibilità di contare selettivamente in colture miste	Relativamente laborioso in condizioni normali, costoso in termini di materiale e ingombro	Spiral Plater (diverse versioni disponibili), Petrifilm
Conta microscopica diretta	Le singole cellule vengono contate al microscopio, generalmente con camere di conta	Poco costoso in termini di attrezzature e materiale di consumo; permette di discriminare tra cellule vive e morte con l'uso di fluorocromi	Poco sensibile (>10^7 ufc/mL). Se non automatizzato, costoso in termini di personale; poco adatto a substrati solidi o liquidi torbidi	La conta delle cellule su fotografie può essere automatizzata anche con il freeware ImageJ (http://rsbweb.nih.gov/ij/)
Impedenza, conduttività	Uno strumento, tipicamente automatizzato, misura in maniera semicontinua il cambiamento delle proprietà elettriche del substrato in seguito alla crescita e alla produzione di metaboliti	Rapido e automatizzato, consente di trattare contemporaneamente molti campioni. Può essere utilizzato per misurare il time to detection e il tempo di duplicazione	Costoso in termini di attrezzature, è un metodo indiretto	Bactometer (http://www.biomerieux.it)
Citometria a flusso	Si misurano le caratteristiche ottiche di singole cellule in maniera automatizzata e si contano gli oggetti appartenenti a classi con diverse proprietà	Sensibile, ottima correlazione con altri metodi, inclusa la conta microscopica diretta, permette di discriminare diversi tipi di cellule o cellule in diversi stati fisiologici	Adatto solo a substrati limpidi, l'attrezzatura è costosa	
Misurazione del diametro delle colonie	Il diametro delle colonie viene misurato manualmente o per analisi dell'immagine (Guillier et al, 2006)	Adatto alla valutazione della crescita di funghi e alla differenziazione di cellule danneggiate. L'analisi di microcolonie può permettere di sviluppare modelli stocastici	Relativamente poco utilizzato	

ritiene che la fonte principale di contaminazione sia l'ambiente di preparazione e che in tale ambiente la temperatura sia bassa, l'inoculo dovrà essere incubato a basse temperature.

Anche i metodi per la valutazione della crescita richiedono una scelta ponderata. La Tabella 4.1 riassume i pro e i contro di diversi metodi utilizzati in microbiologia predittiva; i più diffusi sono sicuramente la turbidimetria e la conta in piastra, che verranno quindi discussi e confrontati in maggiore dettaglio.

La *turbidimetria* è un metodo indiretto che si basa sull'aumento di torbidità determinato dalla crescita microbica. Sebbene sia possibile misurare la torbidità di una soluzione con nefelometri o turbidimetri, normalmente viene misurata l'assorbanza (o densità ottica, OD) o la trasmittanza della sospensione cellulare impiegando spettrofotometri o colorimetri adatti alla lettura di cuvette o di piastre microtiter. Per quanto tecnicamente possa essere utilizzata qualsiasi lunghezza d'onda nel campo del visibile (le sospensioni cellulari non hanno un picco di assorbimento, l'assorbanza tipicamente aumenta al diminuire della lunghezza d'onda), le lunghezze d'onda più utilizzate sono 450, 550, 600 e 650 nm. I fattori che influenzano i risultati ottenuti per turbidimetria sono discussi in dettaglio da Rasch et al (2004) e da Begot et al (1996). In linea di massima, il limite principale del metodo è la scarsa sensibilità: utilizzando uno spettrofotometro con cuvette da 1 cm e con letture a 450 nm l'assorbanza minima alla quale si riescono a effettuare letture riproducibili è tipicamente 0,02-0,05, corrispondente a circa 2×10^6 ufc/mL e a una biomassa intorno a 10 mg/L. Inoltre, per stimare la biomassa o il numero di cellule per mezzo dell'assorbanza, è necessario costruire curve di calibrazione, che sono lineari soltanto entro un intervallo relativamente ristretto (OD fino a 0,6) e richiedono la diluizione per valori superiori. Confrontando un lettore automatizzato di micropiastre (Bioscreen C) e uno spettrofotometro, Begot et al (1996) hanno trovato a 600 nm limiti di detezione per diversi microrganismi variabili da 0,007 a 0,011 (corrispondenti a $0{,}2\text{-}2\times10^7$ ufc/mL) con il Bioscreen C e da 0,010 a 0,014 (corrispondenti a circa $1\text{-}3\times10^7$ ufc/mL) con lo spettrofotometro. McKellar e Knight (2000) riportano come limite di detezione per il Bioscreen una popolazione di $3{,}5\times10^6$ ufc/pozzetto, corrispondenti a 1×10^7 ufc/mL. Le stesse curve di calibrazione possono variare significativamente da un esperimento all'altro e tra la fase esponenziale e la fase stazionaria, come mostrato nella Fig. 4.3, mentre in linea di massima le curve di calibrazione che mettono in relazione la biomassa con la densità ottica sono meno variabili. Ciò può dipendere da vari fattori, tra i quali diversa dimensione e forma delle cellule (soprattutto in specie che tendono a essere pleomorfe in fase stazionaria, come *L. monocytogenes*) o presenza di cellule morte o non coltivabili in fase stazionaria. Dalgaard et al (1994) hanno mostrato che la relazione tra l'assorbanza (ABS) ottenuta moltiplicando il valore di assorbanza di un campione diluito (ABS_{DIL}) per il fattore di diluizione e l'assorbanza osservata senza diluizione (ABS_{OBS}) può essere rappresentata dalla formula:

$$ABS = ABS_{\mathrm{DIL}}\, D = ABS_{\mathrm{OBS}}\left[1 + k_1\,(ABS_{\mathrm{OBS}})^{k_2}\right] \qquad (4.1)$$

con valori di k_1 e k_2 relativamente costanti per diverse specie batteriche e per ogni dato spettrofotometro.

In ogni caso, il limite di detezione relativamente alto e l'intervallo di linearità relativamente limitato restringono il range entro cui è possibile eseguire le misure a concentrazioni cellulari comprese tra 1×10^7 e 1×10^9 ufc/mL (corrispondenti a meno di 7 raddoppiamenti della popolazione). Di conseguenza, la velocità specifica di crescita massima stimata per turbidimetria è in genere inferiore a quella stimata con metodi di conta in piastra, mentre la durata

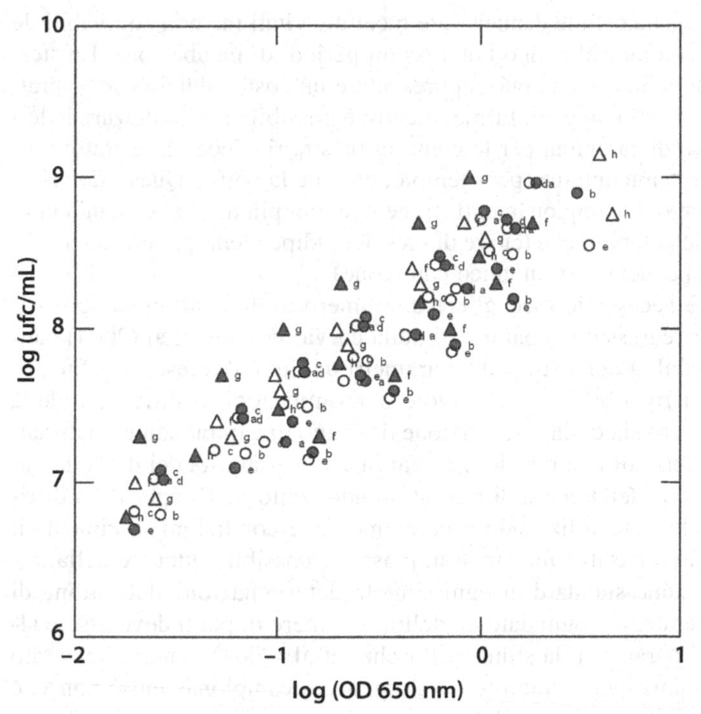

Fig. 4.3 Relazione tra log(OD) e log(ufc/mL) per esperimenti condotti con due ceppi di *Lactobacillus plantarum* (WCFS1, *cerchi*; dccpA, *triangoli*), per cellule in fase esponenziale (*simboli vuoti*) o stazionaria (*simboli pieni*) per diversi esperimenti (a-h). Sebbene la relazione sia rettilinea, i parametri della retta di calibrazione possono variare in modo sostanziale

della fase lag è di solito più breve e, a causa dell'inoculo relativamente elevato e irrealistico, poco rappresentativa. Benché sia possibile stimare direttamente i parametri delle curve di crescita dai dati di assorbanza (è opportuno usare delle trasformazioni stabilizzanti, Dalgaard et al, 1994), recentemente sono stati proposti diversi metodi per stimare la durata della fase lag e la velocità specifica di crescita massima dal tempo di detezione (vedi par. 4.5).

Per quanto laboriosi e talvolta costosi, i metodi di conta in piastra restano in molti casi lo strumento di riferimento in microbiologia predittiva. L'uso di opportuni substrati (non selettivi; non selettivi con *scavengers*, come sodio piruvato o cisteina; selettivi) consente di contare in maniera affidabile cellule vitali in diverse condizioni e di differenziare specie diverse. Le conte in piastra sono relativamente sensibili (è possibile contare con buona precisione e ripetibilità da 10 ufc/mL a oltre 10^9 ufc/mL, con un range dinamico ineguagliato da altri metodi). Il loro limite principale resta il costo, che può essere solo parzialmente abbattuto usando metodi rapidi (come Spiral Plater[3]) o automatizzando alcune fasi (in particolare l'inoculo, per esempio usando Spiral Plater, oppure, con maggiore difficoltà, la conta delle colonie mediante sistemi di acquisizione e analisi dell'immagine[4]). Inoltre, nonostante sia possibile, con

[3] Lo Spiral Plater consente di realizzare in meno di un minuto l'inoculo di una piastra in un range di diluizione di circa 4 cicli decimali. Lo strumento distribuisce sulla superficie di una piastra circa 50 μL dell'inoculo o di una sua diluizione secondo una spirale di Archimede; poiché la velocità di erogazione è costante, mentre il percorso del puntale di deposizione è progressivamente più lungo, ciò equivale a inoculare e diluire contemporaneamente; conte realizzate in punti diversi della spirale corrisponderanno a diluizioni diverse.
[4] Questi sistemi sono applicabili per piastre inoculate per inclusione o per substrati selettivi in cui la morfologia delle colonie dei microrganismi da contare può essere diversa.

substrati adeguati, recuperare anche cellule danneggiate o cellule vitali ma non coltivabili, le cellule dormienti formeranno colonie solo dopo lunghissimi periodi di incubazione. Lo stesso smaltimento delle piastre dopo la crescita può rappresentare un costo addizionale, soprattutto quando si usano microrganismi patogeni. Infine, mentre è possibile automatizzare le letture turbidimetriche, il prelievo di campioni per le conte in piastra richiede un operatore, limitando la possibilità di letture semicontinue (per esempio, durante la notte). Questi fattori limitano sostanzialmente il numero di campionamenti (in genere non più di 7-9 per ogni curva di crescita) e il numero di repliche biologiche (curve di crescita indipendenti per una data condizione) o tecniche (conte indipendenti per un unico campione).

Per ogni curva di crescita è necessario raccogliere un numero di dati sufficiente per stimare in maniera affidabile per regressione i parametri della curva. Poschet et al (2004) hanno condotto un'analisi di sensibilità della stima dei parametri di curve di crescita in funzione della qualità (in termini di ripetibilità delle singole determinazioni analitiche) e della quantità (in termini sia del numero sia della distribuzione dei punti di campionamento durante la curva di crescita). L'esistenza di una relazione lineare tra la variabilità dei dati e la variabilità della stima dei parametri della curva di crescita rende conto dell'importanza di ridurre la variabilità sperimentale standardizzando accuratamente le condizioni sperimentali: in linea di massima, con i metodi basati sulla conta in piastra è possibile ottenere nella migliore delle ipotesi una deviazione standard di ogni singola determinazione dell'ordine di 0,10-0,15 log(ufc/mL). In generale, per ogni dato modello, il numero di punti deve essere almeno superiore al numero dei parametri da stimare. Poschet et al (2004) hanno dimostrato che oltre un certo numero di punti sperimentali (circa 20 punti di campionamento) non vi è più un incremento sostanziale nella precisione della stima dei parametri del modello. Anche la scelta della distribuzione dei punti di campionamento è importante: in linea di massima è preferibile concentrare i campionamenti nei punti di transizione della curva di crescita piuttosto che prevedere campionamenti equidistanti tra loro.

I dati delle singole curve di crescita sono in genere raccolti in un unico file o in file separati per l'analisi di regressione. Gli **Allegati on line 4.1-4.3** mostrano i formati di file di dati adatti a essere utilizzati in sistemi per la modellazione della curva di crescita – come l'add-in di Excel DMFit 3.0 (http://www.combase.cc/index.php/en/downloads/category/11-dmfit; vedi cap. 8) – o in software di regressione.

I dati delle conte vengono in genere trasformati in logaritmi in base 10 [log(x)] o in logaritmi naturali [ln(x)]. Oltre a fornire il formato utilizzato normalmente per la rappresentazione semilogaritmica delle curve di crescita, questa trasformazione offre importanti vantaggi sia per l'analisi della varianza sia per l'analisi di regressione (vedi capp. 12 e 13).

Le procedure di regressione per il calcolo dei parametri delle curve di crescita, brevemente richiamate nei paragrafi successivi, sono descritte in dettaglio nel capitolo 13.

4.2 La teoria della crescita esponenziale

La base della modellazione matematica della crescita microbica è la teoria della crescita esponenziale. Sebbene essa sia riportata con un certo dettaglio in testi di microbiologia generale, è opportuno richiamarla qui per introdurre i paragrafi successivi.

Assumendo che le singole cellule in fase esponenziale crescano e si dividano con un tempo medio di generazione (MGT) fisso, il loro numero dovrebbe raddoppiare a ogni periodo di durata pari a MGT e la popolazione media potrebbe essere ottenuta mediante la semplice relazione:

$$N_t = N_0\, 2^{Ngen} = N_0\, 2^{\frac{t}{MGT}} \tag{4.2}$$

dove N_t è il numero di cellule (ufc/mL) al tempo t, N_0 il numero di cellule iniziale, *Ngen* il numero di generazioni e *MGT* il tempo medio di generazione.

In realtà, anche in colture sincrone la duplicazione delle singole cellule non avviene nello stesso istante se non per le prime generazioni e la crescita del numero di cellule è sostanzialmente continua; analogamente, l'incremento della biomassa (x, g/L) è continuo e può essere rappresentato da una cinetica autocatalitica di primo ordine:

$$\frac{dx}{dt} = \mu x \tag{4.3}$$

dove μ è la velocità specifica di crescita, che qui si assume costante (h^{-1}).

L'eq. 4.3 è un semplice modello dinamico meccanicistico della crescita microbica. Tale modello è basato su due presupposti: che la crescita sia assimilabile a una reazione chimica nella quale la biomassa è costituita sia dal substrato sia dal prodotto; che la velocità specifica della reazione sia costante. L'eq. 4.3 può essere integrata analiticamente per separazione delle variabili:

$$\int_{x_0}^{x_t} x\, dx = \int_{t_0}^{t} \mu\, dt \tag{4.4}$$

$$\ln(x_t) - \ln(x_0) = \ln\left(\frac{x_t}{x_0}\right) = \mu(t - t_0) \tag{4.5}$$

$$x_t = x_0\, e^{\mu(t-t_0)} \tag{4.6}$$

L'eq. 4.5 corrisponde a una rappresentazione lineare della crescita in un grafico semilogaritmico (vedi la porzione lineare della Fig. 4.1), mentre l'eq. 4.6 mostra la relazione esponenziale tra la concentrazione della biomassa e il tempo (Fig. 4.4). La relazione tra la velocità specifica di crescita e il tempo medio di generazione può essere calcolata ponendo $t = MGT$ e $x_t = 2x_0$

$$\ln\left(\frac{x_t}{x_0}\right) = \ln\left(\frac{2x_0}{x_0}\right) = \ln(2) = 0{,}69315 = \mu\, MGT \tag{4.7}$$

Per quanto possa rappresentare la crescita microbica per un periodo limitato, corrispondente alla fase esponenziale, il modello è chiaramente irrealistico. Infatti:

- anche con un tempo medio di generazione relativamente lungo (1 h) il modello prevede che la concentrazione della biomassa raggiunga valori irrealistici in poco più di 12 h (vedi **Allegato on line 4.4**; anche in condizioni ottimali, raramente la biomassa supera 30-40 g/L in peso secco e raramente il numero di cellule supera 10^{10} ufc/mL);
- quasi sempre la velocità di crescita specifica non è costante, ma cresce da 0 a un valore massimo passando dalle fasi lag e di transizione alla fase esponenziale, per poi diminuire fino a 0 passando dalla fase esponenziale alle fasi di transizione e stazionaria, dando luogo a una curva sigmoidale (Fig. 4.1).

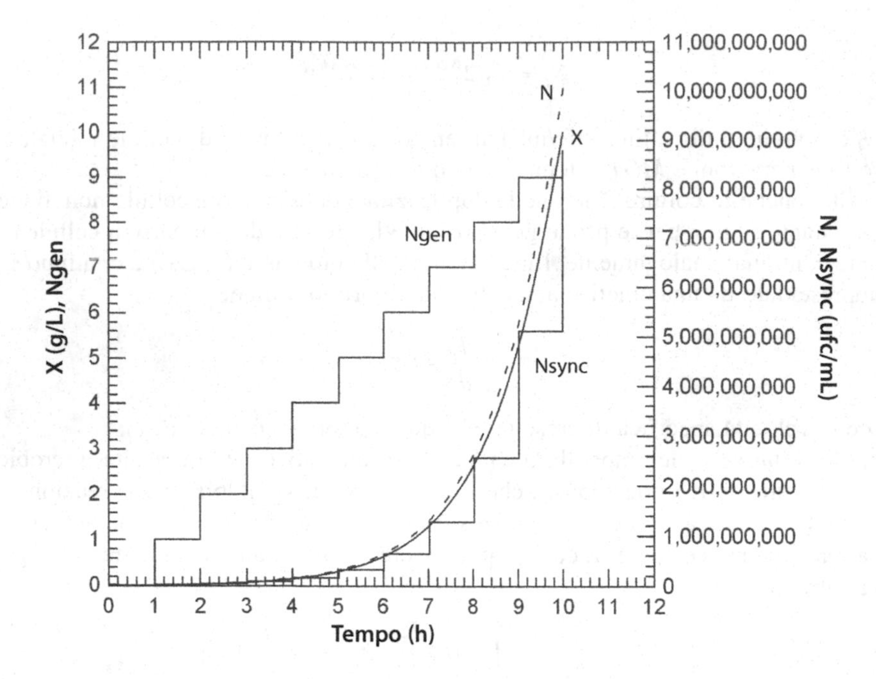

Fig. 4.4 Simulazione di una cinetica di crescita esponenziale con *MGT* = 1 h. La figura mostra il numero di generazioni (*Ngen*), l'evoluzione della biomassa (*X*), del numero di cellule (*N*) e del numero di cellule che si otterrebbe se la duplicazione cellulare avvenisse in maniera sincrona (*Nsync*). Il grafico è stato generato con il modello dell'**Allegato on line 4.4**

4.3 Modelli empirici, dinamici e meccanicistici per la curva di crescita

4.3.1 Modelli empirici

In microbiologia predittiva, le tipiche curve di crescita sigmoidali sono state inizialmente rappresentate mediante modelli empirici basati sull'equazione logistica e su quella di Gompertz modificate; questi due tipi di modelli, molto usati nella dinamica di popolazioni (Farkas, 2001), sono stati opportunamente riparametrizzati in modo che i parametri delle equazioni abbiano valori assimilabili alla durata della fase lag (λ), alla velocità specifica di crescita massima (μ_{max}) e al numero massimo di cellule (y_{max} oppure A, cioè la differenza tra y_{max} e y_0).

Le equazioni logistica e di Gompertz – modificate e riparametrizzate come proposto da Gibson et al (1987) e da Zwietering et al (1990) – sono mostrate nella Tabella 4.2. In entrambi i casi la stima dei parametri può essere ottenuta in maniera abbastanza semplice per regressione non lineare (vedi cap. 13) oppure, limitatamente all'equazione di Gompertz riparametrizzata, utilizzando l'add-in di Excel DMFit (vedi sopra), anche se è necessario disporre di un numero sufficiente di punti ben distribuiti lungo tutte le fasi di crescita.

Sebbene le versioni originali di questi modelli siano semi-meccanicistiche, le equazioni modificate e riparametrizzate sono empiriche e presentano alcuni difetti:

- usano il logaritmo del numero di cellule (o il logaritmo del rapporto tra il numero di cellule a un tempo determinato e il numero iniziale) come variabile dipendente;

Tabella 4.2 Modelli empirici non lineari per la curva di crescita (per una discussione dettagliata delle due equazioni e del significato dei parametri, vedi Garthright, 1991)

	Gibson et al (1987)	***Zwietering et al (1990)***
Equazione logistica modificata	$\log(x_t) = A + \frac{C}{\{1+\exp[-B(t-M)]\}}$ $\lambda = M - \frac{2}{B}$ $\mu = \frac{BC}{4}$ $MGT = \frac{\log(2)\,4}{BC}$	$y = \frac{A}{\left\{1+\exp\left[\frac{4\mu_{max}}{A}(\lambda - t)\right]+2\right\}}$
Equazione di Gompertz modificata	$\log(x_t) = A + C\exp\{-\exp[-B(t-M)]\}$ $\lambda = M - \frac{1}{B} + \frac{\log(x_0) - A}{\frac{BC}{e}}$ $\mu = \frac{BC}{e}$ $MGT = \frac{\log(2)\,e}{BC}$	$y = A\exp\left\{-\exp\left[\frac{\mu_{max}\,e}{A}(\lambda - t)+1\right]\right\}$
Simboli e parametri	$\log(x_t)$ logaritmo in base 10 del numero di cellule: $\log(N/N_0)$ A asintoto inferiore (con $t \rightarrow 0$) C differenza tra l'asintoto superiore e l'asintoto inferiore B tasso di crescita relativo al tempo M t tempo M tempo al quale il tasso di crescita relativo è massimo μ tasso di crescita MGT tempo medio di generazione	y logaritmo naturale del numero di cellule: $\ln(N/N_0)$ A asintoto superiore (numero massimo di cellule stimato) μ_{max} velocità specifica di crescita massima (t^{-1}) e base dei logaritmi naturali 2.718281828... λ durata della fase lag t tempo

- alcune loro proprietà sono in contrasto con l'evidenza sperimentale: a) mentre la velocità specifica di crescita massima è in genere costante almeno per un breve intervallo, ciò non si verifica né con l'equazione logistica né con l'equazione di Gompertz; b) durante la fase lag la velocità specifica di crescita non è uguale a 0; c) la velocità assoluta di crescita è massima nel punto di flesso, che nell'equazione logistica è sempre collocato in posizione equidistante tra l'inizio e la fine della fase esponenziale;
- è difficile stimare indipendentemente λ e μ_{max} (le stime ottenute per regressione non lineare sono fortemente correlate); inoltre il modello di Gompertz tende a sovrastimare μ_{max};
- non essendo modelli dinamici, non sono di facile utilizzo quando le condizioni ambientali sono variabili.

Per queste ragioni, allo scopo di descrivere la curva di crescita in condizioni statiche e dinamiche, è stata recentemente sviluppata una serie di modelli dinamici più o meno complessi e strutturati.

4.3.2 Modelli dinamici e meccanicistici per la crescita

In questo paragrafo verranno descritti alcuni dei modelli dinamici e/o meccanicistici sviluppati in anni recenti per modellare la curva di crescita dei microrganismi. In linea di massima, i modelli saranno presentati in ordine di complessità crescente più che in ordine cronologico.

4.3.2.1 Modello trilineare (o trifasico) di Buchanan e colleghi

Il modello probabilmente più semplice è il *modello trilineare* (o *trifasico*) di Buchanan et al (1997). Oltre a prevedere le consuete assunzioni relative alle condizioni sperimentali, il modello si basa sui seguenti presupposti:

a. dopo l'inoculo le N_0 cellule richiedono un periodo di adattamento (fase lag), durante il quale la velocità specifica di crescita è nulla;
b. immediatamente dopo, tutte le cellule iniziano a duplicarsi con una velocità specifica di crescita costante e uguale a μ_{max};
c. quando le condizioni di crescita non sono più adatte, questa cessa immediatamente ($\mu = 0$); a questo punto la popolazione ha raggiunto il livello N_{max}.

Il modello può essere rappresentato in forma dinamica come segue:

$$\frac{dN}{dt} = \begin{cases} t \le t_{lag} & 0 \\ t_{lag} < t < t_{max} & \mu_{max} N \\ t \ge t_{max} & 0 \end{cases} \tag{4.8}$$

e, dopo integrazione,

$$\log(N) = \begin{cases} t \le t_{lag} & \log(N_0) \\ t_{lag} < t < t_{max} & \mu(t - t_{lag}) \\ t \ge t_{max} & \log(N_{max}) \end{cases} \tag{4.9}$$

dove: N numero di cellule; t tempo; t_{lag} durata della fase lag; μ_{max} velocità specifica di crescita massima; t_{max} tempo al quale si raggiunge la massima densità di popolazione, corrispondente all'inizio della fase stazionaria; $\log(N)$ logaritmo decimale del numero di cellule; $\mu = \mu_{max}/2{,}303$; N_0 e N_{max}, rispettivamente, numero iniziale e finale di cellule.

Si assume che la fase lag sia la somma di un periodo di adattamento iniziale (t_a) e del tempo necessario alle cellule per acquisire l'energia metabolica per la prima divisione cellulare t_m (corrispondente al tempo medio di generazione, *MGT*); le successive generazioni si susseguiranno a intervalli t_m. Il modello può teoricamente incorporare spiegazioni meccanicistiche della durata di t_a e t_m in termini di necessità di adattamento, resuscitazione e riparazione dei danni causati da trattamenti subletali.

Il modello ha sicuramente il vantaggio della semplicità. Gli autori spiegano la discrepanza tra il modello trilineare e le curve di crescita osservate sperimentalmente con l'eterogeneità del comportamento delle singole cellule di una popolazione (vedi par. 4.5). I quattro parametri del modello trilineare completo (N_0, t_{lag}, μ, t_{max} o N_{max}) possono essere facilmente stimati con programmi di regressione non lineare o utilizzando DMFit web edition. Inoltre, a differenza dell'equazione di Gompertz riparametrizzata, questo modello si presta a stimare curve bifasiche (prive della fase stazionaria). Ciò rappresenta un vantaggio poiché, come evidenziato da Buchanan et al (1997), la fase stazionaria e la relativa popolazione massima sono raramente interessanti nella pratica, in quanto generalmente N_{max} (10^8-10^{10} ufc/mL o ufc/g, a seconda delle situazioni) eccede i livelli di popolazione ai quali un alimento diventa pericoloso (1-10^4 ufc/mL o ufc/g, a seconda del patogeno) o deteriorato (tipicamente 0,5-1×10^8 ufc/mL o ufc/g, anche se per alcuni microrganismi i limiti sono sostanzialmente più bassi).

Utilizzando questo e altri semplici modelli, la shelf life di un alimento (in termini di sicurezza o di caratteristiche organolettiche) può essere calcolata con l'equazione:

$$\text{Shelf life} = t_{lag} + t_m \frac{\ln\left(\frac{N_f}{N_0}\right)}{\ln(2)} \tag{4.10}$$

dove N_f è la densità di popolazione massima accettabile.

Buchanan et al (1997) hanno messo a confronto l'equazione empirica di Gompertz, il modello dinamico di Baranyi e Roberts (1994) e il loro modello trifasico utilizzando un set di dati costituito da 18 curve di crescita di *Escherichia coli* O157:H7, concludendo che il modello trifasico forniva risultati equivalenti (in termini di bontà di adattamento) ai due modelli non lineari. Benché ciò sia sicuramente possibile, è nostra opinione che una stima accurata dei parametri del modello richieda set di dati con un numero di punti sufficiente intorno ai due tempi di transizione t_{lag} e t_{max}, che altrimenti potrebbero essere stimati con un errore standard eccessivo. Un confronto tra il modello trifasico e altri modelli dinamici è mostrato nelle Figg. 4.1 e 4.8.

4.3.2.2 Modello dinamico (D-model) di Baranyi e Roberts

Uno dei modelli matematici della curva di crescita che ha avuto (e ha tuttora) maggiore successo è il modello dinamico (D-model) di Baranyi e Roberts (1994). Diverse formulazioni del modello, con una discussione dettagliata dei principi del suo sviluppo, sono riportate in Baranyi et al (1993), Baranyi e Roberts (1994), Baranyi et al (1995).

Il modello assume che una popolazione microbica di densità N (espressa in ufc/mL), cresciuta nell'ambiente E_1 e inoculata nell'ambiente E_2, crescerà a una velocità:

$$\frac{dN}{dt} = \mu_{max}\, \alpha(t)\, u(t) \tag{4.11}$$

dove $\alpha(t)$ è una funzione di adattamento, che esprime la necessità per le cellule provenienti dall'ambiente E_1 di accumulare un composto essenziale per la crescita, e $u(t)$ è una funzione di inibizione, che determina la transizione dalla fase esponenziale alla fase stazionaria.

Assumendo che l'inibizione sia dovuta all'esaurimento di un composto essenziale, è possibile rappresentare $u(t)$ con la nota equazione di Monod:

$$u(t) = \frac{S}{K_S + S} \tag{4.12}$$

dove S è la concentrazione del substrato limitante e K_S una costante di affinità. Tuttavia, in microbiologia degli alimenti la concentrazione dei substrati limitanti (e dei prodotti del metabolismo) viene raramente misurata e, in maniera più empirica, per modellare l'inibizione può essere usata una funzione appartenente alla famiglia di curve di Richards:

$$u(t) = 1 - \left(\frac{N}{N_{max}}\right)^m \tag{4.13}$$

dove l'esponente m determina la forma della curva. Con $m = 1$ si ricade nel caso dell'equazione logistica; con $0<m<1$ si ottengono transizioni più graduali dalla fase esponenziale alla fase stazionaria. In realtà è possibile sostituire l'eq. 4.12 o l'eq. 4.13 con una qualsiasi funzione che modelli l'inibizione al termine della crescita in funzione di un fattore ambientale rilevante (presenza di acidi organici, crescita in co-coltura, accumulo di prodotti tossici ecc.).

La funzione che descrive l'adattamento $\alpha(t)$ varia invece tra 0 e 1 con l'accumulo di un composto essenziale P, con velocità specifica ν (dipendente dall'ambiente E_2 e in genere posta uguale a μ_{max}):

$$\alpha(t) = \frac{P}{K_P + P} \tag{4.14}$$

$$\frac{dP}{dt} = \nu P \tag{4.15}$$

Per convenienza, lo stato delle cellule in funzione del tempo può essere rappresentato dalla quantità $q(t) = P/K_P$. Con semplici riarrangiamenti si ottiene:

$$\alpha(t) = \frac{q}{1+q} \tag{4.16}$$

Il modello che utilizza la famiglia di funzioni di Richards si può integrare analiticamente:

$$y = \ln\left(\frac{N}{N_0}\right) = \mu_{max}\, A(t) - \frac{1}{m}\ln\left[1 + \frac{e^{m\mu_{max} A(t)} - 1}{e^{m(y_{max} - y_0)}}\right] \tag{4.17}$$

$$A(t) = t + \frac{1}{\nu}\ln\left(\frac{e^{-\nu t} + q_0}{1 + q_0}\right) \tag{4.18}$$

$$\lambda = \frac{\ln\left[1 + \frac{1}{q_0}\right]}{\nu} = \frac{-\ln(\alpha_0)}{\nu} = \frac{h_0}{\nu} \tag{4.19}$$

$A(t)$ è una funzione di "adattamento", che esprime l'avvicinamento delle cellule alla condizione nella quale si svilupperanno alla velocità μ_{max}, e h_0 un parametro che esprime lo stato delle cellule al momento dell'inoculo: tanto più basso è il suo valore, tanto più lungo sarà l'adattamento. Incidentalmente, dall'eq. 4.19 è evidente che, a parità di h_0, la durata della fase lag è inversamente proporzionale a ν (per definizione uguale a μ_{max}), una condizione facilmente verificabile sperimentalmente. Il modello è presentato nell'**Allegato on line 4.5**.

Il D-model è stato largamente utilizzato per modellare la crescita di un gran numero di specie microbiche. Esso presenta alcune interessanti proprietà:

- se si omette la funzione di inibizione, può essere utilizzato per modellare curve di crescita bifasiche;
- la rappresentazione della curva di crescita è generalmente migliore di quella dell'equazione di Gompertz;
- è relativamente flessibile e ha basi meccanicistiche (anche se quando si usa la funzione di inibizione dell'eq. 4.13 è semiempirico); può rappresentare situazioni in cui μ_{max} non è mai raggiunta; può essere adattato a situazioni in cui le condizioni ambientali sono variabili;
- sono disponibili, anche per gli utenti meno esperti, programmi (come DMFit, nelle sue diverse versioni) che permettono di stimare facilmente i suoi parametri (con la limitazione che implementano solo la funzione di inibizione dell'eq. 4.13 e in genere assumono un valore di $m = 1$).

4.3.2.3 Modelli dinamici multicompartimento

Per tenere conto dell'ipotesi che le cellule si comportino in modo identico nelle diverse fasi di crescita e dei fenomeni di resuscitazione che possono essere legati al danno subletale subito dalle cellule, sono stati sviluppati modelli a più compartimenti.

Uno dei modelli dinamici multicompartimento più semplici è quello a due compartimenti sviluppato da Hills e Wright (1994), poi esteso a tre compartimenti da Hills e Mackey (1995). Il modello prevede che la massa totale della singola cellula (s^*) possa crescere – per effetto della formazione di biomassa in eccesso (DNA, RNA, enzimi) necessaria per la moltiplicazione cellulare – da un valore minimo (s_{min}), al di sotto del quale non è possibile la sopravvivenza, a un valore massimo, oltre il quale la cellula si divide. Inoltre, prevede che per la crescita della biomassa sia necessario l'accumulo di un enzima essenziale E al di sopra di un valore minimo e_{min}.

Se N è la concentrazione cellulare (in ufc/mL), la massa cellulare totale è:

$$M = N(s_{min} + s_{ecc}) \tag{4.20}$$

esprimendo s_{ecc} in unità di s_{min}, si ottiene:

$$M = N(1+s) \tag{4.21}$$

mentre la massa totale dell'enzima E espresso come frazione della massa totale M è:

$$E = M(e_{min} + e_{ecc}) \tag{4.22}$$

dove e_{min} ed e_{ecc} sono, rispettivamente, la concentrazione specifica minima e quella in eccesso dell'enzima E.

Nella sua forma più semplice, a due compartimenti, il modello assume che un inoculo in fase stazionaria abbia $s = 0$ e che la massa totale aumenti immediatamente, senza fase lag, con cinetica:

$$\frac{dM}{dt} = \mu M \tag{4.23}$$

dove μ è la velocità specifica di crescita della biomassa. L'aumento del numero di cellule dipende invece da s e da una costante di velocità k_n:

$$\frac{dN}{dt} = k_n s N \tag{4.24}$$

Le equazioni possono essere integrate analiticamente e i loro parametri stimati per regressione non lineare mediante semplici equazioni esponenziali:

$$M = M_0 \, e^{\mu t} \tag{4.25}$$

$$N = N_0 \left(\frac{k_n \, e^{\mu t} + \mu \, e^{-k_n t}}{\mu + k_n} \right) \tag{4.26}$$

Il tempo medio di generazione può essere calcolato da μ nel modo consueto, mentre la durata della fase lag può essere stimata da:

$$\lambda = \mu^{-1} \ln \left(1 + \frac{\mu}{k_n} \right) \tag{4.27}$$

s^* cresce da $s_{min} = 1$ a $s_{max} = (1+\mu/k_n)$. I parametri μ e k_n dipendono in vario modo dai fattori ambientali e, utilizzando sistemi di equazioni differenziali, è possibile modellare la crescita in funzione del tempo in sistemi omogenei o eterogenei (per esempio, in assenza o in presenza di gradienti di concentrazione di un substrato essenziale), in funzione della concentrazione di uno o più inibitori (per esempio, acidi organici prodotti dal metabolismo cellulare, conservanti) o in funzione di uno o più substrati per la crescita (per esempio, glucosio e lattosio, che possono essere usati sequenzialmente con cinetiche diverse) (Hills, Wright, 1994).

La soluzione analitica per il modello a tre compartimenti – che prevede la fase lag nella biomassa e assume che l'enzima E si accumuli con velocità μ e che la biomassa cresca con costante di velocità k_m – è:

$$N = a\left(e^{at} - e^{-k_n t}\right) + b\left(e^{-k_m t} - e^{-k_n t}\right) \tag{4.28}$$

$$a = \frac{k_n \, k_m \, N_0}{(\mu + k_n)(\mu + k_m)} \tag{4.29}$$

$$b = \frac{k_n \, \mu \, N_0}{(k_n - k_m)(\mu + k_m)} \tag{4.30}$$

con la durata della fase lag determinata da due componenti, una riconducibile alla fase lag nella biomassa e l'altra alla fase lag per l'incremento del numero di cellule:

$$\lambda = \mu^{-1} \ln \left(1 + \frac{\mu}{k_m} \right) + \mu^{-1} \ln \left(\frac{1 + \frac{\mu}{k_m}}{1 + s_0} \right) \tag{4.31}$$

Benché in teoria non sia necessario misurare μ ed E per stimare i parametri delle equazioni 4.26 e 4.28 per regressione non lineare, la stima delle costanti di velocità e del valore iniziale della conta non è semplice a causa delle correlazioni tra i parametri stessi, a meno che non si disponga di un numero elevato di punti sperimentali nelle fasi di transizione. Tuttavia è possibile stimare, con procedure di ottimizzazione, i parametri direttamente dal sistema di equazioni differenziali, specialmente se si dispone di misure di μ e di E, oltre che di N.

Il modello può essere facilmente esteso a più compartimenti comprendenti cellule danneggiate, con cinetiche per il danno (le cellule vengono trasferite dal compartimento N a quello N_d) e la resuscitazione (le cellule vengono trasferite dal compartimento N_d a quello N in seguito a riparazione del danno).

I modelli multicompartimento presentano inoltre un'importante similarità con il D-model di Baranyi e Roberts (1994): le quantità s_{ecc} ed e_{ecc} (biomassa in eccesso e "sostanza" limitante in eccesso) sono equivalenti alla funzione di adattamento, poiché il loro valore aumenta da un minimo a un massimo durante la crescita. Dato che questi valori possono cambiare dinamicamente in seguito all'effetto delle condizioni ambientali sulle costanti di velocità dei modelli, i modelli bifasico e trifasico consentono di modellare fasi lag intermedie.

I modelli di Hills e Wright (1994) e di Hills e Mackey (1995) sono presentati negli **Allegati on line 4.6-4.8**, che permettono simulazioni di curve di crescita per diversi valori dei parametri fondamentali in un ambiente costante.

Un semplice modello eterogeneo a due compartimenti è stato sviluppato da McKellar (1997). Questo modello parte dall'assunto che la cinetica di crescita sia dominata dalle cellule che crescono per prime e poco influenzata da quelle che iniziano a crescere in ritardo; quindi la popolazione totale N è suddivisa in due popolazioni, NG (cellule non in crescita) e G (cellule in crescita), che crescono con le seguenti leggi cinetiche:

$$\frac{dNG}{dt} = 0 \tag{4.32}$$

$$\frac{dG}{dt} = \mu_{max}\left(1 - \frac{G}{N_{max}}\right)G \tag{4.33}$$

dove μ_{max} e N_{max} hanno il consueto significato. I parametri che devono essere stimati sono N_0, FG (G_0/N_0), μ_{max} e N_{max}.

La durata della fase lag della popolazione può essere stimata come:

$$\lambda = \frac{\log(N_0) - \log(G_0)}{\dfrac{\mu_{max}}{\ln(10)}} = \frac{w_0}{\dfrac{\mu_{max}}{\ln(10)}} \tag{4.34}$$

dove il parametro w_0 assume un significato analogo al parametro h_0 del modello di Baranyi e Roberts (1994).

Pur essendo parzialmente empirico, il modello è semplice e può essere facilmente adattato a diverse situazioni, ma i suoi parametri devono essere stimati con programmi di modellazione dinamica e il modo in cui è stimato w_0 non consente di introdurre fasi lag intermedie. Un esempio di questo modello è presentato nell'**Allegato on line 4.9**.

4.3.3 Modelli dinamici per la crescita, il consumo di substrati e la produzione di metaboliti

Con l'eccezione del modello di Hills e Mackey (1995), i modelli illustrati nel paragrafo precedente assumono che alcune condizioni che influenzano la crescita, e che a loro volta possono esserne influenzate (come disponibilità di substrati, concentrazione di sostanze inibitrici e cambiamento del pH), siano costanti o non raggiungano valori inibitori. Inoltre, in molti modelli viene ignorata anche la variazione di alcuni fattori estrinseci. Queste assunzioni sono in effetti adeguate per molte situazioni pratiche; tuttavia, nella forma descritta, i modelli non permettono di modellare dinamicamente né la produzione di metaboliti utili (come acidi organici, batteriocine o esopolisaccaridi da parte di fermenti lattici), né le interazioni tra microrganismi utili e dannosi (per esempio, l'inibizione di un patogeno da parte di un fermento lattico che produce acido lattico e batteriocine), né l'accumulo di tossine o ammine biogene. Questi modelli sono pertanto adatti per modellare crescite bifasiche, costituite da fase lag e fase esponenziale, più che l'intera curva di crescita (per la transizione alla fase stazionaria vengono in genere introdotte assunzioni *ad hoc*, di natura empirica, come il modello logistico).

Mentre l'applicazione della microbiologia predittiva alla modellazione della crescita e della produzione di metaboliti da parte dei fermenti lattici è un campo di ricerca attivo da alcuni anni (Leroy et al, 2002), più recentemente van Impe et al (2005) hanno proposto e analizzato modelli che incorporano informazioni sull'esaurimento dei nutrienti e sulla produzione di prodotti tossici del metabolismo. L'analisi dettagliata dei modelli cinetici per la crescita (in genere espressa come crescita della biomassa, più che del numero di cellule), la produzione di metaboliti e il consumo di substrati va oltre lo scopo di questo testo; in questa sede ci limitiamo a ricordare che essi sono generalmente espressi sotto forma di sistemi di equazioni differenziali. La forma generale dell'equazione differenziale per la crescita in queste tipologie di modelli (vedi anche van Impe et al, 2005) presenta notevoli similitudini con il *gamma concept* descritto nel capitolo 6:

$$\frac{dX}{dt} = \mu_{\max}\,\alpha(t)\sigma(t)\pi(t) \tag{4.35}$$

dove α(t) è la funzione di adattamento e σ(t) e π(t) sono le funzioni di inibizione, rispettivamente, da substrato e da prodotto. Per modellare la cinetica di crescita occorre risolvere il seguente sistema di equazioni differenziali:

$$\begin{cases} \dfrac{dX}{dt} = r_X = \mu_{\max}\dfrac{Q}{1+Q}\dfrac{S}{K_S+S}\dfrac{K_P}{K_P+P} \\ \dfrac{dQ}{dt} = r_Q = \mu_{\max}Q \\ \dfrac{dS}{dt} = \dfrac{1}{Y_{X/S}}r_X + m_S S \\ \dfrac{dP}{dt} = Y_{P/X}\,r_X + m_P P \end{cases} \tag{4.36}$$

dove:

- α(t) è la funzione di adattamento nella forma descritta da Baranyi e Roberts (1994); essa determina la fase lag e tende a 1 all'aumentare del tempo;
- σ(t) è la funzione di inibizione legata al consumo di un substrato limitante secondo la consueta equazione di Monod; essa varia da circa 1, quando $S \gg K_S$ (K_S = costante di affinità per il substrato), a 0, quando a fine crescita risulta nell'inibizione dovuta all'esaurimento del substrato (vedi S-model di van Impe et al, 2005);
- π(t) è la funzione di inibizione da prodotto; essa varia da circa 1, quando $P \ll K_P$ (K_P = costante di inibizione da prodotto), a 0, quando il prodotto si accumula a livelli molto maggiori di K_P; π(t) ha la forma di una funzione di inibizione non competitiva (corrisponde al P-model di van Impe et al, 2005).

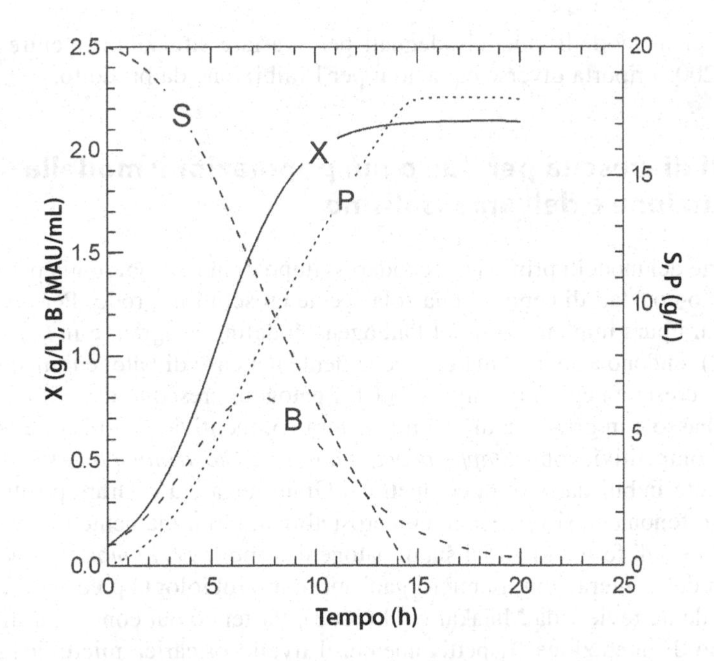

Fig. 4.5 Modello dinamico per la produzione di una batteriocina. Simulazione con il modello di Leroy e De Vuyst (1999) delle cinetiche di crescita della biomassa (*X*), di consumo del substrato (*S*), di produzione di acido lattico (*P*) e di sakacina P (*B*), misurata in milioni di unità arbitrarie (*MAU*) per mL

Le equazioni differenziali per *Q*, *S* e *P* descrivono, rispettivamente, l'adattamento (nella forma cinetica descritta da Baranyi e Roberts nel 1994), la cinetica di consumo del substrato e la cinetica di produzione del metabolita parzialmente legata alla crescita ($Y_{X/S}$ = resa in biomassa per unità di substrato; m_S = coefficiente di mantenimento; $Y_{P/X}$ = resa in prodotto per unità di biomassa; m_P = coefficiente di produzione di metabolita a crescita zero). Le stesse costanti del modello possono essere dipendenti da condizioni ambientali. Le equazioni possono essere facilmente adattate alla modellazione della cinetica di crescita del numero di cellule, invece che della biomassa, e a condizioni di pH variabili per effetto della produzione e della dissociazione dell'acido prodotto (vedi cap. 6).

Ovviamente, come descritto da Hills e Mackey (1994), all'eq. 4.35 possono essere aggiunte altre funzioni di inibizione per qualsiasi fattore che cambi dinamicamente in funzione della crescita (produzione di altri inibitori, consumo di substrati ecc.) e nel sistema può essere facilmente incorporata la crescita di più microrganismi in co-coltura.

La stima dei coefficienti di un modello come quello rappresentato dal sistema di equazioni 4.36 è tutt'altro che semplice, sia dal punto di vista sperimentale sia da quello matematico-statistico; poiché tale stima richiede tipologie di esperimenti che raramente sono condotti quando si studia la cinetica di crescita dei microrganismi negli alimenti, vengono spesso introdotte assunzioni semplificatorie o variazioni empiriche. Un esempio di modello che utilizza un sistema di equazioni differenziali per la crescita, il consumo di substrato e la produzione di una batteriocina è riportato nell'**Allegato on line 4.10** e nella Fig. 4.5.

La letteratura sui modelli cinetici per il consumo di substrati e la produzione di metaboliti è sterminata. A puro titolo di esempio, la review di Thilakavathi et al (2007) riporta numerosi esempi di modelli cinetici adeguati per svariate situazioni, mentre la review di Poschet et al (2005) riporta diverse equazioni per l'inibizione da prodotto.

4.4 Modelli di crescita per due o più popolazioni: modellazione della competizione e dell'amensalismo

La maggior parte dei modelli primari e secondari sviluppati in microbiologia predittiva riguarda colture pure o cocktail di ceppi di una sola specie cresciuti in brodo. Per questa ragione i modelli di coltura pura implementati nel Pathogen Modeling Program e in ComBase Predictor (vedi cap. 8) tendono a sovrastimare, specialmente nel caso di patogeni meno competitivi, la possibilità di crescita negli alimenti, nei quali i patogeni crescono di solito a partire da un inoculo molto basso e in presenza di una microflora competitiva. Del resto, è ben noto che i patogeni poco competitivi, come *Staphylococcus aureus* e *Clostridium botulinum* tipo E, sono significativamente inibiti dalla flora competitiva Gram-negativa o Gram-positiva (Jay et al, 2009). Lo stesso fenomeno si verifica in numerosi alimenti minimamente trattati in cui è possibile la crescita sia di fermenti lattici sia di patogeni come *Listeria monocytogenes.*

La rilevanza delle interazioni tra microrganismi in microbiologia predittiva è stata analizzata in un'eccellente review da Malakar et al (2003). Partendo dai concetti di livello di interazione e tempo di interazione (rispettivamente, il livello di carica microbica e il tempo ai quali la velocità specifica di crescita del microrganismo A cresciuto in co-coltura è ridotto del 10% rispetto alla crescita in coltura pura, Malakar et al, 1999), gli autori osservano che nella maggior parte delle situazioni reali, sia in sistemi liquidi sia in sistemi solidi, l'interazione diventa rilevante a livelli molto elevati del microrganismo "inibitore". Infatti, i livelli calcolati da Malakar et al (2003) per ottenere un'inibizione del 10% di *L. monocytogenes* variano da $5{,}6\times10^4$ (per il caso irrealistico di produzione di penicillina con *Penicillium chrysogenum*) a 2×10^8 (per la produzione di nisina con *Lactococcus lactis*), a $2{,}3\times10^8$-$6{,}5\times10^9$ per la produzione di vari acidi organici (lattico, acetico, citrico), fino a 10^7-10^{10} per l'interazione tra varie colture protettive o agenti di deterioramento con patogeni. Benché questi livelli di contaminazione siano sicuramente accettabili in alimenti fermentati, essi comportano il deterioramento per tutti gli altri alimenti. Cionondimeno, il problema delle interazioni tra microrganismi è estremamente importante ed è stato affrontato con una varietà di approcci.

Le interazioni tra microrganismi possono dipendere da una varietà di fenomeni (vedi cap. 2): semplice competizione per substrati limitanti; produzione di acidi organici, con conseguente cambiamento del pH e accumulo di acidi organici indissociati; accumulo di altri composti inibitori a basso peso molecolare; produzione di composti battericidi e/o batteriolitici (batteriocine, che possono determinare diminuzione della popolazione del microrganismo inibito oltre che inibizione della crescita). Quando è noto, il meccanismo può essere modellato usando combinazioni di modelli primari, come quelli descritti nel par. 4.3, e di modelli secondari (per l'effetto del pH e dei composti inibitori). Questo approccio è stato utilizzato in molte situazioni (Malakar et al, 1999; Pleasants et al, 2001; Vereecken, van Impe, 2002; Janssen et al, 2006) con un buon grado di successo, ma richiede uno sforzo analitico e di modellazione notevole.

Un approccio alternativo – fondamentalmente empirico, ma decisamente più semplice – è quello basato sui modelli "tipo Jameson" (Cornu et al, 2011), che sono stati utilizzati con relativo successo, come risulta dalla letteratura. In particolare, questi modelli prevedono che la crescita di entrambi i microrganismi sia limitata dalla loro popolazione totale, un'assunzione relativamente semplicistica ma abbastanza efficace. Per due microrganismi (A e B) i consueti modelli per la crescita basati sull'equazione logistica possono quindi essere modificati come segue:

$$\begin{cases} \dfrac{dN_A}{dt} = \mu_{\max A}\, \alpha_A(t)\, f(t) N_A \\ \dfrac{dN_B}{dt} = \mu_{\max B}\, \alpha_B(t)\, f(t) N_B \end{cases} \tag{4.37}$$

dove $\alpha_i(t)$ può assumere la forma caratteristica del D-model o del modello trilineare di Buchanan e la funzione di inibizione $f(t)$ può assumere le seguenti forme:

$$f(t) = 1 - \frac{N_A + N_B}{N_{\max\,tot}} \tag{4.38}$$

$$f(t) = \left(1 - \frac{N_A}{N_{\max A}}\right)\left(1 - \frac{N_B}{N_{\max B}}\right) \tag{4.39}$$

dove: N_A e N_B sono le popolazioni di A e B al tempo t; $N_{\max i}$ sono le popolazioni massima totale ($N_{\max\,tot}$) o massime raggiungibili dai singoli microrganismi ($N_{\max A}$ e $N_{\max B}$).

L'eq. 4.38 è una versione semplificata della 4.39. Mentre $\alpha_i(t)$, $\mu_{\max i}$ e $N_{\max i}$ possono essere stimati in teoria dalle singole colture pure con i consueti sistemi, la soluzione delle equazioni 4.37 e 4.38 richiede la stima dei parametri risolvendo il sistema di equazioni differenziali con un programma di modellazione dinamica. Cornu et al (2011) presentano una routine in R (vedi cap. 14) che consente di stimare i parametri del modello utilizzando per $\alpha(t)$ e $f(t)$ le espressioni corrispondenti al modello trifasico.

L'osservazione che l'inibizione dei microrganismi patogeni avviene in genere quando la popolazione del microrganismo inibitore raggiunge una soglia di popolazione critica (*CPD*), piuttosto che la popolazione massima (Le Marc et al, 2009), ha portato alla formulazione di una versione modificata dell'eq. 4.39:

$$\begin{cases} f(t)_A = \left(1 - \dfrac{N_A}{N_{\max A}}\right)\left(1 - \dfrac{N_B}{N_{\max B}}\right) \\ N_A \le CPD_A,\ f(t)_B = \left(1 - \dfrac{N_A}{CPD_A}\right)\left(1 - \dfrac{N_B}{N_{\max B}}\right) \\ N_A > CPD_A,\ f(t)_B = 0 \end{cases} \tag{4.40}$$

dove CPD_A è la densità di popolazione critica del microrganismo inibitore.

La funzione di inibizione $f(t)$ è stata inoltre in alcuni casi stimata con il classico modello di Lotka-Volterra (Farkas, 2001) adattato in maniera empirica alla competizione microbica:

$$\begin{cases} f(t)_A = 1 - \dfrac{N_A + \alpha_{AB} N_B}{N_{\max A}} \\ f(t)_B = 1 - \dfrac{N_B + \alpha_{BA} N_A}{N_{\max B}} \end{cases} \tag{4.41}$$

dove α_{AB} e α_{BA} sono due parametri empirici che rappresentano l'entità relativa dell'effetto della competizione. È da notare che questo modello può prevedere il declino di una delle due popolazioni piuttosto che il raggiungimento della fase stazionaria quando le funzioni $f(t)$ assumono valori negativi e che, secondo Cornu et al (2011), fornisce risultati meno realistici dei modelli delle equazioni 4.37-4.40.

Una simulazione condotta con Berkeley Madonna (**Allegato on line 4.11**) dei modelli rappresentati dalle equazioni 4.38-4.41 è mostrata nella Fig. 4.6.

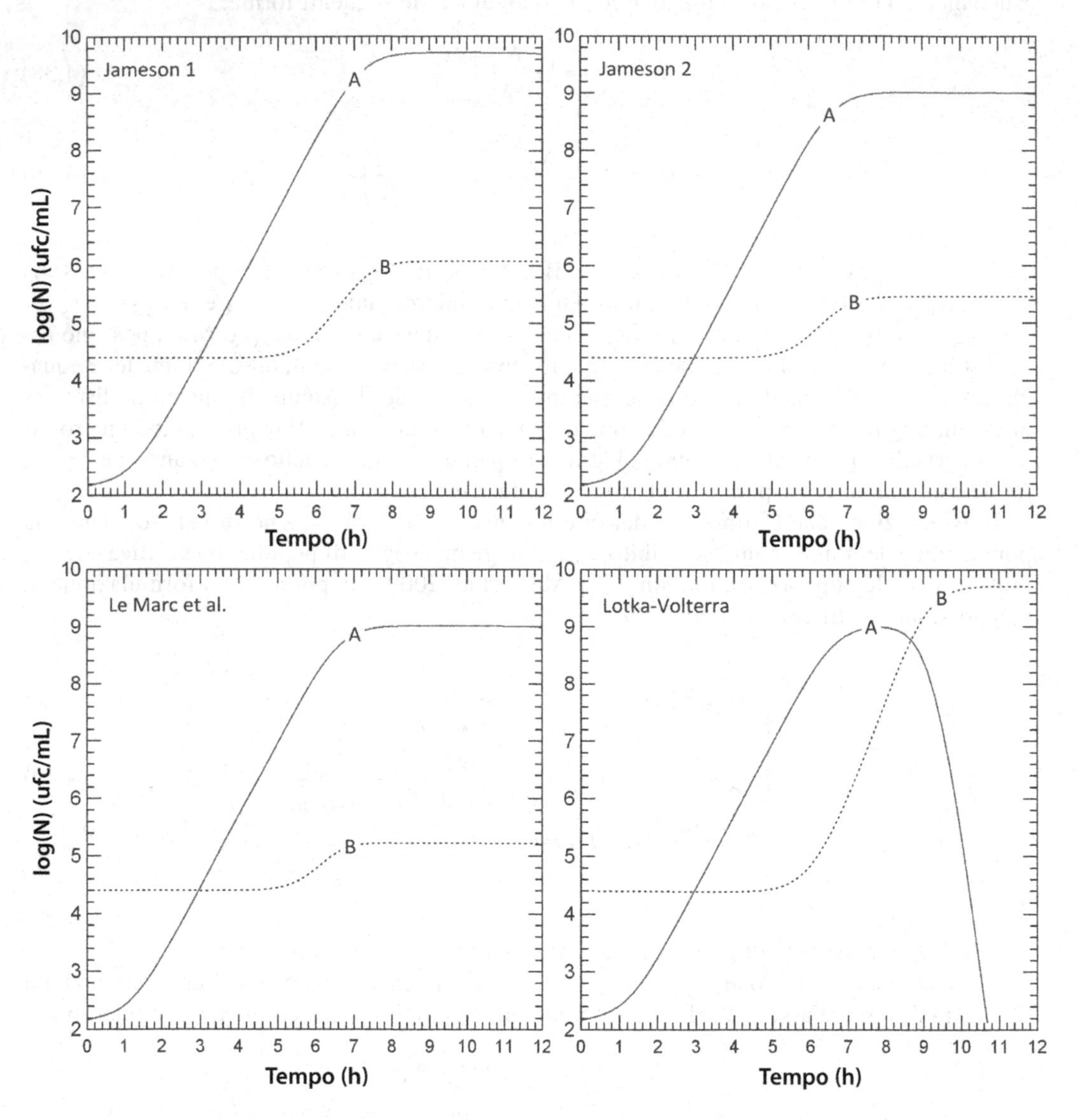

Fig. 4.6 Simulazione di quattro diversi modelli dinamici per la competizione tra *L. monocytogenes* (microrganismo B) e microflora lattica competitiva (A). Sono stati utilizzati i modelli dell'**Allegato on line 4.11**. I parametri sono parzialmente derivati da Cornu et al (2011)

4.5 Gli approcci stocastici per la modellazione della fase lag

La durata della fase lag della popolazione (λ) è sicuramente il parametro della curva di crescita più difficile da stimare e uno dei più importanti nell'applicazione dei modelli della microbiologia predittiva. In realtà è stato fatto rilevare (Baranyi, Pin, 2003) che λ non dovrebbe essere considerato un parametro primario ma piuttosto il risultato di altri parametri, come lo stato fisiologico iniziale, la densità di inoculo e la velocità specifica di crescita massima.

Le problematiche relative alla modellazione della fase lag sono state descritte in un'eccellente review (Swinnen et al, 2004): molti dei lavori recenti definiscono la durata della fase lag in termini di parametri collegati al "lavoro" che le cellule devono svolgere prima di iniziare a dividersi. Anche nelle condizioni sperimentali migliori, λ mostra una forte variabilità per inoculi N_0 bassi. Numerose osservazioni hanno indotto a ritenere che la fase lag delle popolazioni (misurata dal parametro λ stimato dai modelli precedenti) sia in realtà il risultato di una variabilità stocastica del tempo impiegato da ogni singola cellula per iniziare la prima divisione cellulare (τ_i); si assume che dopo la prima divisione tutte le cellule si moltiplichino con una velocità specifica di crescita μ comune, determinata dall'ambiente in cui si sviluppano. La crescita successiva è largamente dovuta alle prime cellule che iniziano la divisione.

Questo approccio, già abbozzato dal modello eterogeneo di popolazione di McKellar (1997) (eq. 4.32-4.34, **Allegato on line 4.9**), è stato successivamente esteso da McKellar e Knight (2000) con lo sviluppo di un modello discreto-continuo, che simula una distribuzione casuale iniziale delle fasi lag individuali (τ_i). Superato τ_i, le singole cellule entrano nel compartimento delle cellule in crescita e iniziano a moltiplicarsi con una cinetica esponenziale. Questo modello è rappresentato, con qualche modificazione, nell'**Allegato on line 4.12** e una simulazione è mostrata nella Fig. 4.7. È evidente che all'aumentare del tempo, anche con un inoculo limitato, il contributo delle cellule che entrano più tardi in crescita è sempre più ridotto e che all'aumentare della varianza della durata della fase lag individuale è possibile, a bassi inoculi, ottenere curve con una durata della fase lag della popolazione sempre maggiore, mentre al crescere del numero iniziale di cellule la durata stimata della fase lag di popolazione converge verso un valore minimo.

In questa forma il modello non ha un carattere dinamico, a causa dell'attribuzione nella fase iniziale delle durate delle fasi lag, ma è stato successivamente trasformato (McKellar et al, 2002) in un modello continuo-discreto-continuo introducendo un ulteriore passaggio continuo con l'attribuzione alle singole cellule di un valore casuale di un parametro p_{0i} (rappresentante lo stato iniziale della singola cellula), che diminuisce esponenzialmente con il tempo a velocità μ: quando $p_{0i}<0$ la cellula viene spostata nel compartimento delle cellule in crescita. Il valore medio di p_0 della popolazione è definito da:

$$p_0 = t_L \mu \tag{4.42}$$

dove t_L è il valore medio dei τ_i. Dal momento che dipende da μ, la cinetica di p_0 può cambiare se le condizioni sono variabili.

La forma della distribuzione delle durate delle fasi lag individuali non può essere stimata dalla fase lag di popolazione, anche se è relativamente facile incorporare in un modello continuo un'uscita stocastica dalla fase lag, come mostrato dall'**Allegato on line 4.13**, derivato dal modello presentato da Baranyi (2002). Come è evidente dalla Fig. 4.7c, il risultato è appena distinguibile da quello ottenuto con un modello discreto-continuo. Inoltre Baranyi (2002) ha dimostrato che, se la funzione di densità di probabilità della durata individuale della fase lag è esponenziale, con parametro $\nu = 1/\tau$ (dove τ è la media della durata individuale

Fig. 4.7a Simulazione di uscita stocastica dalla fase lag secondo il modello discreto-continuo di McKellar e Knight (2000) (vedi **Allegato on line 4.12**). Il grafico mostra l'andamento nel tempo del numero di cellule in crescita (G), non in crescita (NG) e totali (Ntot). Il grafico è stato generato ipotizzando un inoculo di 20 cellule/mL, con una media e una deviazione standard di τ_i rispettivamente di 10 e 5 (distribuzione normale), $\mu_{max} = 0{,}2$ e N_{max} 1×10^8

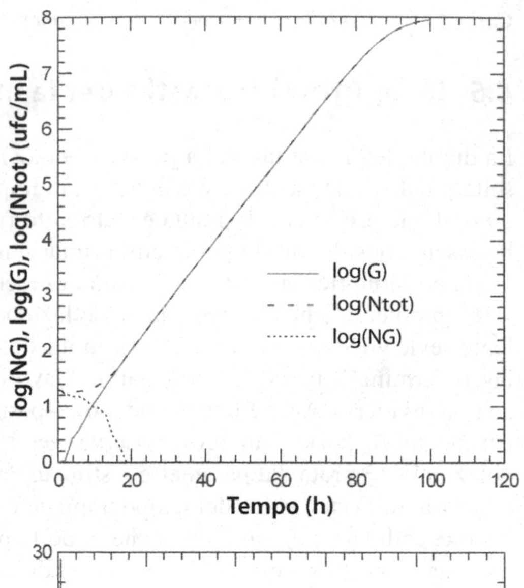

Fig. 4.7b Andamento nel tempo del rapporto tra cellule che entrano nel compartimento in crescita e cellule totali (TOG ratio): la crescita è determinata largamente dalle prime cellule che entrano nel compartimento; infatti, la curva che descrive il numero di cellule in crescita (vedi Fig. 4.7a) assume rapidamente un aspetto meno irregolare, dovuto alla minore incidenza progressiva degli eventi "discreti" di entrata nella fase di crescita

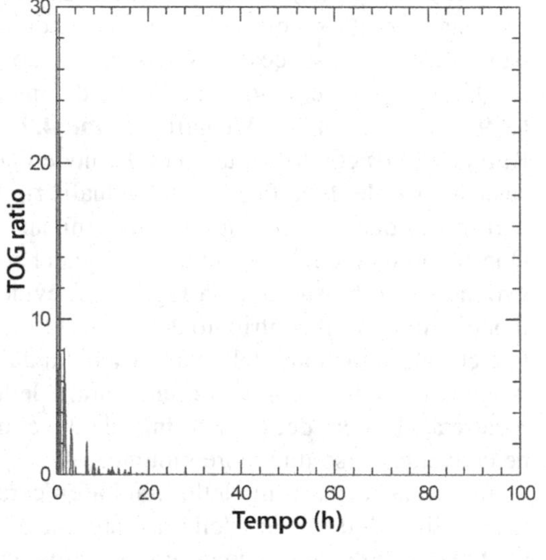

Fig. 4.7c Simulazione ottenuta con il modello di nascita stocastica di Baranyi (2002) (**Allegato on line 4.13**). I parametri sono gli stessi utilizzati per la Fig. 4.7a

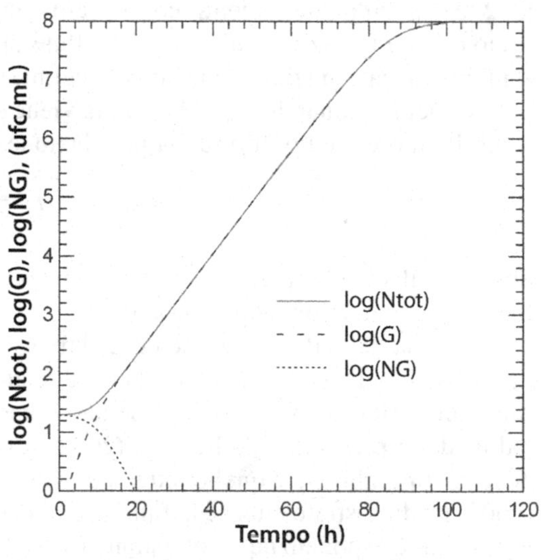

della fase lag), la curva di crescita bifasica (solo fasi lag ed esponenziale) può essere ottenuta analiticamente, in modo da poter stimare i parametri per regressione non lineare:

$$\ln(N) = \ln(N_0) + \mu\, t + \ln\left(\frac{\nu}{\mu+\nu} + \frac{\mu}{\mu+\nu} e^{-(\mu+\nu)t}\right) \tag{4.43}$$

Benché la durata della fase lag individuale possa essere misurata con metodi microscopici accoppiati all'analisi dell'immagine (Guillier et al, 2006), il metodo più comune è basato sulla misura dei *time to detection* (*td*) in strumenti automatizzati per la misura della densità ottica, come il Bioscreen (Baranyi, Pin, 1999; McKellar, Knight, 2000). Nonostante alcune differenze nelle modalità di calcolo, questo metodo si basa sulla seguente procedura.

1. Diverse diluizioni seriali 1:1 della sospensione cellulare vengono inoculate in una piastra a pozzetti (per esempio inoculando tutti i pozzetti di una riga con ciascuna diluizione), in modo tale da ottenere almeno una diluizione in cui la maggioranza dei pozzetti non mostri crescita.
2. Dopo incubazione della piastra, viene misurata automaticamente l'assorbanza in modo da ottenere il *td*; per il Bioscreen C il valore di *td* corrisponde a circa $3{,}5 \times 10^6$ cellule/pozzetto (McKellar, Knight, 2000).
3. Riportando in grafico il valore di *td* medio per ciascuna diluizione (escludendo i pozzetti in cui non si osserva crescita) in funzione del numero medio di cellule per pozzetto, è possibile calcolare, dalla pendenza della curva, la velocità specifica massima di crescita ($\mu_{max} = -1$/pendenza).
4. Per le singole curve di crescita è possibile calcolare la durata della fase lag (e quindi, per le curve ottenute da celle inoculate con una singola cellula, la durata della fase lag individuale τ_i) utilizzando una semplice formula (vedi eq. 4.44) o un modello, come quello discreto-continuo di McKellar e Knight (2000) o quello continuo-discreto-continuo di McKellar et al (2002). In alternativa, è possibile stimare la media di τ_i o dello stato fisiologico $\alpha_i = \exp(-\mu_{max}\tau_i)$ usando una procedura di analisi della varianza accoppiata a una procedura di ottimizzazione (Baranyi, Pin, 1999). Con un numero sufficiente di dati è possibile individuare anche la distribuzione di probabilità e stimare la varianza.

Una semplice formula per calcolare τ_i (se l'inoculo è di 1 cellula, altrimenti il risultato è il valore medio della durata della fase lag delle *n* cellule presenti) da *td* è:

$$\tau_i = td - \frac{\ln\left(\frac{x_{det}}{x_0}\right)}{\mu_{max}} \tag{4.44}$$

dove x_0 è il numero di cellule presenti nell'inoculo e x_{det} è il numero di cellule corrispondenti al *time to detection*. Il rapporto tra queste due variabili è chiamato *rapporto di diluizione* (Baranyi, Pin, 1999).

Per quanto attraente, questa procedura si basa su alcune assunzioni:

a. se non si verifica crescita la cella non contiene cellule: in molte situazioni quest'assunzione potrebbe non essere vera, a causa dei τ_i anche lunghissimi di cellule dormienti o stressate (Keer, Birch, 2003; Buerger et al, 2012);

b. per stimare la distribuzione dei tempi di latenza (funzione di densità di probabilità, parametri della funzione di densità) è necessario disporre di molte celle inoculate con una sola cellula e ciò richiede l'inoculo di un gran numero di celle per ciascuna diluizione (vedi **Allegato on line 4.14**).

In ogni caso, la variabilità delle curve di crescita ottenute da singole cellule può essere facilmente simulata (vedi **Allegato on line 4.15**).

Per una discussione teorica delle relazioni tra la durata della fase lag della popolazione e quella delle singole cellule, che va oltre lo scopo di questo libro, si rimanda a Kutalik et al (2005).

La distribuzione delle durate delle fasi lag individuali assume un'enorme importanza per diverse ragioni:

- nelle situazioni reali il numero iniziale di cellule di microrganismi rilevanti per la sicurezza degli alimenti è in genere basso;
- singole cellule con τ_i bassi possono rapidamente dominare la popolazione;
- lo stato delle singole cellule e gli stress cui sono sottoposte possono influenzare significativamente la funzione di densità di probabilità dei τ_i e i suoi parametri.

La letteratura recente ha dedicato notevole attenzione alla forma della distribuzione dei τ_i in diverse situazioni. Distribuzioni esponenziali o gamma sono adatte a molti casi, come pure distribuzioni lognormali. McKellar e Hawke (2006) hanno confrontato varie distribuzioni per τ concludendo che la distribuzione lognormale fornisce ottimi risultati. Francois et al (2005; 2006) hanno dimostrato che diverse distribuzioni (esponenziale, gamma, Weibull) possono essere adatte a vari livelli di stress delle cellule.

4.6 In definitiva: quale modello?

In questo capitolo sono stati presentati modelli empirici, semi-meccanicistici e meccanicistici di varia complessità e raffinatezza sviluppati e applicati nel corso di oltre vent'anni di storia della microbiologia predittiva per simulare la crescita dei microrganismi. Molti dei software e dei database per la microbiologia predittiva (Pathogen Modeling Program, ComBase Predictor; vedi anche cap. 8) sono basati sull'equazione di Gompertz riparametrizzata o sul modello di Baranyi e Roberts, mentre in anni recenti sono stati utilizzati soprattutto modelli stocastici.

Quale modello è preferibile?Benché dal punto di vista scientifico sarebbe corretto utilizzare sempre il modello più adeguato dal punto di vista meccanicistico, spesso la qualità e la quantità dei dati precludono l'uso dei modelli dinamici. Tuttavia, in molte situazioni concrete l'uso del modello più semplice – in termini sia di complessità del modello sia di semplicità della stima dei parametri e di robustezza delle stime – è spesso la scelta più pratica.

Una discussione generale sul confronto tra vari modelli è stata presentata in diverse review (McKellar, Lu, 2003; Baty, Delignette-Muller, 2004; Poschet et al, 2004). L'**Allegato on line 4.16** simula la modellazione di un set di dati reali (**Allegato on line 4.2**) con diversi modelli illustrati in questo capitolo e i risultati della simulazione sono riportati nella Fig. 4.8. Sebbene alcuni modelli diano risultati palesemente irrealistici, altri forniscono risultati approssimativamente equivalenti, pur scostandosi in modo diverso dai dati sperimentali. Gli strumenti necessari per confrontare i vari modelli sulla base della qualità dell'adattamento

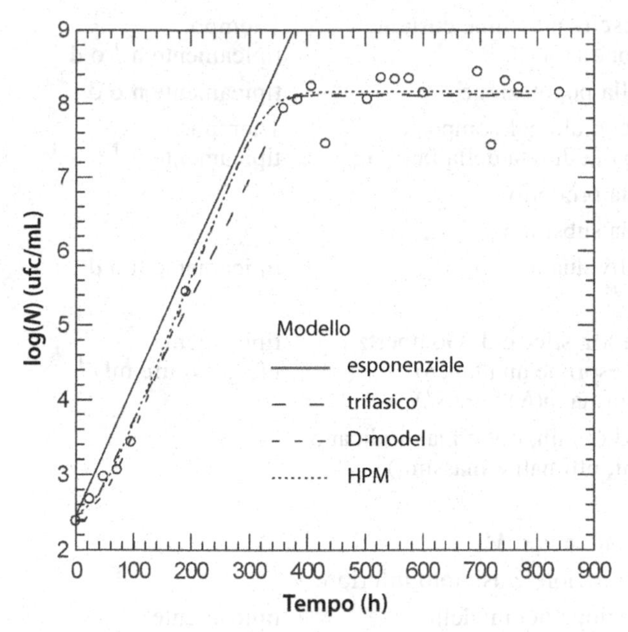

Fig. 4.8 Simulazione di quattro modelli presentati nel testo (crescita esponenziale illimitata, modello trifasico, modello di Baranyi e Roberts, modello eterogeneo di popolazione per un set di dati ottenuto da ComBase; vedi **Allegato on line 4.2**)

dei dati predetti ai dati sperimentali sono presentati nel capitolo 13 e discussi in notevole dettaglio da Ratkowsky (2003).

Molti dei modelli presentati in questo capitolo hanno basi teoriche equivalenti e la qualità, la quantità e la distribuzione dei dati hanno spesso un'importanza maggiore del modello stesso (Baty, Delignette-Muller, 2004; Poschet et al, 2004). In numerose situazioni in cui si è interessati soltanto alla crescita della popolazione, sia il modello di Baranyi e Roberts (1994) sia quello trifasico di Buchanan et al (1997) possono fornire risultati più che adeguati: l'uso di entrambi è agevolato dalla disponibilità di software on line (DMFit web edition) di facile utilizzo.

In situazioni più complesse sono sicuramente preferibili modelli dinamici, come quelli descritti da van Impe et al (2005) o Hills e Mackey (1995) o come quelli stocastici proposti da vari autori per la fase lag (Swinnen et al, 2004); il loro impiego richiede tuttavia un notevole sforzo sperimentale nella raccolta dei dati e una maggiore perizia nell'uso di strumenti software complessi.

4.7 Appendice: Simboli e sigle utilizzati nel capitolo

Simboli e sigle	Descrizione	Unità di misura
α_i	stato fisiologico	
$\alpha(t)$	funzione di adattamento	
μ	velocità specifica di crescita, tipicamente variabile con il tempo	1/tempo, tipicamente h^{-1} o d^{-1}

μ_{max}	velocità specifica di crescita massima, costante in un dato insieme di condizioni	1/tempo, tipicamente h^{-1} o d^{-1}
λ	durata della fase lag della popolazione	tipicamente h o d
ν	velocità specifica di accumulo del composto essenziale che determina la durata della fase lag	1/tempo, tipicamente h^{-1} o d^{-1}
$\pi(t)$	funzione di inibizione da prodotto	
$\sigma(t)$	funzione di inibizione da substrato	
τ_i	durata della fase lag individuale	tipicamente h o d
τ_L	media dei valori τ_i	
A	asintoto nelle equazioni logistica e di Gompertz riparametrizzate; poiché esprime un numero di cellule, può avere la forma $\ln(N)$ o $\ln(N/N_0)$	tipicamente ufc g^{-1} o ufc mL^{-1}
a_w	attività dell'acqua (i pedici min, opt e max indicano i valori cardinali minimi, ottimali e massimi)	
$A(t)$	funzione di adattamento	
B	tasso di crescita relativa al tempo M	
C	differenza tra asintoto superiore e asintoto inferiore	
CPD	densità critica di popolazione nei modelli di competizione	tipicamente ufc g^{-1} o ufc mL^{-1}
d	giorni	
e	numero di Nepero, base dei logaritmi naturali (2,71828182845904...)	
e_{min}, e_{ecc}	concentrazioni minima e in eccesso dell'enzima E	
E	massa totale dell'enzima E	
exp	operatore esponenziale: $\exp(n) = e^n$	
$f(t)$	funzione di inibizione	
g	grammi	
G	numero di cellule in crescita	
h	ore	
h_0	parametro che esprime lo stato fisiologico iniziale della popolazione nel modello di Baranyi e Roberts	
k_n	costante di velocità	tipicamente h^{-1}
K_P	costante di inibizione da prodotto	
K_S	costante di affinità per il substrato nel modello di Monod	massa/volume, tipicamente g L^{-1}
ln	logaritmo naturale o neperiano	
log	logaritmo in base 10	
L	litri	
m	esponente nelle curve di Richards	
M	massa totale delle cellule	tipicamente g
M	tempo al quale è massimo il tasso di crescita relativo B	

m_P	costante di velocità di produzione del prodotto indipendente dalla crescita	1/tempo, tipicamente h^{-1}
m_S	coefficiente di mantenimento per il consumo del substrato	vedi sopra
MGT	tempo medio di generazione	tipicamente h o d
mL	millilitri	
N	numero di microrganismi vitali	dipende dal metodo di conta: tipicamente ufc g^{-1} o ufc mL^{-1}
N_0	numero iniziale di microrganismi vitali	vedi sopra
N_d	numero di microrganismi danneggiati	vedi sopra
N_{max}	numero massimo di microrganismi	vedi sopra
NG	numero di cellule non in crescita	vedi sopra
*N*gen	numero di generazioni	
P	concentrazione (massa/volume) di un generico prodotto	tipicamente g L^{-1}
q	rapporto tra la concentrazione del prodotto essenziale *P* e la costante K_P nella funzione di adattamento del modello di Baranyi e Roberts	
Q	concentrazione di un generico composto essenziale nella funzione di adattamento (eq. 4.36)	
q_0	valore iniziale di *q*	
$q(t)$	valore di *q* in funzione del tempo	
r_X	velocità di crescita assoluta della biomassa	concentrazione/tempo, tipicamente g L^{-1} h^{-1}
s^*	massa totale della singola cellula	
s_{ecc}	massa in eccesso della singola cellula rispetto a s_{min}	
s_{max}	massa massima della singola cellula	
s_{min}	massa minima per la sopravvivenza della singola cellula	
S	concentrazione (massa/volume) di substrato	tipicamente g L^{-1}
t	tempo	tipicamente h o d
t_a	periodo di adattamento	vedi sopra
t_{lag}	durata della fase lag di popolazione nel modello bifasico o trifasico	vedi sopra
t_m	tempo necessario per la prima divisione cellulare	vedi sopra
t_{max}	tempo necessario per il raggiungimento della popolazione massima nel modello trifasico	vedi sopra
T	temperatura (i pedici min, opt e max indicano i valori cardinali minimi, ottimali e massimi)	°C, K
td	time to detection	tipicamente g L^{-1}
ufc	unità formanti colonie	

$u(t)$	funzione di inibizione	
VBNC	cellule vitali ma non coltivabili (viable but non-culturable)	
x	concentrazione di biomassa o di cellule	
x_0	concentrazione di biomassa o di cellule al tempo t_0	
x_t	concentrazione di biomassa o di cellule al tempo t	
x_{det}	concentrazione di cellule al time to detection	
X	biomassa o relativa concentrazione	
y	numero di cellule in rapporto al numero iniziale, generalmente espresso come $\ln(N/N_0)$	
y_0	livello della popolazione all'inoculo	
y_{max}	livello massimo della popolazione	
$Y_{P/S}$	resa in prodotto per unità di substrato consumato	massa/massa, g g^{-1}
$Y_{P/X}$	resa in prodotto per unità di biomassa	vedi sopra
$Y_{X/S}$	resa in biomassa per unità di substrato consumato	vedi sopra

Bibliografia

Baranyi J (2002) Stochastic modelling of bacterial lag phase. *International Journal of Food Microbiology*, 73(2-3): 203-206

Baranyi J, Pin C (1999) Estimating bacterial growth parameters by means of detection times. *Applied and Environmental Microbiology*, 65(2): 732-736

Baranyi J, Pin C (2003) Modeling the history effect on microbial growth and survival: deterministic and stochastic approaches. In: McKellar RC, Lu X (eds) *Modeling microbial responses in foods*. CRC Press, Boca Raton

Baranyi J, Roberts TA (1994) A dynamic approach to predicting bacterial growth in food. *International Journal of Food Microbiology*, 23(3-4): 277-294

Baranyi J, Roberts TA (1995) Mathematics of predictive food microbiology. *International Journal of Food Microbiology*, 26(2): 199-218

Baranyi J, Roberts TA, McClure P (1993) A non-autonomous differential equation to model bacterial growth. *Food Microbiology*, 10(1): 43-59

Baty F, Delignette-Muller ML (2004) Estimating the bacterial lag time: which model, which precision? *International Journal of Food Microbiology*, 91(3): 261-277

Begot C, Desnier I, Daudin JD et al (1996) Recommendations for calculating growth parameters by optical density measurements. *Journal of Microbiological Methods*, 25(3): 225-232

Buchanan RL, Whiting RC, Damert WC (1997) When is simple good enough: a comparison of the Gompertz, Baranyi, and three-phase linear models for fitting bacterial growth curves. *Food Microbiology*, 14(4): 313-326

Buerger S, Spoering A, Gavrish E et al (2012) Microbial scout hypothesis and microbial discovery. *Applied and Environmental Microbiology*, 78(9): 3229-3233

Cornu M, Billoir E, Bergis H et al (2011) Modeling microbial competition in food: application to the behavior of Listeria monocytogenes and lactic acid flora in pork meat products. *Food Microbiology*, 28(4): 639-647

Dalgaard P, Ross T, Kamperman L et al (1994) Estimation of bacterial growth rates from turbidimetric and viable count data. *International Journal of Food Microbiology*, 23(3-4): 391-404

Farkas M (2001) *Dynamical Models in Biology*. Elsevier, Amsterdam, pp 17-61

Francois K, Devlieghere F, Standaert AR et al (2006) Effect of environmental parameters (temperature, pH and a_W) on the individual cell lag phase and generation time of *Listeria monocytogenes*. *International Journal of Food Microbiology*, 108(3): 326-335

Francois K, Devlieghere F, Smet K et al (2005) Modelling the individual cell lag phase: effect of temperature and pH on the individual cell lag distribution of *Listeria monocytogenes*. *International Journal of Food Microbiology*, 100(1-3): 41-53

Garthright WE (1991) Refinements in the prediction of microbial growth curves. *Food Microbiology*, 8(3): 239-248

Gibson AM, Bratchell N, Roberts TA (1987) The effect of sodium chloride and temperature on the rate and extent of growth of *Clostridium botulinum* type A in pasteurized pork slurry. *Journal of Applied Bacteriology*, 62(6): 479-490

Guillier L, Pardon P, Augustin J-C (2006) Automated image analysis of bacterial colony growth as a tool to study individual lag time distributions of immobilized cells. *Journal of Microbiological Methods*, 65(2): 324-334

Hills BP, Mackey BM (1995) Multi-compartment kinetic models for injury, resuscitation, induced lag and growth in bacterial cell populations. *Food Microbiology*, 12: 333-346

Hills BP, Wright KM (1994) A new model for bacterial growth in heterogeneous systems. *Journal of Theoretical Biology*, 168(1): 31-41

Janssen M, Geeraerd AH, Logist F et al (2006) Modelling *Yersinia enterocolitica* inactivation in coculture experiments with *Lactobacillus sakei* as based on pH and lactic acid profiles. *International Journal of Food Microbiology*, 111(1): 59-72

Jay JM, Loessner MJ, Golden DA (2009) *Microbiologia degli alimenti*. Springer, Milano

Keer JT, Birch L (2003) Molecular methods for the assessment of bacterial viability. *Journal of Microbiological Methods*, 53(2): 175-183

Kutalik Z, Razaz M, Baranyi J (2005) Connection between stochastic and deterministic modelling of microbial growth. *Journal of Theoretical Biology*, 232(2): 285-299

Le Marc, Y, Valík L, Medveďová A (2009) Modelling the effect of the starter culture on the growth of Staphylococcus aureus in milk. *International Journal of Food Microbiology*, 129(3): 306-311

Leroy F, Degeest B, De Vuyst L (2002) A novel area of predictive modelling: describing the functionality of beneficial microorganisms in foods. *International Journal of Food Microbiology*, 73(2-3): 251-259

Leroy F, De Vuyst L (1999) Temperature and pH conditions that prevail during fermentation of sausages are optimal for production of the antilisterial bacteriocin sakacin K. *Applied and Environmental Microbiology*, 65(3): 974-981

Lianou A, Koutsoumanis KP (2011) A stochastic approach for integrating strain variability in modeling *Salmonella enterica* growth as a function of pH and water activity. *International Journal of Food Microbiology*, 149(3): 254-261

Malakar PK, Barker GC, Zwietering MH, van't Riet K (2003) Relevance of microbial interactions to predictive microbiology. *International Journal of Food Microbiology*, 84(3): 263-272

Malakar PK, Martens DE, van Breukelen W et al (2002) Modeling the interactions of *Lactobacillus curvatus* colonies in solid medium: consequences for food quality and safety. *Applied and Environmental Microbiology*, 68(7): 3432-3441

Malakar PK, Martens DE, Zwietering MH et al (1999) Modelling the interactions between *Lactobacillus curvatus* and *Enterobacter cloacae*. II. Mixed cultures and shelf life predictions. *International Journal of Food Microbiology*, 51(1): 67-79

McKellar RC (1997) A heterogeneous population model for the analysis of bacterial growth kinetics. *International Journal of Food Microbiology*, 36(2-3): 179-186

McKellar RC, Hawke A (2006) Assessment of distributions for fitting lag times of individual cells in bacterial populations. *International Journal of Food Microbiology*, 106(2): 169-175

McKellar RC, Knight K (2000) A combined discrete-continuous model describing the lag phase of *Listeria monocytogenes*. *International Journal of Food Microbiology*, 54(3): 171-180

McKellar RC, Lu X (2003) Primary models. In: McKellar RC, Lu X (eds) *Modeling microbial responses in foods*. CRC Press, Boca Raton

McKellar RC, Lu X, Knight KP (2002) Growth pH does not affect the initial physiological state parameter (p0) of *Listeria monocytogenes. International Journal of Food Microbiology*, 73(2-3): 137-144

Pleasants AB, Soboleva TK, Dykes GA et al (2001) Modelling of the growth of populations of *Listeria monocytogenes* and a bacteriocin-producing strain of *Lactobacillus* in pure and mixed cultures. *Food Microbiology*, 18(6): 605-615

Poschet F, Bernaerts K, Geeraerd AH et al (2004) Sensitivity analysis of microbial growth parameter distributions with respect to data quality and quantity by using Monte Carlo analysis. *Mathematics and Computers in Simulation*, 65(3): 231-243

Poschet F, Vereecken K, Geeraerd A et al (2005) Analysis of a novel class of predictive microbial growth models and application to coculture growth. *International Journal of Food Microbiology*, 100 (1-3): 107-124

Rasch M (2004) Experimental design and data collection. In: McKellar RC, Lu X (eds) *Modeling microbial responses in foods*. CRC Press, Boca Raton

Ratkowsky DA (2003) Model fitting an uncertainty. In: McKellar RC, Lu X (eds) *Modeling microbial responses in foods*. CRC Press, Boca Raton

Swinnen IAM, Bernaerts K, Dens EJJ et al (2004) Predictive modelling of the microbial lag phase: a review. *International Journal of Food Microbiology*, 94(2): 137-159

Thilakavathi M, Basak T, Panda T (2007) Modeling of enzyme production kinetics. *Applied Micro - biology and Biotechnology*, 73(5): 991-1007

van Impe JF, Poschet F, Geeraerd AH, Vereecken KM (2005) Towards a novel class of predictive microbial growth models. *International Journal of Food Microbiology*, 100(1-3): 97-105

Vereecken, KM, Van Impe JF (2002) Analysis and practical implementation of a model for combined growth and metabolite production of lactic acid bacteria. *International Journal of Food Microbiology*, 73(2-3): 239-250

Wen J, Anantheswaran RC, Knabel SJ (2009) Changes in barotolerance, thermotolerance, and cellular morphology throughout the life cycle of *Listeria monocytogenes*. *Applied and Environmental Microbiology*, 75(6): 1581-1588

Zwietering MH, Jongenburger I, Rombouts FM, van't Riet K (1990) Modeling of the bacterial growth curve. *Applied and Environmental Microbiology*, 56(6): 1875-1881

Capitolo 5
Modellazione delle cinetiche di inattivazione cellulare

Fausto Gardini, Sylvain L. Sado Kamdem

5.1 Introduzione

Come si è visto nel capitolo 2, le variazioni delle condizioni ambientali possono avere sul metabolismo delle cellule microbiche ripercussioni anche drastiche, che in taluni casi possono portare alla loro morte. Alcuni fattori, come il pH, l'a_w, la temperatura o la presenza di composti ad azione microbicida, sono tradizionalmente utilizzati nelle più diffuse strategie di inattivazione microbica nel settore alimentare. La scoperta che, in determinate condizioni, l'applicazione di mirati trattamenti termici (*appertizzazione*, *pastorizzazione*, *sterilizzazione*) può prolungare la conservabilità degli alimenti per tempi anche molto lunghi ha sicuramente costituito uno dei pilastri su cui è stata costruita l'odierna industria alimentare. Tuttavia, in risposta alla pressante richiesta dei consumatori di prodotti sempre più "freschi" e meno pesantemente trattati (anche termicamente), negli ultimi decenni l'entità del calore fornito nei trattamenti termici si è drasticamente ridotta (a onor del vero, anche in rapporto all'incremento dei costi energetici); nell'industria alimentare sono stati inoltre introdotti nuovi processi di inattivazione microbica a basso impatto termico, quali alta pressione di omogeneizzazione, alta pressione idrostatica, trattamento ohmico, campi elettrici pulsati e, in generale, strategie basate sull'impiego di strategie antimicrobiche non convenzionali.

Quale che sia il principio utilizzato, si tratta comunque di tecniche mirate all'inattivazione dei microrganismi, vale a dire trattamenti volti a causare danni di varia entità alle cellule microbiche, fino a condurle alla morte. Tutti i metodi di inattivazione (sia di nuova sia di vecchia concezione) svolgono sui microrganismi un'azione che può essere descritta nel tempo sotto forma di *curva dose-risposta*. Le curve dose-risposta sono state definite come rappresentazioni grafiche del numero, o meglio della frazione, di cellule sopravvissute in una popolazione vitale in funzione della dose di un agente dannoso o letale alla quale la popolazione viene esposta (Peleg, 2006). L'agente dannoso può essere un fattore fisico (calore, alte pressioni, campo elettrico) o chimico (per esempio conservanti tradizionali, quali benzoati e sorbati, oppure nisina, oli essenziali o loro componenti, enzimi antimicrobici come lisozima ecc.).

In questo capitolo saranno discusse principalmente le strategie di modellazione associate ai trattamenti termici; non mancheranno tuttavia indicazioni su come applicare i modelli esaminati ad altri tipi di trattamenti antimicrobici e alla sopravvivenza in ambienti ostili, caratterizzati dalla presenza di numerosi fattori di stress in grado di determinare, nel tempo, l'inattivazione cellulare.

Il fenomeno dell'inattivazione microbica può essere spiegato secondo due diverse filosofie, fondate, rispettivamente, su un *approccio meccanicistico* e un *approccio vitalistico*

F. Gardini, E. Parente (a cura di) *Manuale di microbiologia predittiva*

DOI 10.1007/978-88-470-5355-7_5

(Alzamora et al, 2010). Dal punto di vista meccanicistico, l'abbattimento del numero di cellule vitali può essere concepito come un meccanismo molecolare o fisico (trasformazione di una specifica molecola o di un processo enzimatico), in una visione deterministica per la quale tutte le cellule si comportano nello stesso modo e la morte di ogni cellula è dovuta a un singolo e preciso evento. L'approccio vitalistico è invece basato sull'assunzione di un certo grado di difformità all'interno di una popolazione microbica nella risposta a un fattore negativo per la sua sopravvivenza che influenza, tra l'altro, anche la resistenza a condizioni sfavorevoli; pertanto, la sensibilità microbica ad agenti potenzialmente letali si distribuisce secondo una variabilità biologica (vedi cap. 3).

Questa diversa visione delle relazioni tra l'applicazione di un agente letale e la risposta delle cellule in termini di capacità di sopravvivere implica, necessariamente, l'adozione di forme diverse della descrizione matematica (e quindi della modellazione) di questi fenomeni.

5.2 L'approccio classico: cinetiche di primo ordine

La costruzione di curve di abbattimento termico può essere considerata, per certi versi, uno dei primi tentativi di modellazione microbica. Già nella prima metà del secolo scorso Bigelow (1921) propose di valutare gli effetti letali di un trattamento termico su una popolazione microbica rielaborando un modello messo a punto qualche anno prima con l'obiettivo di studiare la disinfezione microbica attuata con agenti chimici e acqua calda. Il modello di Bigelow, che veniva proposto per trattamenti condotti a temperatura costante, era il seguente:

$$N_t = N_0 e^{-kt} \rightarrow \frac{N_t}{N_0} = e^{-kt} \tag{5.1}$$

In questa relazione, basata sull'equazione di Arrhenius, N_t è il numero di cellule microbiche sopravvissute al tempo t, N_0 il numero di cellule iniziale, k il coefficiente di inattivazione, espresso come decremento della popolazione microbica nell'unità di tempo, e t la durata del trattamento. Questa cinetica di primo ordine, basata sull'ipotesi di un comportamento omogeneo della popolazione, è stata ripresa successivamente da diversi autori; essa implica il concetto che la morte cellulare segua un andamento riconducibile a quello di una semplice reazione chimica e che esista un ben preciso obiettivo (una molecola) su cui la temperatura insiste portando alla morte della cellula microbica. In seguito, l'eq. 5.1 è stata modificata e riscritta su base logaritmica decimale, rendendone più intuitivamente comprensibili i risultati:

$$\frac{N_t}{N_0} = 10^{-k't} \tag{5.2}$$

$$\log\left(\frac{N_t}{N_0}\right) = -k't \tag{5.3}$$

Il passaggio ai logaritmi decimali permise di mettere a fuoco un'ulteriore informazione ricavabile dal modello, il *tempo di riduzione decimale* (TDR). Il TDR rappresenta la durata di un trattamento isotermico necessaria per ottenere $N_t/N_0 = 1/10$, cioè per ottenere l'inattivazione del 90% della popolazione microbica iniziale o, in altri termini, per ridurla di un ciclo logaritmico in base 10:

$$\log\left(\frac{1}{10}\right) = -k'\,TDR \rightarrow TDR = \frac{1}{k'} \tag{5.4}$$

Potendo facilmente dimostrare che tra le equazioni 5.1 e 5.2 vi è una relazione che lega k a k', e in particolare che:

$$k = k'\ln(10) \tag{5.5}$$

si può scrivere:

$$TDR = \frac{\ln(10)}{k} \rightarrow TDR = \frac{2,303}{k} \tag{5.6}$$

Solo in tempi più recenti il tempo di riduzione decimale è stato indicato con D nell'equazione:

$$\log\left(\frac{N}{N_0}\right) = \log S(t) = \left(-\frac{1}{D}\right)t \tag{5.7}$$

Quest'ultima forma è la più utilizzata nell'industria alimentare e dai microbiologi per la sua corrispondenza con la scala semi-logaritmica, ampiamente usata in questo campo di studio. Il termine $\log S(t)$ indica il logaritmo del rapporto di sopravvivenza al tempo t: è pari a 0 al tempo 0 e decresce col procedere del trattamento. Graficamente D rappresenta invece l'inverso della pendenza della retta di abbattimento in funzione del tempo del trattamento isotermico, come indicato dalla Fig. 5.1. La diffusione e l'importanza di questo tipo di modello nell'industria alimentare sono discusse in dettaglio nel capitolo 10.

Dall'eq. 5.7 deriva z, un altro concetto importante dal punto di vista pratico, definito come l'incremento di temperatura necessario per ridurre $\log D$ di un ciclo logaritmico, ovvero il tempo D di un fattore 10. Questa definizione si basa sull'assunto che $\log D$ si muova linearmente con la temperatura e che quindi z rappresenti l'inverso della pendenza di questa relazione lineare, come evidenziato nella Fig. 5.1.

Poiché dipendono dalla temperatura, k e D vengono denotati con la temperatura al pedice (per esempio, D_{60} indica il valore di D di un dato microrganismo per un trattamento isotermico condotto a 60 °C). In base all'assunto precedente, la dipendenza di D dalla temperatura può anche essere scritta come segue:

$$D_1 = D_2\,10^{\left(\frac{T_2 - T_1}{z}\right)} \tag{5.8}$$

che può a sua volta essere riscritta come:

$$\log\left(\frac{D_1}{D_2}\right) = \frac{T_2 - T_1}{z} \tag{5.9}$$

dove T_1 e T_2 sono le temperature alle quali sono stati condotti due trattamenti isotermici.

Dall'industria delle conserve, dove ha origine la modellazione del trattamento termico, deriva anche il concetto di *sterilità commerciale*, sempre basato sul valore di D e largamente utilizzato in tutta l'industria alimentare.

Informazioni più dettagliate su questi aspetti saranno fornite nel capitolo 10. In ogni caso, basandosi sulle leggi che regolano l'abbattimento microbico appena descritte, appare evidente che, dal punto di vista teorico, non è possibile eliminare tutta la popolazione microbica

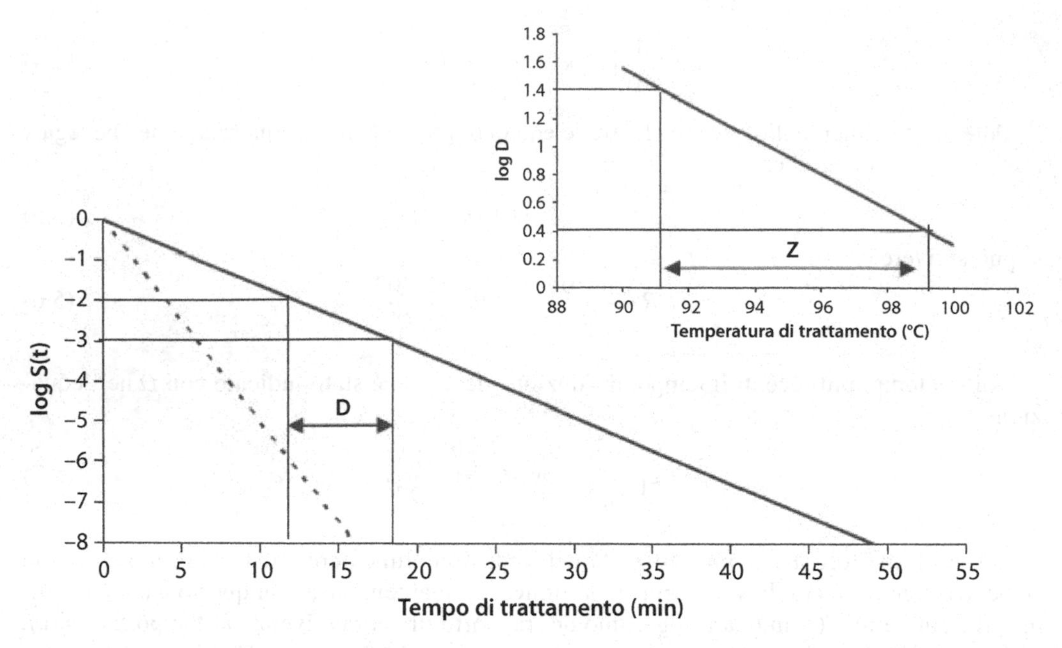

Fig. 5.1 Rappresentazione grafica del modello di primo ordine tradizionalmente utilizzato per il controllo dei trattamenti termici nell'industria alimentare. Nel grafico, che riporta l'andamento dei sopravvissuti (log $S(t)$), viene anche evidenziato il significato del tempo di riduzione decimale (D). Il riquadro in alto a destra mostra la relazione fra log D e temperatura di trattamento ponendo in luce il significato di z

presente in un prodotto. Infatti, ipotizzando che la popolazione iniziale in un alimento liquido sia di 5 log ufc/mL, prolungare il trattamento per un tempo corrispondente all'abbattimento di sette cicli logaritmici (7D) significherebbe ridurre la popolazione a –2 log ufc/mL, cioè consentire la sopravvivenza di 0,01 ufc/mL di prodotto, quindi di una cellula ogni 100 mL. Ovviamente maggiori intensità di trattamento ridurrebbero ulteriormente il rischio di contaminazione, senza però annullarlo mai completamente.

Data l'impossibilità teorica di eliminare tutti i microrganismi, le linee di intervento perseguite dalle industrie consistono nel protrarre il trattamento termico fino a ottenere un abbattimento della carica microbica iniziale tale da rendere l'alimento commercialmente accettabile in rapporto alle sue caratteristiche; tale accettabilità può essere definita in termini di *probabilità di avere una unità non sterile* (PNSU). Per gli agenti di deterioramento presenti in prodotti che non supportano la crescita di microrganismi patogeni o produttori di tossine (per esempio alimenti acidi) il valore di PNSU è 10^{-6}, corrispondente a 9D se N_0 è uguale a 1000. Per i microrganismi patogeni o produttori di tossine il valore di PNSU è tipicamente 10^{-9}, corrispondente a 12D se N_0 è uguale a 1000; nel caso di alimenti non acidi il tradizionale criterio utilizzato per ottenere la sterilità commerciale con un trattamento termico è pertanto fornire una quantità di calore sufficiente per ridurre di 12 ordini di grandezza (12D) un'ipotetica popolazione di spore di *Clostridium botulinum*. Il tempo necessario per ottenere questo risultato viene ritenuto sufficiente per garantire che la probabilità di avere dei sopravvissuti sia talmente ridotta da poter essere ignorata. Naturalmente questa definizione pone la questione di come monitorare sperimentalmente nel tempo il livello dei sopravvissuti. Chiunque si occupi di microbiologia, infatti, sa bene che una stima numerica attendibile per l'abbattimento può essere effettuata per le prime 6-8 riduzioni decimali, oltre le quali il risultato può essere ottenuto solamente per estrapolazione, postulando che la diminuzione continui a seguire una cinetica lineare. Va sottolineato che un prodotto si considera commercialmente stabile dal punto di vista microbiologico anche quando eventuali microrganismi sopravvissuti al trattamento termico non siano in grado di moltiplicarsi nell'alimento per le sue caratteristiche intrinseche o estrinseche (vedi cap. 2).

In alcuni manuali la sterilità commerciale viene indicata con il simbolo F_0. Con l'evolvere delle tecnologie alimentari, delle conoscenze dell'ecologia microbica e dell'incidenza di alcuni patogeni negli alimenti, il valore di F_0 è stato in alcuni casi rivisto, adeguandolo alle caratteristiche fisico-chimiche e ambientali dei singoli prodotti.

In via teorica, il valore di F_0 è definito dall'equazione:

$$F_0 = n\,D \tag{5.10}$$

dove, per una data temperatura, n è il numero di cicli logaritmici da ridurre e D il tempo di riduzione decimale.

Una caratteristica importante del modello classico di primo ordine è costituita dal fatto che esso è applicabile solo in condizioni di trattamento isotermico. Queste condizioni possono realizzarsi approssimativamente solo nel trattamento di alcuni fluidi (per esempio succhi di frutta e latte) in scambiatori di calore, ma in molti settori dell'industria alimentare non sono sempre applicabili. Per risolvere il problema dell'applicazione del modello classico in presenza di trattamenti con profili non isotermici, o per confrontare due processi isotermici condotti a temperatura diversa, sono stati introdotti due parametri, il *valore di sterilizzazione* (F) e il *valore di pastorizzazione* (VP), a seconda che i trattamenti di riferimento siano condotti a 121,1 °C o a 70 °C, rispettivamente. Questi valori sono ottenuti integrando il tempo di esposizione a diverse temperature $T(t)$ fino alla temperatura di riferimento (T_{ref}):

$$VP = \int_0^t 10^{\left(\frac{T(t)-T_{ref}}{z}\right)} dt \quad \text{oppure} \quad F = \int_0^t 10^{\left(\frac{T(t)-T_{ref}}{z}\right)} dt \tag{5.11}$$

dove T_{ref} = 121,1 °C per F o 70 °C per VP, e z è riferito alle spore di *C. botulinum* ed è uguale a 10.

Il valore di pastorizzazione può essere determinato graficamente con il metodo di Bigelow. Secondo questo metodo, per ogni intervallo di tempo i di durata Δt_{i} (generalmente posto uguale a 1 minuto), la temperatura al cuore del prodotto è considerata costante e uguale alla media delle temperature in quell'intervallo.

Ponendo:

$$S(t)_i = 10^{\left(\frac{T_i-T_{ref}}{z}\right)} \tag{5.12}$$

e considerando un valore di pastorizzazione (T_{ref} = 70 °C) o di sterilizzazione (T_{ref} = 121,1 °C) parziale nell'intervallo di tempo Δt_{i}, i conseguenti valori di pastorizzazione (VP) oppure di sterilizzazione (F) sono dati da:

$$VP = \sum 10^{\left(\frac{T_i-T_{ref}}{z}\right)} \Delta t_i \quad \text{oppure} \quad F = \sum 10^{\left(\frac{T_i-T_{ref}}{z}\right)} \Delta t_i \tag{5.13}$$

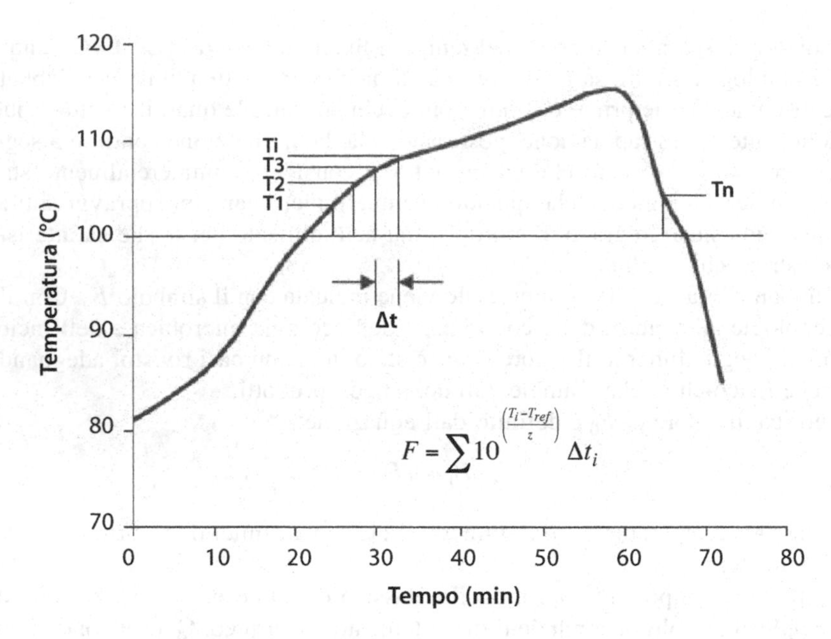

Fig. 5.2 Costruzione grafica del valore di sterilizzazione (*F*), corrispondente all'area compresa tra la linea che rappresenta la temperatura di 100 °C e la curva del profilo termico

ponendo $\Delta t_i = 1$ minuto, si ottiene:

$$VP = \sum 10^{\left(\frac{T_i - T_{ref}}{z}\right)} \quad \text{oppure} \quad F = \sum 10^{\left(\frac{T_i - T_{ref}}{z}\right)} \tag{5.14}$$

In Fig. 5.2 è riportato un esempio di calcolo del valore di sterilizzazione, rappresentato graficamente dall'area sottostante la curva di abbattimento per valori di temperatura superiori a 100 °C.

Questa elaborazione può permettere di confrontare l'esposizione termica di un microrganismo per diversi profili isotermici o per un profilo termico variabile. Presupposto di questo modello è ancora una volta il postulato assunto da Bigelow, e cioè che i microrganismi sottoposti al trattamento – indipendentemente dal fatto che si tratti di spore o cellule vegetative – siano completamente identici dal punto di vista fisiologico e che la (singola) molecola termolabile obiettivo del trattamento termico letale sia distribuita uniformemente in tutte le cellule della popolazione. D'altra parte, in queste condizioni, la risposta attesa sarebbe la morte di tutte le cellule nello stesso istante. Tale andamento viene messo in discussione, oltre che dalle problematiche di uniformità di trasmissione del calore, da qualsiasi osservazione empirica; il modello di primo ordine supera questa contraddizione assumendo che la probabilità di morte delle cellule sottoposte a un trattamento termico sia indipendente dal tempo di applicazione del trattamento, assimilando la morte delle cellule alle cinetiche di decadimento radioattivo.

Nonostante l'importanza che questo approccio ancora riveste a livello industriale e normativo, negli ultimi decenni la sua reale rappresentatività delle cinetiche di abbattimento termico è stata più volte contestata. In primo luogo viene posta in discussione l'effettiva linearità dell'inattivazione cellulare; in secondo luogo, la stessa loglinearità di D solleva più di una perplessità. In ogni caso, la doppia trasformazione loglineare ($S(t)$ e D) indicherebbe una improbabile variazione di numerosi ordini di grandezza dell'effetto antimicrobico in un intervallo di temperature tutto sommato molto ristretto, quale quello utilizzato per i trattamenti termici nell'industria agroalimentare (Peleg, 2006).

In conclusione, sebbene il confronto di due trattamenti isotermici sia possibile, non esistono attualmente prove sufficienti che due processi equivalenti sotto il profilo di VP o di F lo siano anche in termini di livello di abbattimento cellulare per un determinato microrganismo. L'integrazione della storia termica del prodotto, inoltre, necessita di una precisa dipendenza loglineare di D dalla temperatura. L'introduzione di un ulteriore vincolo – rappresentato da un valore definito di z (solitamente pari a 10, anche in questo caso perché caratteristico delle spore di *C. botulinum*) – rende ancora più rigido il modello. Questa rigidità si concretizza in particolare nel peso inadeguato attribuito alle temperature di trattamento più basse, con l'effetto di indirizzare spesso i trattamenti industriali verso un marcato sovradimensionamento.

5.3 Cinetiche non lineari

I limiti del modello classico nel descrivere comportamenti non lineari di popolazioni microbiche trattate isotermicamente hanno condotto alla ricerca di modelli matematici dotati di una migliore adattabilità alle cinetiche di abbattimento non lineari.

Sebbene sia sicuramente la più seguita nell'industria alimentare e sia assunta come riferimento in numerose regolamentazioni internazionali, l'impostazione delineata nel paragrafo precedente è stata posta in discussione per molteplici aspetti. In primo luogo, il modello di Arrhenius implica che l'effetto distruttivo del calore sulle cellule microbiche si mantenga costante, indipendentemente dalla temperatura (più o meno alta) e dal tempo (più o meno lungo) del trattamento isotermico. Tuttavia, da un punto di vista banalmente empirico, la principale perplessità destata dall'approccio classico deriva dalla semplice osservazione – peraltro ben nota a chiunque abbia costruito delle curve di abbattimento termico – che la relazione lineare che lega la cinetica di morte cellulare ai trattamenti isotermici è, nella migliore delle ipotesi, un caso particolare di un fenomeno più complesso che normalmente presenta andamenti caratterizzati da "spalle" o "code" (Fig. 5.3). Inoltre la linearità viene ottenuta più facilmente applicando trattamenti a temperature relativamente elevate e può quindi anche essere il risultato di "artifizi" legati alle modalità del campionamento o ai suoi tempi, spesso compressi in intervalli temporali molto brevi.

Non vi sono quindi evidenze sperimentali in grado di confermare l'esistenza di un'analogia assoluta tra la mortalità microbica e una normale reazione chimica, come richiesto per l'applicazione del modello di Arrhenius. Secondo alcuni autori (Peleg, Normand, 2004), il mantenimento di questo approccio nelle regolamentazioni internazionali è legato al fatto che, nel calcolo della sterilità commerciale, il suo abbandono potrebbe comportare un minore rigore nella conduzione delle operazioni oppure la necessità di implementare procedure matematiche più complesse. Ciononostante, la descrizione delle cinetiche di morte o di abbattimento dei microrganismi ha fatto notevoli progressi.

Una prima semplice deviazione dalle curve di abbattimento di primo ordine può essere storicamente individuata nel modello per descrivere gli andamenti bifasici, osservati fin dagli anni Settanta negli esperimenti di abbattimento termico di cellule di *Salmonella* spp.

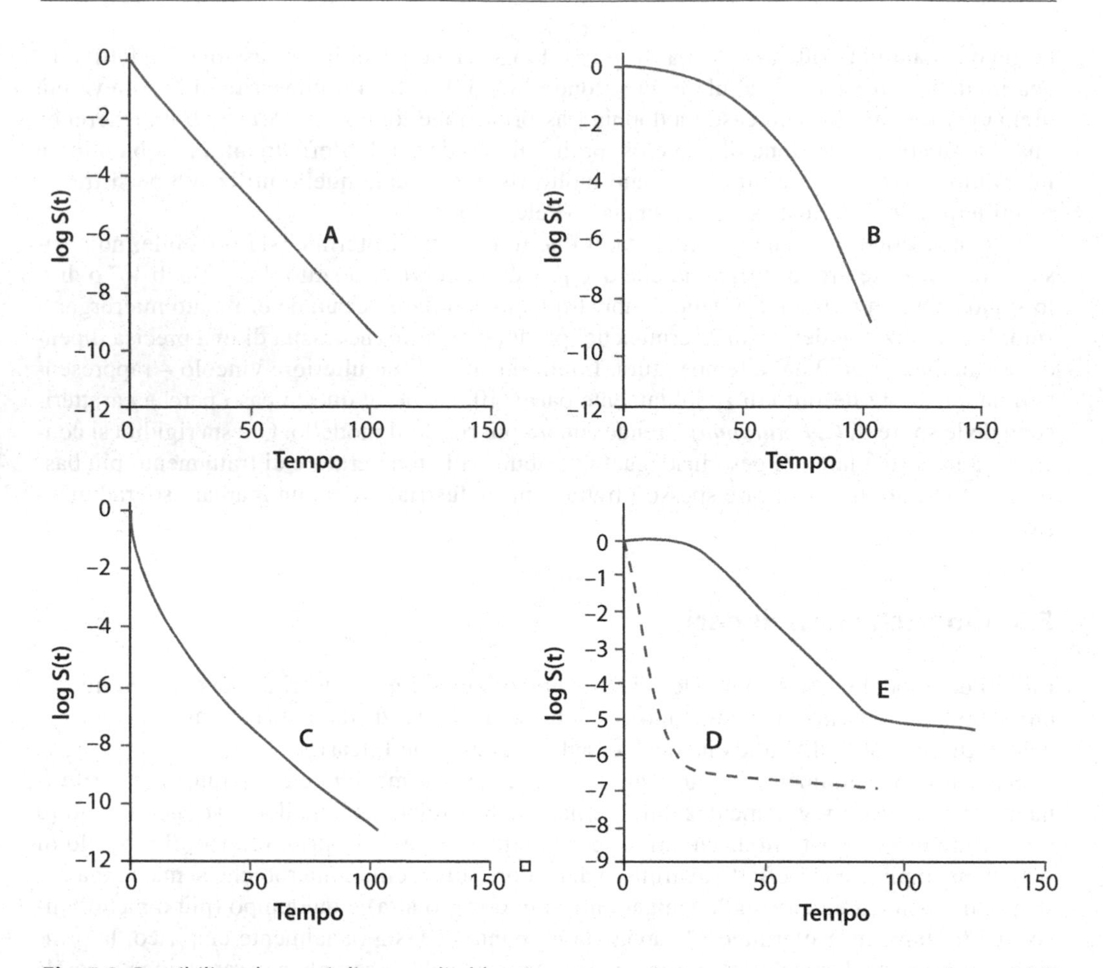

Fig. 5.3 Possibili andamenti di curve di abbattimento termico a temperatura costante riscontrabili in letteratura per i microrganismi: **A** curva lineare; **B** curva con spalla e andamento convesso; **C** curva con coda e andamento concavo; **D** curva con andamento bifasico; **E** curva con andamento sigmoidale comprendente una spalla e una coda

Come suggerisce il termine "bifasico", in questi casi si osservano sperimentalmente due parti distinte nelle cinetiche di morte delle cellule in seguito al trattamento termico, entrambe con andamento lineare ma con pendenze decisamente diverse, solitamente più accentuate nella prima fase e meno nella seconda. Per questi casi il modello proposto è quindi il seguente:

$$S(t) = a e^{k_1 - t} (1 - a) e^{k_2 - t} \tag{5.15}$$

dove k_1 e k_2 sono le costanti di abbattimento termico nelle due fasi di abbattimento, a è la frazione di cellule abbattute con velocità k_1, mentre $(1-a)$ è la frazione rimanente abbattuta a velocità k_2 (Corradini et al, 2007).

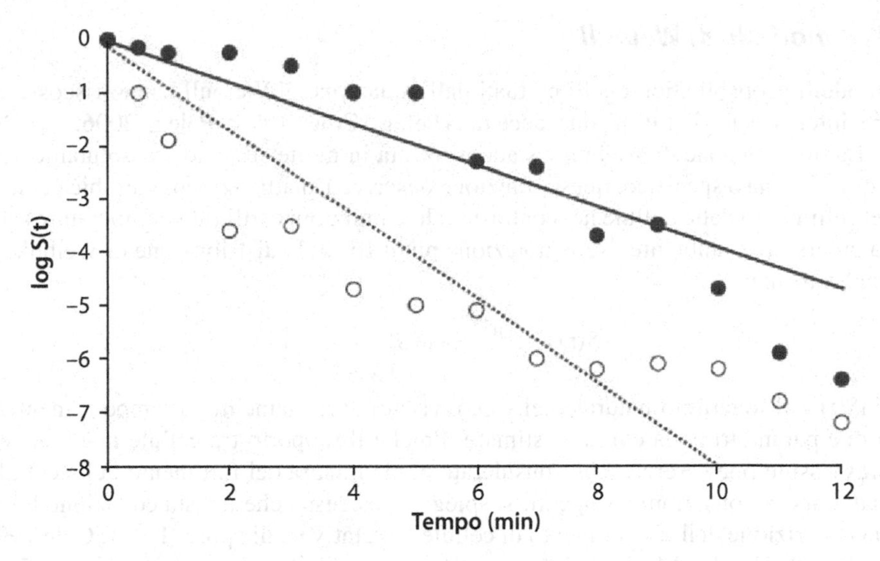

Fig. 5.4 Esempio di forzatura di una soluzione rettilinea applicata a curve di abbattimento che presentano spalle e code

Al di là di questo caso specifico, riferibile principalmente al comportamento di *Salmonella*, le curve di abbattimento che presentano spalle o code assumono un significato ben più ampio nella rappresentazione dell'efficacia dei trattamenti termici. In particolare, la presenza di andamenti concavi o convessi riflette, rispettivamente, l'accumulo di danni subletali, che con il tempo rendono rapidamente più sensibile la popolazione nei confronti dello stesso trattamento (Fig. 5.3B), oppure la rapida eliminazione della parte di popolazione microbica più termosensibile, che lascia però il posto a cellule sempre più resistenti e attrezzate per la sopravvivenza in condizioni ostili (Fig. 5.3C).

Forzare una soluzione rettilinea su osservazioni che mostrano andamenti concavi o convessi (code o spalle) comporta necessariamente, in fase di previsione, una sottovalutazione o una sopravvalutazione del dato reale a seconda del tipo e del punto della curva in cui ci si trova (Fig. 5.4).

L'evidente presenza di osservazioni non riconducibili a modelli di primo ordine ha indotto a ricercare modelli matematici più appropriati per descrivere la cinetica di abbattimento delle cellule microbiche in seguito a trattamento termico.

Tra i modelli non lineari, quelli probabilistici sono basati su un'ipotesi che contraddice l'assunto delle cinetiche di primo ordine. Per questi modelli, infatti, non è vero che ogni cellula della popolazione trattata ha esattamente la stessa probabilità di morire in seguito al trattamento termico; le loro previsioni si basano sull'assunto che è improbabile che due cellule mostrino lo stesso andamento rispetto a un fattore di stress (nel caso specifico il calore), così come è improbabile che la morte della cellula sia determinata da un solo specifico evento. Ciò spiega l'interesse riscosso negli ultimi tempi dai modelli basati sulle funzioni di distribuzione di probabilità (come Weibull, lognormale, esponenziale).

Oltre ai modelli probabilistici, altri di natura più meccanicistica o empirica, già considerati nelle cinetiche di sviluppo (Baranyi, Gompertz, logistica), sono stati utilizzati con maggiore o minore successo per trattare anche dati di abbattimento cellulare non lineari.

5.3.1 Il modello di Weibull

Tra i modelli probabilistici, quelli mutuati dall'equazione di Weibull hanno riscosso un particolare interesse negli ultimi due decenni (Peleg, Cole, 1998; Peleg, 2006; van Boekel, 2002). La distribuzione di Weibull è stata utilizzata in molte situazioni assolutamente diverse tra loro; nel caso specifico, questa funzione descrive l'inattivazione microbica come risultato del fallimento delle cellule nel contrastare le condizioni ostili (alte temperature) che vengono a crearsi nell'ambiente. Nella notazione più diffusa, la distribuzione di Weibull[1] si presenta nella forma:

$$S(t) = e^{-\left(\frac{t}{\beta}\right)^{\alpha}} \rightarrow \ln S(t) = -\left(\frac{t}{\beta}\right)^{\alpha} \tag{5.16}$$

dove $\ln S(t)$ è il logaritmo naturale dei sopravvissuti al trattamento al tempo t, mentre α e β sono i due parametri della curva da stimare. Poiché il rapporto tra cellule inattivate e cellule sopravvissute può essere anche considerato come misura del fallimento delle cellule stesse ad adattarsi a condizioni stringenti, si spiega il successo che questa equazione ha ottenuto nella descrizione dell'abbattimento di cellule vegetative e di spore (Peleg, Cole 1998; van Boekel, 2002). Un altro elemento a favore di questo modello è la sua semplicità, poiché esso richiede di stimare e valutare due soli parametri.

Esistono diverse formulazioni della funzione di Weibull. Per la descrizione della sopravvivenza dei microrganismi a un trattamento termico o microbicida, la forma più comunemente utilizzata in microbiologia predittiva è:

$$\log S(t) = -bt^{n} \tag{5.17}$$

dove $S(t)$ definisce, al solito, il rapporto di sopravvivenza, vale a dire il rapporto tra le cellule sopravvissute al tempo t (N_t) e quelle presenti inizialmente (N_0), mentre b e n sono parametri che dipendono in prima approssimazione dalla temperatura. La stima dei due parametri prevede naturalmente il ricorso a una regressione non lineare (vedi cap. 13). Da notare che, partendo dall'equazione 5.16, si può ottenere $n = \alpha$ e $b = [(1/\beta)\alpha]/(\ln 10)$. In particolare n costituisce il fattore di forma (*shape factor*) della curva, in quanto il suo valore determina l'andamento che assume la cinetica di abbattimento termico descritto dal modello di Weibull (Fig. 5.5):

- per $n>1$ la curva presenta una spalla;
- per $n<1$ la curva presenta una coda;
- per $n = 1$ la curva assume un andamento lineare, cioè lo stesso previsto dal modello classico di primo ordine di Arrhenius, che diviene quindi un caso particolare del modello di Weibull.

Valori di n inferiori a 1 indicano dunque che i membri sensibili della popolazione microbica soccombono rapidamente al trattamento, mentre i sopravvissuti risultano sempre più attrezzati per resistere alle condizioni applicate, richiedendo, con il procedere del trattamento, tempi sempre più lunghi per essere inattivati. Per contro, valori di n superiori a 1 indicano che il tempo necessario per abbattere la stessa frazione di sopravvissuti risulta progressivamente

[1] Al pari di molte altre equazioni, l'equazione della distribuzione di Weibull è riportata in letteratura con notazioni assai variabili. Nella successiva trattazione ci riferiremo prevalentemente alla notazione più comune in ambito microbiologico, utilizzata nell'equazione 5.17.

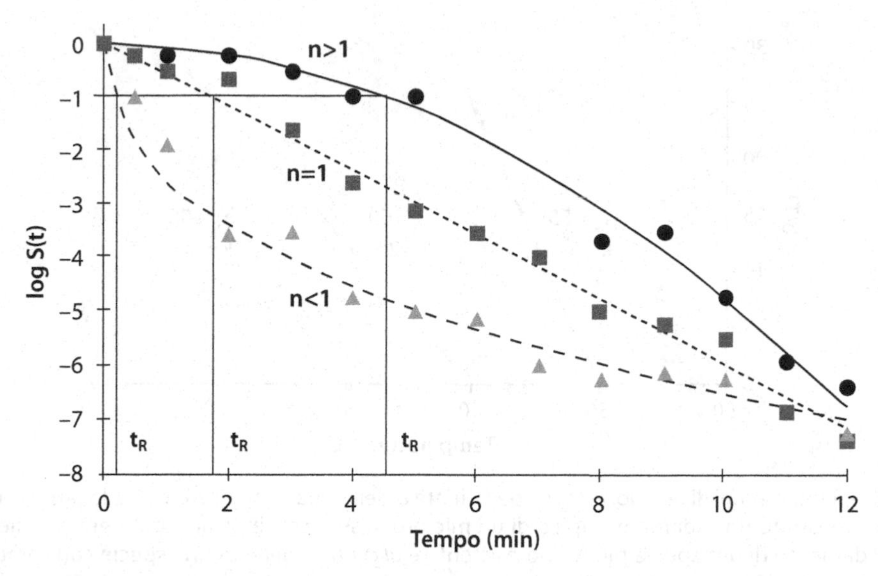

Fig. 5.5 Influenza di *n* sulla forma assunta dal modello di Weibull applicato per la previsione degli effetti di trattamenti termici inattivanti. Per *n*>1 la curva forma una spalla, per *n*<1 la curva dà luogo a una coda mentre per *n* = 1 la curva di inattivazione si identifica con la tradizionale cinetica di primo ordine. In figura sono riportati anche i relativi valori di t_R

inferiore con il procedere del trattamento termico, indicando che l'accumulo di danni termici rende la resistenza delle cellule sempre meno efficace. Va sottolineato che, nel caso di popolazioni microbiche miste, la presenza di curve logaritmiche di sopravvivenza lineari può essere anche il risultato della coesistenza nella popolazione studiata di questi due differenti fenomeni (Fig. 5.5).

Interessante è anche il significato del parametro β, che nella distribuzione di Weibull assume un ruolo analogo a quello ricoperto da *D* nel modello di primo ordine. Il reciproco di β rappresenta infatti il tempo caratteristico (t_c) al quale la funzione di sopravvivenza assume il valore $\log S(t) = -0{,}434$, che equivale a $S(t) = e^{-1}$, indipendentemente dal valore di *n*. Per valutare invece t_R, ovvero il tempo necessario per abbattere il 90% della popolazione iniziale (cioè ridurla di un ciclo logaritmico decimale), si può ricorrere all'equazione seguente usando la notazione dell'eq. 5.16 (Fig. 5.5):

$$t_R = \beta(-\ln 0{,}1)^{1/\alpha} = \beta(2{,}303)^{1/\alpha} \tag{5.18}$$

Numerosi autori hanno studiato la dipendenza dalla temperatura dei parametri *b* e *n* del modello di Weibull; il loro valore variabile in funzione del profilo termico viene indicato con *b(T)* e *n(T)*.

A differenza di quanto vedremo tra poco per *b(T)*, la relazione tra *n(T)* e la temperatura è difficilmente valutabile a priori. Pur non essendo stata individuata una relazione numerica generale valida per tutto l'intervallo di temperature di interesse industriale, si può tuttavia affermare che il valore di *n(T)* può essere assunto come costante in definiti intervalli a cui viene condotto il trattamento termico (Peleg, 2006). Quindi in molti casi, partendo da diversi gruppi di osservazioni di cinetiche di morte condotte a diverse temperature, si procede stimando

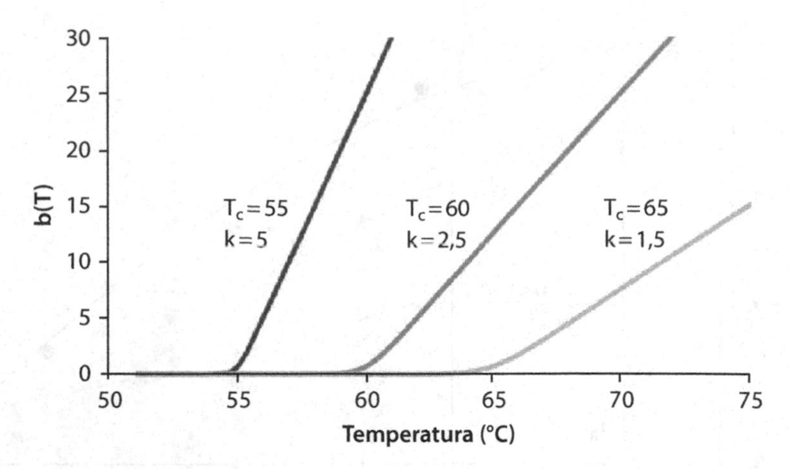

Fig. 5.6 Alcuni esempi di relazione tra il coefficiente *b* dell'equazione di Weibull e la temperatura. *A sinistra* è mostrato un andamento tipico di un microrganismo sensibile ai trattamenti termici, *a destra* l'andamento di una specie più termoresistente e *al centro* quello di una specie con caratteristiche intermedie

inizialmente sia b sia n, dopodiché si calcola la media di n sostituendola, sotto forma di costante, nel modello dell'eq. 5.17, per poi procedere a una nuova stima del parametro b.

Per contro $b(T)$ aumenta con la temperatura in maniera manifestamente non lineare. In particolare, sono attesi valori di $b(T)$ molto bassi (prossimi a 0) a temperature chiaramente subletali, superate le quali il valore di $b(T)$ cresce rapidamente con andamento lineare (Peleg, Normand, 2004), solitamente ben descritto dal modello loglineare:

$$b(T) = \ln\left[1 + e^{k(T - T_c)}\right] \tag{5.19}$$

dove k e T_c sono i parametri di sopravvivenza per l'organismo in questione.

Il significato dei parametri k e T_c può essere meglio compreso osservando le curve caratterizzate da due fasi rappresentate in Fig. 5.6. Nella prima parte delle curve $b(T)$ è praticamente prossimo a 0, per poi incrementare rapidamente assumendo una pendenza costante, assimilabile perciò a una retta. In particolare, T_c rappresenta graficamente il valore dell'asse x (temperatura) intercettato dalla retta di pendenza k, che descrive la seconda parte della curva; T_c rappresenta dunque la temperatura critica oltre la quale il microrganismo target comincia a soccombere in modo sensibile al trattamento.

L'eq. 5.19 – che costituisce di fatto un modello secondario – permette di ottenere una stima di $b(T)$ utilizzabile per prevedere l'abbattimento del microrganismo in altri profili termici. Va sottolineato che per temperature molto superiori a T_c si avrà $b(T) \approx k(T - T_c)$, mentre per temperature molto inferiori a T_c si avrà invece $b(T) \approx 0$, cioè nessuna inattivazione.

In definitiva il modello di Weibull descrive quindi la distribuzione di eventi letali all'interno di una popolazione microbica; conseguentemente, la curva di abbattimento può essere considerata come una forma cumulativa della distribuzione di resistenza delle cellule. In altre parole, in questo caso non viene postulata né la presenza di una singola molecola obiettivo del trattamento termico né la sua distribuzione uniforme all'interno della popolazione

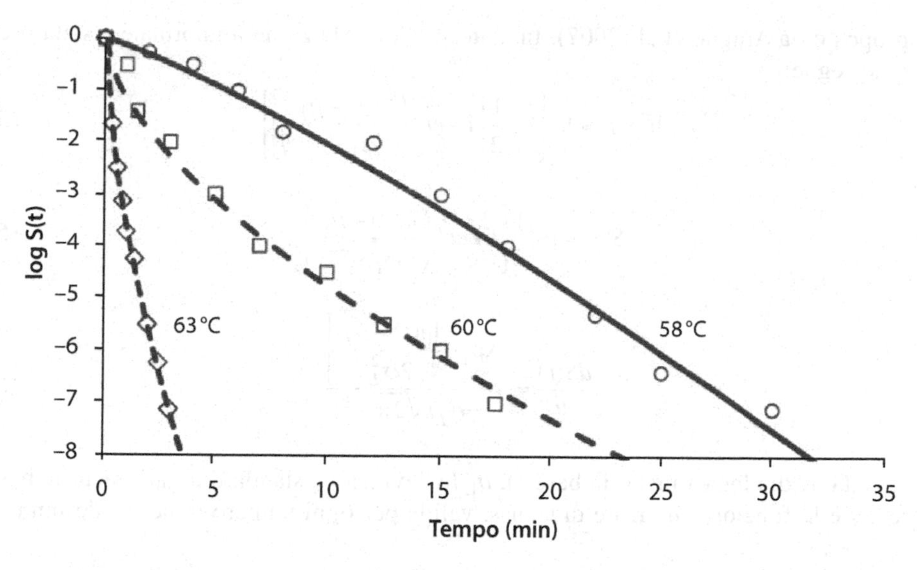

Fig. 5.7 Cinetiche di abbattimento a diverse temperature di *Listeria monocytogenes* elaborate con il modello di Weibull. (Modificata da Sado Kamdem et al, 2011)

microbica trattata. Inoltre, come vedremo anche nel par. 5.4.1, questo modello riconosce, a differenza dell'approccio classico, l'effetto del tempo anche nel caso di trattamenti non isotermici. A scopo esemplificativo, in Fig. 5.7 viene mostrato l'andamento dell'inattivazione termica di cellule di *Listeria monocytogenes* a tre diverse temperature comprese tra 58 e 63 °C. Per le modalità con cui è possibile ottenere queste cinetiche si rimanda al par. 5.7. Nell'**Allegato on line 5.1** sono riportati dei fogli Excel che consentono di stimare, sulla base di osservazioni sperimentali, i valori di b e n dell'eq. 5.17 e di altri parametri desumibili dal modello di Weibull.

Infine, dalla curva di sopravvivenza ottenuta stimando i valori di b e di n, possono essere poi estrapolate anche le caratteristiche della distribuzione di resistenza, in modo da ottenere parametri relativi alla cinetica d'inattivazione (come moda, media, varianza e scodamento) che consentono una più approfondita interpretazione dei dati. Per una più puntuale definizione di questi parametri e per eventuali approfondimenti, si rimanda a Peleg (2006) o a Char et al (2009).

5.3.2 Il modello lognormale

Come il modello di Weibull, anche il modello lognormale è basato su una funzione di distribuzione, detta appunto lognormale, e sull'assunto che una curva di sopravvivenza può essere considerata come una forma cumulativa della distribuzione temporale degli eventi di mortalità. Nel caso di cellule microbiche sottoposte a un trattamento termico, per esempio, si tratta di una curva cumulativa delle frequenze dei tempi di resistenza. Questo concetto può essere applicato anche nei casi di inattivazione con altri trattamenti chimici e fisici.

La distribuzione lognormale è per definizione la funzione di probabilità di una variabile aleatoria X, il cui logaritmo $\ln(X)$ segue una distribuzione normale. Un esempio di adattamento di questa distribuzione all'inattivazione cellulare in seguito a trattamento termico è stato proposto da Aragao et al (2007). In sintesi, la distribuzione lognormale è stata presentata come segue:

$$\ln S(t) = \ln\left\{1 - \frac{1}{2}\left[1 + erf\left(\frac{\ln(t) - \mu_L}{\sigma_L\sqrt{2}}\right)\right]\right\} \tag{5.20}$$

$$S(t) = 1 - \frac{1}{2}\left[1 + erf\left(\frac{\ln(t) - \mu_L}{\sigma_L\sqrt{2}}\right)\right] \tag{5.21}$$

$$\frac{dS(t)}{dt} = \frac{\exp\left[-\frac{\ln(t) - \mu_L}{2\sigma_L^2}\right]}{\sigma_L t\sqrt{2\pi}} \tag{5.22}$$

dove μ_L è la media logaritmica (in base e), σ_L la deviazione standard logaritmica (in base e), mentre *erf* è la funzione di errore di Gauss, valida per ogni numero reale x e definita come segue:

$$erf(x) = \frac{2}{\sqrt{\pi}}\int_0^x e^{-t^2}dt \tag{5.23}$$

Ovviamente $S(t)$ rappresenta il rapporto tra le cellule sopravvissute e quelle inizialmente presenti e t il tempo di trattamento. L'eq. 5.20 permette di stimare i parametri μ_L e σ_L, mediante i quali è possibile calcolare i parametri della distribuzione della curva (moda, mediana, scodamento ecc.), come nel caso appena illustrato della distribuzione di Weibull. Non entreremo qui nei dettagli delle formule che permettono di calcolare questi parametri della distribuzione; tuttavia, un esempio pratico dell'utilizzo di questo tipo di modellazione per le curve di abbattimento termico è riportato da Aragao et al (2007), che propongono la seguente versione empirica della distribuzione lognormale:

$$\log S(t) = \frac{\ln\left\{1 - \frac{1}{2}\left[1 + erf\left(\frac{\ln(t) - \mu_L}{\sigma_L\sqrt{2}}\right)\right]\right\}}{\ln(10)} \tag{5.24}$$

dove μ_L e σ_L sono dei parametri che descrivono la curva dipendenti dalla temperatura di trattamento e ottenuti mediante adattamento dell'equazione a dati semilogaritmici di abbattimento. Appare comunque evidente che, per un utilizzatore non esperto, è più difficile gestire il modello lognormale rispetto a quello di Weibull, e ciò spiega la maggiore diffusione di quest'ultimo in letteratura.

5.3.3 I modelli di Baranyi e Roberts e di Gompertz

Il modello di Baranyi e Roberts e quello di Gompertz sono stati messi a punto con lo scopo principale di descrivere la curva di crescita dei microrganismi (cap. 4); tuttavia, le curve di abbattimento possono assumere una forma speculare rispetto a quelle di crescita, con la differenza sostanziale che, anziché un aumento, descrivono una diminuzione del numero di cellule inizialmente presenti. Le curve di abbattimento con andamento sigmoidale possono quindi essere considerate come la forma cumulativa di una popolazione bimodale, nel senso che riflettono l'andamento di almeno due popolazioni microbiche distinte. Partendo da tali considerazioni, funzioni di questo tipo possono adattarsi bene anche alla descrizione di cinetiche negative, con la fondamentale differenza che il loro utilizzo implica che la velocità massima con cui il processo avviene assumerà un valore negativo portando a un decremento della popolazione microbica. Conseguentemente, il valore minimo per la popolazione microbica sarà rilevato al termine del trattamento e il saldo tra i conteggi iniziali e quelli finali assumerà a sua volta un segno negativo.

Le caratteristiche fondamentali dell'equazione che costituisce il modello di Baranyi e Roberts (Baranyi, Roberts, 1994) sono già state descritte nel capitolo 4. L'interesse per questi modelli derivati da quelli di crescita è dovuto al fatto che possono descrivere con facilità le curve di abbattimento che presentano sia una spalla sia una coda. I valori di $y_{\max}$ e di $y_{\min}$ del modello di Baranyi e Roberts, descritti nel capitolo 4, costituiranno quindi, rispettivamente, il valore di partenza e quello di arrivo della popolazione microbica sottoposta a trattamento termico. Analogamente il valore di $\mu_{\max}$, che rappresentava la velocità di moltiplicazione in fase esponenziale, rappresenta in questo caso la velocità di inattivazione delle cellule. Infine, la durata della fase lag rilevata in fase di crescita indica in questo caso per quanto tempo si prolunga la "spalla", cioè il periodo che precede la fase di morte cellulare con caratteristiche esponenziali. Il vantaggio di questo modello rispetto a quello di Gompertz è che, come già osservato per le cinetiche di sviluppo, può essere determinato più facilmente anche se la curva è priva di coda, di spalla o di entrambe. Per la stima dei parametri del modello di Baranyi e Roberts, operazione talvolta non semplice, si può ricorrere a un foglio di calcolo Excel contenente una macro (scaricabile all'indirizzo http://www.combase.cc/index.php/en/downloads/category/11-dmfit) o ad altri software reperibili sul web, come GlaFit (vedi cap. 8).

L'applicazione del modello di Gompertz (o di altri modelli sigmoidali, come l'equazione logistica) nei casi di abbattimento microbico richiede la stessa trasformazione dei dati nella loro immagine speculare, come descritto per l'applicazione del modello di Baranyi e Roberts. Da questa trasformazione consegue l'attribuzione di un segno negativo al valore di $\mu_{\max}$ per indicare la velocità di riduzione della carica microbica. Naturalmente secondo la riparametrizzazione di Zwietering et al (1990), analizzata nel capitolo 4, A diventerà la massima carica inattivata (il cui valore coinciderà con quello osservato nell'eventuale coda), K il valore iniziale (coincidente con 0 se i dati sono trattati sotto forma di $\log S(t)$) e λ la spalla della curva (tempo nel quale i microrganismi sotto trattamento non hanno ancora cominciato a morire).

Un'altra versione del modello di Gompertz, che non richiede una trasformazione dei dati di abbattimento nella loro immagine speculare, è stata proposta da Gil et al (2006) nella seguente forma:

$$\log N = \log N_0 - \log\left(\frac{N_0}{N_f}\right)\exp\left\{-\exp\left[\left(\frac{ke}{\log\left(\frac{N_0}{N_f}\right)}\right)(\lambda - t) + 1\right]\right\} \quad (5.25)$$

dove N rappresenta la densità microbica al tempo t, λ la spalla, k la costante di abbattimento massimo, N_0 e N_f rispettivamente la densità cellulare iniziale e quella residuale finale.

Contrariamente al modello di Baranyi e Roberts, il modello di Gompertz, come peraltro le altre funzioni sigmoidali, stima con ampio margine di errore i propri parametri quando non sono presenti osservazioni nell'eventuale spalla o coda.

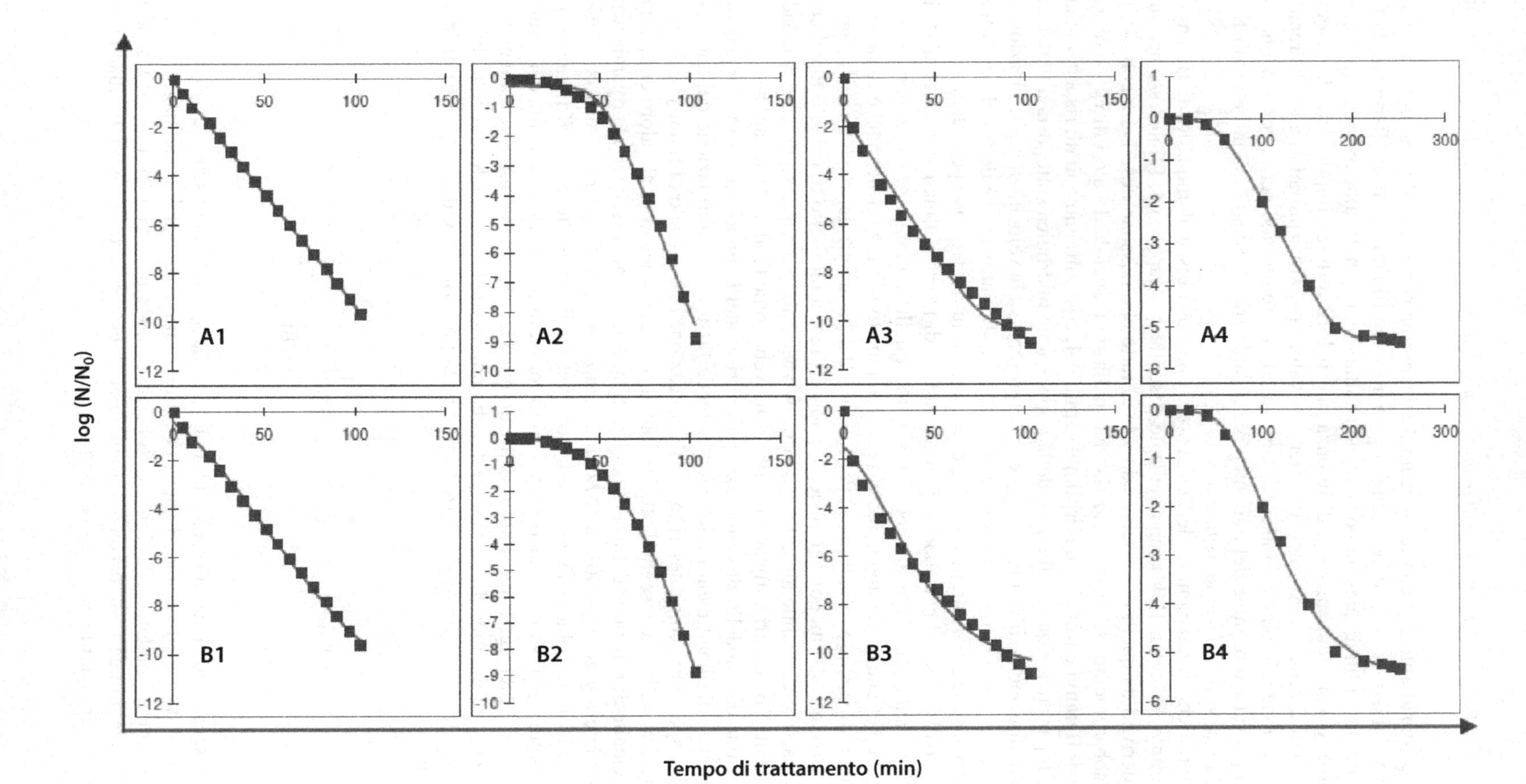

Fig. 5.8 Modellazione di quattro tipologie di curve con il modello di Baranyi e Roberts (A1, A2, A3 e A4) e con il modello di Gompertz come modificato da Zwietering (B1, B2, B3 e B4). I dati di abbattimento sono simulati

Tabella 5.1 Confronto dei parametri delle curve di abbattimento stimati usando il modello di Baranyi e Roberts e quello di Gompertz sulle curve presentate in Fig. 5.8

Modello		Andamento della curva di abbattimento	Velocità di abbattimento (log ufc/min)	Errore di stima della velocità	Durata della spalla (min)	Errore di stima della spalla	Errore del modello	R^2
Modello	Baranyi	Lineare (A1)	-0,0926	0,0081	nd	nd	0,0655	0,999
		Concava (A2)	-0,1569	0,0082	50,79	2,088	0,2826	0,990
		Convessa (A3)	-0,1142	0,0083	nd	nd	0,5817	0,966
		Sigmoidale (A4)	-0,0429	0,0012	54,76	2,417	-5,2960	0,999
	Gompertz	Lineare (B1)	-0,0928	0,0003	$1{,}55\ 10^{-07}$	nd	0,1843	0,996
		Concava (B2)	-0,1573	0,0151	75,08	2,538	0,0251	0,999
		Convessa (B3)	-0,1148	0,0171	$2{,}93\ 10^{-08}$	12,74	0,6005	0,963
		Sigmoidale (B4)	-0,0430	0,0031	60,03	4,569	-5,5810	0,997

nd: non determinato.

In Fig. 5.8 sono riportati i risultati dell'elaborazione di dati simulanti l'abbattimento cellulare che mostrano andamenti lineari, concavi, convessi e sigmoidali. Per la modellazione sono state usate l'equazione di Baranyi e Roberts e l'equazione di Gompertz come modificata da Zwietering et al (1990). In Tabella 5.1 sono riportati i valori dei parametri stimati e alcuni indicatori della bontà delle regressioni ottenute (vedi cap. 13). Anche se dal confronto grafico tra i due modelli possono non emergere differenze evidenti, le stime dei parametri presentati in tabella permettono di affermare che il modello di Gompertz tende a sovrastimare la velocità di inattivazione e la spalla.

5.4 Adattabilità a condizioni non isoterme

Naturalmente la maggior parte dei trattamenti termici condotti nell'industria alimentare si discosta significativamente dalle condizioni isoterme. Come si è già visto, l'ipotesi che la velocità istantanea di inattivazione delle cellule su base logaritmica sia esclusivamente funzione della temperatura all'istante considerato (quindi indipendente dalla storia termica pregressa) è la base teorica sulla quale si fonda l'approccio tradizionale (basato sull'equazione di Arrhenius) per prevedere l'efficacia di un trattamento termico.

A fronte dell'evidenza che la velocità di inattivazione su scala logaritmica della cellula dipende dalla storia termica anche in condizioni isoterme (come rilevato nel par. 5.3), appare necessario formulare nuove basi teoriche per la soluzione di questo problema. Una possibile alternativa all'approccio classico si basa sulla definizione del concetto di velocità istantanea di inattivazione. Infatti, come nel caso del trattamento isotermico, anche in condizioni di temperatura variabile la velocità istantanea di inattivazione dipende non solo dalla temperatura istantanea (cioè applicata in quel preciso momento), come nel modello tradizionale, ma anche dallo stato fisiologico della popolazione trattata nello stesso momento. Quest'ultima affermazione è facilmente verificabile.

Ciò induce a postulare che la velocità istantanea di inattivazione (ovviamente su base logaritmica), osservata a una certa temperatura in un processo condotto a temperatura variabile, si identifica con la velocità di inattivazione osservabile in condizioni isoterme a quella temperatura dopo un tempo che corrisponde a quello necessario per ottenere lo stesso rapporto di sopravvivenza istantaneo.

Questo assunto, peraltro verificabile sperimentalmente, consente di prevedere l'effetto di un trattamento non isotermico utilizzando un modello dinamico, basato su un'equazione differenziale. Secondo tale approccio si calcola quindi, per ogni segmento di profilo termico abbastanza piccolo da poter essere considerato costante, la variazione della popolazione rispetto all'istante precedente. A questo scopo, occorre avere a disposizione un modello secondario che descriva ogni parametro del modello primario in funzione della temperatura. L'altra condizione per l'applicazione di equazioni differenziali per modellare l'effetto di trattamenti condotti a temperature variabili è che il profilo termico possa essere descritto algebricamente. Più complessa è la descrizione del profilo termico, più difficile sarà la soluzione numerica dell'equazione differenziale.

Dei modelli presentati in questo capitolo, solo quello di Baranyi e Roberts nasce già come soluzione di un'equazione differenziale: per impiegarlo nella modellazione di trattamenti non isotermici è dunque sufficiente disporre della forma algebrica del profilo termico.

In alternativa al modello di Baranyi e Roberts, è possibile utilizzare una riformulazione del modello di Weibull concepita per un approccio dinamico.

5.4.1 Il modello dinamico di Weibull

Per modellare i dati di sopravvivenza all'abbattimento termico derivante dall'applicazione di profili termici a temperatura non costante, Peleg e Penchina (2000) hanno introdotto un modello differenziale, definito *rate model* (modello dinamico), che – partendo dall'equazione di Weibull (eq. 5.17) – è stato sviluppato considerando la dipendenza dei parametri b e n dalla temperatura T:

$$\log S(t) = b(T)t^{n(T)} \tag{5.26}$$

In questo caso, la velocità istantanea di inattivazione isotermica dipendente dal tempo di trattamento sarà:

$$\left|\frac{d\log S(t)}{dt}\right|_{T=\text{costante}} = -b(T)n(T)t^{n(T)-1} \tag{5.27}$$

Conseguentemente, il tempo che corrisponde a ogni definito rapporto di sopravvivenza $S(t)$ sarà definito dall'inverso dell'eq. 5.26:

$$t^* = \left[\frac{\log S(t)}{b(T)}\right]^{\frac{1}{n(T)}} \tag{5.28}$$

Il valore di t che assume la notazione t^* è definito come tempo istantaneo di abbattimento. Quindi il passaggio successivo consiste nel determinare la variazione istantanea dei sopravvissuti durante il trattamento, espressa come:

$$\frac{d\log S(t)}{dt} = -b(T)n(T)t^{n(T)-1} = -b(T)n(T)\left[\frac{-\log S(t)}{b(T)}\right]^{\frac{n(T)-1}{n(T)}} \tag{5.29}$$

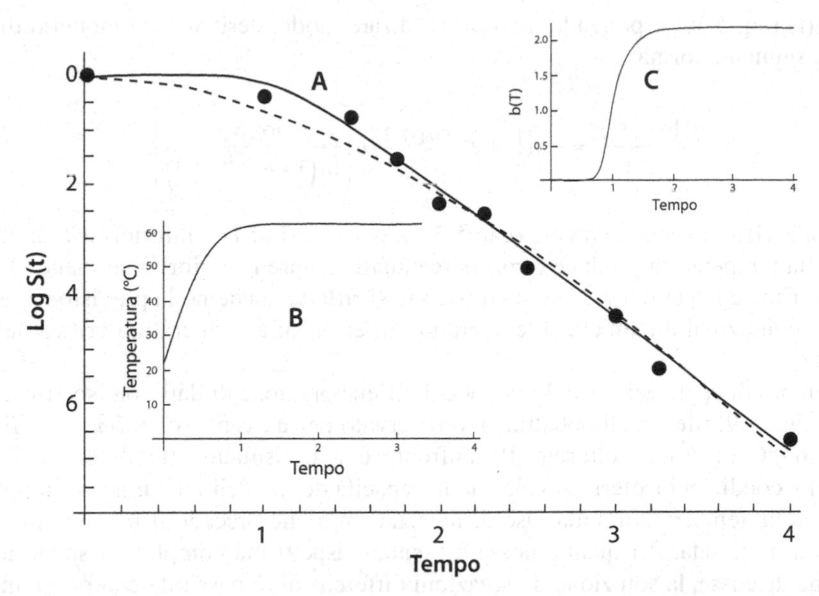

Fig. 5.9 Esempio di sviluppo del rate model confrontato con il modello di Weibull applicato in condizioni isoterme. Nel riquadro principale (A) viene mostrata una serie di dati di abbattimento termico elaborata con il modello isotermico (*linea tratteggiata*) oppure con il rate model (*linea continua*). Nel riquadro B viene riportata la cinetica di innalzamento della temperatura, come elaborata dall'eq. 5.30, mentre il riquadro C mostra l'andamento di $b(T)$ (cioè b al variare della temperatura) in funzione del tempo

Questa equazione differenziale, che consente di calcolare le variazioni istantanee dei sopravvissuti nel tempo, è ancora riferita a un trattamento isotermico. Per passare a condizioni di temperatura variabile occorre esprimere la temperatura T in funzione del tempo (cioè come $T(t)$), vale a dire disporre di un'equazione matematica in grado di mettere in relazione la variazione della temperatura con il tempo di trattamento. In Fig. 5.9 viene descritto l'andamento di un possibile profilo termico in funzione del tempo, $T(t)$, ottenuto con l'equazione:

$$T(t) = \frac{a}{[1 + b\exp(-ct)]} \tag{5.30}$$

dove a, b e c sono i parametri da stimare. Va osservato che questa espressione algebrica non è l'unica adattabile ai profili termici e che in letteratura ne sono state proposte altre.

Quindi $b(T)$ e $n(T)$ dovrebbero essere espressi in funzione del tempo, cioè come $b[T(t)]$ e $n[T(t)]$. Peraltro, come già osservato più volte, non sono state finora individuate relazioni specifiche che definiscano la dipendenza di n dalla temperatura. Sembra piuttosto che, entro certi limiti, questo parametro possa essere ritenuto costante negli intervalli di tempo dei trattamenti termici applicati in campo alimentare; in sua vece può pertanto essere usato un valore costante ottenuto valutando la media di n nei modelli primari condotti isotermicamente (Peleg, Penchina, 2000). Per contro, la dipendenza di b dalla temperatura è ben descritta dall'eq. 5.19. Quindi, incorporando nell'eq. 5.29 la relazione $b(T)$ e il profilo termico $T(t)$ (eq. 5.30) e ponendo n costante, il rate model derivato dal modello di Weibull assume la seguente forma:

$$\frac{d[\log S(t)]}{dt} = -\ln\left\{1+e^{k[T(t)-T_c]}\right\} n \left[\frac{-\log S(t)}{\ln\left(1+e^{k[T(t)-T_c]}\right)}\right]^{\frac{n-1}{n}} \quad (5.31)$$

Come già visto precedentemente (par. 5.3.1), per valori di $T(t)$ inferiori a T_c la dipendenza di b dalla temperatura produce errori percentuali sempre maggiori man mano che la temperatura si riduce rispetto a T_c. Questa difficoltà si riflette anche nella previsione dell'abbattimento in condizioni dinamiche a temperature inferiori alla temperatura critica del microrganismo (T_c).

Un esempio di applicazione del rate model all'elaborazione di dati non isotermici è riportato nella Fig. 5.9, riferita all'abbattimento osservato per un ceppo di *Salmonella* Enteritidis trattato a 63 °C in brodo colturale. Il confronto con il risultato ottenibile con il modello di Weibull a condizioni isoterme evidenzia la capacità del modello dinamico di rappresentare gli effetti della temperatura nella fase di innalzamento che precede il raggiungimento della temperatura prefissata. Per quanto possa presentare aspetti più complessi rispetto alle equazioni prima discusse, la soluzione di equazioni differenziali è possibile con programmi come Wolfram Mathematica (http://www.wolfram.com/mathematica/), utilizzabili anche da utenti non particolarmente esperti. Un miglioramento delle performance dei modelli dinamici permetterà in futuro di simulare meglio casi reali, che sono spesso tutt'altro che isotermici.

5.5 Modellazione dell'inattivazione

Talvolta l'attenzione per la sorte delle cellule microbiche viene spostata dagli effetti immediati, causati da un trattamento più o meno drastico, al processo di inattivazione cui i microrganismi possono andare incontro in determinate condizioni. Questa inattivazione richiede tempi più lunghi poiché le cellule si trovano in condizioni ambientali che non ne consentono la moltiplicazione o in condizioni ambientali generali che portano nel tempo alla morte delle cellule. In realtà si tratta di un intervallo di condizioni in cui, a seconda del livello di stress esercitato dall'ambiente sulle cellule, i microrganismi possono essere soggetti a diversi tipi di risposta metabolica, che comportano, a loro volta, diverse cinetiche di inattivazione. Le diverse risposte dei microrganismi all'applicazione di fattori di stress sono sintetizzate nella Fig. 5.10.

Se l'inattivazione con metodi fisici può essere modellata in modo relativamente semplice mediante modelli loglineari, in molti altri casi la risposta prevede ancora una volta la presenza di spalle e code nella cinetica, riflettendo così l'eterogeneità della popolazione iniziale. In questi casi si può ancora ricorrere a un modello empirico-probabilistico come l'equazione di Weibull. Un'alternativa a questo approccio è costituita da un'equazione logistica inversa, adattata per descrivere la rappresentazione della relazione dose-risposta:

$$\frac{N_t}{N_0} = 1 - k\left(\frac{1}{1+e^{\mu(m-D_i)}} - \frac{1}{1+e^{\mu m}}\right) \quad (5.32)$$

dove k, μ e m sono parametri del modello, mentre D_i rappresenta la dose del fattore che porta all'inattivazione.

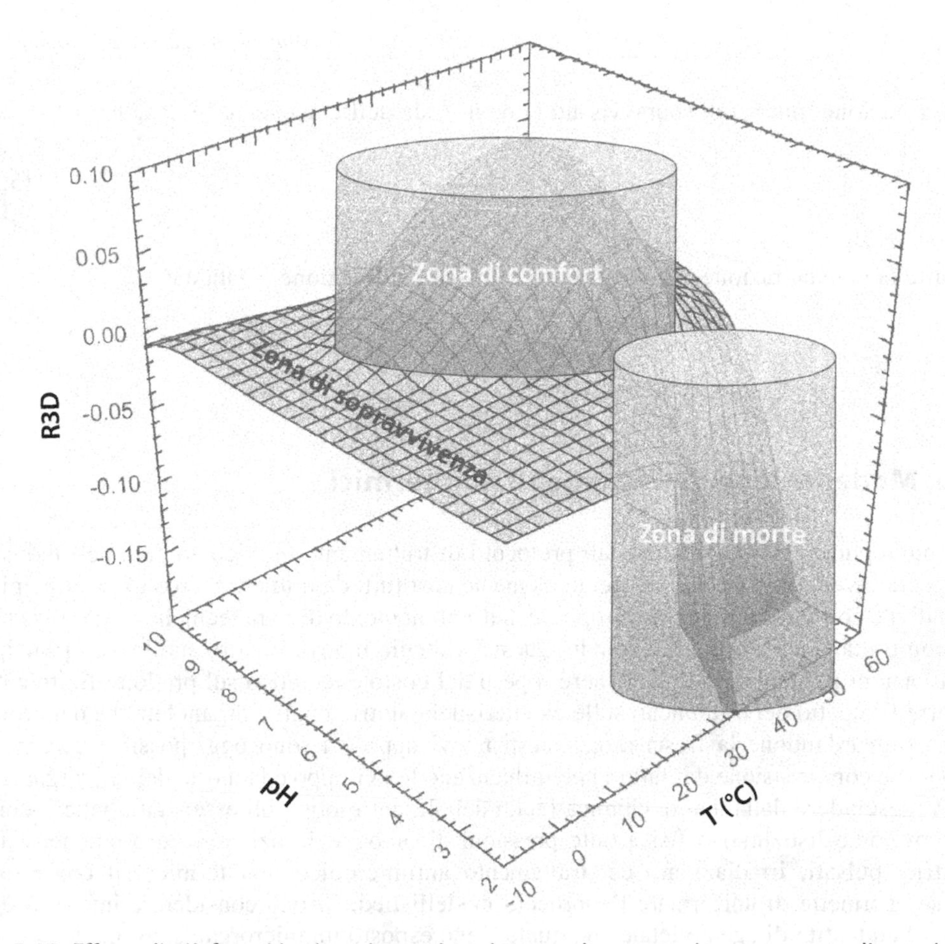

Fig. 5.10 Effetto di più fattori intrinseci o estrinseci su crescita, sopravvivenza e morte di un microrganismo. All'interno dei limiti definiti dai valori cardinali (valori minimi, ottimali e massimi della crescita) è possibile la crescita: per ogni dato fattore, questa zona è massima quando tutti gli altri fattori sono a livello ottimale, e si restringe progressivamente quando uno o più fattori sono a livello subottimale (cioè quando i loro valori si allontanano dall'ottimo). All'interno della zona di comfort è possibile individuare altre zone significative: una zona di crescita ottimale (nei limiti della quale il microrganismo cresce con velocità specifiche massime comprese tra l'80 e il 100% di quella massima in condizioni ottimali) e zone di crescita subottimale. Quando ci si allontana progressivamente dalla zona di crescita ottimale, il microrganismo può sviluppare risposte adattive allo stress attivando operoni per la produzione di proteine coinvolte nella resistenza a stress specifici o generalizzati, che ne possono migliorare la sopravvivenza quando le condizioni non permettono la crescita. Al di fuori della zona di crescita è possibile individuare una zona di sopravvivenza, in cui la velocità di crescita è nulla ed è possibile, quando lo stress si prolunga, una lenta inattivazione (accompagnata dall'entrata in uno stato di non coltivabilità e/o dall'incapacità di crescere in substrati selettivi), e una zona di morte, nella quale la morte cellulare è rapida e irreversibile. Booth (2002) indica con il termine "zona di comfort" l'insieme della zona di crescita e di quella di sopravvivenza. La superficie di risposta mostra la crescita e la sopravvivenza di *L. monocytogenes* con una a_w di 0,996, in assenza di conservanti (acido sorbico o lattico) in funzione di temperatura e pH, stimata con il modello di Coroller et al, 2012. Il modello, basato sul *gamma concept* (vedi cap. 6), prevede anche che quando uno o più fattori sono a livello inibitorio possano verificarsi fenomeni di interazione, che esacerbano l'effetto inibitorio. Dal momento che l'inattivazione non ha una velocità specifica costante, la velocità di crescita o di inattivazione è mostrata come reciproco del tempo necessario per ottenere un incremento (valori positivi) o un decremento (valori negativi) di 3 cicli decimali (R3D). (Copyright: illustrazione di Eugenio Parente sotto licenza Creative Commons Public License CC BY-ND 3.0 creativecommons.org/licenses/by-nd/3.0/it)

La frazione minima di sopravvissuti (cioè la coda dell'andamento) è data da:

$$k' = k\left(\frac{e^{\mu m}}{1+e^{\mu m}}\right) \tag{5.33}$$

mentre la concentrazione che determina il 50% di inattivazione è data da:

$$m' = \frac{1}{m}\ln\left(2+e^{\mu m}\right) \tag{5.34}$$

5.6 Modellazione di trattamenti non termici

Per molteplici ragioni, i tradizionali protocolli di trattamento termico adottati nell'industria alimentare vengono sempre più frequentemente sostituiti da trattamenti basati su principi alternativi e comunque non termici, oppure dall'abbinamento di altre tecniche di stabilizzazione con trattamenti termici più blandi. Queste strategie innovative trovano le loro principali motivazioni nel tentativo di contenere il peso del costo energetico sul prodotto finito e/o di ridurre l'impatto dei trattamenti sulle caratteristiche nutrizionali e organolettiche dei prodotti, salvaguardandone la freschezza. Questi nuovi approcci sono oggi possibili grazie alla maggiore comprensione dei fattori che influenzano lo sviluppo e la morte dei microrganismi.

A prescindere dalla natura chimica (acidi deboli, antibiotici, oli essenziali, batteriocine o enzimi come lisozima) o fisica (alte pressioni di omogeneizzazione e idrostatiche, campi elettrici pulsati, irradiazione) del trattamento antimicrobico non termico, il concetto di "dose" permette di uniformare l'approccio modellistico. Si può considerare infatti la dose come la quantità di agente letale alla quale viene esposto un microrganismo. In questo contesto, le curve di abbattimento dei microrganismi a opera di agenti letali non termici vengono spesso definite curve dose-risposta.

Secondo Peleg (2006), le curve dose-risposta possono essere considerate come la rappresentazione grafica del numero, o della frazione, di sopravvissuti in una popolazione viva in funzione della dose di un agente dannoso o letale alla quale la popolazione è stata esposta. Queste curve sono un modo più complesso di rappresentare l'effetto dannoso di un agente letale rispetto al più usato LD_{50} (dose che permette di uccidere il 50% della popolazione). Infatti, il tipo di informazione fornito da LD_{50} non è compatibile con il mondo microbico, dove le scale sono di tipo logaritmico e l'efficacia di un antimicrobico è data dal numero di unità logaritmiche ridotte. Inoltre, un'altra importante caratteristica delle curve dose-risposta è che – a differenza di quanto avviene per le curve di abbattimento termico – il tempo di contatto con l'agente antimicrobico è costante e non viene considerato una variabile. È evidente che questa semplificazione riduce di molto il potenziale significato applicativo di questi modelli a livello industriale.

La curva dose-risposta ha tipicamente una forma sigmoidale, con una zona di inibizione o mortalità marginale, o comunque trascurabile, seguita da una fase (logaritmica) lineare che rappresenta il decadimento esponenziale della vitalità; quest'ultima fase può essere modellata utilizzando cinetiche di primo ordine. Se si postula un effetto continuo del fattore considerato sulla vitalità microbica, almeno nell'intervallo di tempo in esame, senza effetti repentini o addirittura discontinuità nella risposta al fattore, può essere utilizzata l'equazione di Fermi come modificata da Peleg (2006), che assume la seguente forma:

$$S(P)=\left(\frac{1}{1+e^{\frac{P-P_c}{k}}}\right) \quad (5.35)$$

dove $S(P)$ è la frazione di sopravvissuti, P è l'intensità del fattore letale, P_c è il livello critico di P per il quale si ha $S(P) = 0{,}5$ e k è una costante dalla quale dipende la pendenza della curva in prossimità di P_c. L'importanza di k è definita dal fatto che circa il 90% dell'inibizione ha luogo nell'intervallo $P_c \pm 3k$. I parametri dell'equazione di Fermi espressa in questa forma possono essere ottenuti mediante regressione non lineare. Oltre che al trattamento termico, questa metodologia è stata applicata con successo alla modellazione della mortalità microbica indotta da campi elettrici pulsati, alte pressioni idrostatiche, irradiazione o agenti antimicrobici chimici.

I modelli utilizzati per descrivere l'abbattimento termico sono stati in molti casi impiegati anche per le cinetiche di abbattimento non termico. Infatti, indipendentemente dalla natura dell'agente letale, la popolazione microbica esposta può essere considerata come un insieme di individui con sensibilità (oppure resistenza) diversa.

In molti casi, quindi, la classica equazione di Arrhenius di primo ordine è stata applicata per descrivere gli effetti di trattamenti non termici. Il modello di Bigelow (eq. 5.1) è stato utilizzato per descrivere le cinetiche di abbattimento di *Zygosaccharomyces bailii* in succhi vegetali con alte pressioni di omogeneizzazione e si è dimostrato efficace almeno per trattamenti fino a 100 MPa (Patrignani et al, 2010). Ma già in precedenza Zook et al (1999) avevano osservato che lo stesso modello era adatto per descrivere gli effetti delle alte pressioni idrostatiche. Per contro, Boeijen et al (2008) hanno evidenziato come le curve di abbattimento di *Listeria monocytogenes* sottoposta ad alte pressioni idrostatiche abbiano un andamento che si discosta significativamente da un modello lineare e come siano modellabili con maggiore efficacia utilizzando il modello bifasico mostrato nell'eq. 5.15.

Peleg (2006) ha dimostrato l'estrema flessibilità ed efficacia del modello di Weibull per descrivere gli effetti delle alte pressioni idrostatiche e dell'attività microbicida nel tempo di acidi deboli, definendo anche i parametri dei modelli secondari. Lo stesso approccio è stato utilizzato per valutare l'effetto sulla vitalità di *Escherichia coli* di concentrazioni crescenti di H_2O_2 (Alzamora et al, 2010) e, sempre per lo stesso microrganismo, la vitalità in un'insalata greca a base di melanzana in funzione della concentrazione di olio essenziale di origano (Aragao et al, 2007).

5.7 Come realizzare curve di abbattimento termico

Per realizzare curve di inattivazione termica, oltre a disporre di un preciso tracciato termico, occorre avere perfettamente sotto controllo tutti i parametri che possono influenzare lo stato fisiologico del microrganismo oppure la rappresentatività del ceppo utilizzato, nonché conoscere con esattezza il metodo analitico impiegato per contare le cellule sopravvissute.

1. Lo *stato fisiologico* influenza le cinetiche di abbattimento termico in quanto è spesso legato a modificazioni strutturali della cellula. Per esempio, nel caso di microrganismi sporigeni vi sono differenze tra una cellula in forma vegetativa e una spora; ma anche le condizioni di incubazione prima del trattamento termico possono influenzare notevolmente la termoresistenza (per esempio, cellule cresciute a temperature più elevate di quella ottimale di

crescita sviluppano una resistenza maggiore al successivo trattamento termico). In generale, la crescita in condizioni stressanti rende le cellule più idonee a sopravvivere ai trattamenti termici, poiché alcuni dei meccanismi di risposta cellulare allo stress sono comuni, cioè non dipendenti dal tipo di stress applicato. È ormai universalmente noto che le cellule presenti nei biofilm che si formano nell'industria alimentare sono predisposte a una maggiore resistenza ai trattamenti (non solo termici) cui saranno sottoposte successivamente. A parità di altre condizioni, assume un ruolo chiave anche l'età delle cellule utilizzate: in particolare, le cellule più vecchie, raccolte in fase stazionaria più o meno avanzata, sono più resistenti delle cellule raccolte durante la fase esponenziale o comunque più giovani. Di conseguenza, nelle sperimentazioni messe a punto allo scopo di realizzare una cinetica d'inattivazione è molto importante che i microrganismi utilizzati siano nelle stesse condizioni fisiologiche di quelli che si trovano nel processo industriale che si sta simulando, poiché non è possibile confrontare curve di abbattimento termico senza tener conto dello stato fisiologico e delle condizioni colturali impiegate. In ogni caso, lo stato fisiologico deve essere considerato per la valutazione dei risultati ottenuti e per la loro trasferibilità a processi industriali.

2. Il *trattamento termico impiegato* può essere isotermico oppure non isotermico (se la temperatura varia nel tempo). Come risulta dai paragrafi precedenti, la maggior parte dei modelli proposti è stata messa a punto per descrivere trattamenti isotermici. Tuttavia, mentre in laboratorio la realizzazione di una sperimentazione in condizioni non isoterme è semplice, poiché basta monitorare in continuo la variazione della temperatura durante il trattamento, la simulazione di un trattamento isotermico è una procedura piuttosto complessa, poiché il prodotto trattato deve essere messo a contatto con la sorgente di calore e raggiungere in tempi pressoché istantanei la temperatura di trattamento. Ovviamente il volume trattato deve essere sottodimensionato rispetto alla sorgente di calore per consentire il raggiungimento nel campione della temperatura desiderata in tempi talmente rapidi da poter considerare ininfluente la fase (comunque necessaria) di innalzamento termico. Questo tipo di trattamento può essere realizzato mediante due diversi approcci.

   Una prima tecnica prevede l'uso di capillari di vetro contenenti piccole quantità di brodo colturale (massimo 1 mL) già inoculato alla concentrazione desiderata. I capillari sono quindi caratterizzati dalla presenza di uno spessore di liquido molto ridotto (dell'ordine del millimetro) e vengono chiusi alla fiamma dopo il riempimento. Il capillare così predisposto viene introdotto nel bagno termico (con acqua o olio in funzione della temperatura prefissata) per il tempo necessario, raggiungendo la temperatura desiderata in tempi rapidissimi e comunque trascurabili. Alla fine del trattamento, i capillari vengono rapidamente raffreddati e rotti direttamente nel liquido per le diluizioni necessarie per l'analisi dei sopravvissuti.

   La seconda tecnica prevede l'uso di soluzioni già preriscaldate alla temperatura di abbattimento. Vengono impiegati contenitori di dimensioni tali da facilitare un riscaldamento uniforme e rapido del contenuto; i contenitori vengono dapprima riempiti con il mezzo colturale, quindi riscaldati alla temperatura di trattamento e infine inoculati con una sospensione cellulare del microrganismo oggetto di indagine. In genere, se il rapporto tra il volume della soluzione nel contenitore e quello dell'inoculo è superiore a 100, la fluttuazione termica dovuta all'inoculo può essere considerata trascurabile.

   La realizzazione del profilo non isotermico è in pratica semplice, poiché basta introdurre un contenitore nel quale si trova il prodotto contaminato da trattare in una sorgente di calore per avere dei gradienti di temperatura significativi e più o meno prolungati. Qualche difficoltà può essere riscontrata quando si deve riprodurre un profilo termico specifico: in

questo caso occorre regolare il volume da trattare e il calore fornito, in modo da aggiustare la velocità di riscaldamento e la temperatura massima da raggiungere.
Va osservato che in un profilo termico, così come viene monitorata la fase di innalzamento della temperatura, occorre tener conto anche della fase di raffreddamento, soprattutto quando questa si prolunga nel tempo. Questa fase è tanto più importante quanto più la temperatura massima raggiunta durante il trattamento termico è elevata rispetto alla temperatura ottimale di crescita del microrganismo; infatti, se il raffreddamento è lento, l'abbattimento prosegue durante questa fase, falsando il risultato ottenuto e portando a una sopravvalutazione del processo.

3. Per quanto riguarda il *metodo d'indagine* delle cellule sopravvissute, è noto che lo stress e i danni subletali in genere prolungano la fase lag dei microrganismi per effetto del tempo di recupero dai danni subiti. Ovviamente, maggiore è l'entità dei danni subiti e maggiore sarà il tempo necessario al microrganismo per riprendersi, moltiplicarsi e rendersi visibile come "cellula vitale" nelle più comuni condizioni di conteggio. La capacità di ripresa è ovviamente influenzata da numerose variabili operative, come le procedure di arricchimento e/o pre-arricchimento, le caratteristiche del substrato colturale individuato e le condizioni (temperatura, atmosfera, tempo) di incubazione. Per esempio, la rivitalizzazione in terreni liquidi richiede tempi più brevi che in terreni agarizzati. Talora la ripresa dopo un trattamento termico sanitizzante è favorita, come osservato in *Bacillus cereus*, dall'incubazione a temperature non ottimali (Jay et al, 2009). Molti ricercatori hanno osservato in seguito lo stesso fenomeno in sperimentazioni con altri microrganismi e anche con altri parametri dell'ambiente di crescita, quali pH e a_w.
4. Anche la *scelta del microrganismo* da utilizzare nella sperimentazione per la costruzione delle curve di abbattimento termico è un aspetto essenziale. Le strategie adottate seguono a grandi linee due filosofie: uso di ceppi singoli con particolari caratteristiche per il tipo di prodotto considerato, oppure uso di cocktail microbici contenenti più ceppi. Nel primo caso è opportuno utilizzare ceppi la cui problematicità rispetto all'alimento studiato sia stata verificata, vale a dire ceppi noti per avere particolare affinità con le caratteristiche dell'habitat costituito dall'alimento o isolati dall'alimento o da alimenti analoghi in condizioni critiche, oppure ancora ceppi che mostrino caratteristiche di termoresistenza particolarmente significative. Viceversa, l'uso di cocktail comporta l'utilizzo di più ceppi della stessa specie o di specie analoghe, con l'obiettivo di rispecchiare, per quanto possibile, la diversità biologica – e, conseguentemente, le diverse reazioni al trattamento termico – dei gruppi microbici considerati.

5.8 Appendice: Principali simboli e sigle utilizzati nel capitolo

Simboli e sigle	Descrizione	Unità di misura
μ	velocità di abbattimento in una qualunque fase della curva di abbattimento	1/tempo, tipicamente min^{-1}, h^{-1}
μ_{max}	velocità specifica massima di abbattimento, costante in un dato insieme di condizioni	vedi sopra
λ	fase della cinetica di abbattimento, detta anche spalla, in cui si osserva una velocità di morte cellulare prossima a zero	tipicamente min o h

a_w	attività dell'acqua	
b	parametro del modello di Weibull di inattivazione microbica	
D	tempo di riduzione decimale (indicato anche con TRD)	tipicamente min o h
D_i	dose del fattore che porta all'inattivazione	
d	giorni	
e	numero di Nepero, base dei logaritmi naturali (2,71828182845904...)	
exp	operatore esponenziale: $\exp(n)=e^n$	
F	valore di sterilizzazione	
F_0	sterilità commerciale	
g	grammi	
h	ore	
k	coefficiente di inattivazione	
ln	logaritmo naturale o neperiano	
log	logaritmo in base 10	
min	minuti	
mL	millilitri	
n	parametro del modello di Weibull di inattivazione microbica	
N	numero di microrganismi	dipende dal metodo di conta: tipicamente ufc g^{-1}, ufc mL^{-1}
N_0	numero iniziale di microrganismi	vedi sopra
N_f	numero finale di microrganismi	vedi sopra
N_t	numero di microrganismi sopravvissuti al tempo t	vedi sopra
P	intensità del fattore letale	
P_c	livello critico di P che dimezza il numero iniziale di microrganismi	
PNSU	probabilità di avere una unità non sterile	
R^2	coefficiente di determinazione	
$S(P)$	frazione di cellule sopravvissute in funzione di P	
$S(t)$	rapporto tra le cellule sopravvissute al tempo t e quelle inizialmente presenti	
t	tempo	tipicamente min o h
t_c	tempo caratteristico	vedi sopra
t_R	tempo necessario per abbattere il 90% della popolazione microbica iniziale	vedi sopra
T	temperatura	°C, K
T_c	temperatura critica oltre la quale il microrganismo target comincia a soccombere in modo consistente	vedi sopra

TDR	tempo di riduzione decimale (indicato anche con *D*)	tipicamente min o h
T_{ref}	temperatura di riferimento	°C, K
ufc	unità formanti colonie	
VP	valore di pastorizzazione	
z	incremento di temperatura necessario per ridurre *D* (o *TDR*) di un fattore 10	°C, K

Bibliografia

Alzamora SM, Guerrero SN, López-Malo A et al (2010) Models for microorganism inactivation: application in food preservation design. In: Ortega-Rivas E (ed) *Processing effects on safety and quality of foods*. Taylor & Francis, Boca Raton, pp 87-116

Aragao GMF, Corradini MG, Normand MD, Peleg M (2007) Evaluation of the Weibull and log normal distribution functions as survival models of *Escherichia coli* under isothermal and non isothermal conditions. *International Journal of Food Microbiology*, 119(3): 243-257

Baranyi J, Roberts TA (1994) A dynamic approach to predicting bacterial growth in food. *International Journal of Food Microbiology*, 23: 277-294

Bigelow WD (1921) Logarithmic nature of thermal death curves. *The Journal of Infectious Diseases*, 29(5): 528-536

Booth IR (2002) Stress and the single cell: intrapopulation diversity is a mechanism to ensure survival upon exposure to stress. *International Journal of Food Microbiology*, 78(1-2): 19-30

Char C, Guerrero S, Alzamora SM (2009) Survival of *Listeria innocua* in thermally processed orange juice as affected by vanillin addition. *Food Control*, 20(1): 67-74

Coroller L, Kan-King-Yu D, Leguerinel I et al (2012) Modelling of growth/no growth interface and nonthermal inactivation areas of *Listeria monocytogenes* in foods. *International Journal of Food Microbiology*, 152(3): 139-152

Corradini MG, Normand MD, Peleg M (2007) Modeling non-isothermal heat inactivation of microorganisms having biphasic isothermal survival curves. *International Journal of Food Microbiology*, 116(3): 391–399

Gil MM, Brandão TRS, Silva CLM (2006) A modified Gompertz model to predict microbial inactivation under time-varying temperature conditions. *Journal of Food Engineering*, 76(1): 89-94

Patrignani F, Vannini L, Sado Kamdem SL et al (2010) Potentialities of high-pressure homogenization to inactivate *Zygosaccharomyces bailii* in fruit juices. *Journal of Food Science*, 75(2): M116-M120

Peleg M (2006) *Advanced quantitative microbiology for food and biosystems: Models for predictive growth and inactivation*. Taylor & Francis, Boca Raton

Peleg M, Cole MB (1998) Reinterpretation of microbial survival curves. *Critical Reviews in Food Science and Nutrition*, 38(5): 353-380

Peleg M, Normand MD (2004) Calculating microbial survival parameters and predicting survival curves from non-isothermal inactivation data. *Critical Reviews in Food Science and Nutrition*, 44(6): 409-418

Peleg M, Penchina CM (2000) Modeling microbial survival during exposure to a lethal agent with varying intensity. *Critical Reviews in Food Science and Nutrition*, 40(2):159-172

Sado Kamdem SL, Belletti N, Magnani R et al (2011) Effects of carvacrol, (E)-2-hexenal, and citral on the thermal death kinetics of *Listeria monocytogenes*. *Journal of food protection*, 74(12): 2070-2078

van Boeijen IKH, Moezelaar R, Abee T, Zwietering MH (2008) Inactivation kinetics of three *Listeria monocytogenes* strains under high hydrostatic pressure. *Journal of Food Protection*, 71(10): 2007-2013

van Boekel MAJS (2002) On the use of the Weibull model to describe thermal inactivation of microbial vegetative cells. *International Journal of Food Microbiology*, 74(1-2): 139-159

Zook CD, Parish ME, Braddock RJ, Balaban MO (1999) High pressure inactivation kinetics of *Saccharomyces cerevisiae* ascospores in orange and apple juices. *Journal of Food Science*, 64(3): 533-535

Zwietering MH, Jongenburger I, Rombouts FM, van't Riet K (1990) Modeling of the bacterial growth curve. *Applied and Environmental Microbiology*, 56(6): 1875-1881

Capitolo 6
Modelli secondari per lo sviluppo microbico

Fausto Gardini, Eugenio Parente

6.1 Introduzione

Come già visto nel capitolo 2, le cinetiche di sviluppo dei microrganismi sono essenzialmente determinate dai fattori che caratterizzano l'ambiente in cui si trovano. Nel caso di un alimento, questi fattori possono essere definiti *intrinseci* (dipendenti dalle caratteristiche compositive del prodotto), *estrinseci* (determinati dalle modalità con cui il prodotto viene conservato), *di processo* (correlati alle tecnologie applicate durante la produzione) o *impliciti* (determinati dalle relazioni che si instaurano tra le popolazioni microbiche che colonizzano l'alimento).

I modelli secondari descrivono gli effetti di queste condizioni ambientali – di natura chimica, fisica o biologica – sui parametri ottenibili dai modelli primari, o comunque su parametri legati allo sviluppo microbico, quali produzione di tossine o di metaboliti, consumo di nutrienti ecc. Nei modelli secondari la variabile dipendente studiata, costituita da un parametro di un modello primario (vedi capp. 4 e 5), viene quindi messa in relazione con una o più variabili esplicative. All'aumentare del numero di variabili esplicative prese in considerazione aumenta intuitivamente anche la complessità dell'esperimento e di conseguenza assumono un'importanza fondamentale sia le modalità con cui il dato viene ottenuto (in altre parole i protocolli di analisi) sia, soprattutto, l'organizzazione dell'esperimento. Per ridurre la complessità del lavoro, pur mantenendone la validità esplicativa, è necessaria l'adozione di disegni sperimentali adeguati (vedi anche cap. 12), i più importanti dei quali sono discussi nel paragrafo 6.3.

Attraverso questi modelli è quindi possibile mettere in evidenza, per ognuno dei fattori considerati, quali valori massimizzano o minimizzano la variabile microbica studiata: per esempio, a quale valore di pH si può avere la massima velocità di sviluppo in fase esponenziale (μ_{max}) o la minore durata della fase lag (λ) (vedi cap. 4). Inoltre, esaminando gli effetti simultanei di più variabili esplicative, si possono anche valutare eventuali effetti interattivi tra di esse; è possibile cioè stabilire se l'applicazione di un fattore che influenza l'attività microbica potenzia o deprime l'efficacia di un altro fattore, oppure se gli effetti dei due fattori sono semplicemente additivi. In realtà, il concetto di sinergia tra fattori è stato ampiamente discusso nella comunità di ricercatori che si occupa di queste problematiche, soprattutto perché esiste un'importante corrente di pensiero che sostiene che l'effettiva sinergia tra i fattori che influenzano la crescita microbica sia molto rara e che la combinazione tra questi fattori dia perlopiù luogo a effetti additivi. Questa teoria, sintetizzata dall'espressione *gamma concept*, sarà ripresa nei paragrafi 6.7 e 6.8.

F. Gardini, E. Parente (a cura di) *Manuale di microbiologia predittiva*
DOI 10.1007/978-88-470-5355-7_6

La complessità dei sistemi biologici (e alimentari) studiati è peraltro tale che, anche nel settore della microbiologia degli alimenti, si fa sempre più spesso ricorso a strumenti apparentemente più complicati per cercare di ricondurre questa estrema complessità a condizioni che consentano di fornire informazioni sotto forma di previsione; come nel caso delle reti neuronali artificiali (vedi par. 6.11).

Queste considerazioni generali si applicano sia a variabili che influenzano la crescita (moltiplicazione) delle cellule sia a variabili che definiscono la morte o comunque l'inattivazione cellulare (vedi cap. 5). In questo capitolo verranno considerati gli aspetti della modellazione secondaria legati alla moltiplicazione microbica.

6.2 La raccolta e l'analisi dei dati per i modelli secondari

Nei capitoli 4 e 5 sono stati descritti gli approcci sperimentali per la raccolta dei dati necessari per la costruzione di modelli primari per la crescita, l'inattivazione e la sopravvivenza. Nella maggior parte dei casi, questi parametri vengono stimati in un determinato insieme di condizioni ambientali e si assume che tali condizioni restino costanti almeno per il tempo rilevante per la costruzione delle cinetiche. Lo scopo della microbiologia predittiva è però prevedere il comportamento dei microrganismi nell'insieme di condizioni che si possono verificare in un dato sistema sperimentale o in un alimento. Il numero di fattori che possono influenzare la crescita, la morte o la sopravvivenza dei microrganismi negli alimenti è molto elevato: sebbene i più importanti – comuni a tutti gli alimenti – siano certamente la temperatura, il pH e l'a_w (o altrimenti la concentrazione di umettanti, come NaCl e saccarosio), numerosi altri fattori – quali composizione dell'atmosfera, concentrazione di conservanti ecc. – svolgono un ruolo rilevante per molti prodotti alimentari. Tutti questi fattori possono ragionevolmente variare in un intervallo appropriato per il sistema e per il problema di interesse. Per esempio, se si intende studiare il deterioramento di un prodotto ittico refrigerato, potrebbe essere interessante valutare la crescita in un intervallo di temperature compreso tra –2 e +20 °C (eventualmente in presenza di atmosfera arricchita di CO_2). Se invece si intende studiare l'inattivazione termica di un microrganismo, l'intervallo di temperature da considerare dovrebbe essere compreso per le cellule vegetative tra il valore massimo che consente la crescita (perlopiù intorno a 45-50 °C) e circa 80 °C, e per le spore tra circa 80 e 140 °C; per valori di temperatura più bassi potrebbe essere possibile la crescita o potrebbe essere trascurabile l'inattivazione, mentre per valori più alti la cinetica di inattivazione potrebbe essere troppo rapida per essere studiata. Poiché siamo tipicamente interessati all'effetto di combinazioni di fattori e poiché le risorse per condurre esperimenti sono di solito limitate, occorre selezionare un numero di combinazioni sperimentali tale da:

- coprire il range di interesse in modo sufficiente (in termini sia di distribuzione dei punti sperimentali sia di numero di prove sperimentali) per permettere la stima dei parametri dei modelli secondari e l'interpolazione;
- controllare le variabili sperimentali irrilevanti per il fenomeno in studio, ma anche quelle che potrebbero incidere sulla variabilità dei risultati in maniera sistematica (per esempio, se per ogni data temperatura occorre usare più incubatori termostatici, il profilo di temperatura all'interno di ciascuno di essi potrebbe essere diverso) e stimare correttamente l'errore sperimentale;
- consentire di espandere facilmente l'esperimento, aggiungendo nuove combinazioni;
- minimizzare i costi in termini di risorse umane, strumentali e materiali.

Un altro aspetto importante riguarda la necessità di *trasformazioni delle variabili indipendenti* (fattori ambientali) e *dipendenti* (parametro o parametri dei modelli primari) che si intendono studiare. Le trasformazioni possono avere vari scopi; i principali sono certamente: migliorare la linearità delle risposte; valutare correttamente il peso di ogni variabile indipendente; migliorare l'aderenza alle assunzioni necessarie per la stima di parametri di regressione e per l'esecuzione di test statistici sulle stime (vedi capp. 12-14).

Le tecniche di regressione lineare offrono certamente vantaggi importanti, in termini di semplicità e di stimabilità dei parametri, rispetto alle tecniche di regressione non lineare; inoltre, modelli non lineari possono spesso essere ridotti a modelli lineari nei parametri per semplice trasformazione (vedi capp. 12 e 13, oltre ai numerosi esempi riportati nei paragrafi successivi). Mentre una trasformazione di una variabile dipendente può essere effettuata in fase di stima dei parametri del modello, la necessità di trasformare (per esempio usando il reciproco, la radice quadrata, la potenza o il logaritmo) una variabile indipendente deve essere valutata in una fase preliminare, poiché determina l'organizzazione delle prove sperimentali. Nel campo della microbiologia predittiva, per esempio, la difficoltà di modellare in molti casi i risultati ottenuti in funzione dell'a_w ha indotto Gibson et al (1994) a proporre la trasformazione di a_w in b_w con una formula in seguito adottata da diversi autori:

$$b_w = \sqrt{1 - a_w} \qquad (6.1)$$

Per una trattazione dettagliata di questi argomenti si rimanda a Ratkowsky (2004).

6.3 Disegni sperimentali

I principi e le nozioni di base del disegno degli esperimenti sono analizzati in dettaglio nel capitolo 12. Per aspetti come l'*ortogonalità*[1] e la *rotatabilità*[2], si rimanda a testi specifici (per esempio Box, Draper, 1987), mentre i concetti relativi alle diverse componenti della varianza sperimentale che possono essere stimate con modelli di regressione sono discussi nel capitolo 13. Ci limiteremo qui a descrivere i principali disegni sperimentali utilizzati in microbiologia predittiva (Tabella 6.1 e Fig. 6.1), alcuni esempi dei quali sono riportati nell'**Allegato on line 6.1**. Tranne poche eccezioni, le combinazioni di livelli dei diversi fattori (variabili) non possono essere stabilite in modo semplice, ma la maggior parte dei software statistici offre delle utility che permettono di produrre il disegno sperimentale una volta individuati tutti i parametri rilevanti (tipo di disegno, numero di fattori, numero di livelli, numero di trattamenti che è possibile realizzare, numero di repliche, necessità di dividere i trattamenti in blocchi sulla base di fattori qualitativi ecc.).

Il disegno sperimentale più comune è il *disegno fattoriale completo*, nel quale k fattori vengono utilizzati a n livelli, in tutte le combinazioni possibili; inoltre, tutte le combinazioni dei fattori, o solo alcune di esse, vengono generalmente replicate r volte. Il difetto principale di questa tipologia di disegno sperimentale è l'incremento molto rapido del numero di

---

[1] Due vettori della stessa lunghezza si dicono ortogonali se il loro prodotto scalare (somma dei prodotti delle componenti omologhe dei due vettori) è pari a 0. Un disegno sperimentale è quindi ortogonale se la somma dei prodotti tra gli effetti di ogni variabile indipendente e quelli di ciascuna delle altre è pari a 0.

[2] Un disegno sperimentale è caratterizzato da rotatabilità quando la varianza del responso previsto in ogni punto x dipende solo dalla distanza di x dal punto centrale del disegno, vale a dire quando il disegno può essere ruotato attorno al suo punto centrale senza influenzare la varianza di x.

Tabella 6.1 Principali disegni sperimentali utilizzati in microbiologia predittiva per la costruzione dei modelli secondari

Disegno sperimentale	***N. di prove necessarie***	***Osservazioni***
Disegno fattoriale completo	$r(n^k)+(r_0-1)$	Il numero di trattamenti aumenta molto velocemente con il numero di fattori e di livelli, ma è possibile stimare tutte le interazioni ed effetti non lineari
Disegno fattoriale frazionario di Box-Hunter	$r(2^{k-j})$	Il numero delle prove è ridotto, ma possono essere stimati solo gli effetti lineari e alcune delle interazioni
Disegni fattoriali di Taguchi	rk	Il numero delle prove è ridotto e possono essere stimati solo effetti gli lineari
Central composite design	$r(2^{k-j})+2k+r_0$	Sono economici in termini di combinazioni sperimentali, ma più adatti a esperimenti di ottimizzazione; permettono di stimare effetti quadratici; con $k \geq 5$ è possibile usare una frazione dell'esperimento mantenendo la possibilità di stimare tutti gli effetti principali e le interazioni
Fattoriali di Box-Behnken	$n=3 \rightarrow 13+(r_0-1)$ $n=4 \rightarrow 25+(r_0-1)$ $n=5 \rightarrow 41+(r_0-1)$	Come per i central composite design, ma valutano un numero minore di livelli per fattore

k indica il numero di fattori, *n* il numero di livelli, *r* il numero di repliche (r_0 indica il numero di repliche per i punti centrali, vedi testo), *j* un componente dell'esponente di un fattoriale frazionario (con $j=1$ viene usata la metà delle prove rispetto a un fattoriale completo, con $j=2$ solo un quarto ecc.).

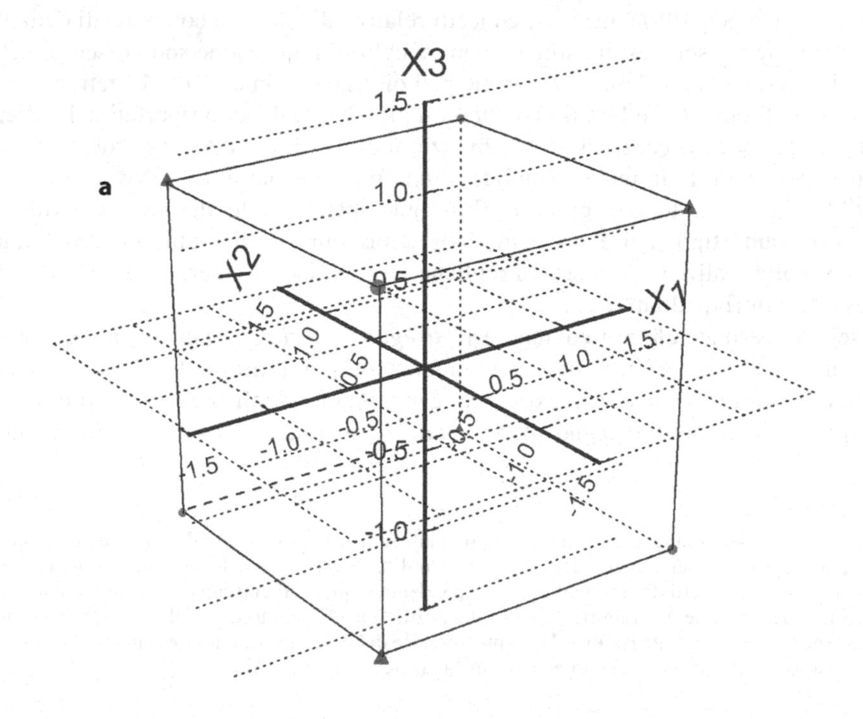

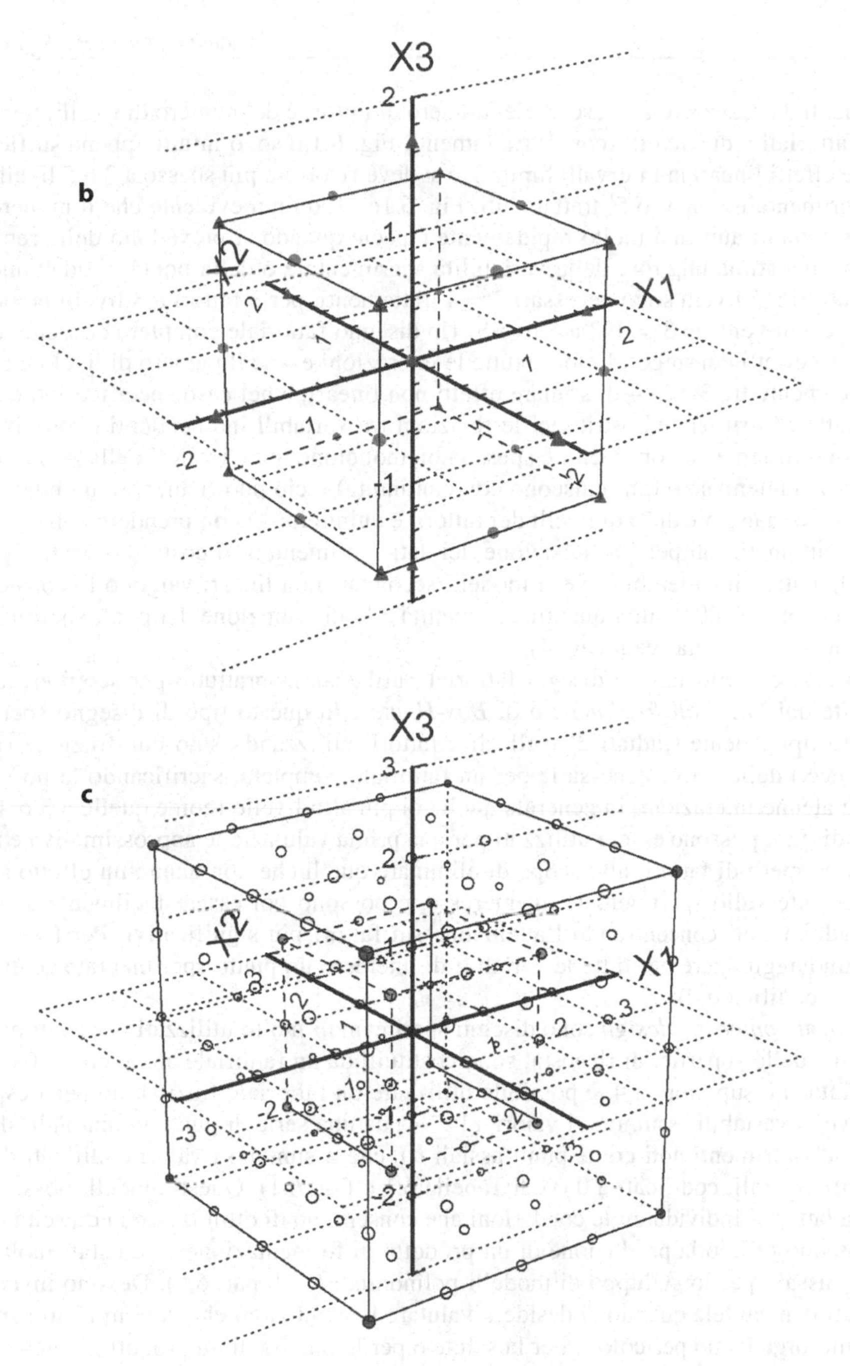

Fig. 6.1 a Disegni fattoriali a 3 fattori a 2 livelli. Il cubo definisce il fattoriale completo, mentre i cerchi mostrano le combinazioni sperimentali corrispondenti a un fattoriale 2^{n-1} di Box-Hunter con generatrice $X_1X_2X_3$ (*cerchi*) e un disegno di Taguchi (*triangoli*). **b** Disegni fattoriali a 3 fattori per modelli quadratici: disegno di Box-Behnken (*cerchi*) e central composite design (*triangoli*). Si noti la posizione dei punti sul cubo che definisce il fattoriale completo 2^3; i punti che si trovano sugli assi che fuoriescono dalle facce del cubo sono detti "punti stella"; il punto centrale può essere replicato più volte per ottenere una stima indipendente dell'errore sperimentale. **c** Un fattoriale completo 5^3 (3 fattori, 5 livelli ciascuno). Si noti che il cubo centrale (*linea tratteggiata*) corrisponde al fattoriale 2^3 mostrato in **a**

trattamenti da realizzare al crescere del numero di fattori e del numero di livelli. Semplici disegni fattoriali a due livelli (con 2^k trattamenti, Fig. 6.1a) sono infatti appena sufficienti per stimare effetti lineari in intervalli limitati, e si deve ricorrere più spesso a 3 o 5 livelli dei fattori sperimentali (con 3^k o 5^k trattamenti, Fig. 6.1c). È quindi evidente che il numero di prove sperimentali aumenta molto rapidamente (specie quando si prevedono delle repliche per ottenere una stima migliore della variabilità sperimentale o della bontà di adattamento): se per 2 fattori a 2 livelli sono necessari $2^2=4$ trattamenti, per 3 fattori a 3 livelli ne occorrono $3^3=27$, che diventano $3^5=243$ a 5 livelli. Un disegno fattoriale completo consente di stimare tutti gli effetti dei singoli fattori e tutte le interazioni e – se il numero di livelli è sufficiente (tipicamente tra 3 e 5) – di stimare effetti non lineari, e nel caso specifico interattivi. Per molti fattori intrinseci ed estrinseci le relazioni tra variabili indipendenti e variabili dipendenti sono fortemente non lineari e spesso non monotone (cioè i valori della variabile dipendente non aumentano o diminuiscono con continuità) e ciò può richiedere un numero molto alto (spesso maggiore di 7) di livelli dei fattori; è quindi facile comprendere come, anche con sistemi automatizzati per l'acquisizione dei dati sperimentali, il costo di questi esperimenti possa diventare insostenibile. Per i modelli secondari non lineari valgono le considerazioni di Poschet et al (2004) sulla quantità, la qualità e la distribuzione dei punti sperimentali per le cinetiche di crescita (vedi cap. 4).

Una classe particolare di disegni fattoriali, utilizzata soprattutto per scopi esplorativi, è costituita dai *fattoriali frazionari* o di *Box-Hunter*. In questo tipo di disegno sperimentale vengono tipicamente studiati 2 livelli di k fattori, utilizzando solo una frazione (metà, un quarto ecc.) delle prove necessarie per un fattoriale completo, sacrificando la possibilità di stimare alcune interazioni, in generale quelle di più alto livello (come quelle a 3 o 4 fattori). Questi disegni possono essere utilizzati per una prima valutazione approssimativa e rapida di un gran numero di fattori, allo scopo di eliminare quelli che non hanno un effetto significativo nell'intervallo sperimentale di interesse, e possono poi essere facilmente espansi con prove addizionali concentrando l'attenzione sui fattori più significativi. Per tale ragione è opportuno aggiungere per tutte le variabili di interesse un punto sperimentale centrale (cioè un punto codificato 0)[3].

I *central composite design* sono disegni sperimentali molto utilizzati per l'ottimizzazione e l'analisi delle superfici di risposta; sono costituiti da un fattoriale completo 2^k (se il numero dei fattori è superiore a 4, è possibile utilizzare un fattoriale frazionario per l'esperimento), dove le variabili assumono i valori +1 e −1, da una serie di punti addizionali (detti punti "stella", altrimenti noti come punti assiali α), che assumono i valori codificati di $\pm 2^{k/4}$, e dai punti centrali, codificati a 0 (vedi Tabella 6.1 e Fig. 6.1). Questi modelli possono essere molto adatti per individuare le condizioni che consentono di ottimizzare la crescita di un microrganismo utile o la produzione di un prodotto di fermentazione; sono stati inoltre utilizzati in passato per lo sviluppo di modelli polinomiali (vedi par. 6.5). Devono invece essere utilizzati con cautela quando si desidera valutare le condizioni che determinano l'inibizione di un microrganismo pericoloso per la salute o per la qualità di un prodotto, poiché non prevedono punti sperimentali in molte delle combinazioni dei fattori potenzialmente inibitorie, soprattutto verso le zone estreme delle variabili considerate, e possono implicare un uso tutt'altro che prudente dell'estrapolazione.

[3] I valori delle variabili indipendenti vengono spesso codificati, riportandoli a uno stesso intervallo centrato sul valore 0: per esempio, se si desidera utilizzare tre valori di pH compresi tra 4,5 e 6,5, i valori non codificati del pH saranno 4,5, 5,5 e 6,5, mentre i valori codificati saranno −1, 0 e +1.

Un altro tipo di disegno sperimentale adatto per modelli quadratici è rappresentato dai *disegni di Box-Behnken*, nei quali – a differenza che nei *central composite design* – i punti del fattoriale principale sono posti al centro dei lati anziché agli estremi.

Nella programmazione degli esperimenti situazioni ancora più complesse possono presentarsi quando si sceglie di utilizzare modelli secondari basati sul *gamma concept* (par. 6.7): benché spesso sia possibile assumere che gli effetti delle singole variabili siano puramente additivi, e quindi condurre gli esperimenti variando una sola condizione per volta (mantenendo le altre al valore ottimale), la presenza di interazioni (vedi par. 6.8) può richiedere l'esecuzione di insiemi di prove ai margini dell'intervallo sperimentale.

In alcune rare condizioni, quando si voglia soltanto stimare l'effetto di più fattori sulla velocità specifica di crescita, è possibile ridurre il numero di prove sperimentali da condurre sfruttando due peculiari proprietà della crescita in fase esponenziale. Infatti, assumendo che le condizioni rimangano costanti, la velocità di crescita specifica (μ) durante la fase esponenziale è relativamente costante; inoltre, se si varia la temperatura all'interno del cosiddetto *normale range fisiologico* (generalmente corrispondente all'intervallo di temperature in cui la velocità di crescita varia secondo il modello di Arrhenius; vedi par. 6.9 e Bernaerts et al, 2004), μ cambia istantaneamente senza comparsa di una fase lag. È dunque possibile calcolare μ, mediante semplice regressione lineare (vedi cap. 4) o mediante modelli dinamici, variando la temperatura durante la fase esponenziale di una singola curva di crescita anziché realizzando più curve di crescita a diverse temperature (Bernaerts et al, 2002).

6.4 Validazione e scelta dei modelli secondari

Una volta sviluppato, un modello dovrebbe essere sottoposto a *validazione* utilizzando una parte dei dati sperimentali (10-20%) prodotti nello stesso esperimento e non utilizzati per generare il modello; ciò è possibile effettuando ulteriori prove sperimentali (è la soluzione migliore) oppure confrontando i risultati con i dati ottenuti dai sistemi reali che il modello intende simulare.

Quale che sia l'approccio sperimentale adottato, è importante considerare che i modelli sviluppati utilizzando prove in un determinato intervallo sperimentale possono essere utilizzati per l'*interpolazione* e non – salvo rarissime eccezioni[4], per l'*estrapolazione*: essi cioè forniscono predizioni valide soltanto all'interno dell'intervallo sperimentale considerato e spesso hanno performance scadenti ai suoi bordi. Il calcolo dell'intervallo nel quale è possibile l'interpolazione non è sempre facile. Il *minimo poliedro convesso* (MCP, *minimum convex polyhedron*) è per l'appunto il volume di spazio sperimentale all'interno del quale è possibile l'interpolazione per modelli che producono risultati continui e per modelli probabilistici (Baranyi et al, 1996; Le Marc et al, 2005). MCP può essere calcolato per esempio usando l'add-in di Excel DMFit (vedi cap. 8).

Nei paragrafi successivi saranno presentati diversi modelli secondari utilizzabili per valutare parametri legati allo sviluppo microbico, mentre i modelli secondari per l'inattivazione e l'abbattimento dei microrganismi sono già stati descritti nel capitolo 5.

La scelta del modello secondario da adottare si basa in genere su diverse considerazioni, le più importanti delle quali sono:

---

[4] Teoricamente un buon modello meccanicistico dovrebbe fornire risultati che si prestano facilmente all'estrapolazione.

a. *caratteristiche qualitative*: l'andamento della funzione descritta dal modello deve corrispondere a quello del fenomeno biologico nell'intervallo considerato; il modello non deve fornire previsioni irragionevoli, deve inoltre essere parsimonioso (il numero di parametri dovrebbe essere quello minimo necessario per stimare correttamente la variabile risposta) e interpretabile nei suoi parametri (che dovrebbero avere un significato biologico diretto o almeno indiretto);
b. *caratteristiche statistiche*: assunzioni stocastiche (per esempio tipo di distribuzione dei residui, vedi cap. 13), stimabilità dei parametri (deve essere possibile stimarli correttamente e in maniera affidabile);
c. *possibilità di interpolazione ed estrapolazione.*

Molte delle statistiche necessarie per valutare la qualità di un modello (coefficiente di determinazione, devianza e varianza d'errore, *Akaike information criterion* ecc.) sono descritte nei capitoli 13 e 14. Due ulteriori criteri molto usati in microbiologia predittiva, soprattutto in fase di validazione dei modelli, sono l'*accuratezza* (A_f) e il *bias* (B_f) (Baranyi et al, 1999). Questi criteri possono essere utilizzati, per esempio, per valutare la bontà di un modello nella previsione della velocità specifica di crescita μ_p rispetto agli m valori μ_o realmente osservati:

$$A_f = \exp\left\{\sqrt{\frac{\sum_{k=1}^{m}\left[\ln(\mu_{k,p}) - \ln(\mu_{k,o})\right]^2}{m}}\right\} \tag{6.2}$$

$$B_f = \exp\left\{\frac{\sum_{k=1}^{m}\left[\ln(\mu_{k,p}) - \ln(\mu_{k,o})\right]}{m}\right\} \tag{6.3}$$

dalle equazioni 6.2 e 6.3 è possibile ricavare la discrepanza ($\%D_f$) e il bias percentuale ($\%B_f$):

$$\%D_f = (A_f - 1)100 \tag{6.4}$$

$$\%B_f = \text{sgn}\left[\ln(B_f)\right]\left\{\exp\left[\left|\ln(B_f)\right|\right] - 1\right\} \tag{6.5}$$

con:

$$\text{sgn}\left[\ln(B_f)\right] = \begin{cases} +1, & \ln(B_f) > 0 \\ 0, & \ln(B_f) = 0 \\ -1, & \ln(B_f) < 0 \end{cases} \tag{6.6}$$

Il valore di $\%D_f$ indica lo scarto percentuale medio di un modello dai dati osservati: quanto più è elevato, tanto peggiore è la capacità predittiva del modello. Il valore di $\%B_f$ indica in quale direzione il modello si discosta dai dati osservati: se è pari a 0, il modello predice perfettamente i dati osservati per μ; se è positivo, predice valori maggiori di quelli osservati (quindi è, in media, *fail-safe*); se è negativo predice valori minori di quelli osservati (quindi è, in media, *fail-dangerous*). Questi parametri possono essere adattati al caso della discrepanza tra due modelli valutando accuratezza e bias lungo l'intero intervallo continuo per il quale i due modelli sono validi.

6.5 Equazioni polinomiali

I modelli polinomiali, di natura assolutamente empirica, possono essere considerati tra i modelli secondari più utilizzati nell'ambito della microbiologia predittiva, soprattutto per elaborare dati ottenuti attraverso disegni sperimentali come quelli descritti nel paragrafo precedente. Nonostante le criticità che li caratterizzano, questi modelli trovano ampia applicazione per la flessibilità e la versatilità che dimostrano nella descrizione degli effetti combinati di diversi fattori ambientali sullo sviluppo microbico in sistemi modello o in sistemi alimentari reali. Inoltre, poiché i loro coefficienti si stimano mediante regressione lineare, i modelli polinomiali sono molto utilizzati nell'ottimizzazione di processo, e ciò li rende più familiari anche agli operatori dell'industria alimentare privi di esperienze specifiche nel campo della modellazione.

Come già osservato, per lo sviluppo dei disegni sperimentali descritti nel par. 6.3 i modelli polinomiali risultano poi particolarmente utili qualora si vogliano sondare gli effetti di più variabili esplicative su un parametro microbiologico. Lo studio contestuale dell'effetto di più fattori sulle caratteristiche microbiologiche (e non solo) di un prodotto costituisce sicuramente un'interessante prospettiva per quanti operano nell'industria alimentare.

Prima di addentrarci nelle modalità di utilizzo delle equazioni polinomiali a questi fini, occorre affrontare due problematiche imprescindibili.

In primo luogo, lo studio dell'effetto contemporaneo di più fattori su una variabile risposta pone spesso il problema delle *dimensioni del campione da esplorare*; infatti, se è evidente che l'affidabilità del risultato è tanto maggiore quanto più il campione è esteso, è anche vero che dal punto di vista empirico e analitico si presenta un problema pratico di gestione della sperimentazione in termini sia di impegno di tempo sia di costo vero e proprio dell'analisi. Per questa ragione gli studi in cui vengono testati gli effetti di più variabili sono abbinati all'uso di un disegno sperimentale, inteso come strumento per ottenere informazioni affidabili con uno sforzo contenuto, cioè minimizzando le dimensioni del campione pur mantenendo la significatività statistica del risultato ottenuto, almeno entro certi limiti. Spesso in microbiologia predittiva la scelta del disegno sperimentale è sottovalutata oppure avviene sulla base di abitudini consolidate più che sulla base dell'obiettivo specifico che ci si prefigge con la sperimentazione (vedi par. 6.3). Questa scelta, tuttavia, è essenziale per ottimizzare le informazioni ottenibili e sperate, per esempio relative alle interazioni o alle condizioni che massimizzano o minimizzano la variabile studiata. Anche alla luce di queste considerazioni, un altro aspetto fondamentale in fase di progettazione del lavoro è la *definizione degli intervalli delle variabili indipendenti*, poiché elaborazioni di questo tipo non si prestano a estrapolazioni delle previsioni al di fuori di questi intervalli. Quindi la scelta e lo svolgimento del disegno sperimentale individuato devono sempre essere preceduti da prove preliminari atte a individuare lo spazio di lavoro ottimale per gli obiettivi perseguiti.

Come già anticipato, le equazioni polinomiali sono sovente utilizzate per l'elaborazione dei dati ottenuti tramite disegni sperimentali dettati dalla complessità dei sistemi studiati. L'equazione polinomiale più comunemente impiegata è quella di secondo grado:

$$y = \beta_0 + \sum \beta_i x_i + \sum \beta_{ii} x_i^2 + \sum \beta_{ij} x_i x_j \tag{6.7}$$

La struttura di questo modello indica come esso sia in grado di mettere in evidenza, sia pure da un punto di vista esclusivamente empirico, l'effetto lineare delle singole variabili predittive (x_i), quello delle loro interazioni considerate due a due ($x_i x_j$) nonché, attraverso i termini quadratici (x_i^2), la presenza di valori delle variabili indipendenti che massimizzano o minimizzano il valore della variabile risposta.

Si tratta di un modello lineare nei parametri[5] che viene risolto stimando i coefficienti (β) attraverso il metodo dei minimi quadrati (si veda anche il cap. 13). Ovviamente, se consideriamo le interazioni delle variabili due a due, il numero dei coefficienti aumenta all'aumentare delle variabili indipendenti prese in esame: i coefficienti sono infatti 9 con 3 variabili, 14 con 4 variabili e 20 con 5 variabili (si veda anche la Tabella 6.1). Al di là della natura puramente empirica di questo approccio, l'elevato numero di coefficienti è uno dei suoi principali punti critici. In primo luogo, perché contravviene alla regola della parsimonia dei modelli[6]; in secondo luogo, perché spesso molti coefficienti risultano caratterizzati da scarsa significatività, cioè da uno scarso apporto all'andamento del modello nel suo complesso[7].

Se consideriamo modelli assolutamente empirici, come quelli costituiti dalle equazioni polinomiali, l'incremento del numero di termini (cioè di coefficienti) inclusi nel modello determina un aumento del coefficiente di correlazione della regressione, e quindi un aumento dell'accuratezza del modello grazie alla diminuzione della differenza tra i valori previsti dal modello stesso e quelli determinati sperimentalmente. Tuttavia questa accuratezza può andare a discapito della precisione del modello in fase di previsione, cioè quando venga impiegato per prevedere la variabile dipendente in esperimenti non utilizzati per costruire il modello. Questa contraddizione può essere attribuita al fatto che – mentre un numero relativamente ridotto di coefficienti descrive gran parte degli effetti delle variabili predittive sulle osservazioni – l'inserimento di ulteriori variabili, pur riducendo la differenza tra valori osservati e valori previsti, ha come risultato prevalente quello di riflettere il "rumore di fondo", cioè la variabilità delle osservazioni sperimentali (errore sperimentale, per una discussione dettagliata vedi parr. 13.2 e 13.3). Un buon modello deve dunque privilegiare gli andamenti fondamentali tralasciando il rumore di fondo: deve perciò essere costruito pensando alla sua capacità di prevedere i risultati di esperimenti futuri più che a quella di descrivere più o meno perfettamente le osservazioni utilizzate per ottenerlo (Gauch, 1993).

La semplificazione del modello rende anche più agevole il confronto tra gli andamenti ottenuti e gli eventuali meccanismi biologici alla base delle risposte. Proprio questi aspetti sconsigliano l'utilizzo di equazioni polinomiali di grado superiore al secondo. Tuttavia, anche i modelli polinomiali quadratici possono essere semplificati mediante procedure *stepwise*, che consistono sostanzialmente nella rimozione dal modello completo (comprendente cioè tutti i coefficienti) di quei coefficienti che di volta in volta presentano la significatività più bassa, oppure nell'inserimento dei soli coefficienti con elevata significatività. Si tratta di una procedura che comporta necessariamente un abbassamento del coefficiente di correlazione, ma non necessariamente degli altri diagnostici della bontà del modello finale e della sua

---

[5] Anche se rappresenta un'equazione di un polinomio di secondo grado, il modello completo è approssimabile a un'equazione lineare, ponendo per esempio $x_i^2 = z_i$ ecc.

[6] La ricerca della massima semplicità possibile nelle spiegazioni dei fenomeni naturali ha origini antiche nella filosofia della scienza. Già nel XIV secolo Guglielmo di Occam sosteneva, in un enunciato che sarà poi noto come "rasoio di Occam", l'inutilità di formulare più ipotesi di quante siano necessarie (*Pluralitas non est ponenda sine necessitate*). Questo approccio, che diventerà uno dei pilastri della scienza moderna, è stato ripreso in epoche successive da scienziati illustri come Newton e Einstein. Peraltro proprio quest'ultimo, pur ribadendo le ragioni della parsimonia, metteva in guardia anche contro i rischi del semplicismo (*Everything should be made as simple as possible, but not simpler*).

[7] Occorre sempre ricordare che, come in altri modelli empirici, i coefficienti non hanno in questo caso significato biologico, a differenza di quanto avviene per i modelli cardinali.

Combinazione	Valori codificati			Valori reali			Risultato
	pH	T	NaCl	pH	T (°C)	NaCl (%)	Fase lag (h)
1	−1	−1	−1	5,80	23,00	3,00	19,17
2	+1	−1	−1	6,60	23,00	3,00	13,97
3	−1	+1	−1	5,80	37,00	3,00	3,40
4	+1	+1	−1	6,60	37,00	3,00	4,17
5	−1	−1	+1	5,80	23,00	5,00	25,35
6	+1	−1	+1	6,60	23,00	5,00	17,67
7	−1	+1	+1	5,80	37,00	5,00	5,77
8	+1	+1	+1	6,60	37,00	5,00	5,01
9	0	0	0	6,20	30,00	4,00	6,96
10	0	0	0	6,20	30,00	4,00	7,10
11	−1,68	0	0	5,53	30,00	4,00	12,40
12	+1,68	0	0	6,87	30,00	4,00	5,70
13	0	−1,68	0	6,20	18,24	4,00	38,83
14	0	+1,68	0	6,20	41,76	4,00	4,93
15	0	0	−1,68	6,20	30,00	2,32	5,36
16	0	0	+1,68	6,20	30,00	5,68	12,24
17	0	0	0	6,20	30,00	4,00	6,80

Durata della fase lag di *Enterococcus faecalis* misurata come densità ottica

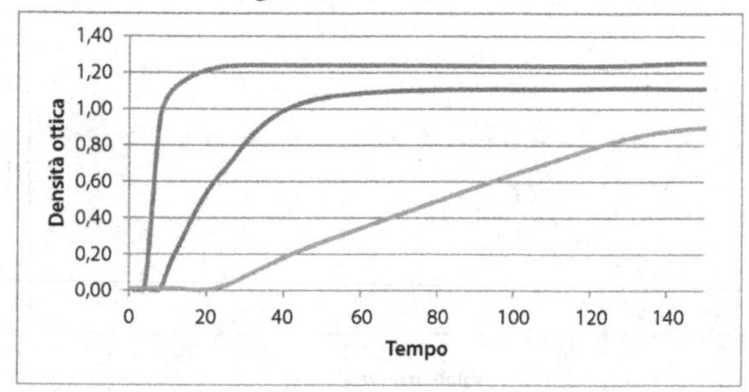

Fig. 6.2 Disegno sperimentale utilizzato per la modellazione della durata della fase lag di un ceppo di *Enterococcus faecalis* cresciuto a diversi valori di temperatura, pH e concentrazione di NaCl (rielaborata da Gardini et al, 2001). In figura è riportata la costruzione del disegno sperimentale sia con i valori codificati sia con quelli reali assegnati alle tre variabili. La crescita del ceppo è stata seguita attraverso la variazione nel tempo della densità ottica del terreno di coltura e successivamente elaborata, come mostrato in figura, con un modello primario (in questo caso l'equazione di Gompertz) mediante il quale è stato stimato λ, i cui valori sono riportati nell'ultima colonna. In particolare, le curve riportate nel grafico fanno riferimento alle combinazioni 1, 4 e 10

capacità di descrivere il fenomeno studiato. Questo tipo di procedura prevede l'individuazione di un modello iniziale e un successivo meccanismo di stepping, che consiste in una modificazione del modello attraverso l'acquisizione o l'eliminazione di uno dei possibili coefficienti. Il processo di eliminazione o di inserimento viene effettuato in base alla significatività che la nuova variabile assume nel modello complessivo. Il processo procede fino a quando tutte le variabili presenti nel modello soddisfano la condizione posta dall'operatore (per esempio $p \leq 0{,}05$). Nel metodo *forward stepwise* a ogni passo successivo al passo 0 viene acquisito nel modello il coefficiente caratterizzato dalla più elevata significatività; il processo si arresta, restituendo il modello finale selezionato, quando nessuna delle variabili residue soddisfa le condizioni per entrare nel modello. Nel metodo *backward stepwise*, invece, partendo dal modello completo (passo 0), di passo in passo una variabile indipendente per volta viene rimossa sulla base delle peggiori performance rispetto ai criteri di eliminazione

Fig. 6.3 Coefficienti dell'equazione polinomiale quadratica completa stimati attraverso regressione lineare sulla base dei dati dell'esperimento presentato nella Fig. 6.2. Sono inoltre riportati i valori dei coefficienti di correlazione (R) e di determinazione (R^2) e il risultato dell'analisi di varianza (ANOVA) da cui è calcolato il valore di F-Fisher e il relativo p. Infine il grafico riporta la relazione tra i valori osservati della variabile dipendente (λ) e i corrispondenti valori previsti dal modello

Modello completo

	Coefficiente	**Errore standard**	**t**	**p**
Intercetta	298,8144	193,2507	1,54625	0,165964
pH	-42,5642	56,1560	-0,75796	0,473213
pH^2	2,0878	4,4182	0,47254	0,650923
Temperatura	**-10,2684**	**2,0950**	**-4,90145**	**0,001750**
Temperatura^2	**0,0996**	**0,0144**	**6,93796**	**0,000224**
NaCl	11,1838	14,5608	0,76807	0,467559
NaCl^2	0,2457	0,7034	0,34925	0,737171
pH*Temperatura	0,5754	0,2979	1,93161	0,094697
pH*NaCl	-1,2531	2,0854	-0,60091	0,566839
Temperatura*NaCl	-0,1191	0,1192	-0,99952	0,350832

In grassetto sono riportati i coefficienti con p<0,05

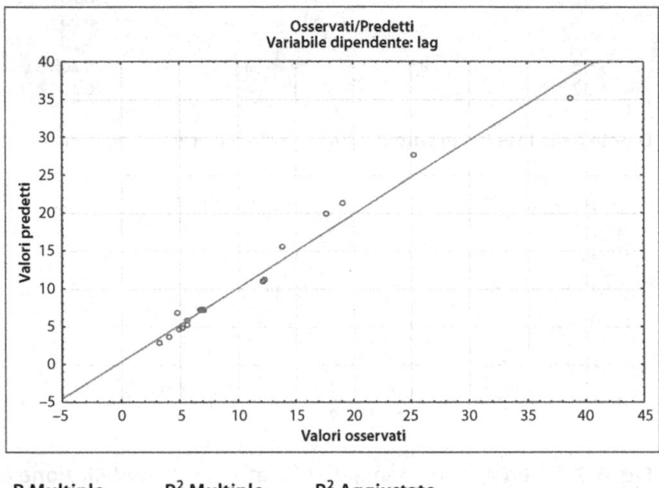

R Multiplo	**R^2 Multiplo**	**R^2 Aggiustato**
0,986125	0,972442	0,937011

ANOVA	**SS**	**gl**	**MS**	**F-Fisher**	**p**
Regressione	1374,974	9	152,7749	27,44580	0,000120
Errore	38,96496	7	5,566423		

Dei 17 gradi di libertà iniziali, 1 viene perduto per la costante, 9 vengono assegnati al modello (pari al numero di coefficienti stimati) e 7 vengono attribuiti al residuo per differenza

adottati; la procedura ha termine quando tutte le variabili residue soddisfano i criteri di significatività preselezionati (vedi Figg. 6.2-6.4).

In realtà, se il disegno fattoriale è ben progettato e i vettori dei trattamenti sono ortogonali, tecnicamente basterebbe eliminare dal modello completo i fattori che hanno coefficienti non significativamente diversi da 0, poiché la stima degli altri coefficienti non dovrebbe cambiare; per converso, se il disegno non è perfettamente ortogonale, non solo questa considerazione non è più valida, ma anche l'ordine di uscita ed entrata delle variabili nella regressione *stepwise* può cambiare di molto sia la stima dei coefficienti sia l'individuazione di quelli significativi.

I risultati di questi modelli possono essere resi graficamente attraverso la cosiddetta *response surface methodology* (RSM), che – sebbene originariamente sviluppata in associazione a specifici disegni sperimentali – è ormai impiegata per la descrizione di risultati ottenuti

Modello ridotto (*backward stepwise*)

	Coefficiente	Errore standard	t	p
Intercetta	**151,1289**	**15,88450**	**9,51424**	**0,000001**
pH	**-4,4251**	**1,62275**	**-2,72691**	**0,018371**
pH^2				
Temperatura	**-7,0165**	**0,81917**	**-8,56539**	**0,000002**
Temperatura^2	**0,0969**	**0,01357**	**7,14443**	**0,000012**
NaCl	**1,8064**	**0,64830**	**2,78640**	**0,016454**
NaCl^2				
pH*Temperatura				
pH*NaCl				
Temperatura*NaCl				

In grassetto sono riportati i coefficienti con p<0,05

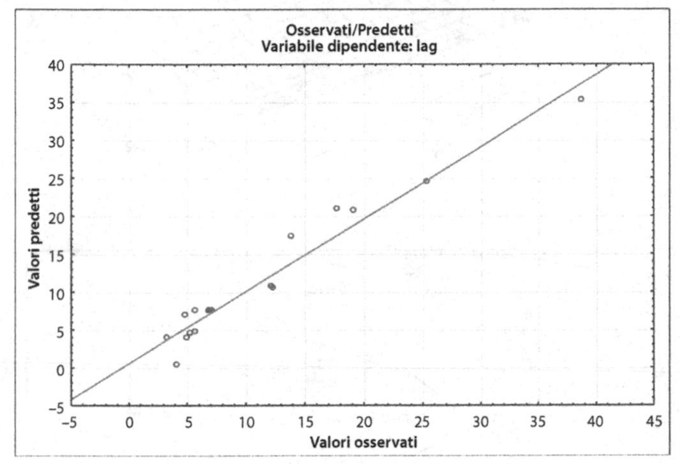

R Multiplo	**R^2 Multiplo**	**R^2 Aggiustato**
0,975361	0,951329	0,935105

ANOVA	**SS**	**gl**	**MS**	**F-Fisher**	**p**
Regressione	1345,121	4	336,2802	58,63778	0,000000
Errore	68,81847	12	5,734872		

Dei 17 gradi di libertà iniziali, 1 viene perduto per la costante, 4 vengono assegnati al modello (pari al numero di coefficienti significativi nel modello finale) e 12 vengono attribuiti al residuo per differenza

Fig. 6.4 Coefficienti dell'equazione polinomiale quadratica ridotta, rispetto a quella della Fig. 6.3, stimati attraverso regressione lineare con una procedura *backward stepwise*. Sono inoltre riportati i valori dei coefficienti di correlazione (R) e di determinazione (R^2) e il risultato dell'analisi di varianza (ANOVA) da cui è calcolato il valore di F-Fisher e il relativo p. Infine il grafico riporta la relazione tra valori osservati della variabile dipendente (λ) e i corrispondenti valori previsti dal modello

anche sulla base di altri disegni sperimentali. I valori predetti del modello vengono rappresentati con grafici tridimensionali in cui a due variabili indipendenti si associa una superficie di risposta che mostra il valore predetto per la variabile dipendente.

A titolo di esempio viene riportata una procedura applicata per la modellazione della durata della fase lag di un ceppo di *Enterococcus faecalis* in funzione di pH, temperatura di incubazione e concentrazione di NaCl (rielaborazione da Gardini et al, 2001). Il batterio è stato inoculato in terreno di coltura (circa 4 log ufc/mL) e la sua crescita è stata monitorata indirettamente attraverso la variazione della densità ottica (OD). In primo luogo è stato definito per ciascuna variabile l'intervallo da prendere in considerazione; sulla base di questa valutazione preliminare, è stato utilizzato un *central composite design* (riportato in Fig. 6.2) che prevede 17 combinazioni delle variabili esplicative; le variabili in questione sono proposte sia sotto forma di valori codificati sia con i valori reali sui quali sono state modulate.

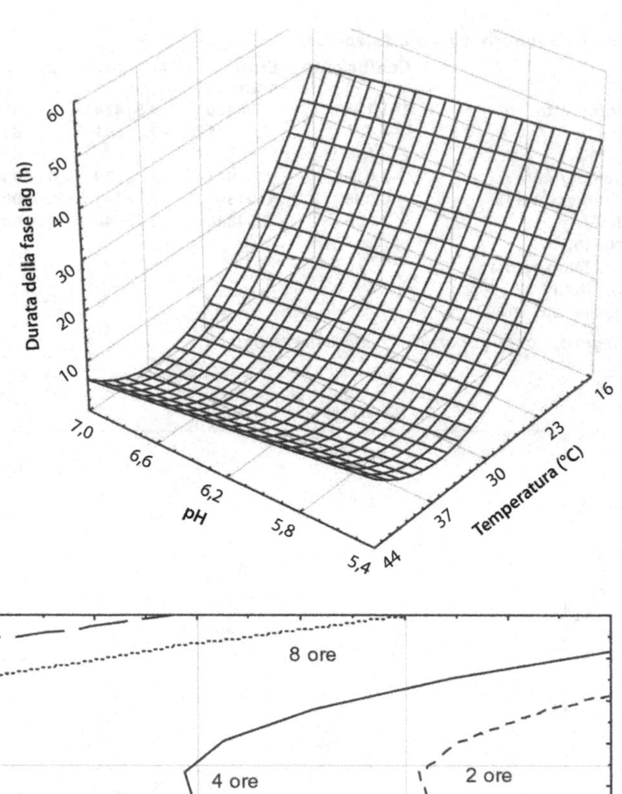

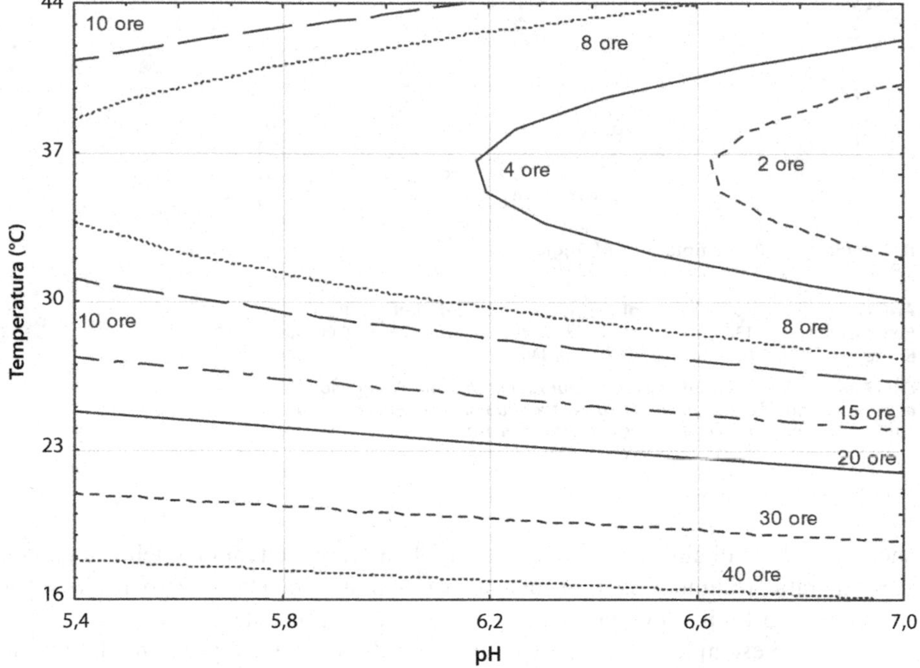

Fig. 6.5 Rappresentazione grafica dei risultati ottenuti col modello ridotto della Fig. 6.4. Il grafico tridimensionale (*a destra*) mostra l'andamento della fase lag predetto dal modello, mantenendo costante la concentrazione di NaCl al 4% (valore codificato 0). *In basso* è proposta la proiezione bidimensionale (*contour plot* o diagramma di isorisposta)

L'andamento della OD nel tempo per ogni singola combinazione è stato modellato con l'equazione di Gompertz (cap. 4): in Fig. 6.2 sono riportati i valori di λ stimati con quest'ultima procedura nei 17 diversi casi.

Dapprima questi valori sono stati modellati con l'eq. 6.7 completa, cioè comprendente i termini lineari, quadratici e interattivi di ciascuna variabile. I risultati di questa regressione sono mostrati nella Fig. 6.3, che riporta i valori di tutti i coefficienti stimati con le rispettive significatività, dalle quali risulta che in questo modello solo i coefficienti della temperatura e del suo quadrato sono significativamente diversi da 0 ($p<0{,}05$). Nello stesso contesto è riportato anche il risultato dell'analisi della varianza (ANOVA, vedi cap. 12), che indica una buona capacità descrittiva del modello, il valore del coefficiente di correlazione R e un grafico che mostra la relazione tra i valori osservati sperimentalmente e quelli predetti dal modello e conferma anche visivamente la validità della regressione indicata dai diagnostici considerati.

Nella fase successiva gli stessi risultati sono stati rielaborati utilizzando una procedura *backward stepwise* che ha portato ai risultati della Fig. 6.4. Solo quattro coefficienti (pH, concentrazione di sale, temperatura e quadrato della temperatura) rimangono nel modello finale con singoli valori di significatività superiori a quelli prefissati ($p \leq 0{,}05$). Se è vero che il valore di R risulta inferiore rispetto al modello completo, è anche vero che i risultati dell'ANOVA indicano un valore di p addirittura più basso di quello già estremamente ridotto risultante dal modello completo. Anche il grafico che pone in relazione valori predetti e osservati non presenta differenze sostanziali rispetto al precedente. In altri termini, la riduzione del numero di coefficienti (e quindi di variabili) usati per spiegare il fenomeno studiato consente una più immediata valutazione dell'effetto dei singoli fattori considerati senza inficiare sostanzialmente la significatività del modello ottenuto.

Nella Fig. 6.5 viene riportata anche una rappresentazione grafica del modello mostrato in Fig. 6.4 secondo la tecnica della *response surface methodology*. Il grafico tridimensionale mostra l'influenza della temperatura e del pH sulla durata della fase lag con concentrazione di NaCl costante al valore centrale (cioè 4%). In particolare, il grafico consente di apprezzare l'effetto della presenza del termine quadratico della temperatura, che determina nella superficie un minimo, vale a dire un valore di temperatura (attorno a 37 °C) in corrispondenza del quale la durata della fase lag (e quindi il valore di λ determinato dall'equazione di Gompertz) è più breve. Nel grafico in basso gli stessi dati sono proposti in una proiezione bidimensionale (*contour plot* o *diagramma di isorisposta*), nella quale ogni linea o contorno rappresenta le combinazioni dei fattori corrispondenti a un dato valore della variabile risposta. Il procedimento completo di calcolo è mostrato negli **Allegati on line 6.2 e 6.3**.

6.6 Il modello di Ratkowsky

Come già ricordato (vedi cap. 3), i primi passi della microbiologia predittiva come disciplina possono essere fatti coincidere con la messa a punto del modello di Ratkowsky, un modello secondario che mette in relazione la radice quadrata della velocità di sviluppo in fase esponenziale con la temperatura (assoluta). Come nel caso più recente della modellazione delle cinetiche di morte cellulare (vedi cap. 5), anche le motivazioni di questo modello vanno ricercate in una sostanziale critica all'applicazione della classica equazione di Arrhenius per descrivere la relazione tra velocità di sviluppo e temperatura dell'ambiente. Proprio per superare questo problema, Ratkowsky et al (1982; 1983) hanno utilizzato la radice quadrata della velocità di sviluppo in fase esponenziale (una trasformazione che stabilizza la varianza; vedi anche cap. 12), mettendola in relazione con la temperatura.

Nella sua forma più completa, il modello proposto da Ratkowsky è il seguente (Ratkowsky et al, 1983):

$$\sqrt{\mu_{max}} = b(T - T_{min})\{1 - \exp[c(T - T_{max})]\} \tag{6.8}$$

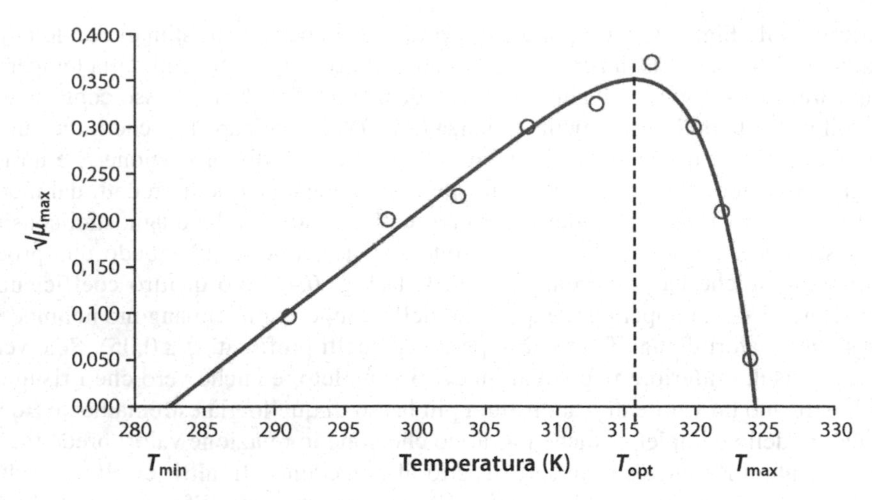

Fig. 6.6 Rappresentazione grafica del modello di Ratkowsky (eq. 6.8). I dati riportati si riferiscono a un ceppo di *Salmonella* Enteritidis (modificata da Lanciotti et al, 2001)

dove μ_{max} è la velocità massima di sviluppo in fase esponenziale, T_{min} e T_{max} sono rispettivamente le temperature teoriche minima e massima al di sotto e al di sopra delle quali non si osserva crescita e T è la temperatura di sviluppo, cioè la variabile indipendente; b e c sono due costanti dell'equazione. L'espressione $b(T-T_{min})$ corrisponde alla prima formulazione del modello (Ratkowsky et al, 1982) e, nonostante sia valida solo in un range compreso tra la temperatura ottimale e quella minima, è stata ampiamente utilizzata in microbiologia predittiva. L'eq. 6.8 è un modello di natura empirica i cui coefficienti devono essere stimati mediante regressione non lineare. Con questa notazione la curva assume un aspetto a campana asimmetrica caratterizzato da un incremento pressoché lineare di $\sqrt{\mu_{max}}$ tra un minimo in corrispondenza di T_{min} e un massimo in corrispondenza di una temperatura vicina a quella ottimale (T_{opt}), e quindi da una molto più repentina diminuzione di $\sqrt{\mu_{max}}$ che si osserva tra T_{opt} e T_{max}. La temperatura ottimale può essere determinata anche graficamente risolvendo l'equazione:

$$c\left(T_{opt}-T_{min}\right)=\exp\left[c\left(T_{opt}-T_{min}\right)\right]-1 \tag{6.9}$$

La Fig. 6.6 mostra graficamente l'andamento del modello di Ratkowsky per un ceppo di *Salmonella* Enteritidis.

Successivamente, partendo dal presupposto che lo sviluppo a valori diversi di a_w non modificava T_{min} e T_{max}, McMeekin et al (1987) e Miles et al (1997) hanno formulato un modello in grado di tener conto contemporaneamente degli effetti della temperatura e di quelli dell'a_w:

$$\sqrt{\mu_{max}}=b(T-T_{min})\{1-\exp[c(T-T_{max})]\}\sqrt{(a_w-a_{w\,min})\{1-\exp[d(a_w-a_{w\,max})]\}} \tag{6.10}$$

in cui a_{wmin} e a_{wmax} assumono significato analogo a T_{min} e T_{max} e b, c e d sono costanti.

Proposte analoghe sono state avanzate anche per descrivere l'effetto su $\sqrt{\mu_{max}}$ di altri fattori ambientali, intrinseci o estrinseci, quali pH, concentrazione di etanolo, percentuale di CO_2 nell'atmosfera modificata ecc. Questo tipo di impostazione implica necessariamente che, in qualche misura, gli effetti di ogni singolo fattore sulla radice quadrata di μ_{max} siano di natura puramente additiva. Tale assunto ha un ruolo determinante in molti aspetti della microbiologia predittiva ed è basato sul principio del *gamma concept*, trattato nel prossimo paragrafo.

6.7 *Gamma concept* e modelli cardinali

Gli aspetti teorici sui quali si basano molti modelli analoghi a quello appena descritto – che mette in relazione due fattori ambientali fondamentali (come a_w e temperatura) con la velocità di sviluppo microbico – sono il risultato dello sviluppo del cosiddetto *gamma concept* (o γ *concept*) enunciato da Zwietering et al (1993).

Questo tipo di approccio, imperniato sull'adozione di fattori adimensionali che regolano la crescita, si basa essenzialmente su due considerazioni.

La prima è che molti fattori in grado di influenzare lo sviluppo microbico agiscono indipendentemente l'uno dall'altro e che l'effetto di ciascun fattore può essere rappresentato da un termine discreto che viene moltiplicato per i termini di tutti gli altri fattori che influenzano la crescita. Per esempio, la velocità di sviluppo in fase esponenziale (μ) dipende da diversi fattori, come nell'equazione:

$$\mu = f(T)\,f(a_w)\,f(pH)\,f(antimicrobico)... \tag{6.11}$$

La seconda considerazione è che l'effetto sulla velocità di sviluppo di ogni specifico fattore può essere espresso come frazione del valore che la velocità assume quando il livello del fattore è ottimale per la crescita. Quando tutti i fattori rilevanti per lo sviluppo sono a livelli ottimali, ogni microrganismo cresce a una velocità specifica massima μ_{opt} riproducibile. Allontanandosi dalle condizioni ottimali, per ogni singolo fattore la stessa velocità diminuisce in maniera controllabile e l'inibizione può essere messa in relazione allo sviluppo in condizioni ottimali indipendentemente dalle altre variabili. In altre parole, considerati validi gli assunti del *gamma concept*, l'effetto cumulativo di vari fattori a livelli subottimali può essere desunto dal prodotto dei singoli effetti rapportati alle condizioni ottimali. In particolare, questo tipo di approccio parrebbe particolarmente appropriato per descrivere una situazione come quella prefigurata nella teoria degli ostacoli (*hurdle concept*) proposta da Leistner (2007). Quindi il valore di γ, con il quale si intende indicare proprio l'effetto relativo di ogni singolo fattore, è una misura adimensionale che varia tra 0 (velocità di sviluppo nulla) e 1 (velocità di sviluppo in condizioni ottimali):

$$\gamma = \frac{\text{velocità di sviluppo nelle condizioni studiate}}{\text{velocità di sviluppo in condizioni ottimali}} \tag{6.12}$$

Alcuni esempi di fattori γ riportati da Ross e Dalgaard (2004) sono:

$$\gamma(T) = \frac{T - T_{min}}{T_{opt} - T_{min}} \tag{6.13}$$

$$\gamma(a_w) = \frac{a_w - a_{w\,min}}{1 - a_{w\,min}} \tag{6.14}$$

$$\gamma(pH) = \frac{(pH - pH_{min})(pH_{max} - pH)}{(pH_{opt} - pH_{min})(pH_{max} - pH_{opt})} \tag{6.15}$$

I *modelli cardinali* sono modelli empirici, introdotti in microbiologia predittiva a metà degli anni Novanta, che riprendendo l'impostazione del *gamma concept* si basano sull'assunto che gli effetti inibenti dei fattori ambientali siano moltiplicativi. Per esempio, la velocità specifica di crescita in funzione di un determinato fattore fisico o chimico può essere descritta dall'equazione:

$$\mu_{max} = \mu_{opt} CM(x, p_{min}, p_{opt}, p_{max}) \tag{6.16}$$

dove μ_{opt} rappresenta la velocità di crescita in condizioni ottimali, *CM* una funzione cardinale, x il valore attuale del parametro (temperatura, pH, a_w, concentrazione di un inibitore ecc.), mentre p_{min}, p_{opt} e p_{max} sono rispettivamente i valori cardinali (minimo, ottimo e massimo) del parametro.

Un modello relativamente flessibile per una funzione cardinale è:

$$CM(x, p_{min}, p_{opt}, p_{max}) = \begin{cases} x \le p_{min}, 0 \\ p_{min} < x < p_{max}, \dfrac{(x - p_{max})(x - p_{min})^n}{(p_{opt} - p_{min})^{n-1}\{(p_{opt} - p_{min})(x - p_{opt}) - [(n-1)p_{opt} + p_{min} - nx]\}} \\ x \ge p_{max}, 0 \end{cases} \tag{6.17}$$

Il valore di *CM* varia pertanto tra 0 (in condizioni uguali o inferiori al minimo, p_{min}, oppure uguali o superiori al massimo, p_{max}) e 1 (in condizioni ottimali, p_{opt}). Si osservi che n è un esponente che consente di aggiungere un punto di flesso e assume tipicamente valore 2 per i modelli cardinali per la temperatura e 1 per i modelli cardinali per pH e a_w. Relazioni più complesse sono state inoltre proposte per modellare il comportamento caratteristico di alcuni microrganismi, come *Listeria monocytogenes*, che mostrano due differenti andamenti cinetici al di sotto e al di sopra di una particolare temperatura, definita *T change* (T_c) (Van Derlinden, Van Impe, 2012).

Normalmente si assume che, in presenza di diversi parametri, non esista un effetto interattivo e che sia semplicemente possibile moltiplicare le diverse funzioni cardinali. Per esempio, nella valutazione dell'effetto combinato di temperatura e pH:

$$\mu_{max} = \mu_{opt} CM_1(T, T_{min}, T_{opt}, T_{max}) CM_2(pH, pH_{min}, pH_{opt}, pH_{max}) \tag{6.18}$$

Benché possano sembrare assai complessi, i modelli basati sul *gamma concept* e i modelli cardinali non sono molto difficili da implementare. L'**Allegato on line 6.4** è una cartella di lavoro di Excel che implementa un modello secondario, derivato da Coroller et al (2012), per la crescita e l'inattivazione di *Listeria monocytogenes* in funzione di temperatura, pH, a_w e concentrazioni di acido lattico e di acido sorbico.

6.8 Interazioni tra diversi fattori

L'interazione tra due (o più) fattori in relazione a una variabile microbiologica è un concetto molto dibattuto. Secondo un assunto alla base del *gamma concept*, gli effetti tra due (o più) variabili devono essere considerati semplicemente additivi. In molti casi, tuttavia, soprattutto quando si ha a che fare con matrici reali, vengono individuate relazioni sinergiche. La *sinergia* è un fenomeno di potenziamento per il quale l'effetto dell'applicazione contemporanea di due fattori è superiore alla semplice sommatoria degli effetti dei singoli fattori. In altre parole, se consideriamo l'attività di due fattori antimicrobici, la presenza di effetti sinergici è valutata analizzando la sommatoria delle concentrazioni inibitorie frazionali (*FIC*, *fractional inhibitory concentration*), basate a loro volta sulle concentrazioni minime inibenti (*MIC*, *minimum inhibitory concentration*)[8] dei due fattori considerati singolarmente. I risultati sono spesso espressi come *isobologrammi*, cioè grafici che riportano i tracciati di attività antimicrobiche equivalenti. In altre parole:

$$\sum FIC = \frac{a}{MIC_A} + \frac{b}{MIC_B} \tag{6.19}$$

dove MIC_A e MIC_B sono le concentrazioni minime inibenti delle due sostanze ad azione antimicrobica A e B quando sono utilizzate da sole, mentre a rappresenta la concentrazione minima inibente di A in presenza di B e, viceversa, b rappresenta la concentrazione minima inibente di B in presenza di A (Bonapace et al, 2000).

Secondo questa rappresentazione, se le due sostanze hanno un effetto semplicemente additivo, $\sum FIC = 1$ (o comunque tenderà a valori molto prossimi a 1), mentre se tra le due sostanze vi è un effetto sinergico, $\sum FIC < 1$. Nel caso di $\sum FIC > 1$, l'effetto deve considerarsi antagonista, un caso cioè in cui l'applicazione contemporanea dei due fattori favorisce la sopravvivenza microbica. In Fig. 6.7 gli stessi concetti sono riportati graficamente. In realtà, è stato dimostrato che questi assunti valgono solo quando abbiamo a che fare con due fattori antimicrobici che, considerati individualmente, presentano curve dose-risposta simili con andamento lineare, in cui cioè il dimezzamento della concentrazione di un antimicrobico comporta necessariamente il dimezzamento della sua attività. In molti casi questa relazione non è così semplice e di conseguenza questo tipo di rappresentazione può portare a considerare sinergici (o antagonisti) effetti che sono semplicemente additivi. In alternativa alla *FIC* è stato proposto l'indice *fa* (*fractional area*) di dose-risposta per l'attività di una sostanza ad azione antimicrobica (Lambert, Lambert, 2003):

$$fa = \exp\left[-\left(\frac{x}{P_1}\right)^{P_2}\right] \tag{6.20}$$

dove *fa* (detto anche area frazionale) è il rapporto tra sviluppo inibito e sviluppo non inibito misurati attraverso la densità ottica, dopo un tempo di incubazione definito: in altre parole la

[8] La concentrazione minima inibente (*MIC*) è la concentrazione di una sostanza ad attività antimicrobica al di sopra della quale è bloccata la capacità del microrganismo di riprodursi; le cellule quindi non sono uccise ma viene semplicemente bloccata la loro capacità di moltiplicarsi. Se fossero invece uccise si tratterebbe di concentrazione minima microbicida (*MMC*, *minimum microbicidal concentration*).

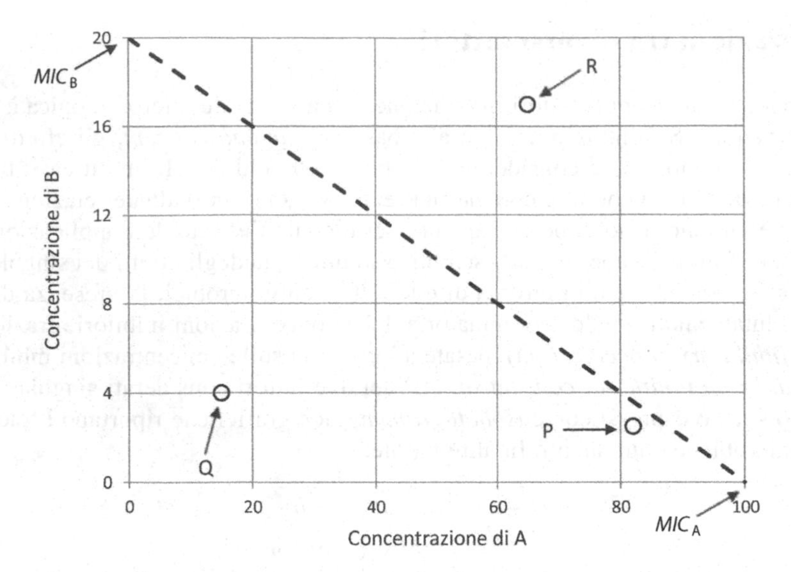

Fig. 6.7 Esempio di isobologramma per un definito effetto. Supponiamo per esempio di testare la *MIC* per l'uso contemporaneo di due sostanze A e B, che considerate singolarmente hanno rispettivamente $MIC_A = 100$ e $MIC_B = 20$. Il segmento che unisce questi due valori nel grafico è il luogo dei punti che rappresenta le coppie di valori di A e B per le quali l'effetto delle due sostanze è considerato additivo. Se sperimentalmente il *MIC* è ottenuto con coppie di valori di A e B prossime a questo segmento (per esempio, il punto *P* in figura) è ipotizzabile che l'effetto sia di tipo additivo. Se il *MIC* è ottenuto con coppie di valori di A e B situate al di sotto del segmento (come nel caso del punto *Q*), è invece ipotizzabile un'attività sinergica delle due sostanze. Infine, se il *MIC* è ottenuto con coppie di valori situate al di sopra del segmento (come nel caso del punto *R*), è ipotizzabile un'interazione di tipo antagonistico tra le due sostanze

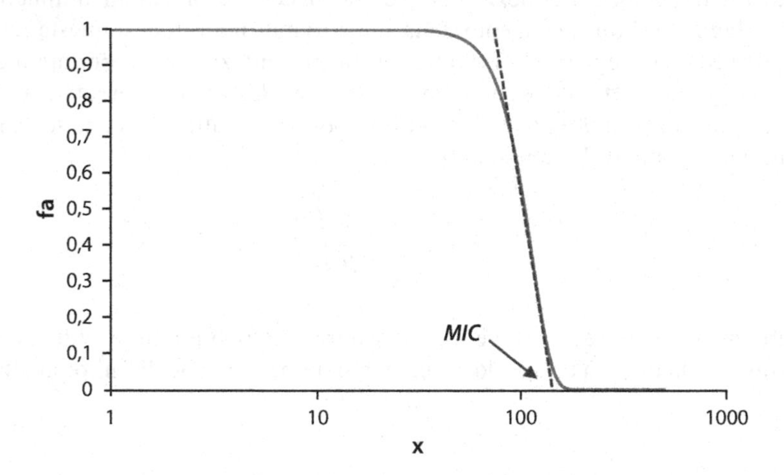

Fig. 6.8 Grafico che mette in relazione l'area frazionale (*fa*) e la concentrazione riportata su scala logaritmica (*x*) di una sostanza con attività antimicrobica. L'intercetta della tangente alla curva nel punto di massima pendenza con l'asse delle ascisse definisce il valore della *MIC*

densità ottica raggiunta da una popolazione microbica in presenza della concentrazione x di un conservante viene rapportata alla densità ottica raggiunta dalla stessa popolazione microbica, alle stesse condizioni e dopo lo stesso tempo, ma in assenza del conservante. P_1 è la concentrazione di x nel momento in cui la curva ha la massima pendenza, mentre P_2 è un parametro di forma della curva. Naturalmente il valore di *fa* tende a 1 in condizioni di sviluppo non limitate (nessuna inibizione) e assume valore 0 in caso di inibizione dello sviluppo, come si può evincere dalla Fig. 6.8, in cui il valore di x è riportato su scala logaritmica. Dato questo modello, per una singola sostanza la *MIC* può essere espressa dall'intercetta con l'asse della concentrazione della sostanza antimicrobica della tangente massima (cioè al punto di flesso) della curva di *fa* in funzione della concentrazione (Lambert, Pearson, 2000):

$$MIC = P_1 \exp\left(\frac{1}{P_2}\right) \tag{6.21}$$

Sulla base di queste premesse, per verificare l'effettiva tipologia di interazione tra due fattori antimicrobici è stata proposta una formula nella quale viene valutato il valore di *fa* combinato, cioè dipendente dall'azione contemporanea delle due sostanze antimicrobiche x e y:

$$fa_{x,y} = \exp\left\{-\left[\left(\frac{x}{C_{1,1}}\right)^{C_{1,2}} + \left(\frac{y}{C_{2,1}}\right)^{C_{2,2}}\right]^{C_Q}\right\} \tag{6.22}$$

dove i parametri $C_{1,1}$ e $C_{2,1}$ sono le concentrazioni di x e y al valore massimo della pendenza assunto dall'equazione di *fa* per ogni singola sostanza inibente (eq. 6.20), il prodotto di $C_{1,2}$ e C_Q (e analogamente di $C_{2,2}$ e C_Q) deve essere uguale a P_2 dell'eq. 6.21. Va sottolineato che se $y=0$, l'eq. 6.22 si identifica con l'eq. 6.20. Se le due sostanze fossero identiche, allora $C_{1,1}=C_{2,1}$ e $C_{1,2}=C_{2,2}=1$, cioè $C_Q=P_2$.

Date queste premesse, gli isobologrammi ottenuti da $fa_{x,y}$ saranno quindi determinati da:

$$\left(\frac{x}{C_{1,1}}\right)^{C_{1,2}} + \left(\frac{y}{C_{2,1}}\right)^{C_{2,2}} = \exp\left(\frac{1}{C_Q}\right) \tag{6.23}$$

Quest'ultima equazione determina un effetto additivo, e quindi sarà equivalente all'eq. 6.19 con $\sum FIC=1$ se $C_{1,2}=C_{2,2}=1$ e se $C_{1,1}$ e $C_{2,1}$ moltiplicati per $\exp(-1/C_Q)$ danno rispettivamente MIC_A e MIC_B. In altre parole, in tutti i casi in cui il valore di $fa_{x,y}$ tenderà a:

$$\exp\left[-\left(\frac{x+x'}{P_1}\right)^{P_2}\right] \tag{6.24}$$

l'effetto non potrà essere considerato sinergico (o antagonistico).

Il concetto di interazione è stato applicato in alcune situazioni anche ai *gamma model*, sviluppando delle funzioni che "potenziano" l'effetto dei singoli fattori quando più fattori si trovano a livello inibitorio. Un esempio di questa tipologia di funzioni è il seguente (Augustin et al, 2005; Coroller et al, 2012):

$$\varphi(x_i) = [1-\gamma(x_i)]^n \tag{6.25}$$

$$\psi = \sum_{i}^{m} \frac{\varphi(x_i)}{2\sum_{j \neq i}^{m}[1 - \varphi(x_j)]} \tag{6.26}$$

$$\xi = \begin{cases} \psi \leq 0,5;\ 1 \\ 0,5 < \psi < 1;\ 2(1-\psi) \\ \psi \geq 1;\ 0 \end{cases} \tag{6.27}$$

$$\sqrt{\mu} = \sqrt{\mu_{\text{opt}}\ \Pi_i^m \gamma(x_i)\xi} \tag{6.28}$$

dove:

$\varphi(x_i)$ è una funzione che, per ciascuno dei $\gamma(x_i)$ corrispondenti agli m fattori ambientali, varia (anche in funzione dell'esponente n) da 0 (in condizioni ottimali) a 1;

ψ è una funzione che assume valori da 0 (quando tutti i fattori sono a valori prossimi a quelli ottimali) a >0,5 (quando più fattori sono a valori subottimali, con $\gamma(x_i)$ dell'ordine di 0,1-0,2);

ξ è un valore per cui viene moltiplicata la classica espressione per il calcolo di μ, variabile in funzione di ψ quando più fattori sono a livelli bassi (ciò determina un effetto moltiplicativo che abbassa notevolmente, o azzera, la velocità di crescita rispetto a un modello senza interazioni).

Modelli con e senza interazione per *Listeria monocytogenes* sono esemplificati nell'**Allegato on line 6.4**. Variando i singoli fattori è possibile valutare di quanto la velocità specifica di crescita prevista dal modello senza interazione si discosta da quella prevista dal modello con interazione.

6.9 Modelli basati sull'equazione di Arrhenius

Nella sua forma più generale, l'equazione di Arrhenius, utilizzata in primo luogo per la descrizione di cinetiche di reazioni chimiche, può essere scritta come segue:

$$\ln(rate) = \ln A + \left(\frac{\Delta E_a}{RT}\right) \tag{6.29}$$

dove il logaritmo naturale di una velocità – ln(*rate*) – dipende dalla costante A, dall'energia di attivazione E_a della reazione considerata, dalla costante dei gas R e dalla temperatura T espressa in gradi Kelvin. È stato osservato che – pur non essendo assolutamente equiparabile, semplificandola, a una reazione chimica – la velocità della crescita microbica può seguire un andamento descrivibile con l'equazione di Arrhenius entro intervalli di temperatura ben definiti, chiamati intervalli fisiologici normali (*normal physiological range*). In queste condizioni, lo sviluppo può anche assumere un andamento lineare, ma si tratta comunque di un intervallo molto ristretto, decisamente ridotto rispetto all'intervallo biologico di temperatura all'interno del quale possono avere luogo le attività biochimiche cellulari.

Nell'ambito microbiologico, i modelli derivanti dalla classica equazione di Arrhenius possono essere suddivisi in due gruppi.

Nel primo caso siamo di fronte a modificazioni di tipo meccanicistico (o pseudo-meccanicistico) del modello classico, che in quanto tali devono assumere che le variabili dipendenti in esame siano governate da una singola reazione limitante di natura enzimatica, caratterizzata da una specifica temperatura di attivazione che determina la velocità di reazione in risposta alla temperatura. Questi necessari presupposti sono peraltro difficilmente ascrivibili a sistemi specializzati come le cellule microbiche o anche soltanto a molecole complesse come gli enzimi. Tra questi modelli si può far rientrare la cinetica di abbattimento termico di primo grado, discussa ampiamente nei capitoli 5 e 10. Una delle equazioni più interessanti di questo gruppo di modelli è quella di Schoolfield (Schoolfield et al, 1981):

$$\frac{1}{K}=\frac{\rho_{(25)}\dfrac{T}{298}\exp\left[\dfrac{H_A}{R}\left(\dfrac{1}{298}-\dfrac{1}{T}\right)\right]}{1+\exp\left[\dfrac{H_L}{R}\left(\dfrac{1}{T_{1/2L}}-\dfrac{1}{T}\right)\right]+\exp\left[\dfrac{H_H}{R}\left(\dfrac{1}{T_{1/2H}}-\dfrac{1}{T}\right)\right]} \tag{6.30}$$

dove:

K è la risposta studiata (per esempio tempo di generazione);
$\rho_{(25)}$ è un fattore di scala equivalente alla velocità di risposta ($1/K$) a 25 °C;
T è la temperatura assoluta in gradi Kelvin;
R è la costante universale dei gas;
H_A è l'energia di attivazione della reazione che controlla K;
H_L è l'energia di attivazione della denaturazione a basse temperature dell'enzima che controlla la velocità di crescita;
H_H è l'energia di attivazione della denaturazione ad alte temperature dell'enzima che controlla la velocità di crescita;
$T_{1/2L}$ è la bassa temperatura alla quale metà dell'enzima che controlla la velocità è denaturata;
$T_{1/2H}$ è l'alta temperatura alla quale metà dell'enzima che controlla la velocità è denaturata.

In ogni caso pochi modelli di questo tipo sono stati routinariamente utilizzati in microbiologia predittiva, a causa sia della loro non linearità sia, soprattutto, della difficoltà nella stima iniziale dei numerosi parametri, la cui applicazione risulta dunque complessa. Pertanto essi sono stati comunemente sostituiti da modelli quadratici come l'equazione di Ratkowsky, esaminata nel par. 6.6.

Un secondo gruppo di modelli, di natura questa volta strettamente empirica, derivanti dall'equazione di Arrhenius è stato proposto da Davey (1989), che per valutare gli effetti di temperatura e a_w sulla velocità dello sviluppo microbico ha suggerito la seguente equazione:

$$\ln(rate)=C_0+\frac{C_1}{T}+\frac{C_2}{T^2}+C_3a_w+C_4a_w^2 \tag{6.31}$$

dove ln(*rate*) è ancora una volta la velocità di sviluppo, T è la temperatura assoluta (K) e a_w è l'attività dell'acqua, mentre C_0, C_1, C_2, C_3 e C_4 sono i coefficienti da calcolare. Sempre utilizzando lo stesso principio, il modello è stato esteso per comprendere anche l'effetto del pH. Sebbene siano stati applicati ad alcuni aspetti dello sviluppo microbico, a questi modelli sono stati in genere preferiti quelli basati sui parametri cardinali e sul *gamma concept*.

Il semplice modello di Arrhenius è stato anche proposto per stimare le velocità relative di degradazione (RRS, *relative rate of spoilage*), e quindi la shelf life, rispetto a una temperatura di riferimento T_{ref}:

$$RRS = \frac{\text{shelf life a } T_{ref}}{\text{shelf life a } T} = \exp\left[\frac{E_a}{R}\left(\frac{1}{T} - \frac{1}{T_{ref}}\right)\right] \quad (6.32)$$

dove T, E_a e R hanno il significato già riportato. Secondo alcuni autori (Dalgaard, Jørgensen, 2000) questi modelli assolutamente empirici prevedono la shelf life dei prodotti alimentari più efficacemente dei modelli cinetici basati sui parametri di crescita di definite specie microbiche, poiché integrano meglio gli effetti globali delle complesse popolazioni microbiche realmente responsabili dei fenomeni degradativi.

6.10 Modelli secondari per la fase lag

Benché dal punto di vista pratico modellare la durata della fase lag (λ) sia indubbiamente importante (per esempio, per inibire un patogeno o un agente di deterioramento è possibile agire in modo da prolungarne la durata della fase lag e/o minimizzarne la velocità di crescita specifica), è particolarmente difficile sia stimare λ sia costruire modelli secondari per questo parametro (Swinnen et al, 2004). Le stime sono spesso caratterizzate da errori standard elevati e sono difficilmente confrontabili tra un esperimento e l'altro, anche per i problemi connessi alla standardizzazione delle condizioni di precoltura (vedi cap. 4).

Mentre nei modelli empirici utilizzati soprattutto negli anni Ottanta e Novanta (equazioni logistica e di Gompertz riparametrizzate) λ era considerata un vero e proprio parametro della curva di crescita, secondo l'interpretazione corrente (Swinnen et al, 2004) – basata sui modelli dinamici e semi-meccanicistici descritti nel capitolo 4, par. 4.3.2 (D-model, modello dinamico multicompartimento) – la fase lag sarebbe la risultante dello stato fisiologico iniziale delle cellule e della velocità specifica di crescita nel nuovo ambiente.

Molti dei modelli secondari per λ sono per certi versi analoghi ai modelli descritti per μ, e usano trasformazioni (radice quadrata, logaritmo ecc.) della variabile dipendente (Swinnen et al, 2004; Ratkowsky et al, 2004). Le equazioni che seguono offrono tre esempi di modelli secondari per l'effetto della temperatura su λ:

$$\lambda = \left(\frac{p}{T - q}\right)^m \quad (6.33)$$

$$\ln(\lambda) = \ln\left\{\frac{1}{[b(T - T_{\min})]^2}\right\} \quad (6.34)$$

$$\ln(\lambda) = A + \frac{B}{T} + \frac{C}{T} \quad (6.35)$$

Le analogie con i modelli descritti nei paragrafi precedenti sono evidenti e queste equazioni non tengono conto dello stato iniziale delle cellule, determinato per esempio dall'ambiente in cui le cellule sono state incubate prima dell'inoculo nel nuovo ambiente.

Più di recente, la considerazione che – per un dato esperimento, nel quale siano state ottenute curve di crescita con lo stesso inoculo (e quindi a parità di stato iniziale delle cellule) – il prodotto tra λ e $\mu_{\max}$ è costante e che λ è direttamente proporzionale al tempo medio di generazione (*MGT*, vedi cap. 4), ha portato alla formulazione del concetto di durata relativa della fase lag (*RLT*, *relative lag time*), direttamente riconducibile al concetto di stato fisiologico delle cellule (h_0, vedi cap. 4, eq. 4.19):

$$RLT = \frac{\lambda}{MGT} \tag{6.36}$$

$$\lambda \mu_{max} = RLT \ln(2) = h_0 = \ln\left(1 + \frac{1}{q_0}\right) = -\ln(\alpha_0) \tag{6.37}$$

Di conseguenza la fase lag finisce per essere espressione di due valori: lo stato fisiologico iniziale delle cellule – che riflette l'ambiente di provenienza e la presenza di eventuali danni subletali, e corrisponde in qualche misura al lavoro che le cellule devono compiere prima di essere in grado di moltiplicarsi alla velocità massima – e la velocità con cui lo stato fisiologico cambia, espressa dalla velocità specifica di crescita nel nuovo ambiente, assunta come costante.

I valori di RLT variano tipicamente tra 2 e 4; raramente sono superiori a 6 e sono minimi quando il valore di μ è massimo (cioè quando tutte le condizioni sono ottimali). Un semplice modello secondario per λ può avere quindi la forma:

$$\lambda = \frac{\mu_{opt}\ \lambda_{min}}{\mu_{max}} \tag{6.38}$$

dove μ_{opt} e μ_{max} sono le velocità specifiche massime, rispettivamente, in condizioni ottimali e in una determinata condizione; quest'ultima può essere stimata con uno qualsiasi dei modelli descritti nel paragrafo precedente.

6.11 Reti neuronali artificiali

In questo capitolo e nei precedenti sono stati presentati numerosi modelli primari e secondari per descrivere l'effetto di fattori intrinseci, estrinseci e impliciti sulla crescita, la sopravvivenza e la morte dei microrganismi. Questi modelli sono basati su principi totalmente empirici o approssimano veri e propri modelli meccanicistici; talvolta incorporano sia elementi empirici sia elementi meccanicistici. Maggiore è il numero dei fattori di cui si vuole tenere conto, più complesso è il modello e spesso non si ha un'idea precisa della relazione funzionale che correla le variabili di input (per esempio tempo e livello di inoculo in un modello cinetico; pH, temperatura e a_w in un modello secondario) alle variabili di output (per esempio numero di microrganismi vitali in un modello primario, velocità specifica di crescita in un modello secondario). In altri casi, nonostante la relazione funzionale sia nota (o nonostante esista una relazione funzionale empirica ma generalmente accettata), la stima dei parametri della funzione mediante regressione è complessa.

Le reti neuronali artificiali rappresentano uno strumento alternativo ai metodi di regressione comunemente utilizzati in microbiologia preditiva. Una rete neuronale artificiale è una simulazione (generalmente realizzata da software) del funzionamento delle reti di neuroni presenti nel cervello e mira, almeno in parte, a simulare le proprietà più importanti delle reti neuronali biologiche: capacità di apprendimento, capacità di generalizzazione, tolleranza a dati complessi, soggetti a errore, inaccurati o *fuzzy*[9]. Analogamente a una rete neuronale biologica, una rete neuronale artificiale "impara" a risolvere un problema di classificazione o di previsione[10] attraverso un "addestramento" che prevede l'esposizione a degli esempi. Una rete ben progettata e ben addestrata acquisisce la capacità di generalizzare, cioè di produrre un output affidabile anche quando esposta a esempi diversi da quelli utilizzati nell'addestramento. Infine, a differenza dei modelli matematici, una rete può tollerare dati contaminati da errore, e in qualche caso anche la mancanza di parte dei dati.

Gli elementi di base di una rete neuronale artificiale sono i neuroni artificiali: semplici elementi di calcolo che vengono generalmente simulati da software (Fig. 6.9). Un neurone artificiale ha una serie di connessioni in ingresso (gli input, cui si aggiunge generalmente il bias, una connessione con un valore fisso) e una o più connessioni in uscita (output). Gli input vengono utilizzati dal neurone artificiale per calcolare una somma pesata (somma dei valori degli input moltiplicati per i "pesi" attribuiti alle singole connessioni), che a sua volta viene utilizzata per calcolare l'output, mediante una *funzione di attivazione o di trasferimento*.

La funzione di attivazione può essere:

- *a gradino*: il neurone artificiale restituisce un output 0 (cioè non è attivato) se il valore della somma pesata è inferiore alla soglia, un output 1 in caso contrario;
- *lineare piece-wise*: il valore è 0 al di sotto della soglia x_1, varia linearmente tra 0 e 1 tra le soglie x_1 e x_2, ed è 1 per valori maggiori di x_2;
- *continua*: cioè una funzione logistica, che restituisce valori tra 0 e 1 in funzione dell'input, oppure una funzione a tangente iperbolica, che varia tra –1 e +1.

Le analogie con un tipico neurone biologico sono chiare: un neurone riceve segnali fisici o chimici dall'esterno o da altri neuroni tramite delle connessioni di "input" (i dendriti); gli input vengono trasformati in potenziali elettrici che viaggiano lungo la membrana e raggiungono il soma del neurone, dove vengono integrati e trasformati in un potenziale d'azione che viaggia attraverso un assone; il potenziale d'azione determina quindi il rilascio di neurotrasmettitori da parte delle sinapsi; i neurotrasmettitori, a loro volta, raggiungono le sinapsi dei dendriti di altri neuroni e così via.

Una rete costituita da un semplice neurone artificiale (*perceptron*), come quello mostrato nella Fig. 6.9, può svolgere compiti di classificazione sorprendentemente complessi, ma non è in grado di risolvere problemi non lineari. Tuttavia, se l'architettura della rete viene resa più complessa, con uno o più strati di neuroni posti tra i neuroni di input e quelli di output, il sistema diventa in grado di risolvere complessi problemi non lineari di classificazione o di predizione.

Naturalmente, le reti neuronali artificiali sono ben lontane dall'approssimare la complessità delle reti neuronali biologiche: nella corteccia cerebrale umana il numero di neuroni (1×10^{11}) e di connessioni (10^{14}-10^{15}) è enorme, mentre le reti neuronali artificiali hanno un numero di neuroni tipicamente dell'ordine di 10-10^2 e un numero di connessioni dell'ordine di 10^2-10^3.

---

[9] Non riconducibili a un'unica categoria secondo la classica logica aristotelica.

[10] Si pone un problema di classificazione quando, per esempio, in un dato insieme di condizioni vi è crescita piuttosto che assenza di crescita; si pone invece un problema di previsione se occorre stabilire quando il numero di cellule vitali in un dato insieme di condizioni, e dato un determinato inoculo, sarà uguale a *x*.

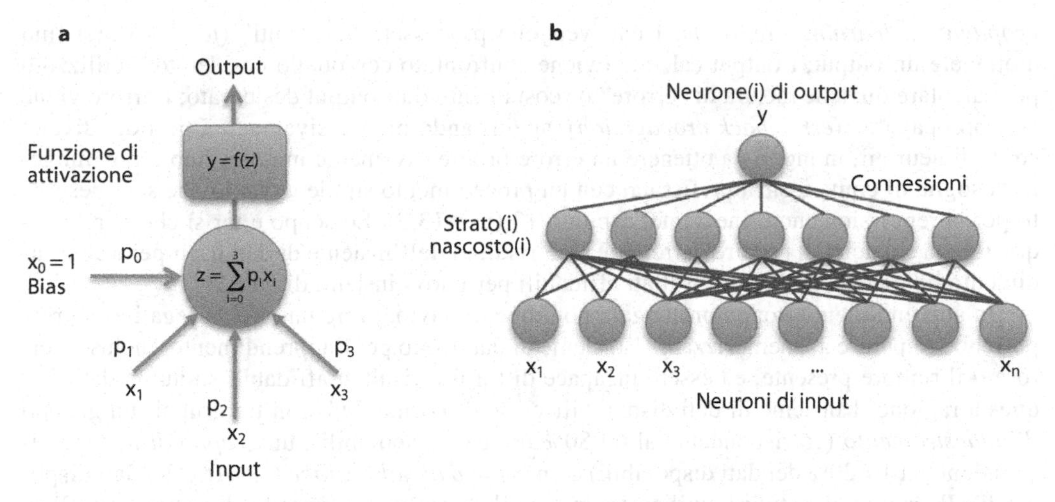

Fig. 6.9 Schema di neurone artificiale (**a**) e di rete neuronale artificiale (**b**). La rete neuronale artificiale qui rappresentata è il tipo più comune: un *multilayer perceptron* completamente connesso. La funzione di attivazione *f*(*z*) può assumere forme diverse nei diversi strati. L'output può essere continuo (velocità specifica di crescita, numero di cellule vitali, probabilità di crescita ecc.), discontinuo (crescita = 1, assenza di crescita = 0). Gli input possono essere continui (tempo, inoculo, fattori intrinseci ed estrinseci) o discontinui (0 = crescita in substrato complesso, 1 = crescita in un dato alimento)

Diversi tipi di reti neuronali artificiali hanno trovato applicazione in microbiologia per risolvere problemi di classificazione o di regressione. Si rimanda a testi o review specifiche per una trattazione completa sulle reti neuronali artificiali (Haykin, 1998) e sul loro uso in microbiologia (Basheer, Hajmeer, 2000). Ci limiteremo qui a esaminare alcuni aspetti di base dell'impiego delle reti neuronali in microbiologia predittiva.

Il tipo più comune e forse più flessibile di rete neuronale artificiale, utilizzabile sia per la classificazione sia per la regressione, è il *multilayer perceptron* (MLP) (Fig. 6.9). Si tratta di una rete costituita da più strati – uno di input (puramente passivo, che trasferisce semplicemente i dati allo strato successivo), uno di output e uno o più nascosti – nei quali sono presenti connessioni tra tutti i neuroni di uno strato e quelli dello strato successivo. L'insieme degli strati e delle connessioni costituisce la cosiddetta *architettura della rete*, che deve essere definita in fase di progettazione.

Una volta costruita (utilizzando software appropriati), la rete viene addestrata mediante un *processo di apprendimento supervisionato*[11]: i dati disponibili, composti da vettori di input e di output, vengono "mostrati" alla rete e i pesi (inizializzati a valori casuali) delle connessioni tra i neuroni (e talvolta altri parametri) vengono aggiustati attraverso un procedimento iterativo in modo che l'output della rete si avvicini progressivamente all'output atteso. L'algoritmo più comunemente utilizzato in questo processo è il *feedforward error back*

[11] Esistono anche reti non supervisionate (per esempio le mappe di Kohonen), che costruiscono una propria "rappresentazione" dell'insieme dei dati.

propagation learning algorithm. I dati vengono processati "in avanti" (*feedforward*) fino a ottenere un output; l'output calcolato viene confrontato con quello desiderato e utilizzato per calcolare qualche misura di "errore" o scostamento dall'output desiderato; l'errore viene "retropropagato" (*error back propagation*), aggiustando progressivamente i pesi dei diversi strati di neuroni, in modo da ottenere un errore progressivamente minore, fino a raggiungere la soglia di convergenza prefissata, con un procedimento simile a quello che sarà descritto per la regressione non lineare nel capitolo 13 (par. 13.3). Lo scopo è far sì che la rete acquisisca la capacità di predire correttamente i risultati dell'insieme di dati usati per l'apprendimento, ma anche di fornire risultati affidabili per nuovi insiemi di dati.

Un apprendimento troppo prolungato potrebbe, tuttavia, avere un effetto negativo: la rete potrebbe imparare a "memorizzare" l'insieme di dati usato per l'apprendimento, incluso l'errore o il rumore presente, ed essere incapace di fornire risultati affidabili su nuovi dati. Per questa ragione, l'insieme di dati disponibili viene di norma diviso in tre gruppi: un *gruppo di addestramento* (corrispondente al 60-80% dei dati disponibili), un *gruppo di test* (corrispondente al 10-20% dei dati disponibili) e un *gruppo di validazione* (10-20% dei dati disponibili). Il gruppo di test viene utilizzato durante il processo di apprendimento per controllarlo ed evitare fenomeni di memorizzazione (l'apprendimento viene tipicamente interrotto quando i risultati sul gruppo di test, che non viene usato per addestrare la rete, cominciano a peggiorare), mentre il gruppo di validazione viene usato per calcolare le performance della rete, tipicamente in termini di misclassificazione, per reti di classificazione, o di somma dei quadrati degli errori o di media dei valori assoluti degli errori relativi (errore percentuale medio). La scelta e la dimensione degli insiemi di dati da utilizzare per i diversi gruppi sono aspetti critici. Sebbene non esista una regola formale, il numero di esempi da usare nella fase di apprendimento deve essere dell'ordine di $nW(1/\varepsilon)$, dove W è il numero totale delle connessioni (e dei pesi) e ε è l'errore di predizione che si desidera raggiungere, con n da 1 a 10 (Basheer, Hajmeer, 2000). Quindi anche con una rete relativamente piccola (5 neuroni di input, 4 nello strato nascosto e 1 di output, per un totale di 29 connessioni, incluse quelle di bias), se si desidera un errore ε del 5%, la dimensione minima del gruppo di addestramento è di 580 casi; inoltre, ciascuno dei tre gruppi dovrebbe essere rappresentativo dell'intero intervallo sperimentale.

Molti altri aspetti dell'architettura della rete (numero degli strati nascosti, numero di neuroni in ciascuno strato), del processo di apprendimento (algoritmo, parametri come il tasso di apprendimento e il momento) e della natura dei dati (necessità di standardizzazione e trasformazione) devono essere presi in attenta considerazione durante le fasi di progettazione, addestramento e uso di una rete neuronale artificiale.

Un'altra architettura di rete molto utilizzata in microbiologia predittiva è costituita dalle *reti a funzioni a base radiale* (RBF, *radial basis function*), nelle quali lo strato nascosto è sostituito da una serie di funzioni a base radiale (tipicamente una funzione gaussiana) la cui posizione nello spazio delle variabili e la cui ampiezza sono determinate dai pesi delle connessioni. La distanza (in genere la distanza euclidea) tra un pattern di input e il centro della funzione viene usata come argomento della funzione a base radiale, e il risultato viene passato allo strato di output, che ha una funzione di attivazione lineare. Le RBF hanno una fase di addestramento solitamente più rapida e sono particolarmente adatte a problemi di classificazione, mentre i MLP sono in genere più flessibili.

Le applicazioni delle reti neuronali al campo della microbiologia predittiva sono ancora limitate rispetto alle applicazioni basate sui classici metodi di regressione, ma offrono prospettive promettenti. Il difetto principale delle reti neuronali artificiali, dal punto di vista modellistico, è che si comportano sostanzialmente come una "scatola nera": i parametri (pesi, funzioni di attivazione) della rete non hanno significato biologico e, tranne che per le reti più semplici, è difficile comprendere come l'effetto di un cambiamento dei parametri di input si trasferisca nell'output, mentre un modello di regressione fornisce una forma funzionale, per quanto rudimentale o empirica, che può avere un significato biologico chiaro o il cui andamento è, se non altro, più trasparente.

D'altra parte, le reti neuronali artificiali offrono vantaggi importanti rispetto ai normali modelli di regressione e in linea di massima è più semplice incorporare nuovi dati in una rete neuronale esistente che riformulare un modello di regressione. A nostro avviso, ha poco senso utilizzare le reti neuronali artificiali per modellare curve di crescita o di inattivazione, sebbene siano stati ottenuti buoni successi anche in questo campo (Basheer, Hajmeer, 2000). Appare di maggiore interesse il loro uso come modelli secondari per prevedere la probabilità di crescita, o la crescita o la sopravvivenza, di microrganismi dato un inoculo e un insieme di condizioni ambientali (Basheer, Hajmeer, 2000; Hajmeer et al, 2006; Fernández-Navarro et al, 2010), quando non siano disponibili modelli migliori; la disponibilità crescente di dati in database pubblici e privati (vedi cap. 8), la mancanza di modelli dinamici adeguati per tutte le condizioni che possono influenzare la crescita e la sopravvivenza dei microrganismi e, soprattutto, la flessibilità e la robustezza delle reti neuronali artificiali offrono sicuramente interessanti possibilità in questo senso.

6.12 Modelli secondari dinamici: modellazione della crescita o della morte in condizioni dinamiche

I modelli descritti nei paragrafi precedenti sono stati generalmente sviluppati in condizioni ambientali costanti, utilizzando una sorta di approccio iterativo:

a. costruzione delle curve di crescita o inattivazione con modelli empirici o meccanicistici;
b. uso dei parametri delle curve ottenute nel punto precedente per metterli in relazione con i fattori intrinseci, estrinseci, di processo, impliciti;
c. uso del modello secondario per predire crescita o inattivazione in un insieme dato di condizioni.

I modelli secondari (e anche alcuni modelli primari non esplicitamente dinamici: equazioni logistica e di Gompertz modificate, vedi cap. 4) possono essere efficacemente utilizzati in condizioni ambientali costanti e possono prevedere comportamenti complessi in un intervallo che include sia la crescita sia la sopravvivenza sia l'inattivazione (vedi per esempio l'**Allegato on line 6.4**, che implementa il modello sviluppato per *Listeria monocytogenes* da Coroller et al, 2012). Tuttavia, questi modelli non sono facilmente adattabili alle situazioni in cui le condizioni ambientali variano nel tempo.

Un esempio comune di condizione ambientale che varia dinamicamente è costituito dall'andamento della temperatura durante la conservazione di un alimento (con fluttuazioni che possono includere abusi di temperatura) o durante i trattamenti termici. Sebbene sia possibile approssimare un comportamento dinamico dividendo l'intervallo di interesse in una serie di sottointervalli nei quali la temperatura si considera costante (vedi capp. 5 e 10 per alcuni esempi relativi ai trattamenti termici), per modellare il comportamento dei microrganismi in condizioni realmente dinamiche occorrono modelli dinamici, basati in genere su sistemi di equazioni differenziali.

Un problema particolare si pone, inoltre, per la modellazione dei fenomeni che possono prevedere fasi lag intermedie. In generale, se la variazione del parametro ambientale rilevante è piccola o limitata a un certo range, si assume che il microrganismo sia in grado di variare istantaneamente la velocità di crescita, adattandola alle nuove condizioni. Tuttavia, quando la variazione è brusca o molto ampia, in alcuni microrganismi si osservano fasi lag intermedie (Bernaerts et al, 2004). Questo fenomeno è stato studiato in varie specie microbiche, inclusa *L. monocytogenes*, valutando l'effetto sia di cambiamenti rapidi – come quelli che si possono verificare inoculando le cellule in un nuovo substrato, a una temperatura diversa da quella usata per l'inoculo (Delignette-Muller et al, 2005) – sia di cambiamenti più graduali o fluttuazioni brusche (Bovill et al, 2001). I risultati ottenuti sono contrastanti. Alcuni autori (Bovill et al, 2001) hanno osservato un adattamento sostanzialmente istantaneo della velocità di crescita sia con incrementi sia con decrementi della temperatura all'interno del range per la crescita; altri autori sostengono che, in caso di cambiamenti rapidi al di fuori dell'intervallo fisiologico normale, si manifestano fasi lag intermedie (vedi par. 6.12; Swinnen et al, 2005), spiegando tale fenomeno con modelli meccanicistici (teoria della divisione cellulare) (Bernaerts et al, 2004) o semi-meccanicistici basati sul concetto di stato fisiologico iniziale espresso come α_0 o h_0 (vedi par. 4.3.2; Delignette-Muller et al, 2005).

Un modello in cui la crescita di *L. monocytogenes* è predetta in funzione di regimi variabili di temperatura è implementato nell'**Allegato on line 6.5**; la Fig. 6.10 mostra l'output di tale modello per un regime di temperatura variabile, con cambiamenti graduali (che non determinano fasi lag intermedie) e bruschi (che non determinano un'evidente fase lag, dovuta alla repentina diminuzione di α). È possibile notare che, quando la variazione di temperatura è ridotta e non repentina, la velocità di crescita si adatta immediatamente, mentre i bruschi cambiamenti di temperatura a circa 5 h e a circa 14 h determinano una nuova fase lag, che può essere spiegata con la necessità delle cellule di adattare la propria composizione o la propria dimensione a quelle caratteristiche della nuova temperatura di crescita. Gli **Allegati on line 6.6 e 6.7** sono versioni più complesse dell'**Allegato on line 6.5**, poiché includono gli effetti del pH e della concentrazione di acido lattico.

Un'altra condizione nella quale più di un fattore intrinseco può variare nel tempo è la crescita in co-coltura (vedi cap. 4, par. 4.4), importantissima specie per modellare lo sviluppo di un patogeno in presenza di un fermento lattico durante la produzione di un alimento fermentato. In questo caso, oltre alla temperatura, possono variare anche il pH, la concentrazione di sostanze inibitorie (acido lattico o altri acidi organici, batteriocine) e di substrati essenziali (zuccheri) e ciò può determinare comportamenti complessi, con crescita seguita da inattivazione.

Anche se veri modelli meccanicistici, come quelli proposti da Hills e Wright (1994) e Hills e Mackey (1995) (vedi cap. 4, par. 4.3.2), hanno la flessibilità necessaria per modellare molte situazioni dinamiche, è stata proposta a questo scopo un'interessante categoria di modelli rappresentata dai P-model e dagli S-model, utilizzati per modellare la crescita in co-coltura di diversi microrganismi (Poschet et al, 2005). In sostanza, questi modelli sono basati sul modello dinamico (D-model) di Baranyi e Roberts (vedi par. 4.3.2) per la modellazione della transizione tra la fase lag e la fase esponenziale, mentre usano funzioni di adattamento specifiche e sistemi di equazioni differenziali per modellare la transizione tra la fase esponenziale e la fase stazionaria, ed eventualmente l'inattivazione.

In pratica, usando la formulazione generale del *gamma concept* senza interazioni (vedi par. 6.7), per ciascuno dei microrganismi presenti in co-coltura la crescita è descritta come segue:

$$\frac{dN_i}{dt} = r_{N,i} = \alpha_i \, \mu_i \, N_i \tag{6.39}$$

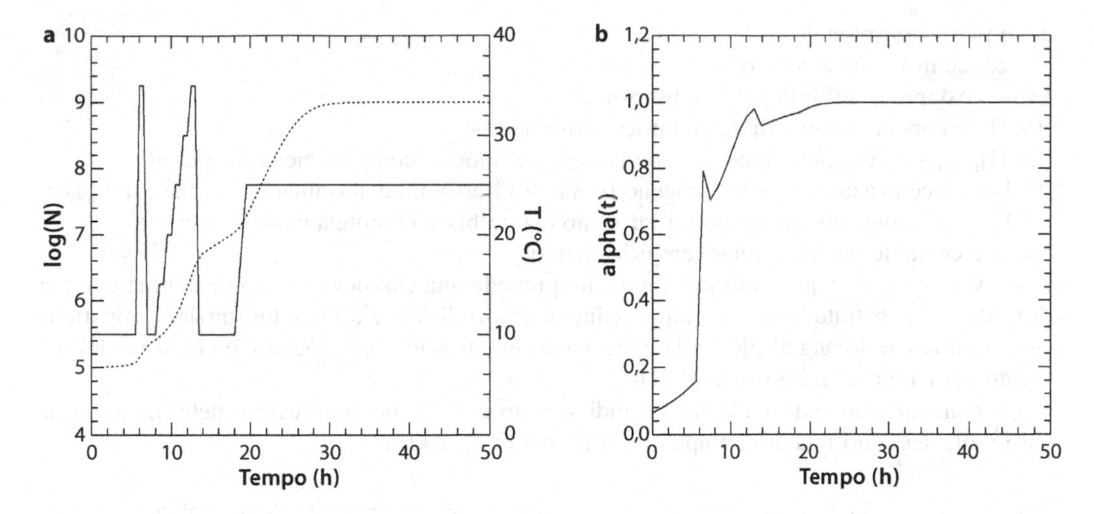

Fig. 6.10 Effetto di un profilo di temperatura variabile (*linea continua*) sulla crescita di *Listeria monocytogenes* (*linea punteggiata*) (**a**) e sulla funzione di adattamento *a* che determina la fase lag (**b**). La simulazione è stata condotta con il modello dell'**Allegato on line 6.5**

$$\alpha_i = \frac{q_i}{1+q_i} \tag{6.40}$$

$$\mu_i = \mu_{\text{opt},i}\left(\Pi_j^k \gamma_{j,i}\right) \tag{6.41}$$

dove per il microrganismo i:

$r_{N,i}$ = velocità assoluta di crescita;

μ_i = velocità specifica di crescita in un dato insieme di condizioni;

α_i = funzione di adattamento legata all'accumulo di un composto essenziale q (che determina la presenza di una fase lag);

$\mu_{\text{opt},i}$ = velocità specifica di crescita massima quando tutte le condizioni sono ottimali per un dato substrato;

$\gamma_{j,i}$ = singole funzioni gamma per ciascuno dei fattori che controllano la crescita.

Mentre per fattori come la temperatura e l'a_w si possono usare le funzioni gamma descritte nel par. 6.7, per il pH, per la concentrazione del substrato limitante e per quella del metabolita inibitorio prodotto da uno o da entrambi i microrganismi (facilmente generalizzabile a più metaboliti inibitori) possono essere utilizzate le seguenti funzioni (Poschet et al, 2005; Malakar et al, 1999):

$$\gamma_{s,i} = \frac{s}{K_{s,i}+s} \tag{6.42}$$

$$\gamma_{\text{LAH},\text{H}^+,i} = \left(1-\frac{[\text{LAH}]}{[\text{LAH}]_{\max,i,G}}\right)^{1+\varepsilon}\left(1-\frac{[\text{H}^+]}{[\text{H}^+]_{\max,i,G}}\right)^{1+\varepsilon} \tag{6.43}$$

dove per il microrganismo i:
S = concentrazione di substrato;
$K_{S,i}$ = costante di affinità per il substrato;
[LAH] = concentrazione di acido lattico indissociato;
$[LAH]_{max,i,G}$ = concentrazione di acido lattico che inibisce completamente la crescita;
$[H^+]$ = concentrazione di ioni idrogeno (o meglio l'attività, determinata sulla base del pH);
$[H^+]_{max,i,G}$ = concentrazione di ioni idrogeno che inibisce completamente la crescita;
ε = una costante da determinare empiricamente.

È evidente che in questa forma il modello prevede una classica cinetica di saturazione per l'effetto del substrato (con crescita massima a valori di $S >> K_{S,i}$) e delle funzioni logistiche per l'inibizione dovuta al pH e alla concentrazione di acido indissociato, e che il modello è valido solo a valori subottimali di pH.

La concentrazione di acido lattico indissociato e il pH possono essere determinati sulla base delle seguenti relazioni empiriche (Poschet et al, 2005):

$$[\mathrm{LAH}] = \alpha[\mathrm{LAH_{tot}}] - \frac{\alpha\beta}{2(\beta-\gamma)}\left[([\mathrm{LAH_{tot}}]+\beta) - \sqrt{([\mathrm{LAH_{tot}}]+\beta)^2 - 4(\beta-\gamma)[\mathrm{LAH_{tot}}]}\right] \qquad (6.44)$$

$$\mathrm{pH} = \frac{1}{2\alpha_1\gamma_1}\left[(\beta_1 - 2\gamma_1)[\mathrm{LAH}] - \sqrt{\beta_1^2[\mathrm{LAH}]^2 + 4\alpha_1\beta_1^2\gamma_1[\mathrm{LAH}]}\right] + \mathrm{pH_0} \qquad (6.45)$$

dove α, β, γ, α_1, β_1, γ_1 sono parametri che devono essere determinati con curve di titolazione e dipendono dalle proprietà tampone del mezzo, $[LAH_{tot}]$ è la concentrazione totale di acido lattico (dissociato + indissociato) e pH_0 il pH iniziale.

In alternativa, è possibile (Malakar et al, 1999) più semplicemente utilizzare la seguente equazione empirica per determinare il pH del substrato in funzione della quantità di acido prodotto e del potere tampone:

$$\mathrm{pH} = \frac{\mathrm{pH_0} + \alpha_1[\mathrm{LAH_{tot}}]}{1 + \alpha_2[\mathrm{LAH_{tot}}]} \qquad (6.46)$$

e l'equazione di Henderson-Hasselbach per ricavare la concentrazione di acido lattico indissociato da quella di acido lattico totale e dal pH (pK_a per l'acido lattico = 3,86 a 25 °C):

$$[\mathrm{LAH_{tot}}] = [\mathrm{LA^-}] + [\mathrm{LAH}] \qquad (6.47)$$

$$\mathrm{pH} = \mathrm{pK}_a + \frac{[\mathrm{LA^-}]}{[\mathrm{LAH}]} \qquad (6.48)$$

$$[\mathrm{LAH}] = \frac{[\mathrm{LAH_{tot}}]}{1 + 10^{(\mathrm{pH} - \mathrm{pK}_a)}} \qquad (6.49)$$

Le cinetiche di consumo del substrato, di accumulo del metabolita che determina la fase lag e di produzione del prodotto inibitorio possono essere determinate con le classiche equazioni

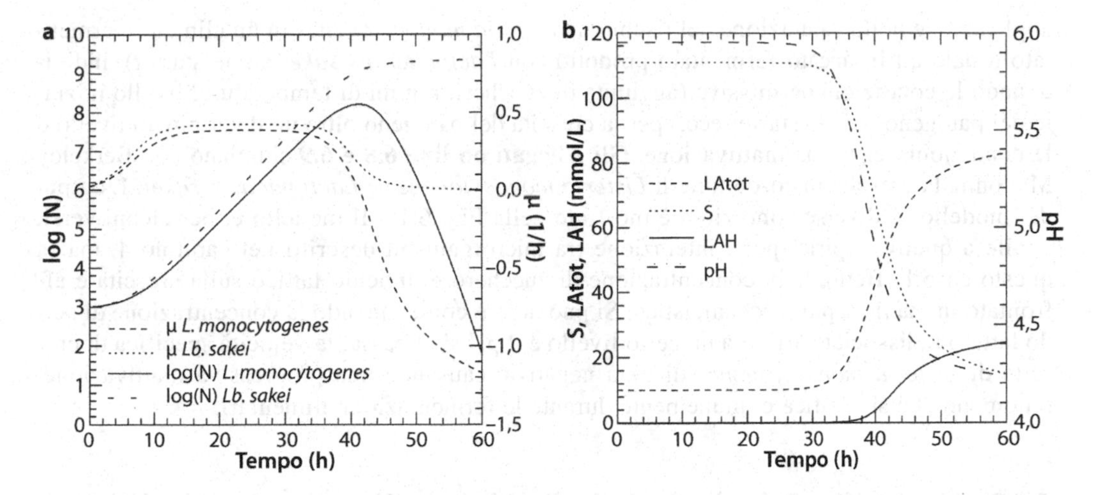

Fig. 6.11 **a** Cinetica di crescita di un ipotetico patogeno (*Listeria monocytogenes*) in presenza di un ipotetico antagonista (*Lactobacillus sakei*), a pH variabile. **b** Cinetica di consumo del substrato (*S*) e produzione di acido lattico (totale, *LAtot*; indissociato, *LAH*) in un sistema in cui sono presenti un ipotetico patogeno (*Listeria monocytogenes*) in presenza di un ipotetico antagonista (*Lactobacillus sakei*) a pH variabile. I grafici sono realizzati con il modello dell'**Allegato on line 6.9**

differenziali descritte nel capitolo 4 (par. 4.3.3) o con loro varianti; il sistema di equazioni differenziali da risolvere per n microrganismi[12] diventa:

$$\frac{dN_i}{dt} = r_{N,i} = \frac{q_i}{1+q_i}\,\mu_i\,N_i \tag{6.50}$$

$$\frac{dq_i}{dt} = \mu_i\,q_i \tag{6.51}$$

$$\frac{dS}{dt} = -\sum_i^n \left(\frac{1}{Y_{N/S,i}}\,rN_i\right) \tag{6.52}$$

$$\frac{d[\mathrm{LAH_{tot}}]}{dt} = \sum_i^n \left(Y_{P/N,i}\,rN_i\right) \tag{6.53}$$

Per quanto apparentemente complesso, questo modello può essere implementato in maniera abbastanza semplice, ed è relativamente facile introdurvi funzioni di inattivazione per le condizioni che non consentono la crescita. Tale sistema potrebbe trovare per esempio

[12] Assumendo che per ogni microrganismo valgano le stesse equazioni cinetiche di primo ordine, con produzione e consumo proporzionali alla crescita; è tuttavia semplice introdurre cinetiche diverse, parzialmente dissociate dalla crescita.

applicazione nella valutazione del rischio da *Listeria monocytogenes* in un alimento fermentato (quale un insaccato fermentato prodotto con *Lactobacillus sakei* come starter), individuando le condizioni permissive (aggiunta di zuccheri, regimi di temperatura, livello iniziale del patogeno e dello starter ecc.) per la crescita del patogeno oltre un determinato livello o le condizioni per la sua inattivazione. Gli **Allegati on line 6.8 e 6.9** simulano con Berkeley Madonna la crescita in co-coltura di *Listeria monocytogenes* e *Lactobacillus sakei*. L'output del modello in diverse condizioni è mostrato nella Fig. 6.11. Il modello è, per alcuni versi, simile a quelli empirici per l'interazione tra microrganismi descritti nel capitolo 4, ma in questo caso l'effetto della concentrazione di zucchero e di acido lattico sulla crescita è affrontato in maniera più meccanicistica. Si può notare come, quando la concentrazione di acido lattico indissociato arriva a un certo livello e il pH si abbassa, la velocità specifica di crescita di *Listeria monocytogenes* diventa negativa, causando una progressiva inattivazione, fenomeno che si verifica comunemente durante le fermentazioni alimentari.

6.13 Appendice: Principali simboli e sigle utilizzati nel capitolo

Simboli e sigle	Descrizione	Unità di misura
α, α_i...	funzione di adattamento	
α_0	stato fisiologico iniziale	
β	generico parametro di un modello polinomiale	
$\gamma(x)$	funzione di inibizione di un dato fattore ambientale (varia tra 0 e 1)	
$\varphi(x_i)$	funzione di un fattore ambientale x_i utilizzata per il calcolo della funzione di interazione	
μ	velocità specifica di crescita, tipicamente variabile con il tempo	1/tempo, tipicamente h^{-1} o d^{-1}
μ_{max}	velocità specifica di crescita massima, costante in un dato insieme di condizioni	vedi sopra
μ_{opt}	velocità specifica di crescita massima quando tutte le condizioni sono ottimali	vedi sopra
λ	durata della fase lag della popolazione	tipicamente h o d
ψ	funzione di più fattori ambientali utilizzata per il calcolo della funzione di interazione	
ξ_i	valore della funzione di interazione per un dato fattore ambientale	
A	costante del modello di Arrhenius	
A_f	accuracy factor	
a_w	attività dell'acqua (i pedici min e max indicano i valori cardinali minimi e massimi)	
B_f	bias factor	
b_w	trasformazione non lineare di a_w	
CM	funzione cardinale	
d	giorni	

D_f	scarto medio di un modello dai dati osservati	
e	numero di Nepero, base dei logaritmi naturali (2,71828182845904...)	
E_a	energia di attivazione nel modello di Arrhenius	
exp	operatore esponenziale: $\exp(n) = e^n$	
fa	area frazionale	
FIC	concentrazione inibitoria frazionale	
g	grammi	
h	ore	
h_0	stato fisiologico iniziale	
k	numero dei livelli di un trattamento in un esperimento fattoriale	
K_S	costante di affinità per il substrato nel modello di Monod	massa/volume, tipicamente g L^{-1}
ln	logaritmo naturale o neperiano	
log	logaritmo in base 10	
L	litri	
MCP	minimo poliedro convesso	
MIC	concentrazione minima inibente	
MGT	tempo medio di generazione	tipicamente h o d
mL	millilitri	
MMC	concentrazione minima microbicida	
n	numero dei fattori in un esperimento fattoriale	
N	numero di microrganismi vitali	dipende dal metodo di conta: tipicamente ufc g^{-1} o ufc mL^{-1}
N_0	numero iniziale di microrganismi vitali	vedi sopra
N_{max}	numero massimo di microrganismi	vedi sopra
OD	densità ottica	
p	generico fattore ambientale (i pedici min, opt e max indicano valori cardinali minimi, ottimali e massimi)	
p	livello di significatività	
r	numero di repliche in un esperimento fattoriale	
r_0	numero di repliche per i punti centrali in un esperimento fattoriale	
R	costante universale dei gas	
R	coefficiente di correlazione	
R^2	coefficiente di determinazione	
RRS	velocità relativa di degradazione	
r_N	velocità di crescita assoluta della popolazione	concentrazione/tempo, tipicamente ufc mL^{-1} h^{-1}
RLT	durata relativa della fase lag	

RSM	response surface methodology	
S	concentrazione (massa/volume) di substrato	tipicamente g L^{-1}
t	tempo	tipicamente h o d
T	temperatura (i pedici min, opt e max indicano i valori cardinali minimi, ottimali e massimi)	°C, K
ufc	unità formanti colonie	

Bibliografia

Augustin JC, Zuliani V, Cornu M, Guillier L (2005) Growth rate and growth probability of *Listeria monocytogenes* in dairy, meat and seafood products in suboptimal conditions. *Journal of Applied Microbiology*, 99(5): 1019-1042

Baranyi J, Pin C, Ross T (1999) Validating and comparing predictive models. *International Journal of Food Microbiology*, 48(3): 159-166

Baranyi J, Ross T, McMeekin TA, Roberts TA (1996) Effects of parameterization on the performance of empirical models used in predictive microbiology. *Food Microbiology*, 13(1): 83-91

Basheer, IA, Hajmeer M (2000) Artificial neural networks: fundamentals, computing, design, and application. *Journal of Microbiological Methods*, 43(1): 3-31

Bernaerts K, Dens E, Vereecken K et al (2004) Modeling microbial dynamics under time-varying conditions. In: McKellar RC, Lu X (eds) *Modeling microbial responses in foods*. CRC Press, Boca Raton

Bernaerts K, Servaes RD, Kooyman S et al (2002) Optimal temperature input design for estimation of the square root model parameters: parameter accuracy and model validity restrictions. *International Journal of Food Microbiology*, 73(2-3): 145-157

Bonapace CR, White RL, Friedrich LV, Bosso JA (2000) Evaluation of antibiotic synergy against *Acinetobacter baumannii*: a comparison with Etest, time-kill and checkboard methods. *Diagnostic Microbiology and Infectious Disease*, 38(1): 43-50

Bovill RA, Bew J, Baranyi J (2001) Measurements and predictions of growth for *Listeria monocytogenes* and *Salmonella* during fluctuating temperature II. Rapidly changing temperatures. *International Journal of Food Microbiology*, 67(1-2): 131-137

Box GEP, Draper NR (1987) *Empirical model-building and response surfaces*. John Wiley & Sons, New York

Coroller L, Kan-King-Yu D, Leguerinel I et al (2012) Modelling of growth, growth/no-growth interface and nonthermal inactivation areas of *Listeria* in foods. *International Journal of Food Microbiology*, 152(3): 139-152

Dalgaard P, Jørgensen LV (2000) Cooked and brined shrimps packed in a modified atmosphere have a shelf-life of >7 months at 0 °C, but spoil at 4–6 days at 25 °C. *International Journal of Food Science & Technology*, 35(4): 431-442

Davey KR (1989) A predictive model for combined temperature and water activity on microbial growth during the growth phase. *Journal of Applied Bacteriology*, 67(5): 483-488

Delignette-Muller ML, Baty F, Cornu M, Bergis H (2005) Modelling the effect of a temperature shift on the lag phase duration of *Listeria monocytogenes*. *International Journal of Food Microbiology*, 100(1-3): 77-84

Fernández-Navarro F, Valero A, Hervás-Martínez C et al (2010) Development of a multi-classification neural network model to determine the microbial growth/no growth interface. *International Journal of Food Microbiology*, 141(3): 203-212

Gardini F, Martuscelli M, Caruso MC et al (2001) Effects of pH, temperature and NaCl concentration on the growth kinetics, proteolytic activity an biogenic amine production of *Enterococcus faecalis*. *International Journal of Food Microbiology*, 64(1-2): 105-117

Gauch HG (1993) Prediction, parsimony and noise. *American Scientist*, 81(5): 468-478

Gibson AM, Baranyi J, Pitt JI et al (1994) Predicting fungal growth: the effect of water activity on *Aspergillus flavus* and related species. *International Journal of Food Microbiology*, 23(3-4): 419-431

Hajmeer M, Basheer I, Cliver DO (2006) Survival curves of *Listeria monocytogenes* in chorizos modeled with Artificial Neural Networks. *Food Microbiology*, 23(6): 561-570

Haykin S (1998) *Neural networks: a comprehensive foundation.* Prentice Hall, London

Hills BP, Mackey BM (1995) Multi-compartment kinetic models for injury, resuscitation, induced lag and growth in bacterial cell populations. *Food Microbiology*, 12: 333-346

Hills BP, Wright KM (1994) A new model for bacterial growth in heterogeneous systems. *Journal of Theoretical Biology*, 168(1): 31-41

Lambert RJW, Lambert R (2003) A model for the efficacy of combined inhibitors. *Journal of Applied Microbiology*, 95(4): 734-743

Lambert RJW, Pearson J (2000) Susceptibility testing: accurate and reproducible minimum inhibitory concentration (MIC) and non-inhibitory concentration (NIC) values. *Journal of Applied Microbiology*, 88(5): 784-790

Lanciotti R, Sinigaglia M, Gardini F et al (2001) Growth/no growth interfaces of *Bacillus cereus*, *Staphylococcus aureus* and *Salmonella enteritidis* in model systems based on water activity, pH, temperature and ethanol concentration. *Food Microbiology*, 18(6): 659-668

Leistner L (2007) Combined method for food preservation. In: Rahman MS (ed) *Handbook of Food Preservation*, 2nd edn. CRC Press, Boca Raton, pp 867-894

Le Marc Y, Pin C, Baranyi J (2005) Methods to determine the growth domain in a multidimensional environmental space. *International Journal of Food Microbiology*, 100(1-3): 3-12

Malakar PK, Martens DE, Zwietering MH et al (1999) Modelling the interactions between *Lactobacillus curvatus* and *Enterobacter cloacae*. II. Mixed cultures and shelf life predictions. *International Journal of Food Microbiology*, 51(1): 67-79

McMeekin TA, Chandler RE, Doe PE et al (1987) Model for the combined effect of temperature and salt concentration/water activity on the growth rate of *Staphylococcus xylosus*. *Journal of Applied Bacteriology*, 62(6): 543-550

Miles DW, Ross T, Olley J, McMeekin TA (1997) Development and evaluation of a predictive model for the effect of temperature and water activity on the growth rate of *Vibrio parahaemolyticus*. *International Journal of Food Microbiology*, 38(2-3): 133-142

Poschet F, Bernaerts K, Geeraerd AH et al (2004) Sensitivity analysis of microbial growth parameter distributions with respect to data quality and quantity by using Monte Carlo analysis. *Mathematics and Computers in Simulation*, 65(3): 231-243

Poschet F, Vereecken K, Geeraerd A et al (2005) Analysis of a novel class of predictive microbial growth models and application to coculture growth. *International Journal of Food Microbiology*, 100(1-3): 107-124

Ratkowsky DA (2004) Model fitting and uncertainty. In: McKellar RC, Lu X (eds) *Modeling microbial responses in foods*. CRC Press, Boca Raton

Ratkowsky DA, Lowry RK, McMeekin TA et al (1983) Model for bacterial culture growth rate throughout the entire biokinetic temperature range. *Journal of Bacteriology*, 154(3): 1222-1226

Ratkowsky DA, Olley J, McMeekin TA, Ball A (1982) Relation between temperature and growth rate of bacterial cultures. *Journal of Bacteriology*, 149(1): 1-5

Ross T, Dalgaard P (2004) Secondary models. In: McKellar RC, Lu X (eds) *Modeling microbial responses in foods*. CRC Press, Boca Raton

Schoolfield RM, Sharpe PJH, Magnuson CE (1981) Non-linear regression of biological temperature-dependent rate models based on absolute reaction-rate theory. *Journal of Theoretical Biology*, 88(4): 719-731

Swinnen IAM, Bernaerts K, Dens EJ (2004) Predictive modelling of the microbial lag phase: a review. *International Journal of Food Microbiology*, 94(2): 137-159

Swinnen IAM, Bernaerts K, Gysemans K, Van Impe J F (2005) Quantifying microbial lag phenomena due to a sudden rise in temperature: a systematic macroscopic study. *International Journal of Food Microbiology*, 100(1-3): 85-96

Van Derlinden E, Van Impe JF (2012) Modeling growth rates as a function of temperature: model performance evaluation with focus on the suboptimal temperature range. *International Journal of Food Microbiology*, 158(1): 73-78

Zwietering MH, Wijtzes T, Rombouts FM, van't Riet K (1993) A decision support system for prediction of the microbial spoilage in foods. *Journal of Industrial Microbiology*, 12(3-5): 324-329

Capitolo 7
Modelli probabilistici per la microbiologia degli alimenti

Fausto Gardini, Rosalba Lanciotti

7.1 Introduzione

A partire dagli anni Ottanta del secolo scorso, quando la microbiologia predittiva si è imposta come disciplina specifica nel settore alimentare, l'attenzione degli addetti ai lavori è stata principalmente rivolta allo sviluppo di modelli cinetici in grado di descrivere le dinamiche di crescita delle popolazioni microbiche in funzione dei fattori ambientali. L'efficacia di questi modelli è stata dimostrata in ampi intervalli di condizioni, ma si riduce drasticamente man mano che ci si avvicina al limite che discrimina tra possibilità e impossibilità di sviluppo microbico. Tuttavia la conoscenza di questi valori limite è assolutamente essenziale per l'industria alimentare. Quindi l'adozione di modelli probabilistici – in grado di valutare con quale frequenza la crescita microbica possa avvenire o meno in certe condizioni – costituisce uno strumento estremamente interessante sia nei processi decisionali inerenti la messa a punto di nuovi prodotti o processi, sia nella valutazione dei rischi microbiologici associati alla probabilità della presenza o dello sviluppo di microrganismi patogeni o produttori di tossine.

In questo contesto, la diffusione della *hurdle technology*, come definita da Leistner in diverse occasioni, pone l'attenzione sull'interazione tra i diversi fattori che influenzano il destino (sviluppo o non sviluppo) dei microrganismi negli alimenti (Leistner, 2007). È stato dimostrato che in molte circostanze gli effetti interattivi sono semplicemente additivi, come postulato dal *gamma concept* (vedi cap. 6). In altre situazioni, tuttavia, tra alcuni fattori – per esempio pH, a_w, temperatura – possono manifestarsi interazioni sinergiche che producono effetti di intensità maggiore rispetto alla semplice somma degli effetti dei fattori applicati singolarmente; inoltre, sempre considerando gli stessi fattori, gli effetti tendono a passare da additivi a sinergici quando ci si approssima ai valori limite che separano possibilità e impossibilità di sviluppo microbico. Peraltro, il repentino passaggio da condizioni che permettono la crescita microbica a condizioni che la prevengono consente, almeno in via teorica, la definizione di modelli accurati.

La modellazione dell'interfaccia sviluppo/non sviluppo – con tutte le ricadute che comporta per la stabilità e la sicurezza microbiologica dei prodotti – costituisce uno strumento potenzialmente decisivo per l'industria alimentare, ma a tutt'oggi non è stato perfezionato e utilizzato in modo sufficiente.

Se pensiamo alle cinetiche di sviluppo di una popolazione microbica in un alimento, sappiamo che (come descritto nei capitoli 2 e 4), man mano che le condizioni ambientali divengono più sfavorevoli, si riduce la velocità di crescita nella fase esponenziale e può diminuire il numero massimo di cellule presenti in fase stazionaria, ma soprattutto si prolunga

F. Gardini, E. Parente (a cura di) *Manuale di microbiologia predittiva*
DOI 10.1007/978-88-470-5355-7_7

drasticamente la durata della fase lag. Questi parametri, stimati attraverso l'uso di modelli primari, possono essere facilmente inseriti successivamente in modelli secondari, che però non si prestano solitamente, a meno dell'adozione di artifizi, ad accogliere i dati di "non sviluppo" che spesso vengono osservati in disegni sperimentali complessi. Ignorare questi dati, d'altra parte, costituisce una grave perdita di informazione che può portare anche a interpretazioni errate dei modelli ottenuti in fase previsionale. Infatti, la drastica accelerazione degli effetti dei diversi fattori sullo sviluppo microbico osservata avvicinandosi all'interfaccia sviluppo/non sviluppo viene eccessivamente sottostimata da un'eventuale estrapolazione del dato attraverso i modelli cinetici.

Questo capitolo è incentrato sulla misurazione della probabilità che abbiano luogo delle attività microbiche. Diventa quindi essenziale definire la probabilità come la misura numerica della possibilità che un certo evento si verifichi. Nonostante la sua intuitiva importanza, nei primi anni di sviluppo della microbiologia predittiva questa chiave interpretativa per la previsione dello sviluppo di batteri e funghi nei prodotti alimentari è stata indagata piuttosto marginalmente. Le potenzialità offerte da un tale approccio possono invece essere di grande interesse; basti pensare a quanto sia importante conoscere la probabilità che un alimento risulti stabile nel tempo dal punto di vista microbiologico in funzione delle sue caratteristiche intrinseche o estrinseche, oppure la probabilità che possa essere contaminato durante i processi produttivi da un microrganismo patogeno o tossinogeno, o ancora la probabilità che questo microrganismo riesca a svilupparsi e a esplicare i propri effetti negativi nell'habitat costituito dall'alimento. Solitamente i risultati utilizzati in questi contesti assumono valori compresi tra 0 (probabilità nulla che l'evento in oggetto si verifichi) e 1 (certezza che l'evento si verifichi). Nei casi più semplici il problema si riduce alla modellazione di dati che assumono un valore binario: sviluppo microbico/non sviluppo microbico, alimento microbiologicamente stabile/alimento microbiologicamente non stabile, tossine prodotte/tossine non prodotte, presenza/assenza di microrganismi patogeni.

Per la comprensione di questo approccio, è indispensabile distinguere tra il singolo evento – che costituisce un'osservazione, cioè un fatto certo, come una confezione o un lotto di produzione che risultino contaminati da un patogeno o alterati – e la stima della probabilità che quello specifico evento si verifichi nella frazione di confezioni caratterizzate da un certo evento.

7.2 Modelli logit

Nella storia della microbiologia predittiva i primi dati trattati in chiave probabilistica furono elaborati mediante equazioni polinomiali (vedi cap. 6) con risultati non soddisfacenti, in termini di significatività dei modelli ottenuti (Zhao et al, 2001), in particolare in prossimità delle condizioni che determinavano l'avverarsi o il non avverarsi dell'evento considerato (probabilità 1 o 0). Inoltre, per la sua costituzione il modello polinomiale prevede necessariamente, al di là di tali condizioni, valori inferiori a 0 o superiori a 1, che ovviamente sfuggono a ogni interpretazione logica.

Le indagini in questo settore hanno tuttavia preso impulso soprattutto attraverso l'utilizzo del *modello di regressione logistica* (vedi cap. 13), già ampiamente impiegato in svariati altri ambiti (medicina, sociologia ecc.). In microbiologia predittiva i modelli di regressione logistica e della sua *trasformazione logit* sono stati in primo luogo applicati all'esplorazione dell'interfaccia sviluppo/non sviluppo di diversi microrganismi (principalmente patogeni o produttori di tossine) in funzione dei più importanti fattori fisico-chimici e ambientali, peraltro in sperimentazioni condotte in laboratorio utilizzando terreni di coltura o sistemi modello. In questi tipi di sperimentazione i dati vengono raccolti in forma classicamente bernoulliana, ossia in formato 0/1, per poi essere successivamente elaborati mediante regressione logistica (Palou, López-Malo, 2005).

I due principali vantaggi del modello di regressione logistica consistono nel fatto che si tratta di una funzione matematica estremamente flessibile e non complessa da risolvere e che a essa si possono associare interpretazioni biologiche attendibili.

In pratica, il modello di regressione logistica (vedi cap. 13) pone in relazione la probabilità (π_i) che un evento Y abbia luogo con un vettore di variabili esplicative (x_i). Supponiamo di applicare la regressione logistica nel caso più semplice in cui sia considerata una sola variabile esplicativa e di voler valutare in che misura ci possiamo attendere che lo sviluppo di un certo microrganismo avvenga in presenza di concentrazioni crescenti di una sostanza ad azione antimicrobica. In questo caso, la quantità $\pi = E(Y|x)$ rappresenta la media condizionale di Y a un dato valore della variabile x (nel caso particolare la probabilità che lo sviluppo abbia luogo). Il modello specifico utilizzato per la regressione logistica è il seguente:

$$\pi_i(x_i) = \frac{\exp(\Sigma\beta_i x_i)}{1+\exp(\Sigma\beta_i x_i)} \tag{7.1}$$

Questo tipo di equazione ha un andamento tipicamente sigmoidale, con due asintoti orizzontali e un punto di flesso posto esattamente a metà tra di essi. Inoltre, risulta facilmente dimostrabile che questa equazione è linearizzabile come segue:

$$\text{logit}(\pi_i) = \ln\left(\frac{\pi_i}{1-\pi_i}\right) = \Sigma\beta_i x_i \tag{7.2}$$

dove il rapporto $\pi_i/(1-\pi_i)$, noto con il termine inglese *odds*, costituisce il rapporto tra le probabilità a favore e quelle a sfavore dell'evento. Il modello finale restituirà quindi la probabilità che lo sviluppo microbico si verifichi (con valori superiori a 0 e inferiori a 1) in ragione della concentrazione della sostanza antimicrobica utilizzata. La caratteristica matematica di questo modello è che i valori 0 e 1 – corrispondenti, rispettivamente, alla certezza che l'evento considerato avvenga e non avvenga – costituiscono gli asintoti dell'eq. 7.1 e sono quindi raggiungibili solamente a $-\infty$ e a $+\infty$. In altre parole, il modello descritto dalla regressione logistica comporta il raggiungimento della certezza che l'evento si verifichi (o non si verifichi) solo all'infinito. Di conseguenza, il modello deve essere utilizzato per individuare quale sia la probabilità che l'evento indagato abbia luogo a livelli del 90, 99, 99,9% ecc. (cioè $\pi(x) = 0{,}9$; $0{,}99$; $0{,}999$ ecc.), a seconda della precisione richiesta alla previsione.

Se invece consideriamo l'eq. 7.2, i coefficienti del modello logit(π) risultano lineari e possono essere continui. Nel caso specifico della presenza di una sola variabile esplicativa per la valutazione di π_i, il passaggio dall'equazione sigmoidale (logistica) a quella lineare (logit) è descritto graficamente nella Fig. 7.1. Come già osservato, il punto di flesso della curva logistica è posto esattamente a metà tra il valore dell'asintoto superiore e quello dell'asintoto inferiore. Quindi il flesso della curva si raggiunge quando $\pi = 0{,}5$; il valore di x in corrispondenza del flesso costituisce il punto in cui la linearizzazione della logistica logit(π) interseca l'asse delle x, poiché $\ln[0{,}5/(1-0{,}5] = \ln 1 = 0$.

La presenza di più variabili esplicative complica il modello finale nel senso che possono essere considerate equazioni polinomiali comprendenti, oltre ai termini lineari riferiti a ciascuna

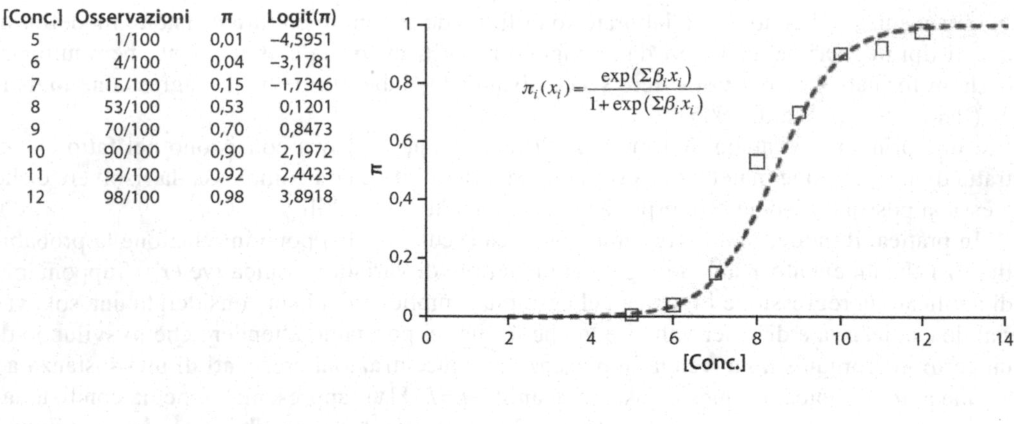

[Conc.]	Osservazioni	π	Logit(π)
5	1/100	0,01	–4,5951
6	4/100	0,04	–3,1781
7	15/100	0,15	–1,7346
8	53/100	0,53	0,1201
9	70/100	0,70	0,8473
10	90/100	0,90	2,1972
11	92/100	0,92	2,4423
12	98/100	0,98	3,8918

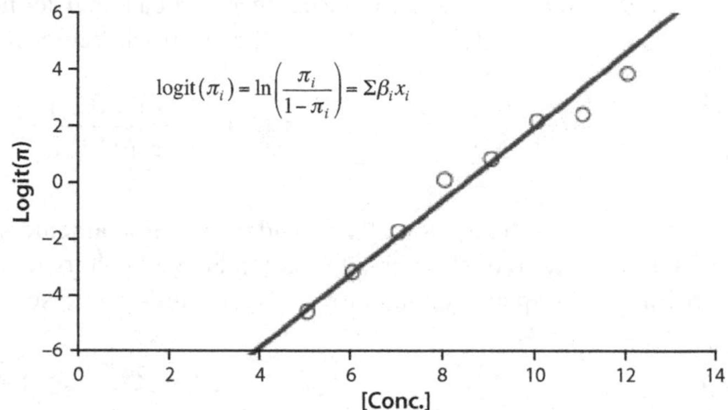

Fig. 7.1 Esempio di linearizzazione di π a logit(π). Nel caso specifico π rappresenta la probabilità che la concentrazione di conservante [Conc.] riesca a evitare la moltiplicazione di un microrganismo. Per ogni concentrazione testata sono considerate 100 osservazioni e nella relativa colonna viene riportato il numero di campioni in cui non è stata osservata moltiplicazione microbica

variabile, anche termini interattivi e talora addirittura termini quadratici (vedi par. 7.4). Tuttavia, l'esempio generico appena riportato per descrivere le caratteristiche generali della trasformazione logit non deve trarre in inganno inducendo a un'eccessiva semplificazione del contesto che ne consente un adeguato utilizzo. Per quanto espresso sopra, risulta infatti chiaro che i dati espressi sotto forma di 0 o 1 non possono essere ricondotti a una forma finita dalla trasformazione logit, e quindi il processo di stima dei parametri in questi casi non può avvalersi di una semplice regressione lineare.

Per questo motivo le stime dei parametri incogniti dell'equazione logistica sono solitamente ottenute in modo alternativo, attraverso il metodo della massima verosimiglianza (*maximum likelihood*), una procedura di stima complessa basata sull'uso di algoritmi numerici ormai compresi tra le procedure di regressione non lineare nella maggior parte dei programmi di statistica. Quindi, in altre parole, la stima dei parametri dell'equazione logit è un processo iterativo basato sull'ottimizzazione progressiva, fino a un *plateau* dipendente dalla massima verosimiglianza. Il processo analitico attraverso il quale può essere ottenuta la stima dei parametri incogniti e il calcolo dei parametri diagnostici dell'efficacia della regressione sono illustrati e discussi estensivamente nel capitolo 13.

In ogni caso, il controllo della bontà dell'adattamento di un modello di questo tipo viene generalmente effettuato in vari modi. Un criterio intuitivo prevede la stima di parametri diagnostici specifici basati sulla valutazione delle frequenze attese e di quelle osservate per l'evento studiato. In particolare, per la significatività dei parametri stimati si può fare ricorso ai test asintotici presentati nei capitoli 12 e 13. Per valutare invece l'efficacia complessiva del modello, cioè la significatività della regressione ottenuta, si può ricorrere al valore del test della devianza. Inoltre, molti pacchetti statistici propongono per la regressione logistica indici simili al coefficiente di determinazione della regressione lineare detti pseudo-R^2 (Bewick et al, 2005), oppure ricorrono alla valutazione del chi quadrato (χ^2) di Pearson (vedi cap. 12).

Oltre che attraverso i parametri diagnostici sopra descritti, la validità del modello ottenuto può essere valutata anche attraverso altri indici, più empirici ma altrettanto interessanti e abbastanza intuitivi. Per esempio, parlando di casi sviluppo/non sviluppo in rapporto a una o più variabili indipendenti, viene spesso riportata la percentuale di corretta classificazione, vale a dire la percentuale di campioni in cui la condizione di sviluppo/non sviluppo osservata e quella prevista dal modello coincidono. Nel calcolo di questa percentuale, occorre considerare che la coincidenza tra valori osservati e valori previsti viene determinata per approssimazione. In altre parole, vengono definiti correttamente classificati tutti quei valori la cui osservazione corrisponda a 1 e per i quali il modello preveda valori superiori a 0,5. Analogamente sono correttamente classificati i valori la cui osservazione corrisponda a 0 e per i quali il modello preveda valori inferiori a 0,5. Inoltre, qualora si abbiano più osservazioni per ogni condizione testata, si può valutare la correlazione tra la percentuale di sviluppo osservata empiricamente per ogni condizione e quella definita dal modello.

Come già osservato, questo tipo di modelli può prendere in considerazione contemporaneamente l'effetto di più variabili indipendenti (pH, a_w, temperatura, concentrazione di antimicrobici ecc.). In questo caso è possibile utilizzare modelli polinomiali che possono essere semplificati rimuovendo le variabili i cui coefficienti risultino meno significativi, come si vedrà anche nell'esempio riportato nel par. 7.4. La semplificazione dei modelli offre diversi vantaggi. Infatti, se è vero che i modelli costruiti utilizzando molti termini hanno necessariamente elevati coefficienti di correlazione e prevedono con maggiore accuratezza i dati utilizzati per costruirli, è anche vero che questa accuratezza può andare a discapito dell'attendibilità del modello in fase di validazione, cioè prevedere dati non provenienti dalle fasi sperimentali della creazione del modello. Ciò dipende dal fatto che i modelli sovraparametrizzati fotografano, più che il trend reale, il "rumore di fondo" della sperimentazione (Battey et al, 2002). In altre parole, per minimizzare gli scarti tra i valori osservati e i valori previsti, questi modelli amplificano e sovrastimano la componente dovuta alla variabilità intrinseca del dato sperimentale, e saranno quindi necessariamente meno precisi in fase applicativa. Inoltre, nonostante la natura puramente empirica del modello logit, i modelli semplificati riescono meglio a evidenziare le eventuali implicazioni biologiche che possono concorrere a determinare la risposta dei microrganismi nelle condizioni analizzate (vedi cap. 13, parr. 13.2 e 13.3).

La semplificazione (cioè la riduzione) dei modelli logistici si ottiene con procedure simili a quelle adottate per i modelli lineari (vedi cap. 6): attraverso procedure *stepwise* vengono aggiunte (o rimosse) singole variabili valutando l'effetto che la loro aggiunta (o rimozione) ha sulla significatività complessiva del modello finale. L'efficacia del processo di semplificazione del modello può essere stimata valutando il contributo apportato da ogni singola variabile alla riduzione della devianza (statistica di massima verosimiglianza) in relazione al valore del χ^2 complessivo del modello.

7.3 Modelli logit modificati

Una modifica dell'equazione logistica per la modellazione dell'interfaccia sviluppo/non sviluppo di popolazioni batteriche è stata proposta da Ratkowsky e Ross, che hanno messo a punto un modello cinetico basato su un'equazione logistica lineare integrata dall'utilizzo dei parametri cardinali della crescita microbica considerati come valori fissi (Ratkowsky, Ross, 1995). In altri termini, la classica equazione logistica illustrata nel paragrafo precedente viene integrata con il modello di Ratkowsky, già descritto tra i modelli secondari (cap. 6). Questo modello può essere applicato allo studio dell'efficacia di una sola variabile esplicativa sulle attività microbiche, ma può anche studiare l'effetto contemporaneo di più variabili.

In particolare, per quanto concerne lo studio contemporaneo di fattori quali a_w, pH e temperatura, il modello prevede una valutazione preliminare dei valori minimi dei suddetti fattori che, considerati singolarmente, consentono la crescita della specie microbica in esame. Questi valori vengono quindi inseriti nel modello, che assume la seguente forma:

$$\text{logit}(P) = B_0 + B_1 \ln(a_w - a_{w\min}) + B_2 \ln(T - T_{\min}) + B_3\left[1 - 10^{\ln(pH - pH_{\min})}\right] \quad (7.3)$$

La valutazione preliminare di $a_{w\min}$, $pH_{\min}$ e $T_{\min}$ rende quindi necessaria la sola stima di B_0, B_1, B_2 e B_3. Tuttavia l'uso dei valori minimi per i fattori considerati come costanti può portare all'amplificazione di errori presenti nelle procedure (o nei modelli cinetici) utilizzate per la loro determinazione. Per questo, alcuni autori (Tienungoon et al, 2000; Lanciotti et al, 2001) preferiscono stimare anche questi valori sulla base dei dati a loro disposizione. Peraltro questa procedura, che porta a valori più sicuri, rende il processo di stima più complesso e difficile.

7.4 Un caso di studio

La messa a punto di un modello logit attendibile richiede un elevato numero di osservazioni sperimentali e ciò può, almeno apparentemente, limitare le potenzialità di applicazioni pratiche di tali modelli. Per contro, la dicotomizzazione dei risultati (per esempio, sviluppo/non sviluppo) può semplificare drasticamente l'acquisizione del dato, e quindi il costo analitico.

Nel capitolo 14 viene esemplificata la procedura statistica attraverso la quale ottenere la stima dei parametri del modello logit: l'esempio proposto è basato sulla valutazione della stabilità microbica di bevande in funzione della presenza di un terpenoide con attività antimicrobica e di un blando trattamento termico in funzione della carica microbica di *Saccharomyces cerevisiae* (vedi par. 14.3).

In questo capitolo esamineremo un problema analogo, rielaborato da Belletti et al (2010), relativo all'applicazione di un modello logit al settore delle bevande, allo scopo di evidenziare, oltre che le potenzialità, anche le modalità attraverso le quali i risultati ottenuti possono essere visualizzati e interpretati.

L'esempio riguarda l'utilizzo di tre diverse molecole terpeniche, naturalmente presenti in molti oli essenziali, come antimicrobici naturali per la stabilizzazione di bevande di fantasia a base agrumaria. Numerose esperienze indicano che questi terpeni potenziano in maniera consistente l'efficacia dei trattamenti termici rendendo possibile, a parità di abbattimento cellulare, temperature di trattamento più basse o tempi di trattamento assai più brevi (Belletti et al, 2011). In particolare lo scopo della sperimentazione era valutare come queste sostanze influenzano l'efficacia del trattamento termico e, più specificamente, se e come interagiscono tra di loro nella determinazione dell'effetto antimicrobico complessivo. Le bevande non gassate sono state preparate partendo da concentrati industriali opportunamente diluiti (fino a una concentrazione finale di circa 8,5 °Bx) e imbottigliate in bottiglie di PET della

Tabella 7.1 Disegno sperimentale adottato per valutare la stabilità microbiologica di bevande inoculate con *Saccharomyces cerevisiae* e addizionate di diverse quantità di tre terpeni*

	Quantità di terpene aggiunto (mg/L)			
Combinazione	**citral**	**β-pinene**	**linalolo**	**π**
1	30	15	15	0,3
2	90	15	15	1,0
3	30	45	15	0,8
4	90	45	15	0,9
5	30	15	45	0,7
6	90	15	45	1,0
7	30	45	45	1,0
8	90	45	45	1,0
9	60	30	30	0,9
10	60	30	30	0,9
11	0	30	30	0,2
12	120	30	30	1,0
13	60	0	30	0,1
14	60	60	30	1,0
15	60	30	0	0,9
16	60	30	60	1,0
17	60	30	30	0,9
18	0	0	0	0,0
19	120	60	60	1,0
20	0	15	15	0,0
21	30	0	15	0,0
22	30	15	0	0,0

* Per ogni combinazione testata è riportata la probabilità (π) di inibizione dello sviluppo microbico osservata sperimentalmente. (Rielaborata da Belletti et al, 2010).

capacità di 500 mL. Le bottiglie così ottenute sono state inoculate con circa 50 ufc/mL di *S. cerevisiae* e trattate termicamente a temperature molto basse (55 °C per 15 min) rispetto a quelle usualmente applicate nel trattamento di questo tipo di prodotti. Prima del trattamento termico, le bevande sono state addizionate di tre sostanze ad azione antimicrobica naturalmente presenti negli oli essenziali agrumari. Le molecole prese in considerazione, anche sulla base delle proprietà antimicrobiche mostrate in sperimentazioni precedenti, sono state il citral (in concentrazione variabile tra 0 e 120 mg/L), il linalolo (0-60 mg/L) e il β-pinene (0-60 mg/L). Gli intervalli di concentrazione sono stati definiti in modo che le diverse sostanze, anche alle concentrazioni massime previste, risultassero compatibili con il profilo organolettico complessivo di una bevanda agrumaria, senza portare alla formazione di note estranee o comunque sgradevoli nel prodotto finito. La prova è stata condotta utilizzando un disegno sperimentale (Tabella 7.1) costituito fondamentalmente da un *central composite design* (vedi cap. 6) cui sono state aggiunte cinque combinazioni, per un totale di 22 combinazioni, allo scopo di rafforzare le previsioni in zone particolarmente critiche per la valutazione dell'interfaccia sviluppo/non sviluppo. Questa strategia di rafforzamento dell'attenzione nei punti di maggiore criticità è comunemente adottata soprattutto quando si valutano risposte in termini probabilistici, ma è anche auspicata da taluni autori nell'elaborazione di dati cinetici. Nell'ambito di ciascuna delle condizioni previste dal disegno sperimentale individuato, sono state utilizzate dieci diverse repliche (per un totale di 220 campioni), in ciascuna delle quali è stata semplicemente osservata, nell'arco di due mesi, l'eventuale degradazione (formazione di gas, deformazione della bottiglia, presenza di cellule di lievito sul fondo) o la stabilità microbiologica del prodotto. I risultati riportati in tabella indicano quindi la frequenza di risultati positivi (mancanza di fermentazione) per ogni combinazione.

Come si può osservare dalla tabella, i risultati di molte combinazioni considerate presentano una proporzione sperimentalmente stimata pari a 0 o a 1, rendendo quindi improponibile la semplice regressione lineare dopo trasformazione logit. I coefficienti sono pertanto stati stimati attraverso il metodo della massima verosimiglianza (vedi cap. 13).

In prima approssimazione è stato testato il modello comprendente solo i termini lineari delle variabili esplicative considerate, vale a dire le concentrazioni delle tre sostanze in esame, ottenendo il seguente risultato:

$$\text{logit}(\pi) = -5,946 + 0,063(C) + 0,052(L) + 0,107(P) \tag{7.4}$$

dove (C) è la concentrazione di citral, (L) quella di linalolo e (P) quella di β-pinene (espresse in mg/L). Il modello ottenuto è caratterizzato da un valore di massima verosimiglianza di 54,96.

Con un modello più complesso, rappresentato da un'equazione polinomiale quadratica, si è ottenuto il seguente risultato:

$$\begin{aligned}\text{logit}(\pi) = &-8,63 + 0,103(C) + 0,023(L) + 0,28(P) - 0,0001(C)^2 + 0,0013(L)^2 - \\ &- 0,0022(P)^2 - 0,0002(C)(L) - 0,0009(C)(P) - 0,0009(P)(L)\end{aligned} \tag{7.5}$$

che determina un miglioramento significativo del valore di massima verosimiglianza, che risulta pari a 51,03.

Utilizzando una procedura stepwise, si può ottenere la seguente equazione, decisamente semplificata rispetto al modello polinomiale completo:

$$\text{logit}(\pi) = -6,621 + 0,066(C) + 0,213(P) - 0,0022(P)^2 + 0,0012(L)^2 \tag{7.6}$$

In questo caso il valore di massima verosimiglianza è 51,89, significativamente migliore di quello del modello lineare, ma non significativamente diverso da quello del modello polinomiale completo.

La Fig. 7.2 riportati i grafici delle relazioni tra le frequenze osservate e quelle attese ottenute utilizzando i tre diversi modelli per le 22 combinazioni riportate in Tabella 7.1. Come si può constatare, la dispersione dei punti risulta maggiore nel caso del modello lineare, mentre non si apprezzano importanti differenze confrontando il modello polinomiale completo e quello ottenuto con procedura stepwise.

Dal punto di vista grafico i risultati ottenuti possono essere rappresentati anche con modalità diverse.

Nella Fig. 7.3 viene riportato l'andamento di π in funzione della quantità di citral in presenza di diverse concentrazioni di β-pinene e linalolo (dove per $\pi = 1$ tutti i prodotti sono

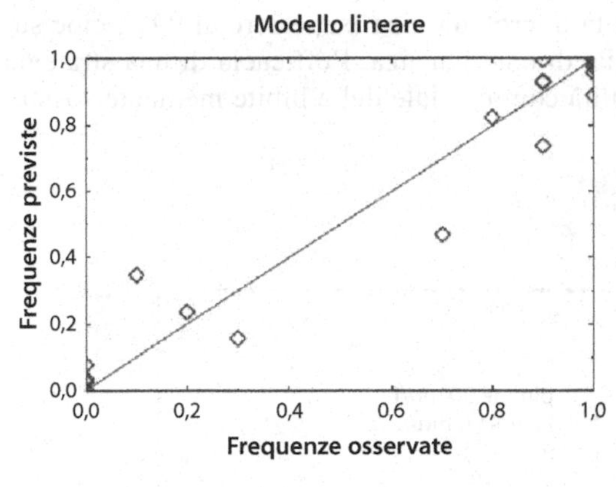

Fig. 7.2 Relazione tra le frequenze osservate e quelle attese nelle 22 combinazioni del disegno sperimentale riportato in Tabella 7.1 nel caso dell'utilizzo di un modello lineare (eq. 7.4) di un modello polinomiale quadratico completo (eq. 7.5) e di un modello polinomiale ridotto attraverso una procedura stepwise (eq. 7.6). (Modificata da Belletti et al, 2010)

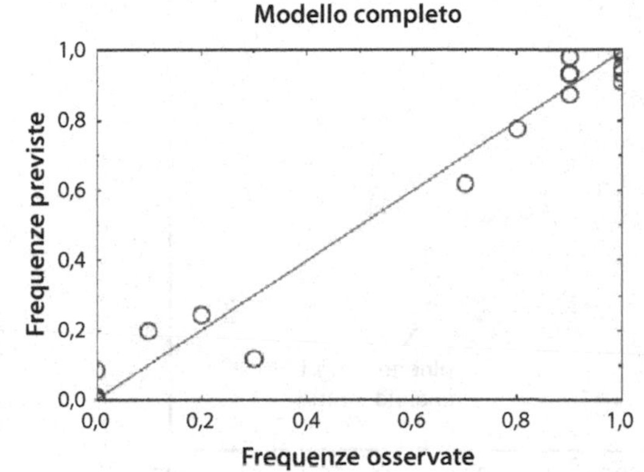

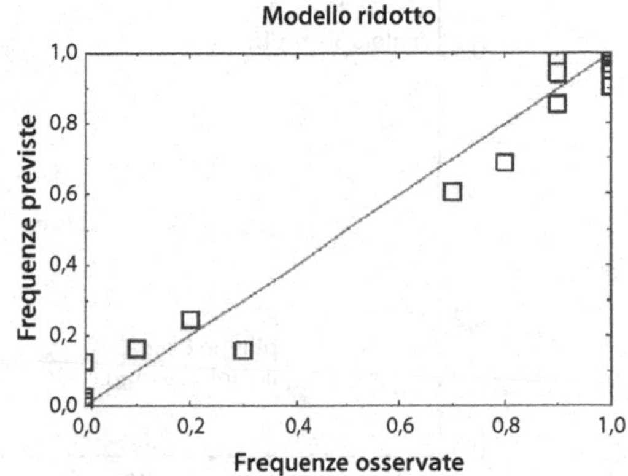

microbiologicamente stabili, cioè non fermentati, mentre per $\pi=0$ tutti i prodotti sono alterati). Questo tipo di rappresentazione permette anche, nel caso specifico, di apprezzare le possibilità di interpretazione biologica offerte dalla metodica. Infatti, è possibile evidenziare chiaramente in quale misura aumenti l'attività antimicrobica del citral all'aumentare della sua concentrazione nelle bibite. Ed è altrettanto evidente l'effetto antimicrobico sinergico che si instaura tra le diverse sostanze terpeniche, e in particolare l'interazione che non può assolutamente essere considerata semplicemente additiva tra linalolo e β-pinene. Infatti, come risulta chiaramente dalla Fig. 7.3, questi ultimi due terpeni hanno un'attività antimicrobica scarsissima se considerati singolarmente: si osservino i bassissimi valori di π quando il citral è assente (0 mg/L) e la concentrazione di uno degli altri due terpeni è a 30 mg/L. Tuttavia, la presenza contemporanea di linalolo e β-pinene innalza drasticamente la probabilità di avere prodotti stabili, che alle concentrazioni più alte delle due molecole considerate (60 mg/L) e in assenza di citral risulta superiore al 90%.

La Fig. 7.4 costituisce una rappresentazione tridimensionale degli stessi risultati ottenuti; mostra infatti gli effetti su π delle variabili indipendenti (concentrazioni di citral, β-pinene e linalolo) considerate due per volta. La variabile mancante in ciascun grafico è stata mantenuta costante al valore intermedio previsto dal disegno sperimentale adottato, vale a dire 60 mg/L per il citral, 30 mg/L per il β-pinene e 30 mg/L per il linalolo. Questa rappresentazione è particolarmente utile per apprezzare sia la vasta gamma di combinazioni dei tre terpeni che assicurano un'elevatissima stabilità microbiologica (superiore al 99%, cioè superiore a 0,99 considerando il valore di π) sia, di conseguenza, l'efficacia di una strategia che riesce a garantire una soddisfacente stabilità commerciale delle bibite mediante sostanze presenti in oli essenziali naturali.

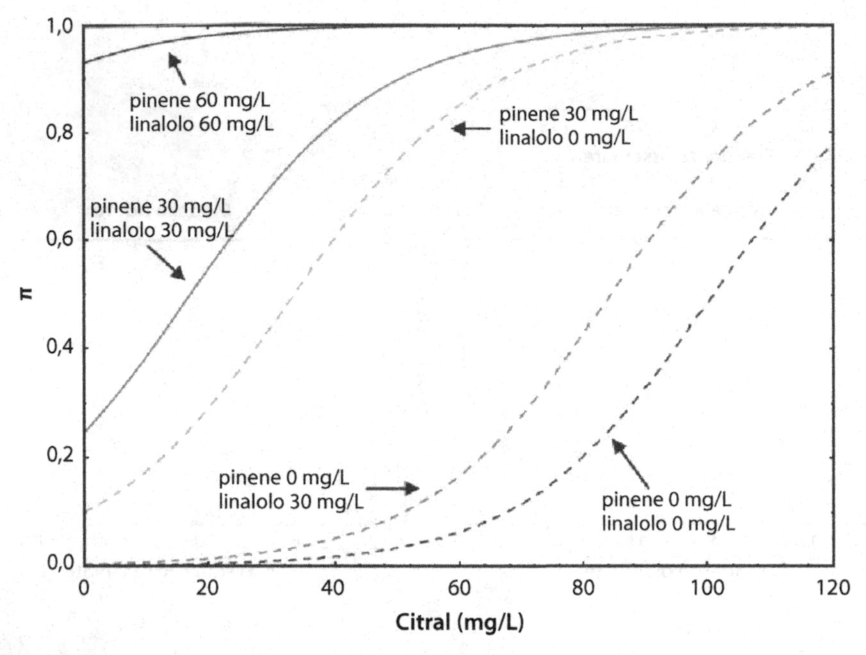

Fig. 7.3 Andamento di π in funzione della quantità di citral in presenza di diverse concentrazioni di β-pinene e linalolo. Le curve sono costruite sulla base dei risultati del modello polinomiale ridotto. (Modificata da Belletti et al, 2010)

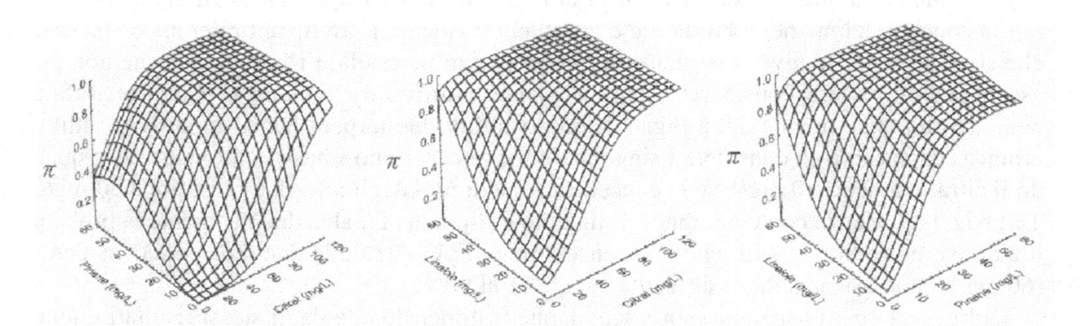

Fig. 7.4 Rappresentazione tridimensionale del modello polinomiale ridotto. Sono rappresentati gli effetti su π delle variabili indipendenti (concentrazioni di citral, β-pinene e linalolo) considerate due a due. La variabile mancante in ciascun grafico è stata considerata a un valore costante, e in particolare nel caso specifico 60 mg/L per il citral, 30 mg/L per il β-pinene e 30 mg/L per il linalolo. (Modificata da Belletti et al, 2010)

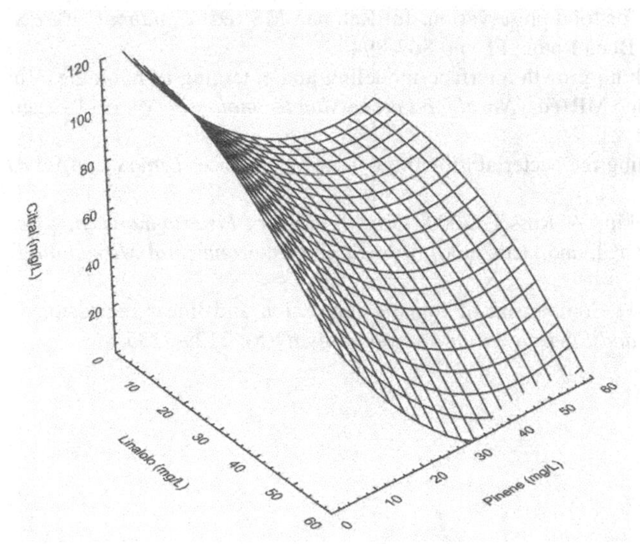

Fig. 7.5 Superficie di risposta corrispondente alle combinazioni di concentrazione di tre sostanze terpeniche (citral, β-pinene e linalolo) che determinano una probabilità del 90% di ottenere prodotti stabili, ossia non alterati. (Modificata da Belletti et al, 2010)

Infine, un'ulteriore modalità per visualizzare i risultati ottenibili con questo tipo di elaborazione consiste nell'individuare combinazioni delle variabili indipendenti caratterizzate dalla medesima probabilità che l'evento considerato abbia luogo, nel caso specifico quindi che sia raggiunto l'obiettivo di stabilizzare le bevande dal punto di vista microbiologico. Nella Fig. 7.5 è rappresentata una superficie di risposta definita dalle combinazioni delle concentrazioni di citral, β-pinene e linalolo che determinano una stessa probabilità di successo nella strategia antimicrobica, cioè di stabilità delle bevande, fissata in questo caso al 90% (π=0,9). Le combinazioni collocate al di sotto della superficie raffigurata forniscono probabilità di stabilità inferiori al 90%, mentre quelle collocate al di sopra della superficie garantiscono probabilità di stabilità superiori (ovviamente la scelta di π=0,9 è puramente arbitraria: lo stesso approccio si può utilizzare considerando valori di π più elevati e più consoni alle esigenze dell'industria).

Bibliografia

Battey AS, Duffy S, Schaffner DW (2002) Modeling yeast spoilage in cold-filled ready-to-drink beverages with *Saccharomyces cerevisiae*, *Zygosaccharomyces bailii*, and *Candida lipolytica*. *Applied and Environmental Microbiology* 68(4): 1901-1906

Belletti N, Sado Kamdem SL, Lanciotti R, Gardini F (2011) Predictive modelling of antimicrobial effects of natural aromatic compounds in model and food systems. In: Rai M, Chikindas M (eds) *Natural antimicrobials in food safety and quality*. CAB International, Wallingford, pp 328-348

Belletti N, Sado Kamdem SL, Tabanelli G et al (2010) Modeling of combined effects of citral, linalool and β-pinene used against *Saccharomyces cerevisiae* in citrus-based beverages subjected to a mild heat treatment. *International Journal of Food Microbiology* 136(3): 283-289

Bewick V, Cheek L, Ball J (2005) Statistic review 14: logistic regression. *Critical Care* 9(1): 112-118

Lanciotti R, Sinigaglia M, Gardini F et al (2001) Growth/no growth interfaces of *Bacillus cereus*, *Staphylococcus aureus* and *Salmonella enteritidis* in model systems based on water activity, pH, temperature and ethanol concentration. *Food Microbiology* 18(6): 659-668

Leistner L (2007) Combined methods for food preservation. In: Rahman MS (ed) *Handbook of Food Preservation*, 2nd edn. CRC Press, Boca Raton, FL, pp 867-894

Palou E, López-Malo A (2005) Growth/no-growth interface modeling and emerging technologies. In: Barbosa-Cánovas GV, Tapia MS, Cano MP (eds) *Novel food processing technologies*. Marcel Dekker/ CRC Press, New York, pp 629-651

Ratkowsky DA, Ross T (1995) Modelling the bacterial growth/no growth interface. *Letters in Applied Microbiology* 20(1): 29-33

Tienungoon S, Ratkowsky DA, McMeekin TA, Ross T (2000) Growth limits of *Listeria monocytogenes* as a function of temperature, pH, NaCl, and lactic acid. *Applied and Environmental Microbiology* 66(11): 4979-4987

Zhao L, Chen Y, Schaffner DW (2001) Comparison of logistic regression and linear regression in modeling percentage data. *Applied and Environmental Microbiology* 67(5): 2129-2135

Capitolo 8
Modelli terziari: software e database per la microbiologia predittiva

Eugenio Parente, Annamaria Ricciardi

8.1 Dai dati alle interfacce

Oltre trent'anni di ricerche di microbiologia predittiva in un gran numero di istituzioni e laboratori pubblici e privati hanno prodotto una mole enorme di dati e conoscenze che, per essere pienamente fruibili anche da utenti relativamente "inesperti", richiedono strumenti adeguati. Infatti, le conoscenze e i dati generati dai ricercatori devono essere utilizzabili per una varietà di applicazioni, tra le quali, per esempio:

- valutazioni del rischio qualitative e quantitative (vedi cap. 11) da parte di industrie, organizzazioni di produttori, singoli professionisti, enti pubblici e organizzazioni governative nazionali o transnazionali;
- progettazione di prodotti o processi nell'industria alimentare;
- valutazione della shelf life di prodotti durante la distribuzione e la commercializzazione;
- controllo di processo nell'industria alimentare;
- formazione e training nelle università e nell'industria;
- formulazione di criteri, standard, linee guida, regolamenti ecc. per migliorare la qualità e la sicurezza degli alimenti.

Per tutte queste applicazioni è sicuramente necessaria una solida preparazione in microbiologia degli alimenti e una buona conoscenza dei principi della microbiologia predittiva, ma la mancanza di conoscenze approfondite degli strumenti e dei metodi della microbiologia predittiva non deve costituire un limite invalicabile.

Lo stato attuale della microbiologia predittiva e delle sue relazioni con l'industria e con gli enti regolatori è stato descritto nel capitolo 1, dove si sottolinea la necessità di una visione globale della grande quantità di dati e informazioni oggi disponibili, l'effetto potenzialmente esplosivo di questa massa di conoscenze sulla ricerca e sul mondo della produzione e, infine, l'esigenza di semplificazioni e modelli validi per districarsi in tanta complessità.

È evidente che nel mondo della microbiologia predittiva la generazione dei dati e la fruizione delle informazioni (dati, modelli ecc.) si svolgono a numerosi livelli (schematizzati nella Fig. 8.1) e richiedono categorie diverse di strumenti (Tabella 8.1):

a. una mole imponente di dati grezzi o strutturati è già disponibile in molti laboratori pubblici e privati di tutto il mondo e nuovi dati vengono continuamente generati in diverse condizioni (specie diverse, parametri ambientali diversi ecc.): i singoli laboratori tendono però a registrare i dati in modo non omogeneo, sebbene molti elementi siano comuni;

F. Gardini, E. Parente (a cura di) *Manuale di microbiologia predittiva*
DOI 10.1007/978-88-470-5355-7_8

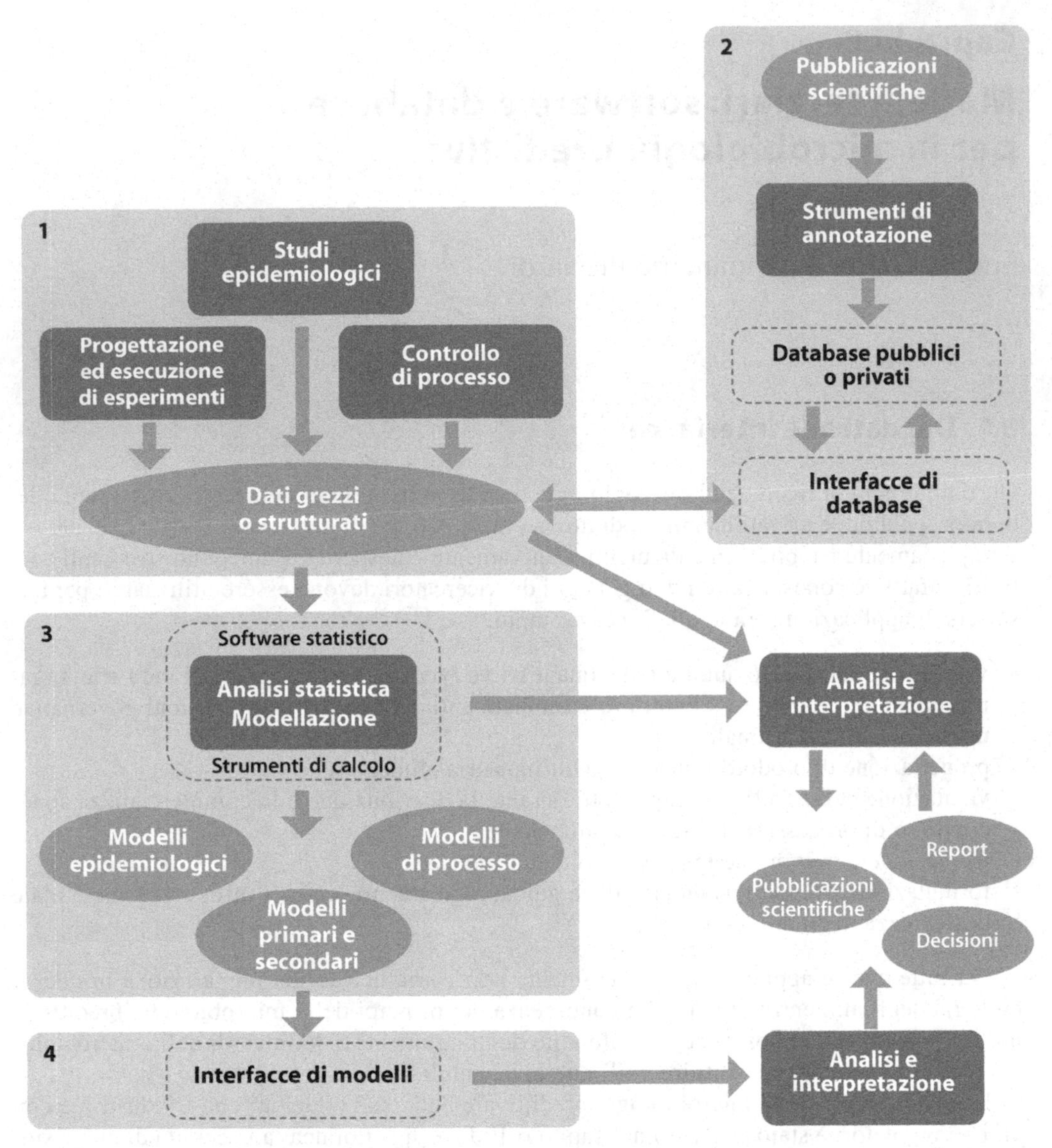

Fig. 8.1 Rappresentazione schematica del flusso di attività e informazioni nella produzione, gestione, interpretazione e analisi dei dati di microbiologia predittiva. Dati grezzi e strutturati vengono generati continuamente da istituzioni di ricerca pubbliche e private e dall'industria (**1**) e vengono raccolti e organizzati in database (**2**) o pubblicati. I dati, generati o estratti da database, vengono utilizzati per generare modelli (**3**); i modelli stessi possono essere incorporati nei database per migliorare la visualizzazione dei dati. I modelli possono essere resi fruibili anche a operatori relativamente poco esperti tramite applicazioni on line o stand alone che fungono da interfacce di modelli (**4**) e spesso incorporano database. L'analisi e l'interpretazione dei dati e dei modelli consente di disseminare le conoscenze tramite pubblicazioni scientifiche o report. La disponibilità di moderni strumenti di annotazione consente di estrarre dati dalle pubblicazioni e inserirli in maniera organizzata nei database. Sistemi più complessi, che comprendono tutte le fasi 2, 3, e 4 e incorporano conoscenza sotto forma di sistemi di regole, possono fornire supporto alle decisioni nella progettazione, nell'ottimizzazione e nella regolamentazione dei processi produttivi del settore alimentare

pubblicazioni scientifiche e report riportano questi dati in formati diversi, oltre a parametri di modelli ricavati dai dati sperimentali;

b. i dati sono utilizzati per sviluppare modelli primari e, insieme alle condizioni adottate, per generare modelli secondari; i modelli e i parametri sono pubblicati in report e nella letteratura scientifica;

c. i laboratori di controllo e assicurazione qualità dell'industria generano continuamente dati di processo, spesso non disponibili per i ricercatori.

La fruibilità di questa enorme mole di dati è di per sé desiderabile: lo scambio di dati e di informazioni per la generazione di nuovi modelli o per la validazione di modelli esistenti può portare al consolidamento delle conoscenze e al loro avanzamento. Le *basi dati* o *database* sono lo strumento per la conservazione e la comunicazione dei dati. La stessa progettazione dei database richiede uno sforzo di organizzazione e, talvolta, di semplificazione: in un database relazionale i dati sono conservati in una serie di tabelle collegate tra loro mediante relazioni tra i campi delle singole tabelle. I database devono inoltre avere *interfacce* per l'immissione, la ricerca, la presentazione e l'estrazione dei dati. Questi aspetti sono descritti in maggiore dettaglio nel par. 8.2.

I dati stessi vengono usati per generare modelli, sotto forma di relazioni empiriche, semiempiriche e meccanicistiche di diverso tipo (vedi capp. 3-7).

A loro volta i modelli, per essere resi fruibili a utenti con diverso grado di esperienza, richiedono interfacce adeguate. Nel corso degli anni sono state sviluppate *interfacce per modelli* generali o specifiche per prodotto (Fig. 8.1 e Tabella 8.1), di diverso livello di complessità: da semplici strumenti per la visualizzazione e l'esportazione delle predizioni dei modelli in funzione del microrganismo e delle condizioni ambientali, statiche e/o dinamiche (come Pathogen Modeling Program e ComBase Predictor), a strumenti più complessi che incorporano moduli per il supporto delle decisioni (in termini di scelte per la formulazione di prodotti e l'ottimizzazione e il controllo di processo). Questi strumenti sono descritti nel par. 8.3.

Benché software matematici e statistici di uso generale (vedi capp. 12-14) siano comunemente usati per le applicazioni di calcolo in microbiologia predittiva, è desiderabile che anche figure con un'esperienza relativamente limitata in matematica e statistica siano in grado di utilizzare rapidamente e in maniera affidabile i dati per la generazione di modelli. Per questa ragione sono state sviluppate numerose *applicazioni on line* o *stand alone*, in genere specifiche per un singolo problema (vedi Tabella 8.1), anche se non esiste ancora una suite completa di software per la microbiologia predittiva. Applicazioni di questo tipo sono spesso inserite come strumenti di calcolo nei database per generare parametri di modelli (per esempio, velocità di crescita o di morte) dai dati grezzi.

Dati e modelli vengono analizzati e interpretati, pubblicati e disseminati in un numero crescente di pubblicazioni scientifiche e report. Al di là dei database bibliografici, che sono ormai uno strumento imprescindibile per il lavoro dei ricercatori che operano nelle istituzioni pubbliche o nell'industria, lo sviluppo di strumenti software specifici per l'annotazione semantica ha consentito il popolamento di database (come quello di Sym'Previus, vedi par. 8.3.3) mediante l'estrazione e l'annotazione automatizzata dei dati dalle pubblicazioni scientifiche (Hignette et al, 2008), fornendo ulteriore impulso alla generazione di database sempre più completi.

Nei paragrafi successivi navigheremo attraverso i database e gli strumenti software più importanti per la microbiologia predittiva. Le finestre di applicazioni mostrate nelle figure e gli indirizzi internet riportati nel testo e nelle tabelle sono quelli validi al momento della stesura del capitolo e, poiché molti degli strumenti qui descritti vengono aggiornati e arricchiti frequentemente, i lettori potrebbero riscontrare nel futuro differenze anche importanti.

Tabella 8.1 Quadro riassuntivo degli strumenti e dei software per la microbiologia predittiva

Categoria	*Strumento/Software (URL)*[1]	*Descrizione*	*Lingua*	*Accesso*[2]
Portali	Predictive Microbiology Information Portal http://portal.arserrc.gov/	Portale di accesso a strumenti di microbiologia predittiva, incluso il Pathogen Modeling Program, gestito dal Food Safety & Inspection Service e dall'Agricultural Research Service dell'USDA. Il Resource Locator permette di individuare rapidamente altre risorse	Inglese	L
	ComBase http://www.combase.cc/index.php/en/	Portale di accesso alle risorse di ComBase, un'iniziativa congiunta di numerosi istituti di ricerca che si occupano di microbiologia predittiva. La pagina <Resources> consente di accedere facilmente a molti altri strumenti	Inglese, spagnolo, giapponese	R
Database e browser per database	ComBase Browser http://browser.combase.cc/membership/ComBaseLogin.aspx	Fornisce accesso a ComBase, database relazionale contenente un'enorme mole di dati su crescita, sopravvivenza e inattivazione di microrganismi in diverse matrici. È possibile ricercare i dati con diverse chiavi e visualizzare e scaricare i dati ottenuti	Inglese, spagnolo, giapponese	R
	Microbial Response Viewer (MRV) http://mrv.nfri.affrc.go.jp/Default.aspx#/About	Strumento on line che utilizza i dati di ComBase per generare interfacce crescita/assenza di crescita per 30 microrganismi o gruppi di microrganismi in substrati colturali o in alimenti in funzione di temperatura, pH, a_w. È possibile visualizzare le curve di crescita/inattivazione e scaricare i dati per singole condizioni. MRV usa diversi tipi di modelli secondari per produrre diagrammi di isorisposta (Koseki, 2009)	Inglese, giapponese	L
	Sym'Previus database https://www.tools.symprevius.org/mie/mie.php	Database contenente dati su crescita, distruzione e inattivazione per i principali microrganismi patogeni. Costituisce un modulo della suite Sym'Previus (Leporq et al, 2005)	Francese, inglese	P

segue

segue **Tabella 8.1**

Categoria	***Strumento/Software (URL)***[1]	***Descrizione***	***Lingua***	***Accesso***[2]
Interfacce di modelli[3]	ComBase Predictor http://modelling.combase.cc/ComBase_Predictor.aspx	Suite di modelli per la crescita, l'inattivazione termica e la sopravvivenza di patogeni e agenti di deterioramento mantenuta sul sito di ComBase. Permette di utilizzare condizioni sia costanti sia variabili	Inglese	R
	Pathogen Modeling Program http://pmp.arserrc.gov/PMPOnline.aspx	Suite di modelli per la crescita, la morte e l'inattivazione di patogeni e altri microrganismi, basati prevalentemente (ma non esclusivamente) su esperimenti di crescita in brodi di coltura. Le versioni 6.1 e 7.0 sono disponibili anche in versione stand alone per Windows	Inglese	L
	Sym'Previus http://www.symprevius.net/index.php?rub=sym_previus_system_9	Suite complessa di interfacce di modelli e database con numerose funzionalità per lo studio della crescita, dell'inattivazione e della sopravvivenza. Include modelli probabilistici per crescita/assenza di crescita e moduli per l'impostazione di programmi HACCP sulla base di dati di simulazione (Leporq et al, 2005)	Francese, inglese	P
	Perfringens Predictor http://modelling.combase.cc/Perfringens_Predictor.aspx	Interfaccia grafica per un modello di crescita di *Clostridium perfringens* durante il raffreddamento degli alimenti	Inglese	R
	Seafood Spoilage and Safety Predictor http://sssp.dtuaqua.dk/download.aspx	Software stand alone per Windows (in ambiente MicrosoftNet) per la predizione della crescita di agenti di deterioramento in prodotti ittici freschi o minimamente trattati, con modelli sull'effetto della temperatura, della composizione dell'atmosfera e di altre condizioni (Dalgaard et al, 2002)	Inglese	R
	MicroHibro http://www.microhibro.com/	Strumento on line per la modellazione della crescita e dell'inattivazione e per la valutazione del rischio in prodotti vegetali o a base di carne sviluppato presso la Universidad de Córdoba	Spagnolo, inglese	R

segue

segue **Tabella 8.1**

Categoria	***Strumento/Software (URL)***[1]	***Descrizione***	***Lingua***	***Accesso***[2]
Strumenti di calcolo[4]	DMFit web edition http://modelling.combase.cc/DMFit.aspx	Strumento on line per stimare i parametri di curve di crescita usando il modello di Baranyi e Roberts (1994) o il modello bifasico o trifasico di Buchanan et al (1997). Una versione stand alone per Windows può essere scaricata dallo stesso sito	Inglese	R
	DMFit per Excel http://www.combase.cc/index.php/en/downloads/category/11-dmfit	Add-in per Excel con funzionalità significativamente superiori a quelle della versione on line. In ambiente Windows girano la versione 2.1 per Excel 2003 e la versione 3.0 per Excel 2007. La versione 3.0 ha problemi di localizzazione e funzionamento con Excel per Mac OS	Inglese	R
	GInAFiT http://cit.kuleuven.be/biotec/downloads.php	Add-in per Excel sviluppato presso la Katholieke Universiteit Leuven per il calcolo dei parametri di curve di inattivazione. Molto flessibile, consente di utilizzare vari tipi di curve di sopravvivenza (Geeraerd et al, 2005)	Inglese	R
	E. coli inactivation in fermented meats model http://www.foodsafetycentre.com.au/fermenter.php	Simulatore dell'inattivazione di *E. coli* in carni fermentate sviluppato su Excel dal Food Safety Centre, Australia. Consente di inserire temperature e durate della fase di fermentazione e maturazione e restituisce la diminuzione della popolazione microbica in cicli logaritmici (in base 10)	Inglese	L
	MLA Refrigeration Index Calculator http://www.foodsafetycentre.com.au refrigerationindex.php	Applicazione per Windows sviluppata presso la University of Tasmania per il Food Safety Centre, Australia, e la Meat and Livestock Australia per calcolare l'indice di refrigerazione (importante parametro legale relativo alla possibilità di crescita di *E. coli* e *Salmonella*) per carcasse bovine e suine (Ross et al, 2003)	Inglese	L

segue

segue **Tabella 8.1**

Categoria	*Strumento/Software (URL)*[1]	*Descrizione*	*Lingua*	*Accesso*[2]
Strumenti di calcolo[4]	Free Microsoft Excel Workbook Software http://people.umass.edu/aew2000/ExcelLinks.html	Suite di cartelle di lavoro Excel realizzata da M. Peleg; comprende modelli per la crescita in condizioni isoterme e non isoterme, per l'inattivazione e per la valutazione del rischio (Peleg, 2006)	Inglese	L
	Risk Ranger http://www.foodsafetycentre.com.au/riskranger.php	Strumento basato su Excel per la valutazione qualitativa o semi-quantitativa del rischio. La valutazione procede attraverso una serie di 11 domande relative alla gravità del pericolo, alla probabilità che il fattore di rischio sia presente e alla probabilità di ingerire una dose pericolosa per la salute (Ross, Sumner, 2002)	Inglese	L
	Fare Microbial http://foodrisk.org/exclusives/faremicrobial/	Programma per Windows sviluppato dalla Exponent, in collaborazione con la Food and Drug Administration statunitense, per la valutazione quantitativa del rischio. È composto di due moduli: uno per la contaminazione e la crescita (che permette di ottenere simulazioni del livello di contaminazione dell'alimento al momento del consumo) e uno per l'esposizione (che si serve di dati demografici sul consumo di alimenti negli Stati Uniti per simulare la distribuzione dell'esposizione)	Inglese	L
	Hygram 2.0 http://www.vtt.fi/proj/hygram/?lang=en	Applicazione stand alone per Windows sviluppata per la valutazione del rischio dal centro di ricerca finlandese VTT. Per il funzionamento dell'applicazione è necessario che sul PC sia installata la suite Microsoft Office (Tuominen et al, 2003)	Finlandese, inglese	R

[1] Gli indirizzi internet (URL) indicati sono stati verificati al momento della pubblicazione del volume, ma possono variare nel tempo.
[2] *L* accesso libero; *R* accesso gratuito previa registrazione; *P* accesso con registrazione a pagamento.
[3] La categoria comprende strumenti accessibili on line e pacchetti software scaricabili per utilizzo su PC, che forniscono interfacce grafiche per l'accesso a modelli di crescita, morte e inattivazione di microrganismi.
[4] La categoria comprende vari strumenti di calcolo per problemi specifici.

8.2 Database e interfacce di database

La raccolta, l'organizzazione e la presentazione di dati complessi come quelli della microbiologia predittiva richiedono uno sforzo enorme, in termini di progettazione e gestione. L'iniziativa più importante in questo campo è certamente ComBase (Tabella 8.1) un database pubblico realizzato e supportato da un consorzio di enti di ricerca, organizzazioni governative, centri di ricerca di aziende e università di numerosi Paesi (Baranyi, Tamplin, 2004)[1]. Inoltre, ComBase è in qualche modo basato sul *crowdsourcing*: scienziati e ricercatori di tutto il mondo arricchiscono volontariamente il database con i dati che generano. ComBase è sicuramente il database più ricco disponibile in questo campo: contiene decine di migliaia di record, sui quali è possibile condurre ricerche per microrganismo, per matrice e per condizione[2].

ComBase è un database relazionale, cioè costituito da una serie di tabelle collegate da relazioni. Ciascuna tabella contiene dati organizzati in record (righe) e campi (colonne). La tabella principale (o tabella master) contiene i dati immessi dai ricercatori che contribuiscono al database. Una versione Excel di questa tabella può essere scaricata dal sito di ComBase. I campi della tabella master e i loro collegamenti con altre tabelle sono mostrati in modo schematico nella Fig. 8.2. Ciascun record contiene i risultati di un esperimento, organizzati in diversi campi, a loro volta raggruppati in diverse categorie (campi amministrativi: contengono i dati necessari per mantenere organizzato il database, come un ID unico, il tipo di microrganismo, la fonte dei dati, i materiali e metodi ecc.; campi ambientali: contengono le informazioni sulle condizioni ambientali dell'esperimento, come pH, a_w e temperatura; campi della risposta: contengono dati sulla risposta, in termini di numero di microrganismi o di velocità specifica di crescita o morte). A sua volta, ciascun campo può appartenere a diverse tipologie principali:

a. valori categorici: valori alfanumerici (generalmente provenienti da un elenco di valori predefiniti, conservati in un'altra tabella del database, vedi il campo <Organism>, che contiene le abbreviazioni per le specie, collegate alla tabella <Organism>, che contiene i nomi delle specie e le relative abbreviazioni) o liste di valori alfanumerici;
b. valori numerici: possono essere trattati come numeri e sono di due tipi:
   1. valori singoli,
   2. liste di coppie di valori (tempo/numero di microrganismi; tempo/temperatura in profili di temperatura).

Il database è integrato da una serie di *macro* (insiemi di comandi) che svolgono funzioni di controllo o calcolano valori complessi (velocità di crescita o di morte).

I dati delle tabelle sono sottoposti a verifica mediante le macro e trasferiti in un database Access, che a sua volta costituisce la base per il browser disponibile su Internet.

Una rappresentazione semplificata dell'interfaccia del browser e del tipo di output che è possibile ottenere dalle ricerche è mostrata nella Fig. 8.3, mentre per una rappresentazione più dettagliata si rinvia all'**Allegato on line 8.1**.

---

[1] Tra gli altri: Institute of Food Research (Regno Unito), Food Safety Centre (Australia), US Department of Agriculture (Stati Uniti), Food Research Department, University of Querétaro (Messico), Safety and Environment Assurance Centre Unilever Research (Regno Unito), National Food Research Institute (Giappone), Department of Food Science and Technology, Agricultural University of Athens (Grecia).

[2] All'inizio del 2013 erano registrati su ComBase circa 45.000 record per 32 microrganismi o gruppi di microrganismi, 19 matrici (comprendenti substrati di coltura, considerati come un'unica tipologia di matrice, e 18 matrici alimentari), 3 fattori ambientali (temperatura, pH e a_w) e 5 condizioni principali (atmosfera, preparazione, flora microbica, additivi, altro).

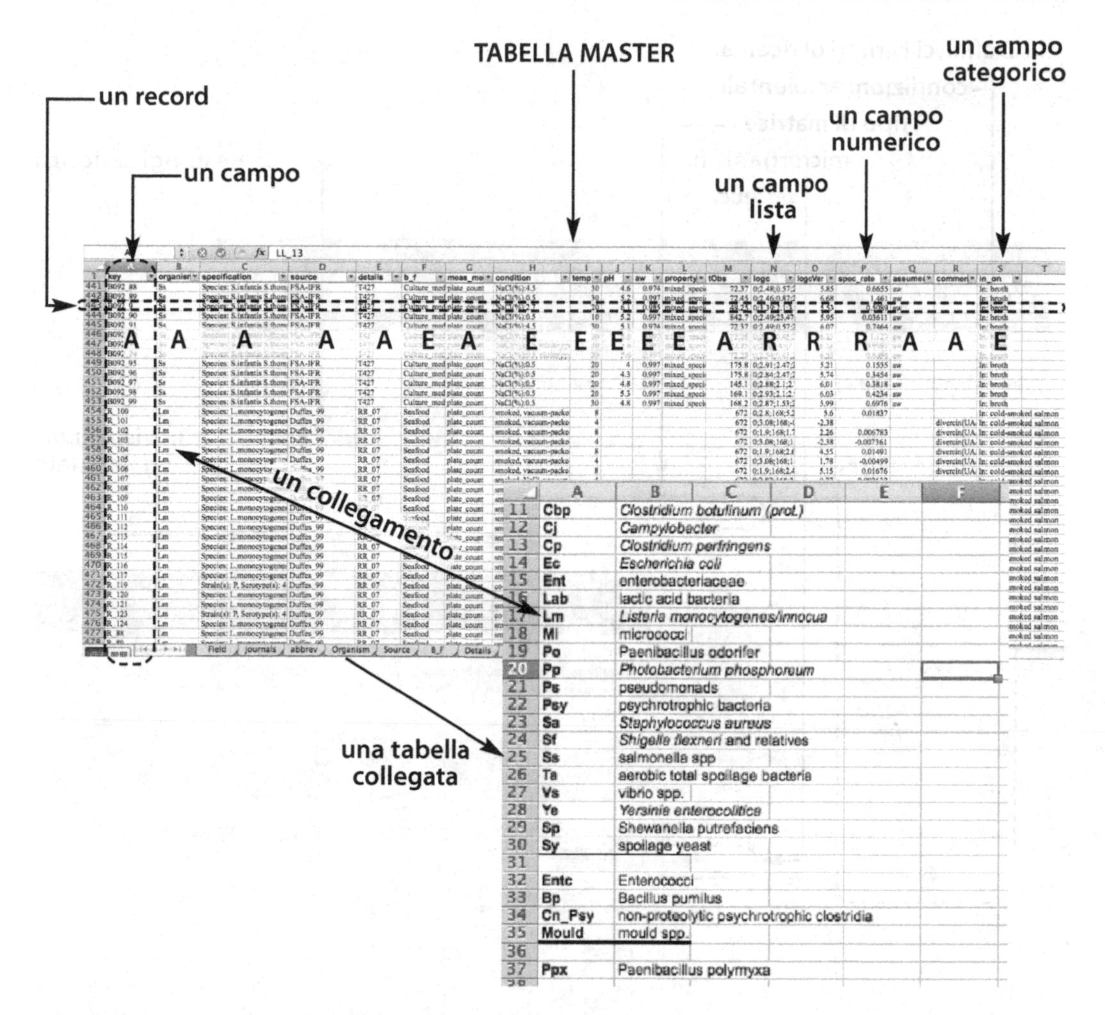

Fig. 8.2 Struttura di un database relazionale per la microbiologia predittiva. Rappresentazione schematica della struttura della tabella master di ComBase. **A**: campi amministrativi; **E**: campi ambientali; **R**: campi risposta

Recentemente il browser di ComBase è stato integrato dall'applicazione on line MRV (Microbial Response Viewer; Koseki, 2009), sviluppata da uno dei partner di ComBase, il National Food Research Institute. Questa applicazione permette di rappresentare i dati di ComBase sotto forma di diagrammi di isorisposta[3] che mostrano le combinazioni di fattori (temperatura, pH e a_w) che consentono o impediscono la crescita di un determinato microrganismo. L'interfaccia grafica di MRV è molto accattivante e funzionale (vedi Fig. 8.4 per una rappresentazione semplificata e **Allegati on line 8.2 e 8.3** per una rappresentazione più

[3] In un diagramma di isorisposta le combinazioni di fattori che corrispondono a una data risposta (nel caso di MRV la velocità specifica di crescita del microrganismo) sono rappresentate da linee o, come nel caso di MRV, da combinazioni di colore.

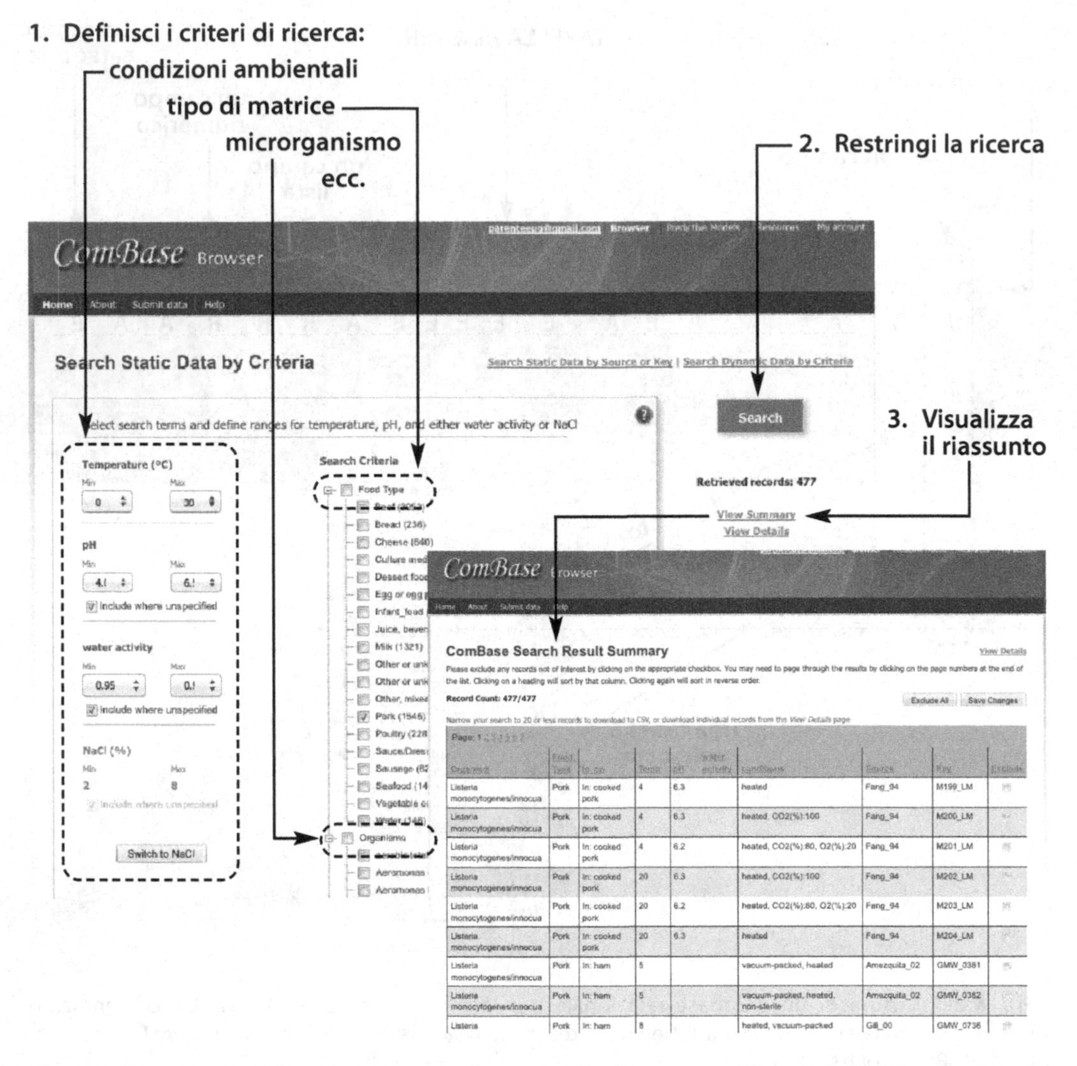

Fig. 8.3 L'interfaccia di ComBase Browser, lo strumento di accesso on line ai dati di ComBase. Per le altre operazioni che è possibile eseguire, vedi **Allegato on line 8.1**

completa). In pratica, MRV trasforma on line i dati contenuti nei record di ComBase che corrispondono ai criteri di ricerca impostati in risposte di crescita – se la differenza tra valore iniziale e valore finale della popolazione, espressa come log(ufc/g) o log(ufc/mL) è >1 – o assenza di crescita[4]. Per le combinazioni per cui è possibile la crescita, la velocità specifica di crescita viene stimata utilizzando DMFit (vedi par. 8.4). Inoltre MRV usa diversi tipi di

[4] All'inizio del 2013 l'applicazione poteva essere utilizzata per 30 microrganismi o gruppi microbici, per ciascuno dei quali erano disponibili dati relativi a una o più matrici, inclusi substrati di coltura e 16 matrici alimentari.

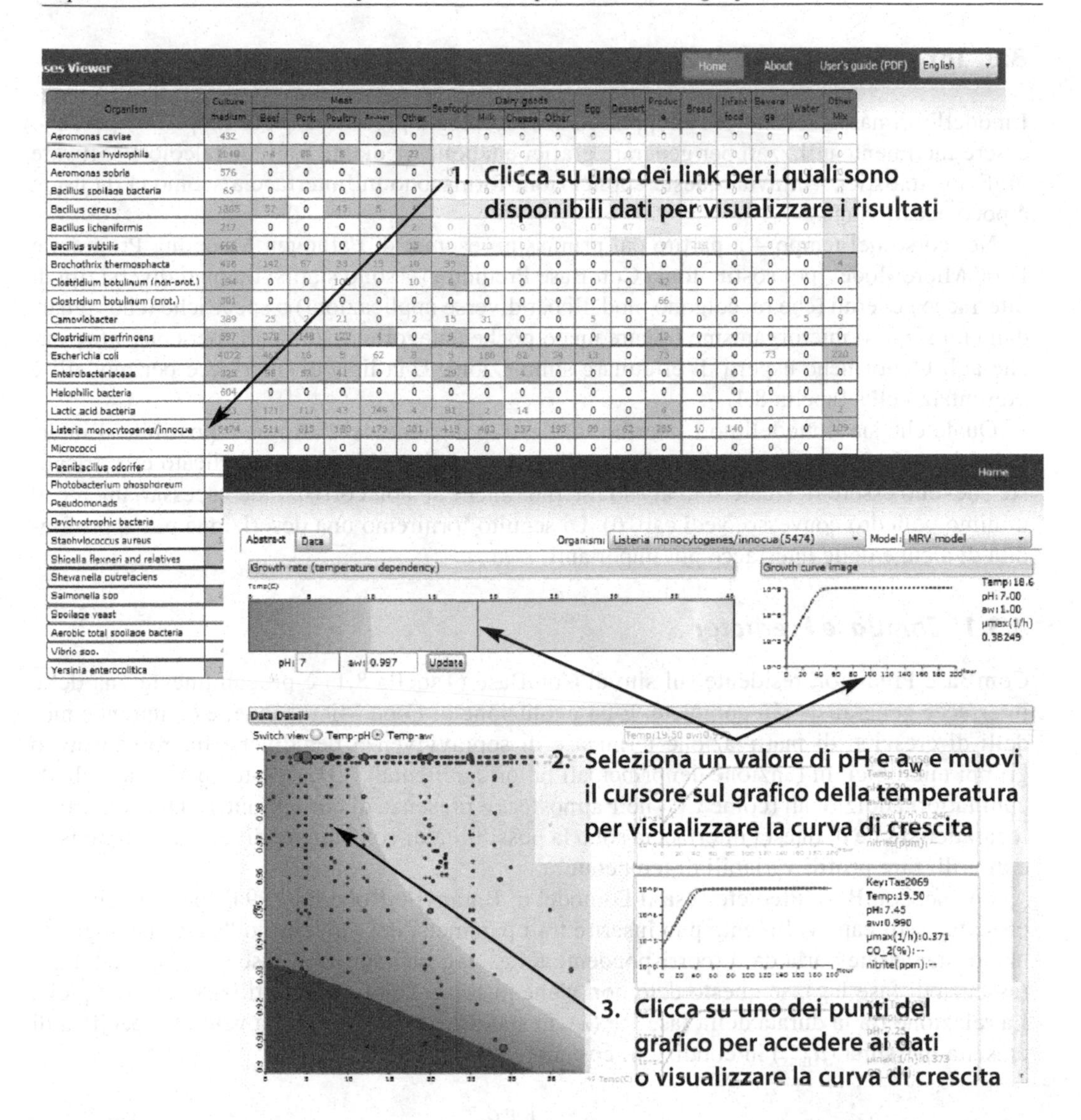

Fig. 8.4 Rappresentazione semplificata dell'interfaccia di Microbial Response Viewer (MRV), uno strumento on line per l'estrazione di dati di crescita/assenza di crescita da ComBase. Per una rappresentazione a colori, per le altre operazioni che è possibile eseguire e per maggiori dettagli sull'interfaccia, vedi **Allegati on line 8.2 e 8.3**. Sul sito di MRV è disponibile una guida per l'utente in lingua inglese

modelli secondari (polinomiali, modelli tipo Bélerádek, o modelli lineari generalizzati) per stimare la velocità specifica di crescita nei punti per i quali non sono disponibili dati sperimentali e per rappresentarla graficamente in diagrammi di isorisposta. In questo senso MRV è uno strumento al confine tra un browser di database e un'interfaccia di modelli (vedi par. 8.3). MRV consente, infine, di estrarre rapidamente i dati di interesse da ComBase e di effettuare diversi tipi di confronti (tra microrganismi, tra matrici ecc.).

8.3 Interfacce di modelli

I modelli primari e secondari sviluppati in microbiologia predittiva (vedi capp. 4-7) possono essere facilmente utilizzati per generare grafici e tabelle mediante fogli di calcolo e software grafici e statistici. Tuttavia, queste applicazioni forniscono un'interfaccia scomoda da usare e poco accattivante.

Nel corso del tempo – a partire dai primissimi esempi di Pathogen Modeling Program e Food MicroModel (poi sostituito da ComBase Predictor) – sono stati sviluppati diversi tipi di interfacce generali (che raccolgono modelli per diverse applicazioni) o specifiche (che riguardano un singolo microrganismo oppure una o poche categorie di alimenti) per consentire anche agli utenti meno esperti di effettuare simulazioni. Una lista di interfacce per modelli è presentata nella Tabella 8.1.

Quale che sia il modello o l'interfaccia, l'estrapolazione dei dati non è possibile: l'intervallo dei valori dei fattori utilizzati per i diversi modelli è chiaramente indicato e le "risposte" devono essere ricercate solo al suo interno (anche se non corrisponde necessariamente al minimo poliedro convesso, vedi cap. 6). Di seguito forniremo una descrizione più approfondita di alcune delle interfacce più importanti.

8.3.1 ComBase Predictor

ComBase Predictor, residente sul sito di ComBase (Tabella 8.1) è probabilmente una delle interfacce generaliste più complete. È un'evoluzione di Food MicroModel e comprende modelli di crescita, di inattivazione termica e di sopravvivenza per diversi microrganismi o gruppi microbici, in funzione dei principali fattori ambientali (pH, a_w e temperatura) e di alcuni fattori addizionali (come CO_2 nell'atmosfera e presenza di conservanti)[5]. Due importanti caratteristiche di questa interfaccia sono la possibilità di confrontare diversi microrganismi e di utilizzare profili variabili di temperatura.

Poiché ComBase Predictor usa il D-model di Baranyi e Roberts (1994), per modellare la crescita (vedi cap. 4) l'utente può inserire tra i parametri del modello lo "stato fisiologico", una costante che varia da 0 (corrispondente a fase lag infinita, cioè assenza di crescita) a 1 (assenza di fase lag); se questo dato non viene inserito, l'interfaccia utilizza valori "tipici". La relazione tra la durata della fase lag (λ), lo stato fisiologico (α_0) e la velocità specifica di crescita massima (μ_{max}) in condizioni costanti è:

$$\lambda = -\frac{\log \alpha_0}{\mu_{max}} \tag{8.1}$$

α_0 dipende da numerosi fattori (tra i quali danno subletale, differenza tra le condizioni dell'ambiente in cui sono cresciute le cellule e quelle del nuovo ambiente).

Qualora α_0 sia ignoto, è possibile condurre degli esperimenti per individuare la durata della fase lag e calcolare α_0:

$$\alpha_0 = 10^{-\lambda\mu_{max}} \tag{8.2}$$

---

[5] All'inizio del 2013 erano disponibili modelli di crescita per 14 microrganismi o gruppi di microrganismi, di inattivazione termica per 7 microrganismi e di sopravvivenza per 2; i fattori addizionali erano disponibili solo per alcuni microrganismi.

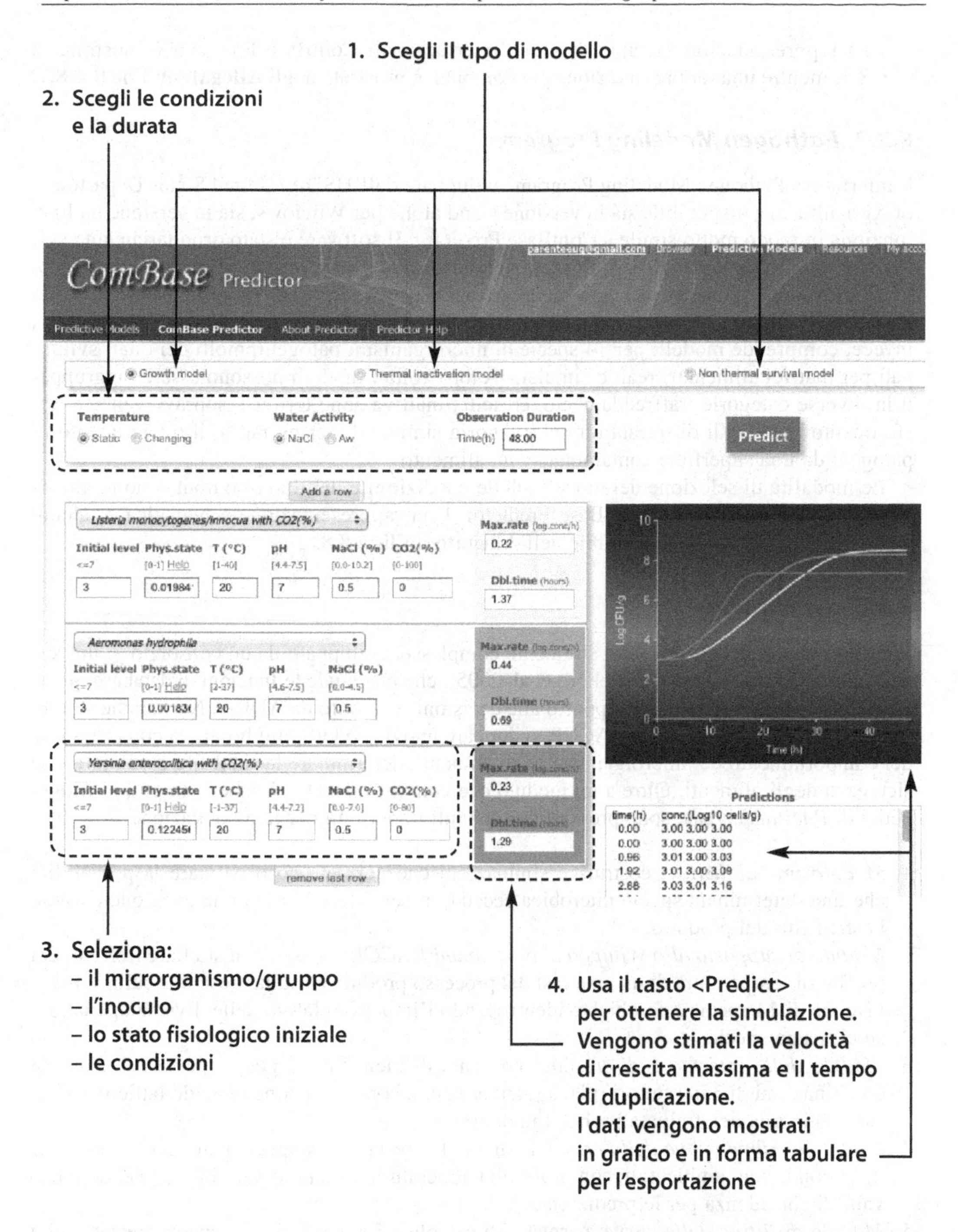

Fig. 8.5 Rappresentazione semplificata dell'interfaccia di ComBase Predictor. L'esempio si riferisce alla crescita a temperatura costante. Diversi microrganismi/gruppi possono essere aggiunti con il pulsante <Add a row> o eliminati con il pulsante <Remove last row>. L'attività dell'acqua può essere espressa come % NaCl o come a_w (la conversione tra i due valori viene eseguita con una formula standard). Per una rappresentazione a colori più completa, vedi **Allegato on line 8.4**

Una rappresentazione semplificata dell'interfaccia di ComBase Predictor è mostrata in Fig. 8.5, mentre una rappresentazione più completa è mostrata negli **Allegati on line 8.4-8.7**.

8.3.2 Pathogen Modeling Program

L'interfaccia Pathogen Modeling Program, sviluppata dall'USDA (United States Department of Agriculture) e disponibile sia in versione stand alone per Windows, sia in versione on line, funziona in modo molto simile a ComBase Predictor. Il software è stato originariamente sviluppato usando l'equazione di Gompertz riparametrizzata come modello primario (vedi cap. 4) ed equazioni polinomiali come modello secondario (vedi cap. 7), principalmente sulla base di dati ottenuti da esperimenti in substrati di coltura. La versione attuale (Tabella 8.1), invece, comprende modelli per 14 specie di microrganismi patogeni, molti dei quali sviluppati per matrici alimentari reali o simulate. A loro volta i modelli possono essere raggruppati in diverse categorie: raffreddamento, crescita, inattivazione termica, sopravvivenza e trasferimento (i modelli di questa ultima categoria simulano, per esempio, il trasferimento di patogeni da una superficie contaminata a un alimento).

Le modalità di selezione dei modelli, delle condizioni e del tipo di output sono molto simili a quelle descritte per ComBase Predictor. Una rappresentazione schematica di alcuni aspetti dell'interfaccia è disponibile nell'**Allegato on line 8.8**.

8.3.3 Sym'Previus

Sym'Previus (Tabella 8.1) è uno strumento complesso, sviluppato da un consorzio di università, enti di ricerca e industrie (LePorq et al, 2005), che racchiude le funzioni di database, interfaccia di modelli e sistema di supporto alle decisioni. È gestito da ADRIA Normandie, che lo propone per rafforzare i piani HACCP, sviluppare nuovi prodotti, migliorare la comprensione del comportamento dei microrganismi negli alimenti, determinare la shelf life e migliorare la sicurezza degli alimenti. Oltre a un modulo che consente la classificazione in gruppi filogenetici di *Bacillus cereus*, sono presenti otto moduli importanti per la modellazione.

1. *Modulo probabilistico*: costruisce simulazioni che permettono di stimare la probabilità che una determinata specie microbica ecceda un certo livello di contaminazione durante la shelf life del prodotto.
2. *Modulo di supporto allo sviluppo di programmi HACCP*: consente di studiare l'effetto del profilo di temperatura di diverse fasi del processo produttivo sulla crescita e sulla sopravvivenza di 14 specie microbiche, identificando l'impatto relativo delle diverse operazioni su ciascuna specie.
3. *Modulo delle interfacce di crescita*: consente di identificare, per 7 specie patogene, le combinazioni di 3 o 4 fattori (pH, a_w, temperatura, concentrazione di acido lattico) che risultano in una determinata probabilità di crescita.
4. *Modulo di simulazione della crescita*: simula la crescita di 4 specie patogene in funzione delle condizioni ambientali, con profili di temperatura costanti o variabili, fornendo intervalli di confidenza per le predizioni.
5. *Modulo di fitting delle curve*: permette di calcolare i parametri di curve di crescita sulla base di risultati sperimentali.
6. *Modulo di simulazione dell'inattivazione termica*: simula le curve di inattivazione termica di diversi tipi di microrganismi in funzione della temperatura e di altre condizioni e calcola la probabilità che un certo microrganismo sopravviva a un determinato trattamento termico.

7. *Modulo di simulazione della sopravvivenza batterica*: simula la sopravvivenza in condizioni inibitorie per la crescita in funzione di temperatura e pH; anche in questo caso è possibile calcolare il numero di sopravvissuti in funzione del tempo e la probabilità di sopravvivenza.
8. *Database*: sostanzialmente analogo a ComBase Browser; include sia dati sperimentali ottenuti dagli aderenti del consorzio sia dati ricavati dalla letteratura scientifica.

Grazie a questi strumenti, Sym'Previus è l'interfaccia più completa per le applicazioni di microbiologia predittiva; per l'accesso è tuttavia previsto il pagamento di una quota di abbonamento.

8.3.4 Applicazioni specifiche

Oltre agli strumenti generalisti descritti nei paragrafi precedenti, è stata sviluppata una serie di strumenti specifici per un determinato tipo di microrganismo (come Perfringens Predictor) o per una determinata categoria di alimenti (come Seafood Spoilage and Safety Predictor, specifico per prodotti ittici, e MicroHibro, specifico per prodotti di origine vegetale e a base di carne).

Perfringens Predictor (Tabella 8.1) permette di prevedere il profilo di crescita di *Clostridium perfringens* in carni non curate e curate, in funzione del pH, del contenuto di NaCl e del profilo di temperatura durante il raffreddamento. Un esempio dell'interfaccia, molto simile a quella di ComBase Predictor, è mostrato nell'**Allegato on line 8.9**.

Seafood Spoilage and Safety Predictor (SSSP) (Dalgaard et al, 2002) (Tabella 8.1) è un software per Windows con una suite di applicazioni specifiche per prodotti ittici freschi o minimamente trattati. Include prevalentemente modelli per il deterioramento in condizioni costanti o variabili (è possibile importare profili di temperatura da data logger) e alcuni modelli per la sicurezza dei prodotti (in particolare due modelli per la produzione di istamina e due per la crescita di *Listeria monocytogenes*).

- I modelli RRS (*relative rate of spoilage model*) consentono di calcolare per diversi prodotti la shelf life residua o il tasso relativo di deterioramento a temperatura costante o in funzione del profilo di temperatura di un data logger.
- I modelli MS (*microbial spoilage model*) consentono di prevedere la shelf life residua dei prodotti ittici in funzione di una serie di agenti di deterioramento caratteristici predefiniti (*Photobacterium phosphoreum* e *Shewanella* produttrice di H_2S) oppure definiti dall'utente, utilizzando diverse composizioni dell'atmosfera e valori di temperatura costanti o variabili.
- I modelli per la produzione di istamina consentono di prevedere la crescita e la produzione di questa molecola da parte di due specie del genere *Morganella* in funzione della temperatura; per *M. psychrotolerans* il modello prevede anche la valutazione degli effetti, oltre che della temperatura, della composizione dell'atmosfera (concentrazione di CO_2), della concentrazione di NaCl e del pH.
- Il primo modello per *Listeria monocytogenes* consente di prevedere la crescita (e di individuare i limiti per la crescita) del patogeno in prodotti ittici refrigerati in funzione di temperatura, pH, NaCl, composizione dell'atmosfera (concentrazione di CO_2) e vari conservanti; il secondo modello consente di valutare la crescita di *L. monocytogenes* e batteri lattici in prodotti ittici minimamente trattati in funzione di temperatura, pH, NaCl, composizione dell'atmosfera (concentrazione di CO_2) e tre conservanti.

Sviluppato presso l'Università di Córdoba, MicroHibro è uno strumento on line (Tabella 8.1) che consente di eseguire predizioni per la crescita e l'inattivazione di alcuni patogeni in brodi di coltura, prodotti vegetali e prodotti a base di carne, e di validare i modelli utilizzando dati generati dagli utenti. L'aspetto più interessante di questo software è l'interfaccia grafica per le valutazioni del rischio, che consente all'utente di impostare una sequenza di operazioni unitarie e, partendo da una contaminazione iniziale, valutare l'effetto sulla distribuzione di probabilità della contaminazione finale del prodotto di operazioni che causano crescita (per esempio conservazione a temperature di abuso), ulteriore contaminazione (per esempio durante le operazioni di preparazione o taglio) e inattivazione (per esempio con il lavaggio mediante agenti sanificanti). Per tutte le operazioni è possibile scegliere la distribuzione statistica dei parametri più importanti e il risultato finale può essere sottoposto a vari test diagnostici, inclusa un'analisi di sensibilità. Le simulazioni sono condotte usando il metodo di Monte Carlo (vedi cap. 11). Queste caratteristiche rendono MicroHibro un prodotto molto completo e per qualche verso simile a Sym'Previus. Alcune rappresentazioni semplificate dell'interfaccia di MicroHibro sono proposte negli **Allegati on line 8.10-8.12**.

8.4 Strumenti di calcolo per l'elaborazione di dati e per la creazione di modelli primari e secondari

Nonostante sia possibile usare i comuni software matematici o statistici per stimare mediante regressione lineare o non lineare i parametri di modelli primari e secondari, sono stati sviluppati nel corso del tempo numerosi strumenti di calcolo specifici che possono essere di grande utilità soprattutto per utenti meno esperti. Alcuni di questi strumenti sono integrati in applicazioni on line più complesse (vedi par. 8.2), mentre altri sono disponibili come applicazioni autonome (on line o stand alone) o come add-in per Excel. Nella Tabella 8.1 sono brevemente descritti i principali strumenti di questa categoria.

L'applicazione più interessante è sicuramente DMFit, disponibile sia in versione on line sia come add-in per Excel. La versione on line, di uso molto immediato (Fig. 8.6), consente il fitting di due modelli primari per la crescita microbica (il D-model di Baranyi e Roberts e il modello trilineare di Buchanan, vedi cap. 4) a dati di crescita o di inattivazione (in quest'ultimo caso la velocità avrà valori negativi). Entrambi i modelli possono essere "ridotti" per includere solo alcune delle fasi della curva di crescita o di inattivazione. Questa versione fornisce soltanto il valore di R^2 (notoriamente poco utile come diagnostico di regressione per modelli non lineari, vedi capp. 13 e 14) e l'errore standard della regressione, oltre alle stime dei parametri e dei relativi errori standard. L'add-in per Excel offre invece un numero molto più elevato di funzioni, di opzioni e di diagnostici. La versione 3.0 (che ha però qualche problema di localizzazione e compatibilità con Mac OS e versioni recenti di Excel per Windows) aggiunge un menu che consente di utilizzare le funzionalità dell'add-in per stimare i parametri di modelli primari e secondari e il minimo poliedro convesso (vedi cap. 6). Una rappresentazione schematica dell'interfaccia di DMFit è proposta negli **Allegati on line 8.13** e **8.14**.

GInaFiT (Geeraerd et al, 2005) è un add-in per Excel che permette il fitting di dieci diversi tipi di modelli (da semplici modelli loglineari a diversi tipi di modelli non lineari con spalle e code) a dati di inattivazione. Oltre ai parametri dei modelli, l'output include i valori predetti per ogni punto sperimentale, un grafico con la curva di inattivazione e i dati sperimentali, diversi diagnostici di regressione e il valore di t_{4D} (tempo necessario per ottenere 4 riduzioni decimali).

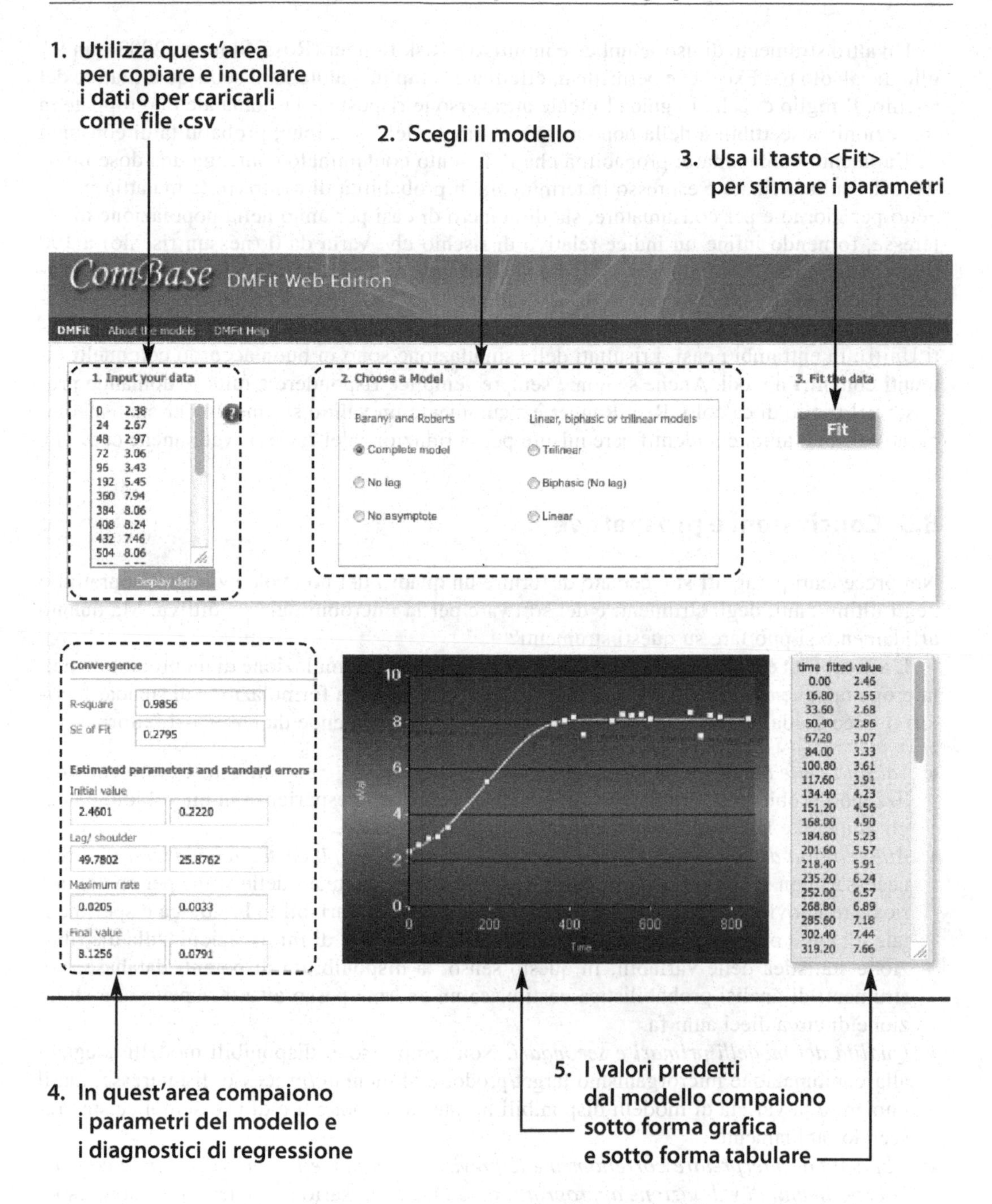

Fig. 8.6 L'interfaccia di DMFit web edition (vedi anche l'**Allegato on line 8.13**)

Un altro strumento di uso semplice e intuitivo è Risk Ranger (Ross, Sumner, 2002), un foglio di calcolo per Excel che permette di effettuare semplici valutazioni semi-quantitative del rischio. Il foglio di calcolo guida l'utente attraverso le risposte a 11 domande raggruppate in tre sezioni: suscettibilità della popolazione e gravità dell'infezione; probabilità di consumo dell'alimento contaminato; probabilità che l'alimento contaminato contenga una dose infettiva. Il risultato finale è espresso in termini sia di probabilità di contrarre la malattia in oggetto per giorno e per consumatore, sia di numero di casi per anno nella popolazione di interesse, fornendo infine un indice relativo di rischio che varia da 0 (nessun rischio) a 100 (massimo rischio). Una rappresentazione semplificata dell'interfaccia è fornita nell'**Allegato on line 8.15**. Il lavoro originale (Ross, Sumner, 2002) usa due casi studio (ostriche contaminate da virus in Australia e hamburger contaminati da *Escherichia coli* O157:H7 negli Stati Uniti): in entrambi i casi, i risultati della simulazione sono in buon accordo con quelli ottenuti con altri metodi. Anche se non è sempre semplice rispondere a tutte le domande proposte nel foglio di calcolo, Risk Ranger è sicuramente un valido strumento per analisi comparative e può aiutare a identificare misure per la riduzione del rischio (vedi anche cap. 11).

8.5 Conclusioni e prospettive

Nei precedenti paragrafi si è cercato di fornire un quadro del notevole sviluppo, soprattutto negli ultimi anni, degli strumenti e dei software per la microbiologia predittiva. Ma quanto affidamento si può fare su questi strumenti?

L'affidabilità e l'utilizzabilità (in termini di scelte nella formulazione di un prodotto o nella progettazione o ottimizzazione di un processo, oppure nella formulazione di standard, criteri o linee guida) delle "risposte" che possiamo ottenere dipende da numerosi fattori.

- *Validità delle domande impostate, in termini di pertinenza e correttezza.* Coloro che analizzano i problemi e formulano le domande devono avere esperienza in microbiologia degli alimenti e nel prodotto/processo che si sta analizzando.
- *Attendibilità dei dati disponibili, in termini di completezza, incertezza e variabilità.* I dati necessari non sempre sono completi e spesso occorre effettuare delle stime per analogia o ricavare nuovi dati. Questi ultimi sono influenzati dalla variabilità biologica e sperimentale, di cui è possibile tenere conto solo quando si dispone di informazioni sulla distribuzione statistica delle variabili. In questo senso, la disponibilità di potenti database e di strumenti di analisi probabilistica costituisce un enorme passo avanti rispetto alla situazione di circa dieci anni fa.
- *Qualità dei modelli primari e secondari.* Non sempre sono disponibili modelli adeguati alla combinazione microrganismo target/prodotto alimentare/processo di interesse, ma il numero e la varietà di modelli disponibili in interfacce potenti e di uso semplice sta crescendo rapidamente.
- *Capacità di interpretare correttamente le previsioni dei modelli e di sviluppare e condurre esperimenti di validazione appropriati.* È dunque necessario possedere una buona esperienza in microbiologia degli alimenti e una conoscenza, almeno di base, dei metodi della microbiologia predittiva.

Risulta evidente, da questo semplice elenco, che non è possibile fare a meno di esperti qualificati per l'uso degli strumenti di microbiologia predittiva e per l'applicazione delle risposte che se ne ottengono. È stato auspicato lo sviluppo di sistemi esperti (Tamplin et al,

2004; McMeekin et al, 2006) che incorporino conoscenze sul comportamento dei microrganismi negli alimenti in algoritmi per il supporto alle decisioni basate sulle previsioni dei modelli; un certo numero di sistemi di questo tipo è stato effettivamente sviluppato nel corso degli ultimi anni (McMeekin et al, 2006). In qualche modo, applicazioni complesse come Sym'Previus o sistemi più semplici come Hygram (Tuominen et al, 2003) o Risk Ranger (Ross, Sumner, 2002) vanno in questa direzione e sicuramente in futuro saranno disponibili anche prodotti di maggiore complessità ed efficacia.

La Commissione Europea ha espressamente previsto – con il Regolamento (CE) 2073/2005 (art. 3 par. 2 e Allegato II) – la possibilità per gli operatori del settore alimentare di utilizzare gli strumenti della microbiologia predittiva per effettuare studi volti ad accertare il rispetto dei criteri microbiologici per l'intera durata del periodo di conservabilità. Tuttavia quasi tutti i software per la microbiologia predittiva includono disclaimer che precisano che:

- le previsioni dei modelli sono valide soltanto nelle condizioni (microrganismo, matrice, combinazioni di condizioni ambientali) in cui i modelli sono stati sviluppati;
- le previsioni del modello devono essere validate nel sistema reale oggetto della valutazione;
- i risultati della valutazione devono essere interpretati da un esperto.

D'altra parte, il FSIS (Food Safety and Inspection Service) dell'USDA specifica che – sebbene i programmi basati sulla microbiologia predittiva costituiscano uno strumento utile per predire la crescita microbica, identificare punti critici di controllo (CCP) e stabilirne i limiti, riformulare un prodotto, prendere decisioni in seguito a deviazioni del processo rispetto ai criteri per i CCP e nella formazione del personale – le decisioni relative alla sicurezza degli alimenti non possono essere basate soltanto sull'uso di modelli, ma richiedono la validazione (condotta da un laboratorio indipendente), l'esecuzione di *challenge test* e l'analisi della letteratura scientifica (FSIS, 2008).

Queste considerazioni non devono sminuire l'enorme importanza degli strumenti per la microbiologia predittiva attualmente disponibili per scienziati e ricercatori, operatori del settore alimentare ed enti governativi e non governativi. Questi strumenti, integrati dalle conoscenze di esperti e da prove sperimentali di validazione, consentono oggi di ottenere risultati molto più affidabili e più tempestivi rispetto a quanto era possibile anche solo dieci anni fa. Le caratteristiche di questi strumenti – in particolare la disponibilità on line e il supporto da parte della comunità scientifica e del mondo della produzione – li renderanno sempre più affidabili e utili e ne accresceranno la fruizione sia nel campo della ricerca sia nell'industria.

Bibliografia

Baranyi J, Roberts TA (1994) A dynamic approach to predicting bacterial growth in food. *International Journal of Food Microbiology*, 23(3-4): 277-294

Baranyi J, Tamplin ML (2004) ComBase: a common database on microbial responses to food environments. *Journal of Food Protection*, 67(9): 1967-1971

Buchanan RL, Whiting RC, Damert WC (1997) When is simple good enough: a comparison of the Gompertz, Baranyi, and three-phase linear models for fitting bacterial growth curves. *Food Microbiology*, 14(4): 313-326

Dalgaard P, Buch P, Silberg S (2002) Seafood Spoilage Predictor -- development and distribution of a product specific application software. *International Journal of Food Microbiology*, 73(2-3): 343-349

FSIS - Food Safety and Inspection Service (2008) Verifying an establishment's food safety system. FSIS Directive 5000.1 Rev 3 (Attachment 1) http://www.fsis.usda.gov/OPPDE/rdad/FSISDirectives/5000.1Rev3.pdf

Geeraerd AH, Valdramidis VP, Van Impe JF (2005) GInaFiT, a freeware tool to assess non-log-linear microbial survivor curves. *International Journal of Food Microbiology*, 102(1): 95-105

Hignette G, Buche P, Couvert O et al (2008) Semantic annotation of web data applied to risk in food. *International Journal of Food Microbiology*, 128(1): 174-180

Koseki S (2009) Microbial Responses Viewer (MRV): a new ComBase-derived database of microbial responses to food environments. *International Journal of Food Microbiology*, 134(1-2): 75-82

Leporq B, Membré J-M, Dervin C et al (2005) The "Sym'Previus" software, a tool to support decisions to the foodstuff safety. *International Journal of Food Microbiology*, 100(1-3): 231-237

McMeekin TA, Baranyi J, Bowman J et al (2006) Information systems in food safety management. *International Journal of Food Microbiology*, 112(3): 181-194

Peleg M (2006) *Advanced quantitative microbiology for food and biosystems: Models for predicting growth and inactivation*. CRC Press, Boca Raton

Regolamento (CE) n. 2073/2005 della Commissione del 15 novembre 2005 sui criteri microbiologici applicabili ai prodotti alimentari

Ross T, Ratkowsky DA, Mellefont LA, McMeekin TA (2003) Modelling the effects of temperature, water activity, pH and lactic acid concentration on the growth rate of *Escherichia coli*. *International Journal of Food Microbiology*, 82(1): 33-43

Ross T, Sumner J (2002) A simple, spreadsheet-based, food safety risk assessment tool. *International Journal of Food Microbiology*, 77(1-2): 39-53

Tamplin M, Baranyi J, Paoli G (2004) Software programs to increase the utility of predictive microbiology information. In: McKellar RC, Lu X (eds) *Modeling microbial responses in foods*. CRC Press, Boca Raton

Tuominen P, Hielm S, Aarnisalo K et al (2003) Trapping the food safety performance of a small or medium-sized food company using a risk-based model. The HYGRAM® system. *Food Control*, 14(8): 573-578

Capitolo 9
Ruolo del packaging nel controllo delle alterazioni microbiche degli alimenti

Luciano Piergiovanni, Sara Limbo

9.1 Introduzione

Tra le numerose funzioni assegnate ai materiali e ai sistemi di confezionamento, le più importanti sono certamente quelle relative alla protezione degli alimenti e alla prevenzione delle possibili alterazioni di natura microbica, i cui effetti possono essere deleteri sia per la qualità sia per la sicurezza dei prodotti. Una conoscenza corretta e approfondita di questo fondamentale ruolo del packaging – e, soprattutto, la possibilità di poterlo stimare e quantificare in anticipo – è particolarmente utile nella scelta delle forme di confezionamento più idonee e nell'organizzazione e nella gestione della logistica distributiva.

Sono sostanzialmente due, e molto diverse tra loro, le modalità attraverso cui il packaging svolge la propria funzione nei riguardi delle alterazioni microbiche. La prima corrisponde all'azione di prevenzione della contaminazione microbica; la seconda riguarda l'azione di regolazione dei fattori che possono condizionare lo sviluppo dei microrganismi.

La prevenzione della contaminazione si presta in realtà raramente e più difficilmente alla predizione e a un'efficace descrizione quantitativa, ma le proprietà di superficie dei materiali e le caratteristiche di ermeticità delle confezioni sono determinanti nell'azione di contrasto alla contaminazione microbica e non possono essere trascurate nel trattare il ruolo dell'imballaggio.

La seconda modalità, legata alla possibile modulazione della proliferazione, viene trattata estesamente in questo capitolo, facendo riferimento alla regolazione delle pressioni parziali di ossigeno, anidride carbonica e vapor d'acqua che è possibile realizzare attraverso una scelta consapevole di materiali, formati e tecniche di confezionamento. L'impiego di assorbitori di ossigeno e di materiali a rilascio controllato di antimicrobici rappresenta un'ulteriore possibilità di intervento del packaging per rallentare o inibire la crescita dei microrganismi, e sarà trattato nell'ultima parte del capitolo.

9.2 Prevenzione della contaminazione microbica

Un'efficace prevenzione della contaminazione microbica degli alimenti confezionati deve considerare due aspetti distinti: da un lato, la possibilità che la superficie del packaging a contatto con l'alimento sia contaminata (e in quale misura) e, dall'altro, la possibilità che forme microbiche penetrino nell'imballaggio. Al secondo aspetto fa riferimento la garanzia di integrità o ermeticità del contenitore, mentre al primo l'attitudine del materiale di packaging a

F. Gardini, E. Parente (a cura di) *Manuale di microbiologia predittiva*
DOI 10.1007/978-88-470-5355-7_9

essere contaminato, favorendo l'insediamento di microrganismi, o a resistere alle eventuali operazioni di sanitizzazione. Sulla superficie degli imballaggi sono state ritrovate tutte le diverse forme di microrganismi: alteranti e patogeni, aerobi e anaerobi, cellule vegetative e spore, batteri e funghi (Binderup et al, 2002; Turtoi, Nicolau, 2007). In generale, un valore inferiore a 10^4 cellule m^{-2} è ritenuto indice di condizioni igieniche accettabili, mentre valori uguali o superiori a 10^7 sono sintomo di condizioni critiche e inaccettabili (Piergiovanni, Limbo, 2010).

9.2.1 Contaminazione del packaging e proprietà di superficie

La contaminazione microbica della superficie degli imballaggi, al pari di quella di natura chimica, può provenire dalle fonti più svariate, ma il rischio maggiore è certamente legato al tipo e al numero di manipolazioni, aggravato dalle attitudini del materiale a ritenere la contaminazione. La manipolazione da parte degli operatori, la presenza di insetti, le correnti di aria inquinata e il contatto con macchine e utensili sporchi sono tutte occasioni di contaminazione di materiali e imballaggi. In linea del tutto generale, si può affermare che quanto maggiore è l'automazione nella fabbricazione del materiale o dell'imballaggio, tanto minore è il pericolo di contaminazione microbica. Analogamente, si può in genere ritenere che le alte temperature di produzione – come quelle necessarie per l'estrusione o lo stampaggio di manufatti plastici e oggetti di vetro – rendono impossibile la presenza di forme vegetative e di spore fino a una successiva possibile contaminazione esterna. Differente è il caso di carte e cartoni: le materie prime vegetali utilizzate per la loro produzione possono essere contaminate all'origine, molte fasi della lavorazione avvengono in un mezzo umido che favorisce la proliferazione e, infine, le temperature che si raggiungono sono compatibili con la sopravvivenza delle forme più resistenti che facilmente si insediano nella struttura fibrosa che li caratterizza. La carica di mesofili aerobi totali rilevata in questo tipo di imballaggi varia, in genere, tra 10^3 e 10^6 ufc g^{-1} in quelli prodotti con fibre di riciclo e tra 10^2 e 10^5 ufc g^{-1} in quelli prodotti con fibre vergini (Suominen et al, 1997).

Il problema dell'adesione dei microrganismi alla superficie degli imballaggi non è tuttavia riducibile ai soli aspetti macroscopici di struttura (porosità, struttura fibrosa, pieghe), ma è da mettere in relazione con aspetti più fini, quali la ruvidità (*roughness*) delle superfici, le cariche elettrostatiche e le energie superficiali. Questi fattori hanno un ruolo determinante nel *microfouling*, cioè nell'adesione cellulare e nella formazione di biofilm, un tema che da tempo è oggetto di grande attenzione nel mondo della ricerca scientifica, sebbene la letteratura in merito sia ancora limitata.

La roughness è una caratteristica legata più alla natura del materiale che alle tecniche di produzione; ha valori nanometrici, che per i materiali non fibrosi sono dell'ordine di decine o centinaia di nm, stimabili agevolmente con tecniche di microscopia a forza atomica (AFM).

Tecniche di modificazione della superficie dei film plastici – quali trattamento a corona o a fiamma, metallizzazione in alto vuoto o rivestimento con *coating* – possono modificare in modo significativo la ruvidità superficiale. A titolo d'esempio, la Tabella 9.1 riporta i valori medi di roughness (misurata con tecnica AFM) di alcuni comuni materiali polimerici esposti sul lato esterno al trattamento a corona, che favorendo la formazione superficiale di cariche transitorie aumenta l'attitudine del materiale a ricevere inchiostri di stampa, adesivi ecc.

Secondo studi recenti (Ringus, Moraru, 2013), in materiali caratterizzati da roughness crescente (nello specifico: LDPE, HDPE, PET metallizzato e accoppiati carta/alluminio/PE) l'ancoraggio di microrganismi quali *Listeria innocua* aumenta proporzionalmente alla rugosità, mentre si riduce l'efficacia dei trattamenti di inattivazione superficiale. Le cinetiche di

Tabella 9.1 Roughness (in nm) di alcuni film polimerici impiegati per il confezionamento di alimenti

Materiale	PET		OPP		Cellophane		OPA	
	ex	in	ex	in	ex	in	ex	in
Roughness	10	3	2	7	4	2	21	8

ex = lato esterno, trattato a corona.
in = lato interno, non trattato.

inattivazione, studiate con modelli non lineari di Weibull (vedi cap. 5), hanno evidenziato l'effetto significativo della rugosità di superficie (Uesugi et al, 2007; Ringus, Moraru, 2013).

Tutti i lavori condotti sull'adesione dei microrganismi alle superfici ne hanno comunque dimostrato una correlazione lineare con il grado di idrofobicità e con le cariche di superficie dei materiali. Queste proprietà sono state indagate in relazione sia a diversi materiali sia a diverse specie microbiche (Dexter et al, 1975; Duncan-Hewitt, 1990; Bruinsma et al, 2001; Li, Logan, 2004). Nei materiali di packaging la carica superficiale viene misurata mediante valutazione della mobilità elettroforetica o di fenomeni elettroacustici per quantificare il "potenziale zeta", espresso in mV (Busscher et al, 1995), oppure mediante titolazione conduttometrica per quantificare la concentrazione di anioni e cationi presenti, espressa in mmol kg^{-1} (Van der Mei et al, 1995). La stima dell'idrofobicità è in genere derivata da misure dell'angolo di contatto di liquidi, di cui sono note le diverse tensioni superficiali liquido-aria, deposti sulla superficie (Fig. 9.1).

Sebbene sia opinione largamente condivisa che l'idrofobicità è fondamentale nel regolare l'adesione di microrganismi diversi, anche patogeni (Doyle, 2000), la sua definizione non è sempre chiara e completa e la sua espressione quantitativa poco diffusa. Secondo van Oss (1997), le interazioni idrofobiche sono le più forti nei sistemi biologici, dopo i legami covalenti, e l'idrofobicità può definirsi come l'attrazione polare di molecole (*m*) immerse in acqua (*w*) o in soluzione acquosa. Il grado di idrofobicità può quindi essere determinato (van Oss et al, 1988; van Oss, 1991) misurando la variazione di energia libera ΔG_{mwm} (espressa secondo le unità di misura del Sistema Internazionale in J m^{-2}) di questa interazione, che risulterà positiva per i materiali idrofilici e negativa per quelli idrofobici. Tale variazione di energia è correlata alla tensione interfacciale che si determina tra l'acqua (*w*) e il materiale considerato, secondo l'equazione:

$$\Delta G_{mwm} = -2\gamma_{mw} \tag{9.1}$$

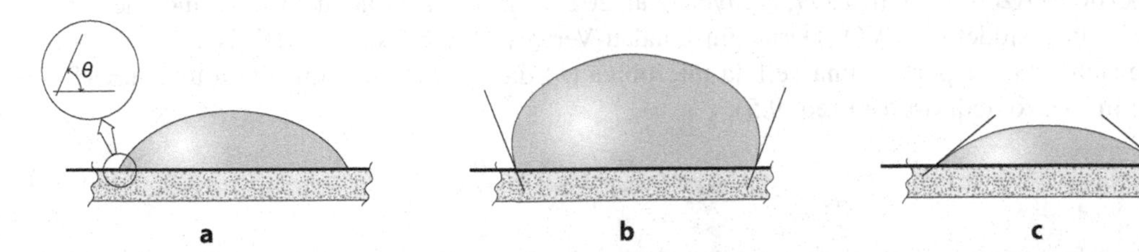

Fig. 9.1 Angolo di contatto (θ) formato dall'incontro di un'interfaccia liquido-vapore con un'interfaccia liquido-solido (**a**). Per convenzione si definiscono idrofobiche le superfici aventi un angolo di contatto con l'acqua maggiore di 90° (**b**), idrofiliche le superfici con angoli minori di 90° (**c**)

Il calcolo di γ_{mw} può essere eseguito conoscendo le tensioni superficiali (energie libere di superficie) di *m* e di *w*; ciò, tuttavia, è relativamente semplice per un liquido, ma lo è molto meno per un solido.

In tutti i casi, l'energia libera di superficie è data dalla somma di due componenti (eq. 9.2): una apolare, detta di Lifshitz-van der Waals (γ_m^{LW}); una polare, detta interazione acido-base (γ_m^{AB}), a sua volta determinata da due componenti, donatore (γ_m^-) e accettore (γ_m^+) di elettroni.

L'energia libera di superficie di *m* (all'interfaccia materiale-aria) sarà pertanto pari a:

$$\gamma_m^{Tot} = \gamma_m^{LW} + \gamma_m^{AB} = \gamma_m^{LW} + 2\left(\gamma_m^- \gamma_m^+\right)^{1/2} \tag{9.2}$$

L'energia libera all'interfaccia *m-w* sarà espressa dall'equazione:

$$\gamma_{mw} = \gamma_m^{LW} + \gamma_w^{LW} - 2\left(\gamma_m^{LW}\gamma_w^{LW}\right)^{1/2} + 2\left[\left(\gamma_m^+ \gamma_m^-\right)^{1/2} + \left(\gamma_w^+ \gamma_w^-\right)^{1/2} - \left(\gamma_m^+ \gamma_w^-\right)^{1/2} - \left(\gamma_m^- \gamma_w^+\right)^{1/2}\right] \tag{9.3}$$

Le componenti della tensione superficiale dell'acqua sono note, quelle del materiale si possono calcolare dagli angoli di contatto (cos θ) di almeno due liquidi diversi, di cui si conoscano le componenti polari e apolari.

L'equazione di Young (eq. 9.4) mette in relazione il lavoro di adesione (W_a) tra il materiale *m* e il liquido *l* sulla base della tensione superficiale di *l* e dell'angolo di contatto. L'eq. 9.4 applicata agli angoli di contatto dei diversi liquidi viene risolta in un sistema di equazioni restituendo γ_m^{LW}, γ_m^- e γ_m^+:

$$W_a = \gamma_l\left(1 + \cos\theta\right) = 2\left(\gamma_m^{LW}\ \gamma_l^{LW}\right)^{1/2} + 2\left(\gamma_m^-\ \gamma_l^+\right)^{1/2} + 2\left(\gamma_m^+\ \gamma_l^-\right) \tag{9.4}$$

Nella Tabella 9.2 sono riportate le componenti polari e apolari (da misure di angolo di contatto statico) di alcuni film plastici utilizzati per il confezionamento alimentare, sia tal quali sia funzionalizzati con additivi di superficie tradizionali e con un rivestimento biopolimerico (Introzzi et al, 2012) per ottenere migliori proprietà di barriera ai gas e di bagnabilità, riducendo, di conseguenza, la formazione di condensa sulla superficie interna del film a contatto con l'alimento (effetto anti-fog).

Di particolare interesse per la microbiologia predittiva è il fatto che le informazioni sull'idrofobicità dei materiali (e delle colture microbiche), in particolare sulle loro componenti apolari e polari, cominciano a essere impiegate nella modellazione della capacità di adesione dei microrganismi sulle superfici a contatto, considerando anche gli effetti delle cariche di superficie (Azeredo et al, 1999; Nguyen et al, 2011). La teoria sulla quale si basano questi modelli è la cosiddetta DLVO (Derjaguin-Landau-Verwey-Overbeek) che definisce l'energia totale richiesta per portare una cellula microbica (*b*) da una distanza infinita a una superficie (*m*) in mezzo acquoso (*w*) (eq. 9.5):

$$U_{mwb} = U_{mwb}^{LW} + U_{mwb}^{AB} + U_{mwb}^{EL} \tag{9.5}$$

l'energia totale per il movimento della cellula microbica (U_{mwb}) corrisponde alla somma delle energie relative alle interazioni apolari U_{mwb}^{LW}, polari acido-base U_{mwb}^{AB} ed elettrostatiche U_{mwb}^{EL}. Per una dettagliata descrizione di tale teoria si rimanda alla letteratura disponibile

Tabella 9.2 Valori medi indicativi dell'angolo di contatto statico (θ), dell'energia superficiale (γ_m espressa in mJ m^{-2}), delle sue componenti (γ_m^{LW}, γ_m^{AB}) e dei parametri relativi a γ_m^{AB} (γ_m^+ e γ_m^-) per materiali plastici commerciali anche rivestiti con coating biopolimerici

	Parametri termodinamici							
Substrato	$\theta_{(w)}$	$\theta_{(f)}$	$\theta_{(d)}$	γ_m	γ_m^{LW}	γ_m^{AB}	γ_m^+	γ_m^-
LDPE	89,20	68,96	60,52	30,28	28,28	1,99	0,29	3,42
LDPE+anti-fog A*	52,08	39,49	47,49	46,01	35,66	10,36	1,03	26,04
LDPE+anti-fog B*	39,22	68,19	56,21	30,41	30,41	0,00	0,00	80,11
LDPE+anti-fog C**	24,06	23,39	53,77	53,58	32,15	21,43	2,33	49,30
PET	57,44	39,55	22,41	48,85	47,04	1,81	0,03	23,74
OPP	63,03	41,39	52,22	43,92	33,03	10,89	2,18	13,58
CNs-PET***	12,32	7,41	37,15	56,73	40,99	15,74	1,18	52,50
CNs-OPP***	12,08	8,78	36,37	56,41	41,39	15,05	1,07	52,94

Angoli di contatto statico: $\theta_{(w)}$ per acqua; $\theta_{(f)}$ per formammide; $\theta_{(d)}$ per diiodometano.
* *A, B*: additivi anti-fog commerciali.
** *C*: coating anti-fog a base di pullulano (Introzzi et al, 2012).
*** *CNs*: coating di rivestimento a base di nanocellulosa (dati non pubblicati).

(Bhattacharjee et al,1994; Bhattacharjee et al,1996; Hong, Elimelech, 1997; Van Oss et al, 1999), è comunque importante sottolineare le potenzialità di questi approcci predittivi nella selezione del materiale di packaging più idoneo e sicuro.

9.2.2 Ermeticità del packaging

Una fondamentale funzione protettiva, nei confronti di una possibile contaminazione microbica esterna, è offerta dalle caratteristiche di ermeticità garantite sia dagli accessori di chiusura, per gli imballaggi rigidi, sia dalle proprietà termiche dei materiali flessibili che vengono chiusi mediante termosigillatura.

La garanzia di integrità delle confezioni flessibili è particolarmente importante per i prodotti confezionati in atmosfere modificate o sottovuoto al fine di ridurre il rischio microbiologico. La perdita del vuoto o uno sbilanciamento della composizione dell'atmosfera protettiva possono essere determinanti nel ridurre la shelf life degli alimenti confezionati, poiché accelerano la proliferazione microbica.

I difetti critici che causano la perdita di ermeticità degli imballaggi flessibili sono descritti in termini di: canali capillari[1]; discontinuità nelle zone di saldatura; microfori in qualunque punto dell'imballaggio in seguito a sollecitazioni meccaniche o attacchi entomologici; presenza di particolato nell'area sottoposta a termosaldatura. Si stima che il diametro soglia di queste lacune in grado di dare luogo a contaminazione microbica sia inferiore a 10 μm (Lee et al, 2008); sembra tuttavia che molto dipenda dalla morfologia della discontinuità

[1] Il "diametro ridotto" (d_r), definito come rapporto tra il diametro e la lunghezza di un'apertura, espresse con le stesse unità, consente di distinguere tra capillari ($10^{-3} < d_r < 10^{-1}$), pori ($10^{-1} < d_r < 1$) e orifizi ($d_r > 1$).

e dall'affinità tra tipologia di alimento confezionato e microrganismo. Uno studio condotto da Ravishankar et al (2005) ha evidenziato che *Enterobacter aerogenes* è in grado di attraversare microfori con diametro variabile da 5 a 30 μm presenti in vassoi in PET/EVOH/PP e di contaminare preparazioni alimentari a base di carne. In presenza di canali capillari le dimensioni minime attraverso le quali il microrganismo riesce a passare per raggiungere l'alimento confezionato sono state invece stimate da 50 a 200 μm.

Purtroppo le informazioni attualmente disponibili circa il ruolo dei difetti di integrità del packaging, rigido o flessibile, nella contaminazione degli alimenti non sono numerose ed esaurienti; studi più approfonditi potrebbero portare alla messa a punto di sistemi di controllo in linea più performanti e ad accorgimenti tecnologici per un miglioramento dell'ermeticità del packaging in grado di ridurre significativamente il rischio di contaminazione microbica degli alimenti.

9.3 Regolazione della crescita microbica

Gli imballaggi e le tecnologie di packaging possono rallentare o inibire efficacemente la proliferazione dei microrganismi presenti nell'alimento, soprattutto intervenendo nella modulazione del microambiente interno alla confezione. Le regolazioni che si possono attuare concernono principalmente gli scambi di aeriformi, mediante modificazioni del livello di umidità relativa e/o delle pressioni parziali di ossigeno e anidride carbonica che possono influenzare i metabolismi microbici.

Le funzioni di regolazione del microambiente rappresentano efficacemente il ruolo nuovo e attivo che è richiesto agli imballaggi moderni, i quali spesso non devono semplicemente contenere e genericamente proteggere il prodotto, ma devono anche esercitare una significativa azione di contrasto ai fattori di scadimento della qualità, che si traduce quindi in una "shelf life extension". Gli effetti di queste regolazioni del microambiente possono essere in gran parte previsti e valutati quantitativamente con buona accuratezza, facendo riferimento alla teoria della diffusione di gas e vapori. I risultati possono essere facilmente integrati in modelli predittivi della shelf life e della crescita dei patogeni, come Seafood Spoilage and Safety Predictor o MicroHibro (vedi cap. 8).

9.3.1 Teoria della permeazione degli aeriformi

I fenomeni di trasporto di gas e vapori attraverso gli imballaggi e i materiali di packaging sono sempre molto importanti, poiché a essi sono associati eventi, anche molto diversi, che condizionano la qualità e la sicurezza dei prodotti confezionati. Tra i più rilevanti – che saranno qui considerati, perché collegati alla proliferazione di possibili contaminanti microbici – vi sono l'ingresso di ossigeno, la perdita di anidride carbonica e l'aumento di umidità relativa in una confezione. Per comprendere questi fenomeni, è necessario conoscere la teoria della permeazione (comune peraltro a tutti i fenomeni di trasporto), che è la base di qualsiasi modello predittivo.

Nella struttura delle macromolecole polimeriche (sintetiche o naturali) gli aeriformi possono diffondere nel cosiddetto volume libero molecolare (cioè negli spazi tra le molecole e all'interno di esse), e quindi anche attraverso la parete integra di un imballaggio realizzato con questi materiali. Queste lacune della materia dipendono dalla natura chimica e dalla morfologia (cristallina o amorfa) del polimero. Le loro dimensioni possono cambiare in conseguenza dei moti termici, per effetto del grado di libertà degli atomi presenti e dell'energia di

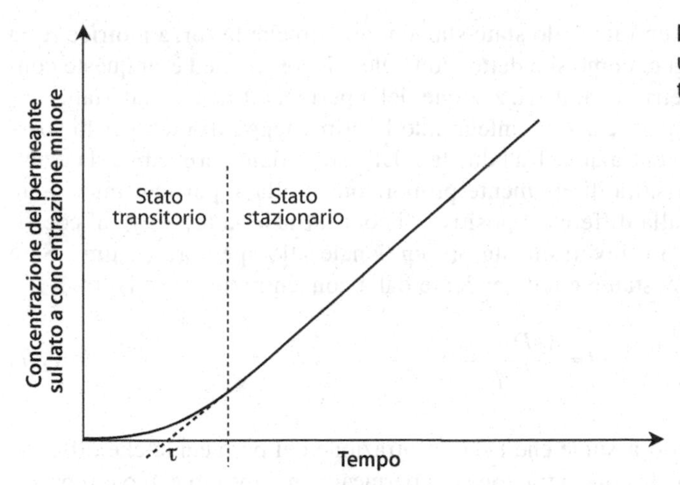

Fig. 9.2 Profilo di permeazione di un aeriforme, supponendo costante la forza motrice

coesione che li caratterizza. Per indicare in maniera non equivoca questo fenomeno di trasmissione è stato introdotto da tempo il termine permeazione o permeabilità.

Il processo di permeazione, supponendo costante la temperatura e la sua forza motrice (la differenza di concentrazione del permeante tra i due lati della parete dell'imballaggio), richiede un certo tempo per raggiungere uno stato stazionario nel quale procede a velocità costante, un tempo necessario per la saturazione del volume libero. Infatti, come è rappresentato nella Fig. 9.2, inizialmente la quantità permeata nell'unità di tempo non è costante ma aumenta progressivamente nel corso del cosiddetto *tempo di ritardo* o *stato transitorio*. Per gli spessori ridotti dei materiali di packaging il tempo di ritardo è, in genere, molto breve e viene trascurato nei calcoli, così come si farà in questa descrizione semplificata della teoria della permeazione e delle sue applicazioni, rinviando a specifici riferimenti bibliografici per eventuali approfondimenti (Barrer, Rideal, 1939; Rogers, 1985; Hernandez, Gavara, 1999; Lee et al, 2008). Superata questa fase iniziale, la velocità di trasferimento dell'aeriforme resta costante fin tanto che permane invariata la forza motrice, come testimoniato dalla pendenza costante della curva della Fig. 9.2.

La cinetica del processo di permeazione viene descritta quantitativamente dalla prima legge di Fick della diffusione, nello stato stazionario, e dalla seconda legge di Fick nello stato transitorio, che, come già detto, non verrà considerato in questa trattazione per motivi pratici. La prima legge di Fick, che consente di determinare il flusso di permeante nello stato stazionario, a velocità costante, è espressa dall'equazione:

$$F(\Phi) = -D\left(\frac{dc}{dx}\right) \tag{9.6}$$

dove:

$F(\Phi)$ = flusso (o velocità di trasmissione del permeante), espresso come volume di aeriforme per unità di tempo e di superficie del mezzo permeato ($cm^3\ cm^{-2}\ s^{-1}$);

D = coefficiente di diffusione, espresso come quadrato di una lunghezza per unità di tempo ($cm^2\ s^{-1}$);

c = concentrazione del permeante nel mezzo permeato ($cm^3\ cm^{-3}$);

x = lunghezza nella direzione del flusso (cm).

Una volta che la diffusione è entrata nello stato stazionario e finché la forza motrice resta costante, la permeazione prosegue, come si è detto, con velocità costante ed è in queste condizioni che si derivano i parametri di caratterizzazione della permeabilità dei materiali.

Nello stato stazionario della permeazione, integrando la prima legge di Fick per lo spessore totale e la differenza di concentrazione tra i due lati della superficie permeabile, la quantità di gas (Q, cm^3) permeata risulta direttamente proporzionale alla superficie interessata (A, m^2), al tempo (t, d o 24 h), alla differenza positiva di concentrazione ($c_1 - c_2$), al coefficiente di diffusione (D, $cm^2\ s^{-1}$) e inversamente proporzionale allo spessore (l, μm). Sarà quindi possibile, assumendo D costante e indipendente dalla concentrazione, scrivere:

$$Q = \frac{A t D (c_1 - c_2)}{l} \tag{9.7}$$

Poiché nello stato stazionario si assume che la concentrazione del permeante che diffonde nel polimero sia in equilibrio con la concentrazione del permeante nel mezzo aereo circostante (gas o fase vapore), è possibile utilizzare l'eq. 9.8 al posto della 9.7, convertendo le concentrazioni in pressioni parziali (p, bar) attraverso il coefficiente di solubilità (S, $cm^3\ cm^{-3}$):

$$Q = \frac{A t D S (p_1 - p_2)}{l} \tag{9.8}$$

Il prodotto di due costanti (DS) è a sua volta una costante che viene definita *coefficiente di permeabilità* e indicata come KP, per cui si potrà scrivere:

$$KP = \frac{lQ}{A t (p_1 - p_2)} \tag{9.9}$$

Il coefficiente di permeabilità KP è una grandezza complessa (composta a sua volta da numerose grandezze fondamentali diverse) che deve essere riferita a una determinata specie permeante, cioè un gas o un vapore, in uno specifico mezzo permeabile (un materiale polimerico) e a una temperatura definita e costante.

KP si ricava misurando, nello stato stazionario e in condizioni note e controllate, la quantità di permeante che attraversa una superficie di materiale; il valore ottenuto viene espresso come volume di aeriforme che diffonde nell'unità di tempo, per effetto di una differenza unitaria di pressione parziale, attraverso una superficie unitaria, di spessore unitario. KP è comunemente espresso[2] in termini di $cm^3\ \mu m\ m^{-2}\ d^{-1}\ bar^{-1}$.

Si supponga che la Fig. 9.2 corrisponda a una reale misura di permeabilità e alla regressione lineare dei dati della Tabella 9.3, che riporta le quantità di gas permeate nel tempo attraverso un provino circolare di diametro pari a 25 cm e di spessore pari a 15 μm, in un test di permeabilità all'ossigeno realizzato impiegando aria come gas test. Il calcolo di KP procederà come descritto di seguito, dalla quarta ora, cioè dopo il tempo di ritardo.

[2] Per facilitare i confronti tra misure diverse, il volume dell'aeriforme dovrebbe sempre essere rappresentato in condizioni standard (ma raramente se ne tiene conto), vale a dire esprimendo i cm^3 a temperatura e pressione standard (0 °C e 1 atm). Nelle condizioni standard 1 cm^3 vale 44,62 μmol e 1 atm è equivalente a 0,1013 MPa e 1,013 bar.

Tabella 9.3 Dati di una misura di permeabilità all'ossigeno

t (h)	***Q*** (cm³)	***t*** (h)	***Q*** (cm³)	***t*** (h)	***Q*** (cm³)
0	0	6	4,9	12	16,0
1	0	7	6,5	13	18,0
2	0	8	8,7	14	21,0
3	1,0	9	10,0	15	24,0
4	2,0	10	12,0	16	25,0
5	3,5	11	15,0	17	26,5

La regressione lineare dei dati della Tabella 9.3, dalla 4ª alla 17ª ora, restituisce, attraverso il coefficiente angolare, la migliore stima ($R^2 = 0{,}99$) della pendenza della retta, che vale 1,97 $cm^3\ h^{-1}$. Ciò rappresenta il flusso orario di gas, nelle condizioni del test, attraverso la superficie del provino (A) che è facile calcolare sulla base del suo raggio (r) come:

$$A = \pi r^2 = 3{,}14\left(\frac{25}{2}\right)^2 = 490{,}625\ \text{cm}^2 = 0{,}04906\ \text{m}^2$$

La forza motrice che ha determinato questa trasmissione deriva dalle condizioni strumentali adottate, che prevedono aria (20,9% di ossigeno a pressione atmosferica) da un lato del provino e un gas di trasporto (privo di ossigeno) dall'altro. Ne consegue che la forza motrice può essere stimata come:

$$p_1 - p_2 = \frac{20{,}9}{100} \times 1{,}013\ \text{bar} - 0\ \text{bar} = 0{,}212\ \text{bar}$$

È ora possibile applicare l'eq. 9.9 per calcolare KP:

$$KP = \frac{l}{A(p_1 - p_2)}\frac{Q}{t} = \frac{15\ \mu\text{m}}{0{,}04906\ \text{m}^2 \times 0{,}212\ \text{bar}} 1{,}969\ \text{cm}^3\text{h}^{-1} = 2.839{,}7$$

Il coefficiente di permeabilità così calcolato è espresso come $cm^3\ \mu m\ m^{-2}\ h^{-1}\ bar^{-1}$ e sarà quindi necessario moltiplicarlo per 24 per esprimerlo con le unità convenzionali[3] e ottenere il valore finale, pertinente al coefficiente di permeabilità all'ossigeno del materiale considerato, alla temperatura del test: $KP_{O_2} = 68.152{,}9\ cm^3\ \mu m\ m^{-2}\ d^{-1}\ bar^{-1}$. Lo stesso approccio sperimentale e le stesse modalità di calcolo sono impiegati per la stima del coefficiente di permeabilità di qualsiasi altro aeriforme.

[3] Ogni grandezza (tempo, pressione, volume, superficie, spessore) può essere espressa con unità differenti creando a volte incertezze di calcolo. Utilizzando, per esempio, solo le unità di misura del Sistema Internazionale la quantità di permeante andrebbe espressa in moli, il tempo in secondi e la pressione in Pascal, che corrisponde a Newton per metro quadro ($N\ m^{-2}$), conducendo alle unità di misura: $mol\ m\ s^{-1}\ N^{-1}$, corrette formalmente ma assai poco utilizzate nella pratica.

9.3.2 Parametri di misura della permeabilità

Diversi enti di normazione hanno introdotto negli ultimi decenni accurate procedure standard per la misura della permeabilità, contribuendo a fare chiarezza in un settore nel quale le incertezze e gli equivoci sono piuttosto frequenti. Un sicuro merito di tale attività di standardizzazione è stato proporre definizioni chiare per i parametri di misura della permeabilità diversi da *KP* e largamente impiegati dagli operatori del settore. In questo testo si farà riferimento alle norme internazionali ASTM, poiché sono le più utilizzate (ASTM 2010; ASTM 2012).

Come si è visto, il coefficiente di permeabilità *KP* può essere definito – per qualsiasi gas, vapore organico o vapor d'acqua – come la quantità di permeante che, a una data temperatura, attraversa uno spessore unitario, di superficie unitaria di un materiale piano, nell'unità di tempo, per effetto di una differenza unitaria di pressione parziale dell'aeriforme tra le due facce del materiale. Tuttavia, nei materiali di packaging si verifica frequentemente che ricavando *KP* da misure effettuate su spessori diversi dello stesso materiale si ottengono valori diversi, in quanto non sempre vi è un'esatta proporzionalità inversa tra flusso di permeante (Q/t) e spessore (l) prevista dall'eq. 9.9. Di conseguenza è invalso l'uso di non rapportare lo spessore all'unità di misura e di definire un'altra grandezza che vale la quantità di gas che attraversa una superficie unitaria, di un dato spessore, sotto una differenza di pressione parziale unitaria, nell'unità di tempo. Le unità di misura più utilizzate sono quindi $cm^3\ m^{-2}\ d^{-1}\ bar^{-1}$. A questa grandezza, che in teoria corrisponde al rapporto tra il coefficiente di permeabilità e lo spessore, viene attribuito, secondo una norma ASTM, il termine *permeance* (*permeabilità*), indicata con una lettera *P* in stampatello maiuscolo seguita da un suffisso che si riferisce all'aeriforme considerato (P_{O_2}, P_{CO_2}, P_{H_2O}):

$$P = \frac{KP}{l} \tag{9.10}$$

Ricavando *P* o *KP* da misure condotte sotto diverse forze motrici possono ottenersi valori differenti, poiché non sempre è rispettata l'esatta proporzionalità diretta tra flusso di permeante (Q/t) e differenza di pressione ($p_1 - p_2$) prevista dall'eq. 9.9. È dunque pratica comune non considerare nel calcolo, oltre allo spessore, anche la differenza di pressione parziale, indicandoli come condizioni di misura. Le norme ASTM definiscono questa nuova grandezza *gas transmission rate*, cioè la quantità di gas che attraversa una superficie unitaria, di dato spessore e sotto una data differenza di pressione parziale, nell'unità di tempo. Le sue unità di misura sono $cm^3\ m^{-2}\ d^{-1}$. Viene indicata con le lettere *TR* (*transmission rate*) precedute dalla lettera *G*, per indicare un generico gas, oppure da *O*, CO_2, *N* e *WV* per indicare, rispettivamente, ossigeno, anidride carbonica, azoto e vapor d'acqua:

$$GTR = P_G (p_1 - p_2) = \frac{KP_G}{l}(p_1 - p_2) \tag{9.11}$$

Le relazioni 9.10 e 9.11 sono di grande utilità e di frequente utilizzo nei calcoli previsionali necessari per stimare il grado di protezione che un imballaggio può offrire. I dati disponibili in letteratura – e, ancor più, quelli forniti nelle schede tecniche dei materiali – fanno infatti spesso riferimento a misure effettuate in condizioni standardizzate, quasi mai rispondenti alle reali condizioni di impiego degli imballaggi. Inoltre, le caratteristiche di permeabilità dei numerosi materiali disponibili per il confezionamento variano in un intervallo molto

Tabella 9.4 Valori dei coefficienti di permeabilità (espressi in cm^3 μm m^{-2} d^{-1} bar^{-1}) relativi a ossigeno (KP_{O_2}) e anidride carbonica (KP_{CO_2}) di alcuni comuni materiali plastici

Materiale	KP_{O_2}	KP_{CO_2}	*Range selettività**
LDPE	118.000 - 236.000	472.440 - 1.181.100	4,0 - 5,0
HDPE	39.400 - 98.400	138.000 - 236.000	2,4 - 3,5
PP CAST	59.000 - 98.400	197.000 - 315.000	3,2 - 3,3
OPP	39.400 - 98.400	118.000 - 212.600	3,0 - 3,4
PS	98.400 - 138.000	354.330 - 413.400	3,0 - 3,6
PET	1.180 - 2.300	5.900 - 9.800	4,3 - 5,0
PVC rigido	1.970 - 5.900	7.870 - 19.700	3,3 - 4,0
PVC plastificato	19.700 - 59.000	78.700 - 3.150.000	4 - 53,4
PVDC	40 - 780	79 - 197	0,3 - 2
EVOH 0% UR	2,8 - 39,4	3,94 - 197	1,4 - 5
EVOH 100% UR	79 - 1.180	1.580 - 3.940	3,3 - 20
Nylon 6.6	790 - 1.180	3.900 - 4.700	4,0 - 4,6

* Selettività: KP_{CO_2}/KP_{O_2}.

ampio e quelli con maggior effetto barriera possono avere *KP* inferiori anche di 10^5 volte rispetto a quelli più permeabili (Tabella 9.4).

9.3.2.1 Velocità di trasmissione dei gas

Per una stima – non rigorosa ma prudenziale – della velocità con la quale il gas che può contrastare la crescita microbica abbandonerà l'atmosfera modificata di una confezione permeabile permeando all'esterno, si può procedere come segue.

Si consideri, per esempio, una confezione contenente un'atmosfera modificata con il 30% di CO_2 e il 70% di N_2. Occorre innanzitutto conoscere: la superficie permeabile della confezione, che assumiamo uguale alla superficie totale a esclusione delle saldature (per l'esempio proposto si suppone pari a 600 cm^2, quindi a 0,06 m^2); lo spessore (nel calcolo che segue pari a 30 μm); il coefficiente di permeabilità (nell'esempio si considera un KP_{CO_2} pari a 50 cm^3 μm m^{-2} d^{-1} bar^{-1}) o la permeabilità. La concentrazione di CO_2 nell'aria atmosferica è dell'ordine di 500 ppm, quindi 0,05%, stabilendo una pressione parziale pari a 0,0005065 bar (0,05/100 × 1,013 bar), ovvero 0,5065 mbar; nel calcolo quindi si considera p_{2,CO_2} nulla. La pressione parziale della CO_2 nel microambiente della confezione p_{1,CO_2} è inizialmente pari a 0,3039 bar (30/100 × 1,013 bar), ma è destinata a diminuire nel tempo, riducendo la forza motrice della permeazione verso l'esterno. Per una stima precauzionale – che porterà a sottostimare la shelf life del prodotto, ma a ridurre il rischio di alterazioni nel corso della vita commerciale – p_{1,CO_2} è opportunamente considerata costante, e quindi costante anche la forza motrice. Con queste informazioni è facile calcolare una velocità di trasmissione all'esterno della CO_2, che possiamo designare con CO_2TR_{pack} per indicare che è riferita allo specifico imballaggio e non all'unità di misura della superficie:

$$CO_2TR_{pack} = \frac{KP_{CO_2}}{l}(p_1 - p_2)A = \frac{50}{30} \times 0,3039 \times 0,06$$

Il calcolo proposto è un'applicazione dell'eq. 9.11 che tiene conto dell'effettiva superficie permeabile della confezione e porta a concludere, prudenzialmente, che ogni giorno la perdita di CO_2 dalla confezione sarà pari a 0,4465 cm^3. Per una precisione maggiore occorre tener conto della variazione di volume complessivo dell'atmosfera e della conseguente variazione di pressione parziale della CO_2 nell'imballaggio; i relativi calcoli possono essere agevolmente effettuati con un processo iterativo con un foglio elettronico (Piergiovanni et al, 1998) o strumenti di calcolo più complessi.

9.3.2.2 Velocità di trasmissione del vapor d'acqua

Nel caso della trasmissione del vapor d'acqua (*WVTR*) è indispensabile specificare la temperatura e la differenza di umidità relativa (ΔUR) alle quali è stata misurata, poiché queste due variabili definiscono esaurientemente la forza motrice del trasferimento. Il caso più comune (Tabella 9.5) è quello delle misure effettuate nelle cosiddette *condizioni tropicali* (90% ΔUR tra i due lati del provino e 38 °C), ma sono frequenti anche le misure nelle cosiddette *condizioni temperate* (60% ΔUR, 23 °C).

La forza motrice della diffusione corrisponde, in questo caso, alla differenza di tensione del vapore (cioè la pressione parziale del vapor d'acqua) tra le due facce del materiale e dipende sia dalla differenza di umidità relativa sia dalla temperatura; quest'ultima influenza la tensione di vapore in modo esponenziale secondo la legge di Clausius-Clapeyron (Piergiovanni et al, 1995). Nella Tabella 9.6 sono riportati i valori della tensione di vapore dell'acqua alle temperature di maggiore interesse. I valori riportati nella tabella si riferiscono alla tensione di vapore dell'acqua pura e corrispondono quindi a valori di umidità relativa (UR) pari al 100%, mentre nel caso di un sistema a umidità relativa inferiore al valore di saturazione la tensione di vapore sarà proporzionalmente ridotta; la tensione di vapore (*WVP*, *water vapor pressure*), infatti, è direttamente proporzionale al valore di UR.

A 38 °C e sotto una ΔUR del 90% (cioè in condizioni tropicali), la tensione di vapore responsabile della trasmissione sarà pari al 90% del valore fornito dalla Tabella 9.6, quindi: $WVTR = 66{,}237 \times 90/100 = 59{,}613$ mbar. A 24 °C e sotto una ΔUR del 60% (cioè in condizioni temperate) sarà: $WVTR = 29{,}779 \times 60/100 = 17{,}867$ mbar.

Le condizioni standard (tropicali e temperate) di misura della *WVTR* sono quasi sempre molto diverse da quelle di conservazione della maggior parte degli alimenti confezionati. Una difficoltà che si incontra comunemente nell'affrontare questi problemi è, di conseguenza, la conversione di misure di *WVTR* realizzate in condizioni diverse da quelle di interesse.

Tabella 9.5 Valori di *WVTR* misurati in condizioni tropicali (38 °C, 90% ΔUR) per i più comuni materiali di imballaggio

Materiale	***WVTR****
BOPP	3,9 - 6,2
Cast PP	6,7 - 11
HDPE	4,7 - 7,8
LDPE	16 - 23
PET orientato	16 - 20
EVOH**	22 - 124

* Dati espressi in $cm^3\ m^{-2}\ d^{-1}$, a 38 °C e 90% ΔUR, per uno spessore di 25 μm.
** In funzione del contenuto di etilene.

Tabella 9.6 Valori della tensione di vapore (*WVP*) dell'acqua a diverse temperature

Temperatura (°C)	*WVP*	
	(mbar)	*(Pa)*
5	8,718	871,782
7	10,011	1.001,083
10	12,277	1.227,693
14	15,983	1.598,267
20	23,33	2.332,750
22	26,433	2.643,339
24	29,779	2.977,922
28	37,790	3.779,055
30	42,416	4.241,606
35	54,879	5.487,961
38	66,237	6.623,677
40	73,741	7.374,156

Il problema si risolve passando dalla misura di *WVTR* conosciuta al valore di *P* (normalizzando quindi per la forza motrice, in quanto la permeabilità, come già visto, ha le unità di misura $cm^3\ m^{-2}\ d^{-1}\ bar^{-1}$) e convertendo in una nuova *WVTR* nelle condizioni di interesse (moltiplicando per la forza motrice effettiva). Nella pratica le unità di misura che si incontrano più frequentemente per *WVTR* sono in realtà $g\ m^{-2}\ d^{-1}$, ma non è troppo impreciso considerare 1 cm^3 di acqua equivalente a 1 g.

Supponendo che un materiale abbia una *WVTR* pari a 100 $cm^3\ m^{-2}\ d^{-1}\ bar^{-1}$ in condizioni tropicali e che lo si voglia applicare per un prodotto secco, conservato a temperatura ambiente, sarà utile trasformare il dato noto in un valore pertinente alle condizioni di interesse; per esempio, una temperatura di 20 °C e un ΔUR del 40% (il prodotto secco al 10% e l'ambiente di conservazione al 50%). Bisognerà quindi operare nel modo seguente:

$$WVTR_{CI} = \frac{WVTR_{CT}}{WVP_{CT}} WVP_{CI} \tag{9.12}$$

dove:
$WVTR_{CI}$ = *WVTR* nelle condizioni di interesse;
$WVTR_{CT}$ = *WVTR* nelle condizioni tropicali;
WVP_{CI} = *WVP* nelle condizioni di interesse;
WVP_{CT} = *WVP* nelle condizioni tropicali.

Pertanto nel caso d'esempio i grammi di acqua che permeano ogni giorno dall'esterno, attraverso un metro quadrato del materiale, saranno pari a:

$$WVTR_{CI} = \frac{100\ g\ m^{-2} d^{-1}}{66,237\ mbar \times 0,9} 23,33\ mbar \times 0,4 = 15,654$$

Conoscendo la superficie permeabile della confezione e il peso del prodotto, sarà semplice ricavare $WVTR_{CI,pack}$, un dato che potrà essere facilmente impiegato per una stima della quantità di acqua che il prodotto assume nel tempo fino a raggiungere un contenuto umido critico per lo sviluppo microbico o per qualsiasi altra alterazione di interesse. Questo approccio predittivo può essere considerato semplificato e prudenziale, poiché in realtà la forza motrice diminuisce nel tempo, via via che il prodotto assume umidità e, di conseguenza, la velocità di ingresso del vapor d'acqua si riduce progressivamente; tuttavia tale approccio non espone al rischio di sovrastimare la shelf life e di commercializzare un prodotto non adatto al consumo.

9.4 Modelli predittivi di concentrazioni critiche di ossigeno

I modelli predittivi della variazione di concentrazione di ossigeno nelle confezioni sono sostanzialmente uguali a quelli che si possono impiegare per l'anidride carbonica e per altri gas di interesse, almeno nella rappresentazione semplificata qui proposta. Di conseguenza, tutto quanto viene qui esposto con riferimento all'O_2 può facilmente applicarsi alla CO_2 e ad altri gas.

La pressione parziale di O_2 interna alla confezione ($p_{O_2 in}$) può essere determinante per la qualità igienica e sensoriale degli alimenti confezionati e, con particolare riferimento al possibile effetto sulla crescita microbica, molto è noto circa le esigenze di ossigeno e la sensibilità a questo gas dei diversi microrganismi (Molin, 2000; Madigan, Martinko, 2006). Conoscere il livello di ossigeno in una confezione è, quindi, fondamentale per valutare il grado di protezione nei confronti di una possibile proliferazione di microrganismi aerobi.

La pressione parziale di O_2 nel microambiente di una confezione varia nel tempo per l'effetto concomitante di due fenomeni distinti: da un lato, l'assorbimento e/o il consumo, dall'altro, la permeazione del gas attraverso le pareti della confezione. La trasmissione del gas avviene, nella maggior parte dei casi, dall'esterno verso l'interno. Questa situazione dinamica viene comunemente descritta attraverso il bilancio di tre velocità, come rappresentato nell'equazione:

$$V_1 = V_2 + V_3 \tag{9.13}$$

dove: V_1 rappresenta la velocità di ingresso dell'O_2, V_2 è la cosiddetta velocità di *oxygen uptake* (respirazione, consumo, assorbimento) e V_3 indica la velocità di variazione della $p_{O_2 in}$ nella confezione.

Queste velocità, che sono variabili nel tempo, possono tutte convenientemente esprimersi in cm^3 $pack^{-1}$ h^{-1}, cioè volume di O_2 per unità di tempo e unità di confezionamento. Tutte, inoltre, dipendono dal valore che assume la concentrazione di O_2 nell'ambiente interno alla confezione e possono quindi rappresentarsi nello stesso diagramma (Fig. 9.3).

La dipendenza di V_1 da $p_{O_2 in}$ è lineare, con pendenza negativa; come è evidente, V_1 si annulla quando all'interno della confezione la concentrazione di O_2 è pari a quella esterna (forza motrice nulla) e raggiunge il massimo valore all'intercetta, quando all'interno non è presente O_2, quindi sotto una forza motrice pari a 0,209 bar. Di fatto, V_1 è una rappresentazione del fenomeno della permeazione già descritto.

Anche V_2 dipende da $p_{O_2 in}$, ma cresce all'aumentare di $p_{O_2 in}$ con una funzione non lineare che – per la maggior parte dei fenomeni di consumo, inclusa la respirazione aerobica – ha un comportamento asintotico: cresce rapidamente alle basse concentrazioni, ma tende a stabilizzarsi alle alte. In molti casi, tuttavia, alle velocità di respirazione più alte è possibile osservare fenomeni di inibizione della V_2, dovuti all'accumulo dei prodotti della respirazione (CO_2).

Potendo rappresentare sia V_1 sia V_2, per l'eq. 9.13 è facile seguire l'evoluzione di V_3, il cui valore diventa negativo quando la velocità di consumo è maggiore di quella di permeazione.

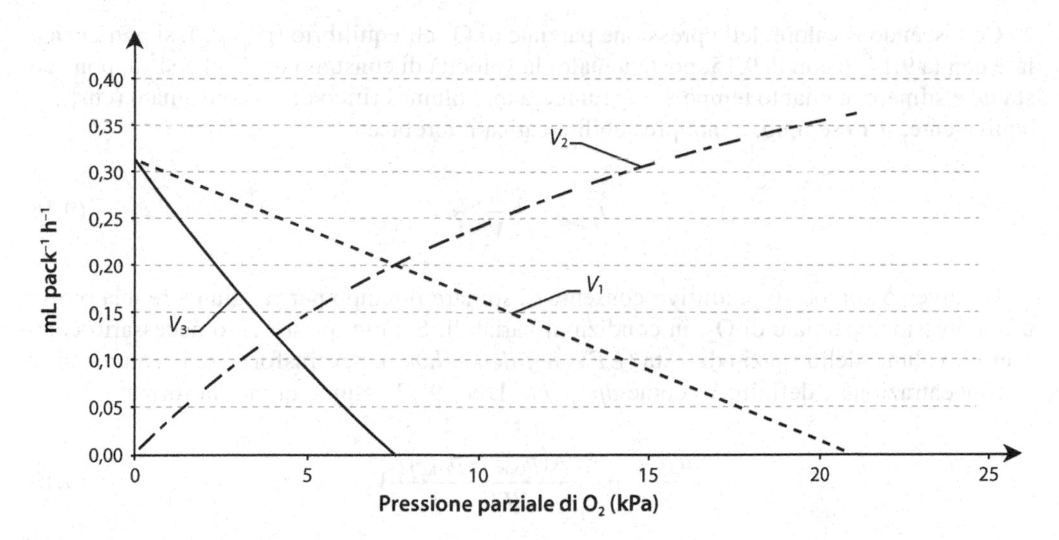

Fig. 9.3 Sistema dinamico di permeazione, consumo e accumulo di O_2 in una confezione permeabile

Qualunque sia il punto di partenza considerato, dal valore più basso di $p_{O_2\text{in}}$ (confezione sottovuoto o in atmosfere anossiche) o da quello più alto (confezionamento in aria), l'evoluzione del sistema dinamico tenderà a un punto di equilibrio in cui V_1 è pari a V_2, la V_3 si annulla e la concentrazione di O_2 resta costante, come pure le due velocità di permeazione e di consumo: una certa quantità di O_2 permea e la medesima viene consumata nello stesso tempo. Assumendo una situazione di equilibrio, il problema predittivo diviene molto più semplice e un'ulteriore e utile semplificazione consiste nel considerare lineare la dipendenza della V_2 nel tratto di interesse, rappresentandola con l'eq. 9.14, dove b è il coefficiente angolare della V_2 linearizzata:

$$V_2 = b\, p_{O_2\text{in}} \tag{9.14}$$

Per la condizione di equilibrio, ponendo l'eq. 9.14 uguale alla 9.15, dove P_{O_2} è la permeabilità all'O_2 e A la superficie permeabile dell'imballaggio, si ottiene la 9.16:

$$V_1 = P_{O_2} \frac{1}{24} A \left(p_{O_2\text{out}} - p_{O_2\text{in}} \right) \tag{9.15}$$

$$b\, p_{O_2\text{in}} = P_{O_2} \frac{1}{24} A \left(p_{O_2\text{out}} - p_{O_2\text{in}} \right) \tag{9.16}$$

Note la pendenza b della V_1 linearizzata, la permeabilità e la superficie A dell'imballaggio, è quindi possibile ricavare $p_{O_2\text{in,eq}}$, cioè la concentrazione di equilibrio di O_2 all'interno della confezione:

$$p_{O_2\text{in,eq}} = \frac{p_{O_2\text{out}}}{1 + \dfrac{b}{P_{O_2} \frac{1}{24} A}} \tag{9.17}$$

Conoscendo il valore della pressione parziale di O_2 all'equilibrio ($p_{O_2 in,eq}$), si potrà calcolare con la 9.14 (o con la 9.15, posta uguale) la velocità di consumo di O_2 che si suppone costante e stimare in quanto tempo si raggiungerà un volume critico di O_2 consumato ($cm^3_{O_2,cr}$), equivalente, per esempio, a una prestabilita carica microbica:

$$t_{h,pack} = \frac{cm^3_{O_2,cr}}{V_2} \tag{9.18}$$

Un diverso approccio predittivo consente di stimare il tempo per raggiungere una prestabilita pressione parziale di O_2, in condizioni variabili. Sarà in questo caso necessario conoscere il volume dello spazio di testa (*UFV*, *unfilled volume*), per trasformare il volume di O_2 in concentrazione e definire V_3 come $dp_{O_2 in}/dt$. L'eq. 9.13 assume quindi la forma:

$$\frac{dp_{O_2 in}}{dt} = \frac{P_{O_2} A\left(p_{O_2 out} - p_{O_2 in}\right)}{UFV} - V_2 \tag{9.19}$$

Per ragioni prudenziali (per non rischiare di sovrastimare il tempo utile) o nei casi in cui la permeazione di O_2 nel packaging è molto più alta della velocità di respirazione o di consumo (Lee et al, 2008), si trascura V_2 giungendo alla soluzione mediante la seguente equazione:

$$t_{cr} = \frac{UFV}{p_{O_2 in}} \ln \frac{\left(p_{O_2 out} - p_{O_2 in,t_0}\right)}{\left(p_{O_2 out} - p_{O_2 in,cr}\right)} \tag{9.20}$$

dove t_{cr} è il tempo critico per raggiungere la pressione parziale critica ($p_{O_2 in,cr}$), a partire da un valore iniziale ($p_{O_2 in,t_0}$).

9.5 Modelli predittivi di assorbimenti critici di umidità

Come anticipato nel paragrafo 9.3.2.2, la nozione di $WVTR_{CI,pack}$ consente una stima prudenziale ma non accurata del tempo necessario per raggiungere un determinato livello di umidità. Per operare con maggiore precisione è, infatti, indispensabile tenere conto non solo del packaging ma anche del comportamento dell'alimento. Quest'ultimo, in funzione delle sue caratteristiche compositive e strutturali, assorbirà quantità di acqua più o meno grandi, modificando il valore della tensione di vapore interna all'imballaggio, e quindi della forza motrice responsabile dell'ingresso di umidità nell'imballaggio stesso.

Nei modelli predittivi che si utilizzano in questi casi, si assume generalmente che la quantità di acqua permeata attraverso l'imballaggio (Q_{H_2O}) sia immediatamente assorbita dal prodotto e ne vari istantaneamente il contenuto umido (*M*) – cioè la quantità di acqua presente in un prodotto rapportata al contenuto di sostanza secca (g H_2O/g ss) – e l'umidità relativa all'equilibrio (URE%) o attività dell'acqua (a_w). Si assume inoltre che in ogni istante il prodotto sia in equilibrio con l'ambiente circostante interno alla confezione e che rimangano costanti la tensione di vapore all'esterno della confezione e la temperatura nell'ambiente di conservazione.

Per le assunzioni fatte, la variazione del contenuto umido *M* del prodotto sarà pari alla quantità di acqua permeata e si potrà quindi scrivere:

$$\frac{dM}{dt} = P_{H_2O} A (WVP_{out} - WVP_{in}) \frac{1}{ss} \qquad (9.21)$$

dove dM/dt è la variazione di M nel tempo (g d^{-1}), ss il peso secco del prodotto (g), P_{H_2O} la permeabilità al vapor d'acqua (g m^{-2} d^{-1} bar^{-1}) e WVP la tensione di vapore interna ed esterna (bar).

Considerando la relazione che lega la tensione di vapore dell'acqua all'umidità relativa (UR), l'eq. 9.21 può essere scritta anche come:

$$\frac{dM}{dt} = P_{H_2O} A\, WVP_{H_2O} (UR_{out} - UR_{in}) \frac{1}{ss} \qquad (9.22)$$

Poiché solo la componente interna alla confezione della forza motrice varia nel tempo e in relazione alle caratteristiche del prodotto (quella esterna si considera costante), l'eq. 9.22 può essere scritta anche come:

$$\frac{dM}{dt} = P_{H_2O} A\, WVP_{H_2O} (UR_{out} - f[M]) \frac{1}{ss} \qquad (9.23)$$

dove la variabilità della tensione di vapore interna alla confezione (quindi dell'UR) è legata tramite una specifica funzione al contenuto umido del prodotto. La funzione che lega M a URE% (o a_w) è la ben nota isoterma di adsorbimento, descritta da numerose equazioni sia empiriche sia di stato (Lee et al, 2008). Le equazioni più comunemente impiegate sono proposte nella Tabella 9.7; dopo una pertinente selezione, in riferimento alle caratteristiche del

Tabella 9.7 Possibili equazioni dell'isoterma di adsorbimento del vapor d'acqua

	Funzione	***Range utile di a_w***
BET	$\frac{M}{M_m} = \frac{1}{1-a_w} - \frac{1}{1+(C_1-1)a_w}$	0,05 - 0,45
GAB	$\frac{M}{M_m} = \frac{C_1 C_2 a_w}{(1-C_2 a_w)(1-C_2 a_w + C_1 C_2 a_w)}$	0,1 - 0,9
Halsey	$M = \left(-\frac{C_1}{\ln a_w}\right)^{C_2}$	0,1 - 0,8
Henderson	$M = \left[\frac{-\ln(1-a_w)}{C_1}\right]^{\frac{1}{C_2}}$	0,1 - 0,8
Oswin	$M = C_1 \left(\frac{a_w}{1-a_w}\right)^{C_2}$	0,1 - 0,85
Iglesias e Chirife	$M = C_1 \left(\frac{a_w}{1-a_w}\right) + C_2$	0,1 - 0,6
Lineare	$M = C_1\, a_w + C_2$	Variabile

M: g H_2O/g ss; C_1 e C_2: costanti; M_m: contenuto umido costante al monostrato.

prodotto, una di esse può essere implementata nella 9.23 per stimare il tempo necessario per raggiungere un determinato valore di UR interna (UR_{in}). L'ultima equazione proposta nella tabella è quella di una retta; infatti, una classica semplificazione del problema di stima predittiva delle variazioni di UR in un imballaggio permeabile consiste nella linearizzazione dell'isoterma nel tratto di interesse (Labuza et al, 1972).

Nell'applicazione di questo modello semplificato (Fig. 9.4) si calcola l'equazione della retta che congiunge, lungo l'isoterma sperimentale, il valore iniziale (M_{t0}) e quello critico (M_{cr}) del contenuto umido del prodotto. Dall'equazione della retta, noto il valore di UR all'esterno della confezione, è anche possibile stimare il teorico contenuto umido all'equilibrio (M_{eq}), che il prodotto raggiungerebbe in assenza della confezione. In un problema di microbiologia predittiva il contenuto umido critico (M_{cr}) può essere stimato non in relazione alle caratteristiche sensoriali (in genere di consistenza) del prodotto, ma come valore limite oltre il quale è possibile uno sviluppo indesiderato di microrganismi. L'approssimazione per linearizzazione dell'isoterma è molto semplice da effettuare, ma va utilizzata con prudenza e solo nei casi in cui i due estremi M_{t_0} e M_{cr} non conducano la retta troppo distante dall'isoterma sperimentale nel punto M_{eq}.

Descritta l'isoterma linearizzata come nell'eq. 9.24 o 9.25, dove b e c sono rispettivamente la pendenza e l'intercetta della retta, è possibile calcolare qualsiasi valore di WVP_{in} (come per esempio nell'eq. 9.26); l'eq. 9.21 può quindi essere esplicitata come nella 9.27.

$$M = b\, a_w + c \tag{9.24}$$

$$M = b \frac{WVP_{in}}{WVP_{H_2O}} + c \tag{9.25}$$

$$WVP_{in,eq} = WVP_{out} = \frac{WVP_{H_2O}}{b}\left(M_{eq} - c\right) \tag{9.26}$$

$$\frac{dM}{dt} = P_{H_2O} A \left[\left(\frac{WVP_{H_2O}}{b}\right)\left(M_{eq} - c\right) - \left(\frac{WVP_{H_2O}}{b}\right)\left(M - c\right)\right]\frac{1}{ss} = P_{H_2O} A \left[\left(\frac{WVP_{H_2O}}{b}\right)\left(M_{eq} - M\right)\right]\frac{1}{ss} \tag{9.27}$$

Risolvendo la 9.27 per il tempo, si ottiene:

$$t_{cr} = \frac{\ln\left[\frac{M_{eq} - M_{t_0}}{M_{eq} - M_{cr}}\right]}{P_{H_2O}\frac{1}{ss}\frac{WVP_{H_2O}}{b}} \tag{9.28}$$

per poter applicare questa equazione, occorre conoscere le caratteristiche di permeabilità dell'imballaggio e i dati relativi al prodotto (contenuto umido iniziale e di equilibrio), costruire l'isoterma sperimentale (*working isotherm*) e determinare il valore di umidità relativa limite che non deve essere raggiunto. L'eq. 9.28 consente di stimare in quanto tempo sarà raggiunto un valore critico di contenuto umido del prodotto associato a un rischio microbiologico[4].

[4] Esiste anche un'equazione analoga utilizzabile per il desorbimento di umidità (Piergiovanni, Limbo, 2010), qui non presentata perché meno applicabile in microbiologia predittiva.

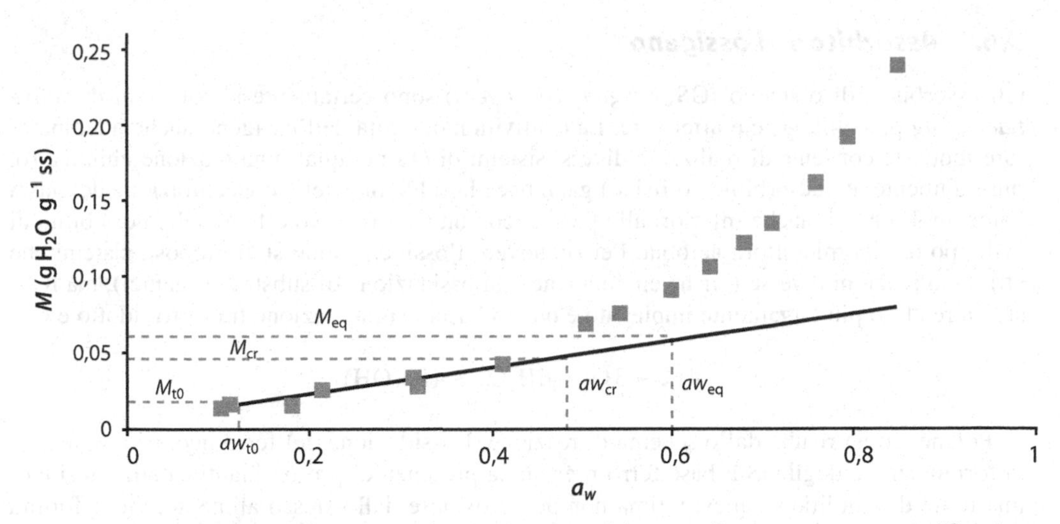

Fig. 9.4 Linearizzazione dell'isoterma di adsorbimento del vapor d'acqua per una semplificazione del modello predittivo

Un ulteriore motivo di interesse della 9.28 riguarda il suo possibile utilizzo nei test di shelf life accelerata (ASLT, *accelerated shelf life test*). Infatti, per la relazione inversamente proporzionale che lega il tempo necessario per raggiungere il livello di umidità critica (t_{cr}) e la permeabilità dell'imballaggio (P_{H_2O}), in un test rapido è agevole aumentare la superficie permeabile o ridurre lo spessore del materiale per abbreviare i tempi di raggiungimento del valore limite; il dato così ottenuto può essere poi facilmente trasformato nel tempo corrispondente alle condizioni effettive di confezionamento utilizzando l'eq. 9.29, nella quale il suffisso *acc* indica il tempo calcolato o la permeabilità utilizzata nel test accelerato:

$$t_{cr} = t_{cr,acc} \frac{P_{H_2O}}{P_{H_2O,\,acc}} \quad (9.29)$$

9.6 Imballaggi attivi per inibire la crescita microbica

Il Regolamento (CE) 1935/2004, riguardante i materiali e gli oggetti destinati a venire a contatto con gli alimenti, definisce "attivi" i materiali e gli oggetti finalizzati a prolungare la conservabilità dei prodotti alimentari confezionati e concepiti in modo da incorporare deliberatamente componenti che rilascino sostanze nel prodotto alimentare o nella confezione, o le assorbano dagli stessi (Dainelli et al, 2008). Rientrano in questa nuova categoria, quindi, gli assorbitori di ossigeno, anidride carbonica, umidità, etilene ecc., come pure gli emettitori di etanolo, anidride carbonica e anidride solforosa e i materiali e i dispositivi in grado di rilasciare sostanze antimicrobiche. Molte di queste nuove soluzioni di packaging, per le quali si registra un crescente numero di nuovi brevetti e invenzioni, sono concepite per contrastare lo sviluppo dei microrganismi eventualmente presenti nell'alimento. Saranno qui richiamate le più comuni tra queste innovazioni di packaging, con particolare riguardo alla possibilità di prevederne le prestazioni.

9.6.1 Assorbitori di ossigeno

Gli assorbitori di ossigeno (OS, *oxygen scavengers*) sono certamente le soluzioni di *active packaging* più sviluppate e affermate. La reattività molto alta dell'ossigeno anche a temperature modeste consente di realizzare diversi sistemi di OS nei quali una reazione chimica (o, più raramente, un adsorbimento fisico) garantisce la riduzione della concentrazione del gas a valori molto bassi, anche inferiori allo 0,01%, con un significativo effetto sulle possibilità di sviluppo di una microflora aerobia. Per rimuovere l'ossigeno sono stati proposti sistemi che sfruttano reazioni diverse (anche enzimatiche o di ossidazione di substrati organici), ma il sistema reattivo più largamente impiegato è quello basato sulla reazione tra ferro ridotto e O_2:

$$4Fe + 3O_2 + 6H_2O \rightarrow 4Fe(OH)_3$$

Poiché, come risulta dallo schema di reazione, l'ossidazione del ferro necessita di acqua, la formulazione degli OS a base ferro prevede la presenza di pro ossidanti/catalizzatori e di una fonte di umidità; se quest'ultima non può provenire dallo stesso alimento, viene fornita

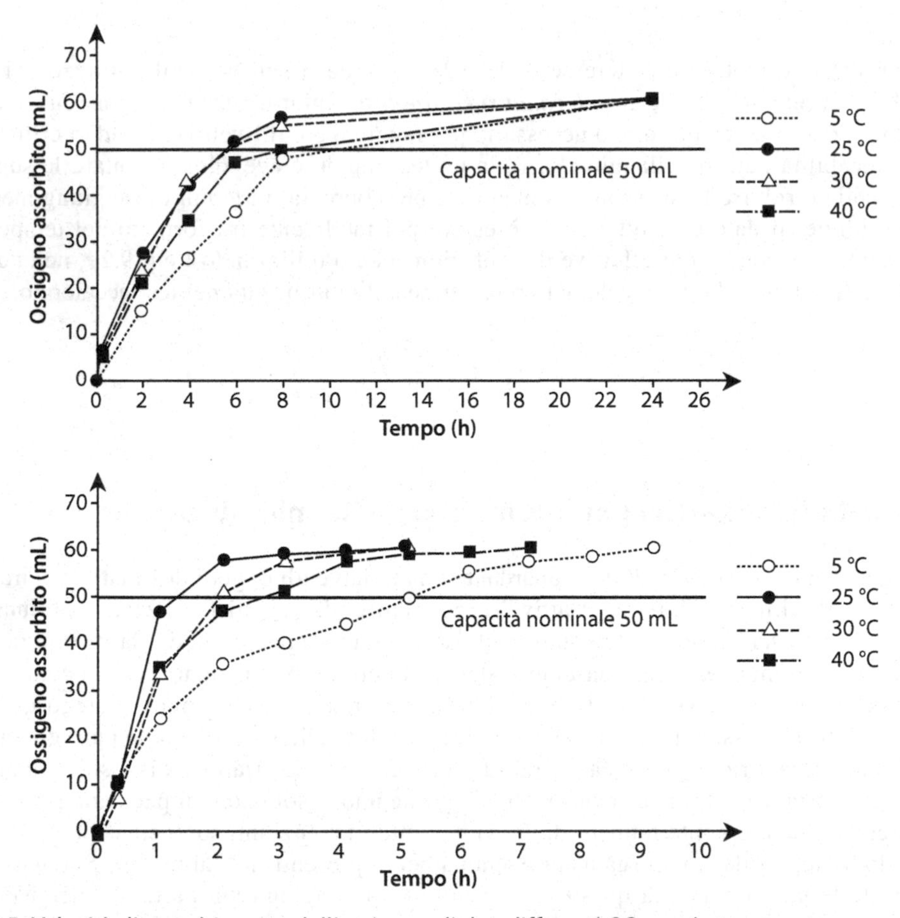

Fig. 9.5 Velocità di assorbimento dell'ossigeno di due differenti OS a varie temperature

da uno specifico ingrediente idratato dell'OS. Gli assorbitori di ossigeno sono oggi disponibili come bustine permeabili di scavenger in polvere da inserire nella confezione o come additivi da includere nel materiale di confezionamento, negli accessori di chiusura o in etichette da apporre sulla confezione. Ogni tipologia è poi disponibile con diverse forme di attivazione (per prodotti umidi e secchi) e differenti capacità di assorbimento. In generale, 1 g di Fe^{2+} può sequestrare rapidamente fino a 300 cm^3 di O_2 a temperatura ambiente e in aria, ma la velocità del fenomeno può essere molto diversa nei vari tipi di assorbitori, in funzione della temperatura e della pressione parziale. La Fig. 9.5 mostra il diverso comportamento nel tempo di due assorbitori della stessa capacità, in aria e a quattro diverse temperature.

Una volta scelta la capacità dell'assorbitore, a seconda che debba essere utilizzato per sequestrare l'ossigeno di un confezionamento in aria o quello che residua in un confezionamento in atmosfera modificata o sottovuoto, sarà possibile stimare l'efficacia residua dopo il confezionamento e valutare, sulla base della permeabilità del packaging, per quanto tempo esso garantirà una condizione di anossia tale da impedire lo sviluppo microbico. Supponendo, per esempio, di aver adottato un assorbitore capace di sequestrare 50 cm^3 di O_2 in un imballaggio confezionato in atmosfera protettiva, che ha un residuo dell'1% di O_2 in uno spazio di testa di 500 cm^3, la sua efficacia dopo il confezionamento sarà subito ridotta del 10% (i 5 cm^3 di O_2 residuali saranno assorbiti in pochi minuti dall'OS). Se l'imballaggio ha una superficie permeabile di 750 cm^2 e una P_{O_2} pari a 150 $cm^3\ m^{-2}\ d^{-1}\ bar^{-1}$, applicando l'eq. 9.8, e ricordando che $(D \times S)/l = P$, si potrà stimare la durata dell'efficacia come segue:

$$45\ cm^3 = 0{,}075\ m^2 \times 150\ cm^3\ m^{-2}\ d^{-1}\ bar^{-1} \times t \times (0{,}209\ bar - 0{,}0\ bar)$$

$$t = \frac{45}{0{,}075 \times 150 \times 0{,}209} = 19{,}1 \text{ giorni}$$

9.6.2 Imballaggi antimicrobici

Gli imballaggi antimicrobici sono l'esempio più rilevante di soluzioni di packaging attive in grado di contrastare lo sviluppo microbico grazie alla capacità di rilasciare, sull'alimento o nel microambiente della confezione, una sostanza efficace. Sebbene siano attualmente meno sviluppati e impiegati degli assorbitori di ossigeno, su di essi si ripongono molte speranze per un significativo aumento della sicurezza e della vita utile di numerosi prodotti deperibili.

Sostanze antimicrobiche di varia natura, anche naturali, possono essere incorporate nel materiale di confezionamento, anziché essere aggiunte in massa nell'alimento sotto forma di ingredienti o additivi. Il vantaggio è evidente, potendosi rilasciare le sostanze utili nelle quantità più adatte, con continuità nel tempo e nei punti dove è più necessario. È stato dimostrato che un rilascio modulato e continuato di nisina è assai più efficace della sua additivazione, come mostra la Fig. 9.6, evitando fenomeni di adattamento dei microrganismi (Zhang et al, 2004).

Sulla base di tali presupposti, sono state sviluppate numerose soluzioni di active packaging finalizzate al rilascio controllato di sostanze efficaci che possono essere sia solubili sia volatili, che a seconda dei casi richiedono tecniche di incorporazione differenti e, soprattutto, danno luogo a dinamiche di rilascio differenti.

Il rilascio di antimicrobici solubili nell'alimento è la modalità che si presta con maggiore facilità e precisione ad approcci predittivi, potendosi fare riferimento alla teoria della migrazione e ai numerosi studi condotti in materia (Appendini, Hotchkiss, 2002; Kim et al, 2002; Buonocore et al, 2004; Buonocore et al, 2005; Mastromatteo et al, 2010; Mascheroni et al, 2012).

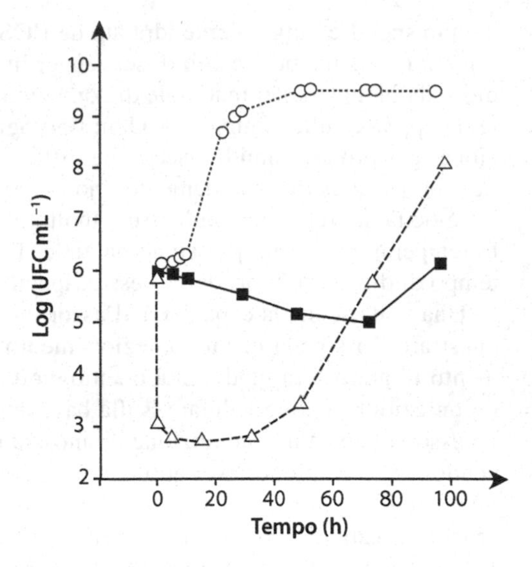

Fig. 9.6 Effetto comparato dell'aggiunta istantanea e del rilascio controllato di nisina sulla crescita di *L. monocytogenes*. ○ Senza nisina; ■ rilascio controllato di nisina; △ aggiunta unica di nisina. (Da Zhang et al, 2004)

In pratica è possibile applicare la seconda legge di Fick in una forma che descrive, a temperatura costante, la diffusione di una sostanza nel materiale di confezionamento e nell'alimento, tenendo conto del coefficiente di ripartizione ($K_{P,F}$), che rappresenta il rapporto all'equilibrio tra le concentrazioni del migrante nelle due fasi a contatto. Il parametro più importante per una quantificazione del fenomeno è, tuttavia, il coefficiente di diffusione del migrante nel materiale di confezionamento (D_P), essendo quello del migrante nell'alimento (D_F) generalmente trascurato nei calcoli, assumendo che il trasferimento dell'antimicrobico nell'alimento avvenga senza resistenze, o meglio che la sua azione sia richiesta soprattutto in superficie.

Se il coefficiente di diffusione stabilisce sostanzialmente la *velocità* del fenomeno di trasferimento, quello di ripartizione è una stima dell'*entità* del trasferimento. La Fig. 9.7 è una rappresentazione efficace del ruolo delle due importanti variabili. Infatti: la curva (1) rappresenta il profilo di migrazione di un antimicrobico che abbia definiti valori di $K_{P,F}$ e D_P; la curva (2) è relativa a una sostanza con $K_{P,F}$ uguale ma D_P inferiore; la curva (3) descrive la migrazione di un antimicrobico con lo stesso D_P della (1) ma con $K_{P,F}$ maggiore.

Una classica soluzione analitica della seconda legge di Fick, per una diffusione monodimensionale, è proposta nell'equazione:

$$\frac{M_{F,t}}{M_{F,\infty}} = 1 - \sum_{n-1}^{\infty} \frac{2\alpha(1+\alpha)}{1+\alpha+\alpha^2 q_n^2} \exp\left(\frac{-D_P q_n^2 t}{l^2}\right) \tag{9.30}$$

dove:

$M_{F,t}$ = massa migrata al tempo t;

$M_{F,\infty}$ = massa migrata massima all'equilibrio;

l = spessore;

α = rapporto di massa all'equilibrio tra alimento e packaging (quindi pari a $M_{F,\infty}/M_{P,\infty}$, ricavabile dai volumi e dal coefficiente di ripartizione);

q_n = soluzione positiva dell'equazione trascendente $\tan(q_n) = -\alpha\, q_n$; per $\alpha \ll 1$, $q \approx n\pi/(1+\alpha)$ e per elevati valori di α, $q_n \approx n - [\alpha/2(1+\alpha)]$.

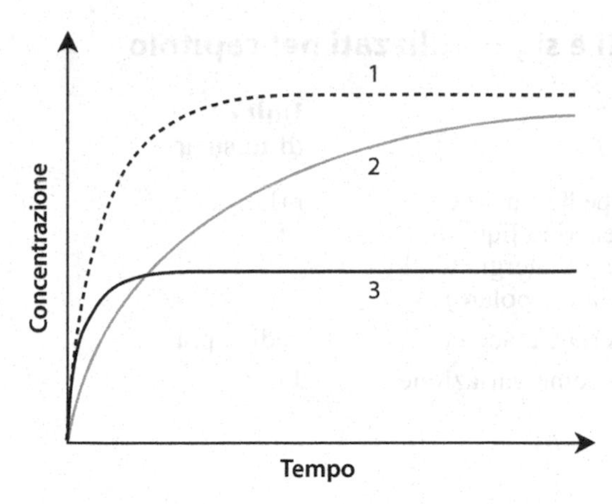

Fig. 9.7 Ruolo dei coefficienti di diffusione e di ripartizione nella dinamica di trasferimento di un possibile antimicrobico. Profili di migrazione di: **1** sostanza con definiti valori di $K_{P,F}$ e D_P; **2** sostanza con $K_{P,F}$ uguale alla precedente ma D_P inferiore; **3** sostanza con lo stesso D_P della (1) ma con $K_{P,F}$ maggiore

La soluzione dell'eq. 9.30 è oggettivamente complessa e richiede la conoscenza di α, e quindi del coefficiente di ripartizione, o di una preliminare sperimentazione. Possono tuttavia essere usate soluzioni approssimate, adottando però criteri di sicurezza o del "caso peggiore" (*worst case*) e assumendo un prudenziale minore trasferimento dell'antimicrobico.

Ipotizzando un rapporto $M_{F,t}/M_{F,\infty}$ non superiore a 0,6 (Lee et al, 2008), si può applicare l'equazione:

$$\frac{M_{F,t}}{M_{F,\infty}} = \frac{2}{l}\sqrt{\frac{D_P t}{\pi}} \tag{9.31}$$

nella quale è interessante osservare che la relazione lineare tra la quantità che si trasferisce e la radice quadrata del tempo autorizza un approccio ancora più approssimato e semplificato, come quello proposto nella formula:

$$M_{F,t} \cong K_M \sqrt{t} \tag{9.32}$$

dove K_M rappresenta un *coefficiente di migrazione apparente* che include il coefficiente di diffusione, π, $M_{F,\infty}$ e lo spessore. Partendo da queste assunzioni, e misurando la concentrazione di antimicrobico trasferito in un breve intervallo di tempo, è possibile stimare in modo approssimato quando sarà raggiunta una dose efficace:

$$t = \frac{M_{F,t}^2}{K_M^2} \tag{9.33}$$

Supponiamo che la dose efficace sia pari a 15 mg e che si determini sperimentalmente un rilascio pari a 3,5, 5 e 6,5 mg dopo, rispettivamente, 1, 2 e 3 giorni. La regressione lineare tra le radici quadrate dei tempi (1, 2 e 3) e le quantità migrate (3,5, 5 e 6,5) restituirà un coefficiente angolare pari a 3,633, da cui:

$$t = \frac{15^2}{3,633^2} = 17,05 \text{ giorni}$$

9.7 Appendice: Principali simboli e sigle utilizzati nel capitolo

Simboli e sigle	Descrizione	Unità di misura
γ	energia libera di superficie (i pedici m, w e l indicano materiale, acqua e generico liquido; gli apici Tot, LW e AB indicano l'energia totale e quelle delle componenti apolare e polare)	$mJ\ m^{-2}$
γ_{mw}	energia all'interfaccia tra materiale e acqua	vedi sopra
ΔG_{mwm}	grado di idrofobicità misurato come variazione di energia libera	$J\ m^{-2}$
ΔUR	differenza di umidità relativa	
µm	micrometri	
θ	angolo di contatto	gradi
µmol	micromoli	
a_w	attività dell'acqua	
A	superficie interessata dalla permeazione	m^2
BOPP	polipropilene biorientato	
c	concentrazione di permeante nel mezzo	$cm^3\ cm^{-3}$
d	giorni	
D	coefficiente di diffusione	$cm^2\ s^{-1}$
e	numero di Nepero, base dei logaritmi naturali (2,71828182845904...)	
EVOH	etilenvinil alcol	
exp	operatore esponenziale: $\exp(n)=e^n$	
$F(\Phi)$	velocità di trasmissione del permeante	$cm^3\ cm^{-2}\ s^{-1}$
g	grammi	
h	ore	
HDPE	polietilene ad alta densità	
J	joule	
kg	chilogrammi	
KP	coefficiente di permeabilità (i pedici O_2, CO_2, N, WV e G indicano ossigeno, anidride carbonica, azoto, vapor d'acqua e generico gas)	$cm^3\ \mu m\ m^{-2}\ d^{-1}\ bar^{-1}$
l	generico liquido	
l	spessore di un materiale di packaging	
L	litri	
LDPE	polietilene a bassa densità	
ln	logaritmo naturale o neperiano	
m	generico materiale	
m	metri	
M	contenuto umido (i pedici t_0, cr e eq indicano i valori iniziale, critico e di equilibrio)	$g\ H_2O\ g^{-1}\ ss$

mbar	millibar	
mL	millilitri	
mmol	millimoli	
mV	millivolt	
OPA	poliammide orientata	
OPP	polipropilene orientato	
OS	assorbitore di ossigeno	
p	pressione	bar, mbar, Pa, kPa
p_{O_2}	pressione parziale di ossigeno	vedi sopra
P	permeabilità (i pedici O_2, CO_2 e H_2O indicano ossigeno, anidride carbonica e acqua)	$cm^3\ m^{-2}\ d^{-1}\ bar^{-1}$
Pa	pascal	
PE	polietilene	
PET	polietilentereftalato	
PP	polipropilene	
ppm	parti per milione	
Q	quantità di gas	cm^3
r	raggio	
s	secondi	
R^2	coefficiente di determinazione	
S	coefficiente di solubilità	$cm^3\ cm^{-3}$
ss	sostanza secca	
t	tempo	d, h, s
T	temperatura	°C, K
TR	transmission rate (i prefissi O, CO_2, N, WV e G indicano ossigeno, anidride carbonica, azoto, vapor d'acqua e generico gas)	$cm^3\ m^{-2}\ d^{-1}$
U_{mwb}	energia totale per il movimento della cellula microbica (gli apici LW, AB ed EL indicano le componenti relative alle interazioni apolari, polari ed elettrostatiche)	
ufc	unità formanti colonie	
UFV	volume dello spazio di testa	
UR	umidità relativa	
URE%	umidità relativa all'equilibrio	
WVP	tensione di vapore acqueo	mbar, Pa

Bibliografia

Appendini P, Hotchkiss JH (2002) Review of antimicrobial food packaging. *Innovative Food Science and Emerging Technologies*, 3(2): 113-126

ASTM (2010) ASTM D3985 - 05(2010)e1 Standard test method for oxygen gas transmission rate through plastic film and sheeting using a coulometric sensor

ASTM (2012) ASTM E96/E96M -12 Standard test methods for water vapor transmission of materials

Azeredo J, Visser J, Oliveira R (1999) Exopolymers in bacterial adhesion: interpretation in terms of DLVO and XDLVO theories. *Colloids Surfaces B: Biointerfaces*, 14(1-4): 141-148

Barrer RM, Rideal EK (1939) Permeation, diffusion and solution of gases in organic polymers. *Transactions of the Faraday Society*, 35: 628-643

Bhattacharjee S, Sharma A, Bhattacharya PK (1994) Surface interactions in osmotic pressure controlled flux decline during ultrafiltration. *Langmuir*, 10(12): 4710-4720

Bhattacharjee S, Sharma A, Bhattacharya PK (1996) Estimation and influence of long range solute-membrane interactions in ultrafiltration. *Industrial & Engineering Chemistry Research*, 35(9): 3108-3121

Binderup M, Pedersen GA, Vinggaard AM et al (2002) Toxicity testing and chemical analyses of recycled fibre-based paper for food contact. *Food Additives and Contaminants*, 19(Suppl): 13-28

Bruinsma GM, van der Mei HC, Busscher HJ (2001) Bacterial adhesion to surface hydrophilic and hydrophobic contact lenses. *Biomaterials*, 22(24): 3217-3224

Buonocore GG, Conte A, Corbo MR et al (2005) Mono- and multilayer active films containing lysozyme as antimicrobial agent. *Innovative Food Science and Emerging Technologies*, 6(4): 459-464

Buonocore GG, Sinigaglia M, Corbo MR et al (2004) Controlled release of antimicrobial compounds from highly swellable polymers. *Journal of Food Protection*, 67(6): 1190-1194

Busscher HJ, van de Belt-Gritter B, van der Mei HC (1995) Implications of microbial adhesion to hydrocarbons for evaluating cell surface hydrophobicity. 1. Zeta potentials of hydrocarbon droplets. *Colloids Surfaces B: Biointerfaces*, 5(3-4): 111-116

Dainelli D, Gontard N, Spyropoulos D et al (2008) Active and intelligent food packaging: legal aspects and safety concerns. *Trends in Food Science & Technology*, 19(Suppl 1): S103-S112

Dexter SC, Sullivan Jr JD, Williams III J, Watson SW (1975) Influence of substrate wettability on the attachment of marine bacteria to various surfaces. *Applied Microbiology*, 30(2): 298-308

Doyle RJ (2000) Contribution of the hydrophobic effect to microbial infection. *Microbes and Infection*, 2(4): 391-400

Duncan-Hewitt WC (1990) Nature of the hydrophobic effect. In: Doyle RJ, Rosenberg M (eds) *Microbial cell surface hydrophobicity*. ASM Publications, Washington DC, pp 39-73

Hernandez RJ, Gavara R (1999) *Plastic packaging. Methods for studying mass transfer interactions: a literature review*. PIRA International, Leatherhead, UK, pp 1-42

Hong S, Elimelech M (1997) Chemical and physical aspects of natural organic matter (NOM) fouling of nanofiltration membranes. *Journal of Membrane Science*, 132(2): 159-181

Introzzi L, Fuentes-Alventosa JM, Cozzolino CA et al (2012) "Wetting Enhancer" pullulan coating for antifog packaging applications. *ACS Applied Materials & Interfaces*, 4(7): 3692-3700

Kim YM, An DS, Park JH et al (2002) Properties of nisin-incorporated polymer coatings as antimicrobial packaging materials. *Packaging Technology and Science*, 15(5): 247-254

Labuza TP, Mizrahi S, Karel M (1972) Mathematical models for optimization of flexible film packaging of foods for storage. *Transaction of the ASABE*, 15(1): 150-155

Lee DS, Yam KL, Piergiovanni L (2008) *Food Packaging, Science and Technology*. CRC Press, Boca Raton

Li B, Logan BE (2004) Bacterial adhesion to glass and metal-oxide surfaces. *Colloids Surfaces B: Bio - interfaces*, 36(2): 81-90

Madigan MT, Martinko JM (2006) *Brock Biology of microorganisms*, 11th edn. Pearson Education, Prentice Hall, Upper Saddle River

Mascheroni E, Capretti G, Limbo S, Piergiovanni L (2012) Study of cellulose-lysozyme interactions aimed to a controlled release system for bioactives. *Cellulose*, 19(6): 1855-1866

Mastromatteo M, Mastromatteo M, Conte A, Del Nobile MA (2010) Advances in controlled release devices for food packaging applications. *Trends in Food Science & Technology*, 21(12): 591-598

Molin G (2000) Modified atmospheres. In: Lund BM, Baird-Parker TC, Gould GW (eds) *The microbiological safety and quality of food*, vol I. Aspen Publishers, Gaithersburg, Maryland, pp 214-234

Nguyen VT, Chia TW, Turner MS et al (2011) Quantification of acid-base interactions based on contact angle measurement allows XDLVO predictions to attachment of *Campylobacter jejuni* but not *Salmonella*. *Journal of Microbiological Methods*, 86(1): 89-96

Piergiovanni L, Fava P, Siciliano A (1995) A mathematical model for the prediction of water vapour transmission rate at different temperature and relative humidity combinations. *Packaging Technology and Science*, 8(2): 73-83

Piergiovanni L, Limbo S (2010) *Food Packaging. Materiali, tecnologie e qualità degli alimenti*. Springer, Milano

Piergiovanni L, Pastorelli S, Fava P (1998) Previsione delle variazioni di composizione delle atmosfere protettive in imballaggi permeabili. *Industrie Alimentari*, 37: 305-311

Ravishankar S, Maks ND, Teo AY-L et al (2005) Minimum leak size determination, under laboratory conditions, for bacterial entry into polymeric trays used for shelf-stable food packaging. *Journal of Food Protection*, 68(11): 2376-2382

Regolamento (CE) n. 1935/2004 del Parlamento europeo e del Consiglio del 27 ottobre 2004 riguardante i materiali e gli oggetti destinati a venire a contatto con i prodotti alimentari e che abroga le direttive 80/590/CEE e 89/109/CEE

Ringus DL, Moraru CI (2013) Pulsed light inactivation of *Listeria innocua* on food packaging materials of different surface roughness and reflectivity. *Journal of Food Engineering*, 114(3): 331-337

Rogers CE (1985) Permeation of gases and vapours in polymers. In: Comyn J (ed) *Polymer permeability*. Elsevier, London, pp 11-73

Suominen I, Suihko ML, Salkinoja-Salonen M (1997) Microscopic study of migration of microbes in food-packaging paper and board. *Journal of Industrial Microbiology & Biotechnology*, 19(2): 104-113

Turtoi M, Nicolau A (2007) Intense light pulse treatment as alternative method for mould spores destruction on paper-polyethylene packaging material. *Journal of Food Engineering*, 83(1): 47-53

Uesugi AR, Woodling SE, Moraru CI (2007) Inactivation kinetics and factors of variability in the pulsed light treatment of *Listeria innocua* cells. *Journal of Food Protection*, 70(11): 2518-2525

van der Mei HC, van de Belt-Gritter B, Busscher HJ (1995) Implications of microbial adhesion to hydrocarbons for evaluating cell surface hydrophobicity. 2. Adhesion mechanisms. *Colloids Surfaces B: Biointerfaces*, 5(3-4): 117-126

van Oss CJ (1991) The forces involved in bioadhesion to flat surfaces and particles. Their determination and relative roles. *Biofouling*, 4(1-3): 25-35

van Oss CJ (1997) Hydrophobicity and hydrophilicity of biosurfaces. *Current Opinion in Colloid & Interface Science*, 2: 503-512

van Oss CJ, Docoslis A, Wu W, Giese RF (1999) Influence of macroscopic and microscopic interactions on kinetic rate constants: I. Role of the extended DLVO theory in determining the kinetic adsorption constant of proteins in aqueous media, using von Smoluchowski's approach. *Colloids Surfaces B: Biointerfaces*, 14(1-4): 99-104

van Oss CJ, Good RJ, Chaudhury MK (1988) Additive and non additive surface tension components and the interpretation of contact angles. *Langmuir*, 4(4): 884-891

Zhang Y, Chikindas ML, Yam KL (2004) Effective control of *Listeria monocytogenes* by combination of nisin formulated and slowly released into a broth system. *International Journal of Food Microbiology*, 19(1): 15-22

Capitolo 10
Modellazione del trasferimento termico e della cinetica di morte termica

Mauro Moresi

10.1 Introduzione

Gli studi condotti da Louis Pasteur tra il 1860 e il 1870, diretti a impedire le fermentazioni anomale di vino, birra e aceto attraverso trattamenti termici a temperature di 55-60 °C, sono ormai applicati a una molteplicità di alimenti.

Il trattamento termico di *pastorizzazione* è diretto a minimizzare il numero di microrganismi attivi presenti in un alimento per garantirne la conservazione in condizioni controllate fino al momento del consumo o della trasformazione finale. Questo trattamento determina, per esempio, la distruzione dei microrganismi patogeni nel latte e dei lieviti e delle muffe nei frutti acidi, come le ciliegie. La *sterilizzazione*, invece, ha l'obiettivo di distruggere tutte le specie microbiche, e in particolare quelle che formano spore termoresistenti. Poiché questo obiettivo è difficile da realizzare nella pratica, nell'industria alimentare è stato introdotto il concetto di *sterilità commerciale*, cioè una condizione che può essere raggiunta protraendo il trattamento termico – da solo o in combinazione con altri trattamenti fisici (quali altissime pressioni, radiazioni ionizzanti e micro- o radiofrequenze) – fino ad abbattere la carica microbica iniziale a un livello tale da rendere l'alimento esente da forme microbiche vegetative o sporigene in grado di proliferare nell'alimento stesso alle temperature normalmente adottate nelle fasi di distribuzione e di conservazione. Il grado di sterilità commerciale desiderato è generalmente definito in termini di *probabilità di una unità non sterile* (PNSU, vedi cap. 5, par. 5.2).

Per i microrganismi patogeni o produttori di tossine il tradizionale criterio utilizzato per ottenere in alimenti non acidi ($pH \geq 4,5$) la sterilità commerciale con un trattamento termico è fornire una quantità di calore sufficiente per ridurre di 12 ordini di grandezza un'ipotetica popolazione di spore di *Clostridium botulinum* (ipotizzando la presenza iniziale di 1 spora per barattolo, ciò equivale ad ammettere la possibilità che su un lotto di mille miliardi di barattoli di conserva solo un barattolo risulti contaminato da una spora di *C. botulinum*). Per i microrganismi alteranti presenti in alimenti che non supportano la crescita di microrganismi patogeni o produttori di tossine (per esempio prodotti con $pH < 4,5$) si considera generalmente sufficiente per la sterilità commerciale un trattamento termico tale da garantire una PNSU dell'ordine di 10^{-6}.

Le condizioni termiche necessarie per ottenere la sterilità commerciale dipendono da vari fattori, quali la natura dell'alimento, le condizioni di stoccaggio successive al trattamento termico, la resistenza del microrganismo o delle sue spore al trattamento termico, le caratteristiche termiche dell'alimento, del contenitore e del sistema di riscaldamento (apparecchiatura e fluido riscaldante) e la carica microbica iniziale.

F. Gardini, E. Parente (a cura di) *Manuale di microbiologia predittiva*
DOI 10.1007/978-88-470-5355-7_10

Per migliorare la qualità organolettica del prodotto sterilizzato, sono stati sviluppati vari sistemi per mescolare il prodotto nel corso del trattamento termico, onde aumentare il coefficiente di scambio termico all'interno del contenitore e accelerare la penetrazione del calore, in modo da ridurre il tempo di sosta del prodotto alla temperatura di sterilizzazione.

Per i prodotti in scatola il trattamento termico prevede il riempimento e la chiusura ermetica di un contenitore (metallico, di vetro o di materiale plastico) resistente al calore, che viene quindi sottoposto al trattamento prescelto. I prodotti sfusi (latte alimentare, succhi e puree di frutta ecc.) vengono pastorizzati/sterilizzati in massa e quindi raffreddati in asepsi, parallelamente alla sterilizzazione del contenitore; si procede poi al riempimento e alla chiusura della confezione in condizioni asettiche. La maggiore complessità del riempimento in asepsi è compensata dalla migliore qualità nutrizionale del prodotto finito.

Poiché le cinetiche di inattivazione delle spore batteriche sono più sensibili agli incrementi di temperatura di quelle delle reazioni chimiche che danneggiano alcuni componenti del prodotto (in particolare vitamine, enzimi, proteine ecc.), si è affermato il processo di sterilizzazione UHT (*ultra-high temperature*), che prevede, per esempio, il trattamento del latte a 135-150 °C per 2-6 secondi mediante riscaldamento indiretto, in scambiatori di calore a piastre o tubolari, oppure diretto, mediante iniezione di vapore nel latte (uperizzazione) o infusione del latte nel vapore. Nella Fig. 10.1 sono riportati i relativi schemi di principio semplificati.

Rispetto ai trattamenti per riscaldamento indiretto quelli per iniezione di vapore comportano un danno termico inferiore a fronte di minori recuperi energetici; richiedono inoltre la calibrazione del raffreddamento rapido per evaporazione sotto vuoto (*flash-cooling*), in quanto è necessario eliminare tutto il vapore utilizzato per riscaldare il latte per ripristinarne la composizione iniziale. I trattamenti UHT consentono di ottenere un latte sterile con minime perdite di vitamine (Alais, 1984). Per contro, la sterilizzazione in bottiglia a 115-120 °C per 20 minuti provoca imbrunimento del colore, sapore di cotto, alterazione degli equilibri salino e proteico ma anche una maggiore distruzione delle lipasi costitutive, ciò che assicura al latte sterilizzato in bottiglia una conservabilità a temperatura ambiente più lunga (180 giorni) rispetto a quella del latte UHT (90 giorni).

In alternativa all'uperizzazione, che provoca un elevato sforzo di taglio sul prodotto (con decadimento delle proprietà funzionali e delle caratteristiche qualitative), il sistema a infusione di vapore dà luogo a un minimo danno meccanico e viene applicato per la cottura e/o la sterilizzazione di latte, minestre concentrate, formaggi fusi, budini, creme, miscele per gelati e cioccolato ecc. (Pagliarini, 1988).

Attualmente la ricerca applicata sta tentando di realizzare il condizionamento asettico di prodotti in pezzi, in modo da salvaguardarne, per quanto possibile, la forma e la struttura originarie. Per garantire la sterilità degli alimenti sottoposti al trattamento termico, occorre tener conto sia dei profili tempo-temperatura, che dipendono dalle modalità di trasferimento termico adottate, sia della cinetica di morte dei microrganismi di interesse. Il vincolo primario dei cicli di pastorizzazione/sterilizzazione è conseguire un prefissato livello di sterilità commerciale; al tempo stesso, si deve minimizzare la perdita dei nutrienti termosensibili e dei parametri organolettici caratteristici del prodotto fresco.

Nelle pagine che seguono sarà introdotto il criterio di dimensionamento dei cicli di pastorizzazione/sterilizzazione, basato su una cinetica di morte microbica termica di primo ordine (proposta da Chick nel 1908, in analogia alla cinetica delle reazioni chimiche di primo ordine) e relativo al trattamento in continuo o in discontinuo di alimenti sfusi o confezionati, omogenei o con particelle in sospensione. Questo criterio sarà quindi estrapolato a una cinetica più complessa in grado di simulare le diverse curve di sopravvivenza microbica riscontrate in letteratura (Stumbo, 1973; Xiong et al, 1999).

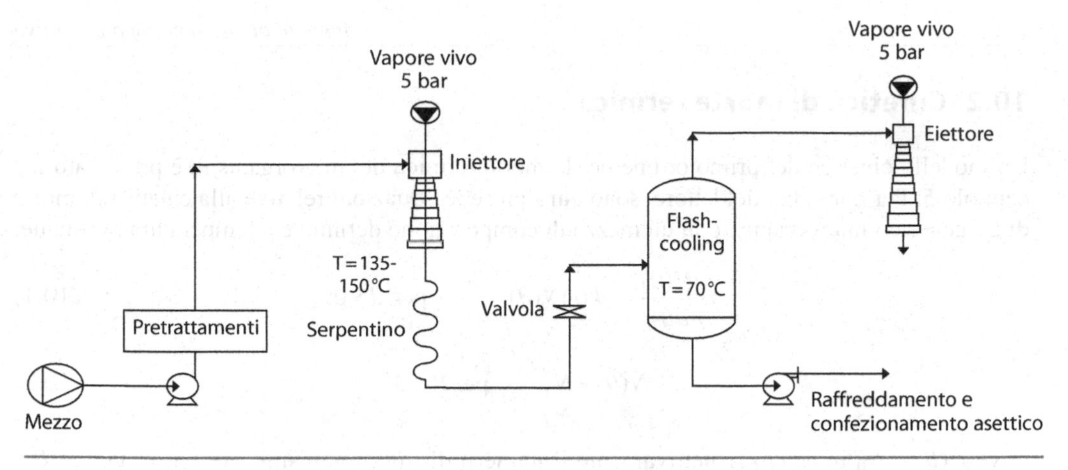

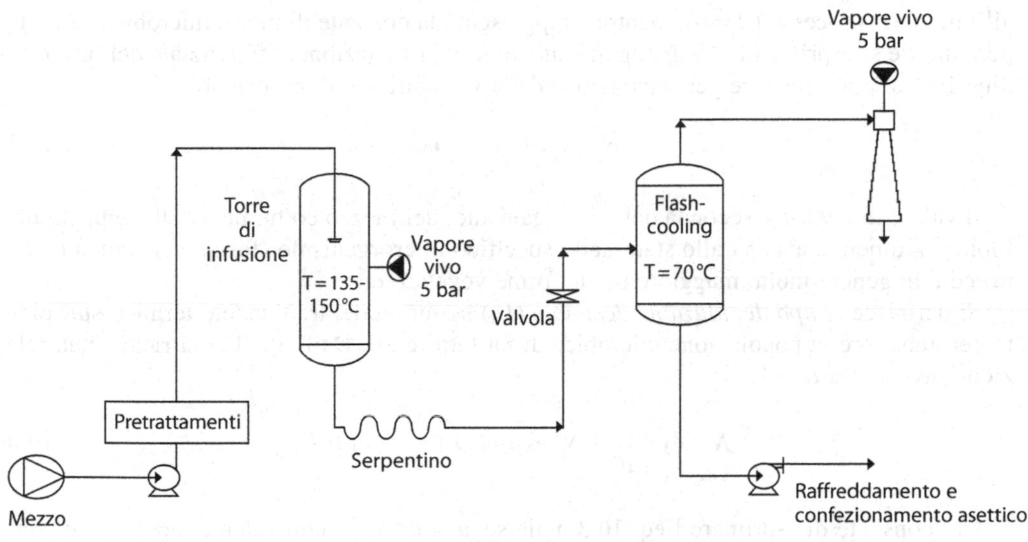

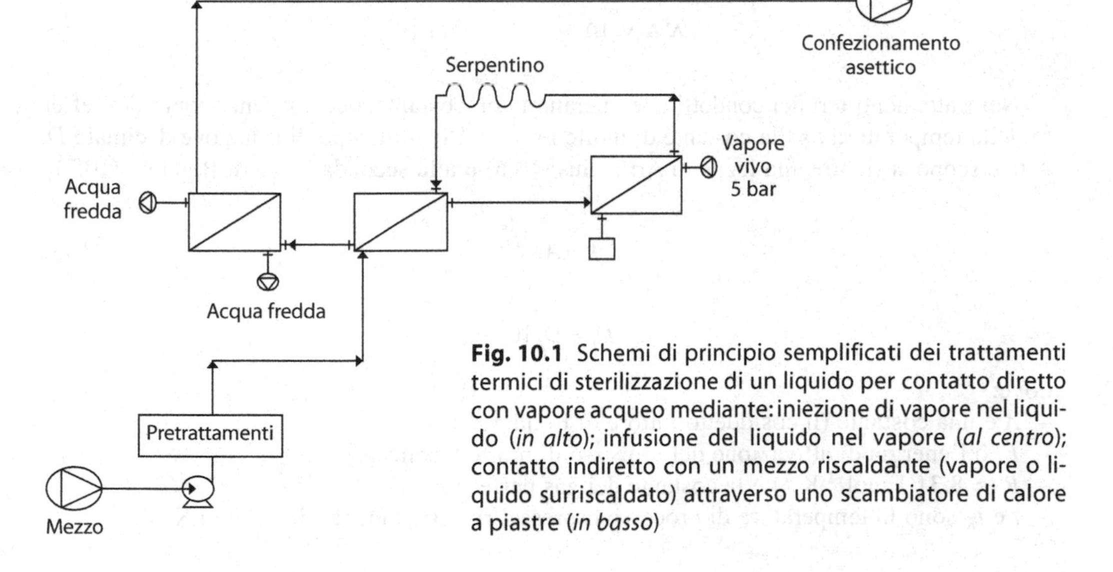

Fig. 10.1 Schemi di principio semplificati dei trattamenti termici di sterilizzazione di un liquido per contatto diretto con vapore acqueo mediante: iniezione di vapore nel liquido (*in alto*); infusione del liquido nel vapore (*al centro*); contatto indiretto con un mezzo riscaldante (vapore o liquido surriscaldato) attraverso uno scambiatore di calore a piastre (*in basso*)

10.2 Cinetica di morte termica

Un modello cinetico del primo ordine per la morte termica dei microrganismi è presentato nel capitolo 5. Per comodità del lettore, sono qui riprese le equazioni relative alla cinetica di morte di un generico microrganismo in un mezzo di composizione definita e a temperatura t costante:

$$\frac{dN(\theta)}{d\theta} = -k(t)N(\theta) \qquad \text{per } \theta > 0 \tag{10.1}$$

$$N(\theta) = N_0 \qquad \text{per } \theta = 0 \tag{10.2}$$

dove $N(\theta)$ e N_0 indicano rispettivamente il numero di microrganismi presenti al tempo θ e all'inizio del processo ($\theta = 0$), mentre k rappresenta la costante di morte microbica alla temperatura t e si esprime in s^{-1}. In condizioni isoterme, l'equazione differenziale del primo ordine 10.1 si può integrare per separazione delle variabili N e θ, ricavando:

$$N = N_0 \exp(-k\theta) \qquad \text{per } \theta \geq 0 \tag{10.3}$$

Il valore di k varia a seconda del microrganismo, del mezzo colturale e della temperatura. Inoltre, k dipende anche dallo stato dello specifico microrganismo (forma vegetativa o spora) ed è in genere molto maggiore per le forme vegetative.

Si definisce *tempo di riduzione decimale* (D_t) la durata del trattamento termico sufficiente per abbattere la popolazione microbica di un fattore 10. Dall'eq. 10.3 si ricava una relazione inversa tra D_t e k:

$$N(D_t) = \frac{N_0}{10} = N_0 \exp(-kD_t) \qquad \text{per } \theta = D_t \tag{10.4}$$

Ciò consente di esprimere l'eq. 10.3 nella seguente forma equivalente, nota anche come prima legge di Bigelow:

$$N = N_0 10^{-\frac{\theta}{D_t}} \qquad \text{per } \theta \geq 0 \tag{10.5}$$

Nei trattamenti termici condotti a temperatura non costante, occorre tener conto dell'effetto della temperatura t sulla costante di morte termica k o sul tempo di riduzione decimale D_t. A tale scopo si ricorre alla legge di Arrhenius (10.6) o alla seconda legge di Bigelow (10.7):

$$k = Ae^{-\frac{E_a}{Rt_K}} \tag{10.6}$$

$$D_t = D_R 10^{\frac{t_R - t}{z}} \tag{10.7}$$

dove:
- A è una costante (il cosiddetto fattore di frequenza),
- E_a è l'energia di attivazione del processo di morte termica,
- R ($\approx$ 8,31 J mol^{-1} K^{-1}) è la costante dei gas perfetti,
- t e t_K sono la temperatura di processo espressa, rispettivamente, in °C e in K,

Tabella 10.1 Parametri termocinetici (tempo di riduzione decimale D_R, alla temperatura di riferimento t_R, e costante di resistenza termica z) per alcune cellule vegetative e spore batteriche

Microrganismo	***Substrato***	***D_R (min)***	***z (°C)***	***t_R (°C)***
Cellule vegetative				
Salmonella serovars	latte	0,018-0,56	4,4-5,6	65,6
S. Senftenberg	vari alimenti	0,56-1,11	4,4-5,6	65,5
S. Typhimurium	TBS + 10-42% MS	4,7-18,3	4,5-4,6	55
S. Senftenberg	cioccolata al latte	276-480	18,9	70-71
S. Typhimurium	cioccolata al latte	396-1050	17,7	70-71
S. Typhimurium	carne macinata	2,13-2,67		57
S. Eastbourne	cioccolata al latte	270		71
Escherichia coli ATCC	prodotti caseari	1,3-5,1		57,2
E. coli O111:B4	latte intero/scremato	5,5-6,6		55
E. coli O157:H7	carne macinata	4,1-6,4		57,2
E. coli O157:H8	carne macinata	0,26-0,47	5,3	62,8
Yersinia enterocolitica	latte	0,067-0,51	4-5,78	60
Vibrio parahaemolyticus	omogeneizzato di pesce	10-16	5,6-12,4	48
V. parahaemolyticus	granchio	0,02-2,5	5,6-12,4	55
V. cholerae	granchio/ostrica	0,35-2,65	17-21	60
Aeromonas hydrophila	latte	2,2-6,6	5,2-7,7	48
Campylobacter jejuni	latte scremato	0,74-1,0		55
C. jejuni	manzo, agnello, pollo	0,62-2,25		55-56
Listeria monocytogenes	latte	0,22-0,58	5,5	63,3
L. monocytogenes	prodotti carnei	1,6-16,7		60
Staphylococcus aureus	latte	0,9	9,5	60
S. aureus	impasto carneo (+500 ppm nitriti)	6		60
S. aureus	pasta (a_w = 0,92)	3		60
S. aureus	tamp. fosfato pH = 6,5	2,5		60
Spore				
Bacillus cereus	alimenti vari	1,5-36,2	6,7-10,1	95
Clostridium perfringens	tamp. fosfato pH = 7,0	0,015-8,7		90
C. perfringens	tamp. fosfato pH = 7,0	3,15		104,4
C. perfringens	sughi di carne pH = 7,0	6,6		104,4
C. botulinum 62A	prodotti vegetali	0,61-2,48	7,5-11,6	110
C. botulinum 62A	tamp. fosfato pH = 7,0	0,88-1,9	7,6-10	110
C. botulinum 62A	acqua distillata	1,79	8,5	110
C. botulinum B	tamp. fosfato pH = 7,0	1,19-2,0	7,7-11,3	110
C. botulinum B	prodotti vegetali	0,49-12,42	7,4-10,8	110
C. botulinum A e B	alimenti poco acidi (pH > 4,6)	0,1- 0,3	10	121,1
C. botulinum E	frutti di mare	6,8-13	9,78	74
C. botulinum E	omogeneizzati di ostrica	72-100	6,8-7,5	70
C. botulinum E		0,3-3,0		82,2
Bacillus subtilis	0,1% NaCl	32,8	8,74	88
*B. stearothermophilus**	alimenti poco acidi (pH > 4,6)	4,0-5,0	9,5-10,0	121,1
C thermosaccharolyticum		2,0-5,0	10	121,1
C. nigrificans		2,0-5,0	10	121,1
C. sporogenes (PA 3679)		0,1-1,5	10	121,1
B. coagulans		0,01-0,07	10	121,1

* Attualmente *Geobacillus stearothermophilus*.

Fonti dei dati: Ibarz, Barbosa-Cánovas, 2003; U.S. Food and Drug Administration.

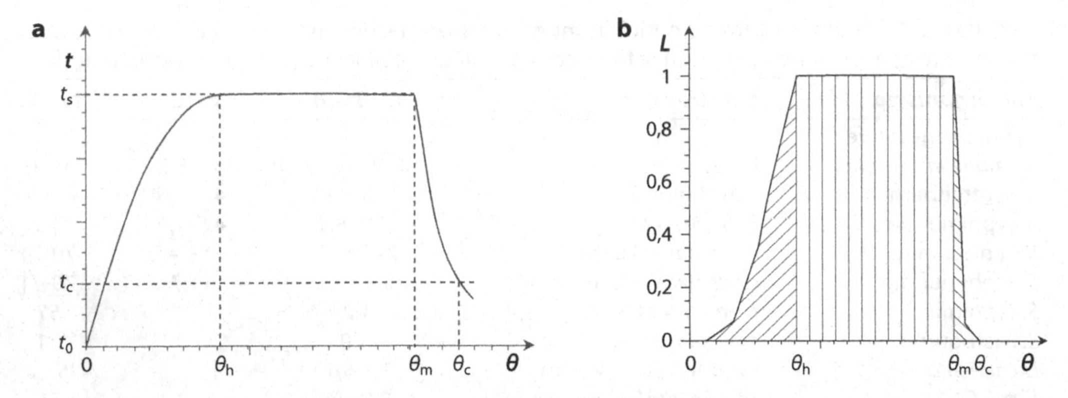

Fig. 10.2 Tipico processo di sterilizzazione in discontinuo: **a** profilo temperatura - tempo (t-θ); **b** corrispondente andamento della velocità di efficienza letale L in funzione di θ nell'ipotesi $t_R = t_S$; è evidenziata l'area racchiusa dalla curva $L(\theta)$ nelle fasi di riscaldamento (//), mantenimento (||) e raffreddamento (\\)

- D_R è il tempo di riduzione decimale alla temperatura di riferimento t_R,
- z è la costante di resistenza termica, che individua l'incremento di temperatura rispetto a t_R atto a ridurre D_R di un fattore 10.

È bene rilevare che i parametri z ed E_a caratterizzano la sensibilità del microrganismo o del nutriente termosensibile alle variazioni termiche, nel senso che quanto maggiore è z (o minore E_a) tanto maggiore è l'incremento di temperatura necessario per ridurre D_R di un fattore 10. In Tabella 10.1 sono riportati i parametri termocinetici per alcune cellule vegetative e spore batteriche. In genere, durante un processo di sterilizzazione in discontinuo il profilo temperatura-tempo presenta l'andamento illustrato nella Fig. 10.2a. In tal caso, la popolazione microbica residua si ottiene integrando l'eq. 10.1, una volta separate le variabili indipendenti N e θ:

$$n = \log\left(\frac{N_0}{N}\right) = \frac{1}{D_R}\int_0^{\theta} L(t)d\theta \tag{10.8}$$

con

$$L(t) = 10^{\frac{t-t_R}{z}} \tag{10.9}$$

dove $L(t)$ rappresenta la velocità di efficienza letale alla temperatura t rispetto alla temperatura di riferimento t_R e n il grado di riduzione decimale della popolazione microbica conseguito per effetto del trattamento termico.

L'integrale a secondo membro dell'eq. 10.8 può usualmente risolversi, una volta nota la relazione θ-t, calcolando per via numerica l'area racchiusa dalla curva $L(\theta)$ (Fig. 10.2b). In genere, conviene suddividere l'integrale in tre termini relativi, rispettivamente, alla fine delle fasi di riscaldamento ($\theta = \theta_h$), di mantenimento ($\theta = \theta_m$) e di raffreddamento ($\theta = \theta_c$), in modo da individuare il contributo letale delle tre fasi sul tempo di morte globale F_t:

$$F_t = nD_R = \left[\int_0^{\theta_h} L(t)d\theta + \int_{\theta_h}^{\theta_m} L(t)d\theta + \int_{\theta_m}^{\theta_c} L(t)d\theta\right] = \nabla_h + \nabla_m + \nabla_c \tag{10.10}$$

Nell'ipotesi di far coincidere la temperatura di riferimento t_R con la massima temperatura di sterilizzazione t_S, la velocità di efficienza letale a detta temperatura sarà, in virtù dell'eq. 10.9, unitaria:

$$L(t_S) = 1 \qquad \text{per } t_R = t_S \tag{10.11}$$

mentre il contributo della fase di mantenimento ∇_m corrisponderà alla durata della fase stessa, ossia:

$$\nabla_m = \theta_m - \theta_h \tag{10.12}$$

Ciò consente – stabiliti i contributi delle fasi di riscaldamento (∇_h) e di raffreddamento (∇_c) – di fissare opportunamente il tempo di sosta alla temperatura t_S onde conseguire il grado di riduzione decimale prefissato n:

$$\nabla_m = F_t - (\nabla_h + \nabla_c) \tag{10.13}$$

10.3 Processi industriali per il trattamento termico degli alimenti

I trattamenti termici di sterilizzazione vengono effettuati in apparecchiature nelle quali il fluido riscaldante è costituito da vapore acqueo saturo o da acqua calda. Nel caso in cui l'alimento sia stato già confezionato (in scatole metalliche, bottiglie, vaschette ecc.), il processo può avvenire (Brennan et al, 1976):

- *in discontinuo*, con autoclavi verticali o orizzontali, usualmente munite di sistemi di agitazione (a rotazione, ribaltamento periodico o a oscillazione longitudinale) dei contenitori;
- *in continuo*, a pressione atmosferica o di circa 2 bar, con tunnel o sterilizzatori idrostatici.

Nei casi di riscaldamento diretto o indiretto l'andamento del profilo temperatura-tempo (t-θ) è simile a quello illustrato in Fig. 10.2a, con la sola differenza che nel riscaldamento per contatto diretto il tempo di riscaldamento è prossimo a zero ($\theta_h \rightarrow 0$), mentre la fine del tempo di raffreddamento tende a coincidere con la fine del tempo di mantenimento ($\theta_c \rightarrow \theta_m$). Ciò porta il profilo t-θ ad approssimare il caso limite, ove le fasi di riscaldamento e di raffreddamento sono praticamente istantanee.

La curva t-θ, nota anche come curva di penetrazione del calore, indica l'andamento della temperatura del prodotto durante il trattamento termico e deve essere monitorata sperimentalmente nei punti critici affinché il trattamento stesso sia atto a garantire il grado di riduzione decimale necessario per ottenere il periodo di conservazione (*shelf life*) prefissato per l'alimento. La curva di penetrazione del calore varia a seconda delle caratteristiche dell'alimento, e in particolare:

- se è allo stato sfuso oppure già confezionato;
- se è omogeneo (o è stato omogeneizzato) oppure è una sospensione di particelle di qualsivoglia forma e dimensioni (polpettine di carne, cubetti di vegetali, pomodori pelati ecc.) in un liquido di governo (sugo di carne, brodo vegetale, concentrato di pomodoro ecc.) con proprietà reologiche di tipo newtoniano o non newtoniano (di solito pseudoplastico alle temperature dei trattamenti termici convenzionali).

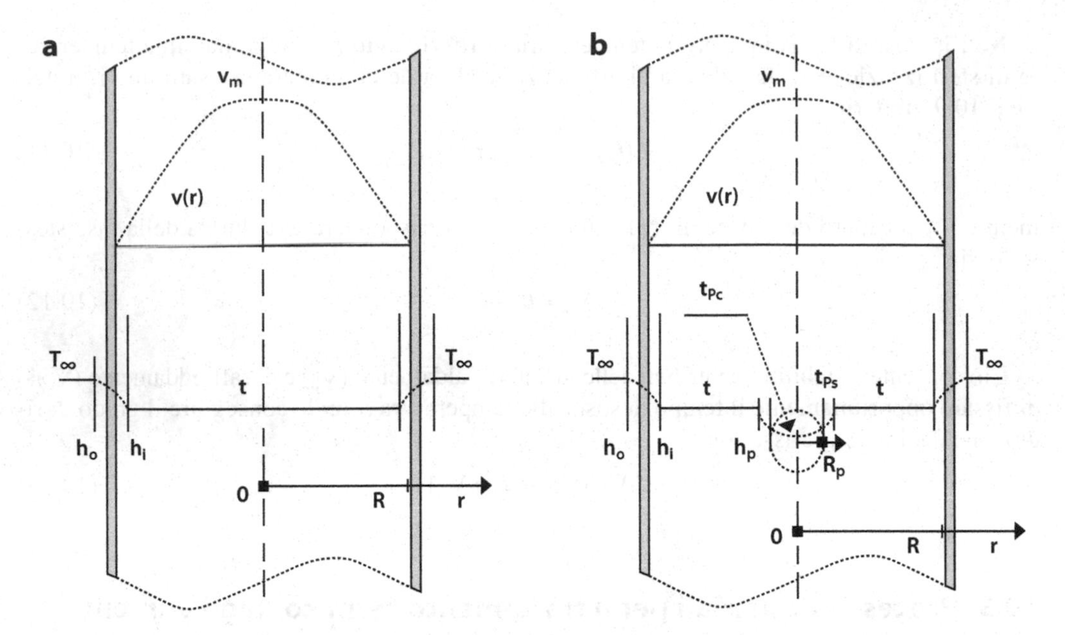

Fig. 10.3 Profili radiali della velocità *v*(*r*) e della temperatura *t* di un alimento omogeneo (**a**) e di uno costituito da una dispersione di particelle approssimativamente sferiche di raggio R_p (**b**) che fluiscono allo stato sfuso all'interno di un tubo di raggio *R*, riscaldato da un fluido a temperatura T_∞

Nelle Figg. 10.3 e 10.4 sono schematizzati i casi di un alimento omogeneo (a) e di uno non omogeneo (b) riscaldati tramite un fluido a temperatura T_∞, sia quando gli alimenti fluiscono allo stato sfuso all'interno di un tubo (Fig. 10.3), sia quando vengono lambiti dallo stesso fluido essendo confezionati in un contenitore di noto spessore *s* (Fig. 10.4).

Se il prodotto sfuso viene fatto fluire attraverso i tubi di uno scambiatore a doppio tubo o a fascio tubiero oppure attraverso i canali di uno scambiatore a piastre o a spirale, occorrerà tener conto del tempo di sosta medio θ_R del prodotto nell'apparecchiatura:

$$\theta_R = \frac{V_a}{Q_V} \tag{10.14}$$

dove V_a rappresenta il volume del tubo di sosta o dell'apparecchio utilizzato (serbatoio, scambiatore di calore) e Q_V la portata volumetrica del liquido da trattare.

Si stima il valore del numero di Reynolds:

$$\mathrm{Re} = \frac{\rho v d_i}{\mu} \tag{10.15}$$

dove ρ e μ indicano la densità e la viscosità del liquido alla temperatura del trattamento, v la velocità superficiale nel tubo avente diametro interno d_i.

In tal modo, si può stabilire se nell'apparecchiatura si realizzano condizioni di moto laminare (Re <2100) o turbolento (Re > 4000) e se il profilo di velocità all'interno del tubo è

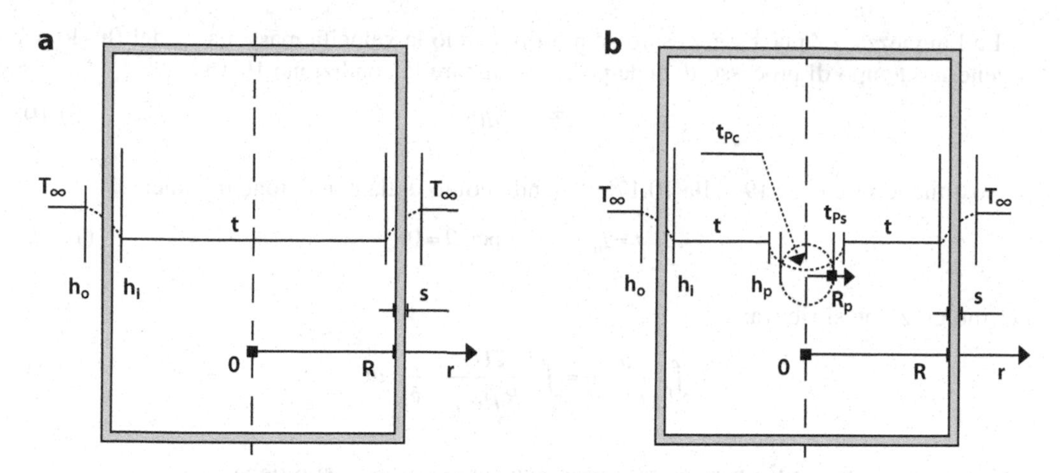

Fig. 10.4 Profili radiali della temperatura t di un alimento omogeneo (**a**) e di uno costituito da una dispersione di particelle approssimativamente sferiche di raggio R_p (**b**) confezionati in un contenitore di spessore s e raggio R, riscaldato da un fluido a temperatura T_∞

parabolico (Re <2100), approssimativamente trapezoidale (Re >4000) o a pistone (Re → ∞), onde stimare se la velocità massima v_m è pari, rispettivamente, a 2 volte oppure a circa 1,22 volte la velocità superficiale v (Ibarz, Barbosa-Cánovas, 2003). Pertanto, per sottoporre la cellula o la spora, localizzata in corrispondenza dell'asse del tubo, a un trattamento termico di durata θ_f sufficiente per n riduzioni logaritmiche della popolazione microbica, la lunghezza Z del serpentino di sosta deve essere:

$$Z = v_m \theta_f \tag{10.16}$$

Per il dimensionamento dei cicli di pastorizzazione/sterilizzazione occorre tener conto delle modalità di trasferimento termico, per conduzione e per convezione, in condizioni transitorie e stazionarie. Si rinvia a tal fine ad alcuni testi di riferimento (Ibarz, Barbosa-Cánovas, 2003; Singh, Heldman, 1983).

Con riferimento alla Fig. 10.3a, tenendo conto dell'equazione di trasferimento termico, il bilancio termico si scrive:

$$U_i (T_\infty - t)(2\pi R_i) dZ = v(\pi R^2) \rho_L c_L dt \tag{10.17}$$

con

$$U_i = \frac{1}{\dfrac{1}{h_i} + \dfrac{R_i}{k_m} \ln\left(\dfrac{R_o}{R_i}\right) + \dfrac{1}{h_o}\left(\dfrac{R_i}{R_o}\right)} \tag{10.18}$$

dove U_i indica il coefficiente di scambio termico globale, riferito alla superficie interna del tubo di raggi interno R_i ed esterno R_o, che tiene conto del coefficiente di scambio termico h_o del fluido riscaldante, della resistenza termica del tubo avente conducibilità termica k_m e del coefficiente di scambio termico h_i dell'alimento; ρ_L e c_L sono la densità e il calore specifico dell'alimento e dZ la lunghezza infinitesimale del tubo.

La lunghezza dZ può essere espressa moltiplicando la velocità massima v_m del fluido per il generico tempo di processo θ, onde poter soddisfare la condizione 10.16:

$$dZ = v_m d\theta \tag{10.19}$$

Sostituendo l'eq. 10.19 nella 10.17 e tenendo conto della condizione iniziale:

$$t = t_0 \qquad \text{per } \theta = 0 \tag{10.20}$$

per integrazione si ricava:

$$\int_0^t \frac{dt}{(T_\infty - t)} = \int_0^\theta \frac{2U_i}{R_i \rho_L c_L} \left(\frac{v_m}{v} \right) d\theta \tag{10.21}$$

Nell'ipotesi che tutti i parametri di processo siano costanti, si ottiene:

$$t = T_\infty - (T_\infty - t_0) \exp\left[-\frac{2U_i}{R_i \rho_L c_L} \left(\frac{v_m}{v} \right) \theta \right] \tag{10.22}$$

Con riferimento alla Fig. 10.3b, il bilancio termico (eq. 10.17) dovrà includere anche il riscaldamento delle particelle sospese:

$$U_i (T_\infty - t)(2\pi R_i) dZ = v(\pi R_i^2) \rho'_L c'_L dt \tag{10.23}$$

con

$$c'_L = x_L c_L + x_p c_p \tag{10.24}$$

$$\rho'_L = \frac{1}{\dfrac{x_L}{\rho_L} + \dfrac{x_p}{\rho_p}} \tag{10.25}$$

dove x_p e x_L indicano le frazioni ponderali delle fasi solida e liquida nella sospensione, ρ_p e c_p la densità e il calore specifico delle particelle, ρ'_L e c'_L la densità e il calore specifico della sospensione.

Nell'ipotesi che tutti i parametri di processo siano costanti, la temperatura della sospensione risulta:

$$t = T_\infty - (T_\infty - t_0) \exp\left[-\frac{2U_i}{R_i \rho'_L c'_L} \left(\frac{v_m}{v} \right) \theta \right] \tag{10.26}$$

Inoltre, indicando con V_p, S_p e k_p il volume, la superficie e la conducibilità termica di ogni particella, si può stimare l'ordine di grandezza del numero di Biot:

$$\text{Bi} = \frac{h_p (V_p / S_p)}{k_p} \tag{10.27}$$

Per Bi < 0,1, il film liquido aderente alla particella costituirà la resistenza termica limitante, sicché la temperatura della particella t_p può essere ritenuta pressoché uniforme, ma variabile con θ. Per Bi > 0,1, la temperatura all'interno della particella varierà risultando minima nel punto centrale, che pertanto rappresenta il punto critico ove si deve garantire il grado di riduzione decimale prefissato.

Nell'ipotesi di flusso unidirezionale, e con riferimento agli schemi della Tabella 10.2, il profilo termico all'interno della particella è funzione della posizione r e del tempo e si può determinare risolvendo l'equazione di Fourier:

$$\rho_p c_p \frac{\partial t_p}{\partial \theta} = \frac{1}{r^{\nu-1}} \frac{\partial}{\partial r}\left(r^{\nu-1} k_p \frac{\partial t_p}{\partial r} \right) \tag{10.28}$$

con le seguenti condizioni iniziale (eq. 10.29) e al contorno (eq. 10.30 e 10.31):

$$t_p(r,0) = t_{p0} \qquad \text{per } -R_p \le r \le +R_p \tag{10.29}$$

$$\left.\frac{\partial t_p}{\partial r}\right|_{r=0} = 0 \qquad \text{per } \theta \ge 0 \tag{10.30}$$

$$-k_p \left.\frac{\partial t_p}{\partial r}\right|_{r=\pm R_p} = h_p\left(t_{ps} - t\right) \qquad \text{per } \theta \ge 0 \tag{10.31}$$

dove $t_p(r,\theta)$, t_{p0} e t_{ps} rappresentano, rispettivamente, la distribuzione termica all'interno della particella, la temperatura iniziale e quella superficiale della particella; r è la generica distanza dal centro della particella; R_p e c_p indicano il raggio e il calore specifico della stessa e h_p il coefficiente di scambio termico fluido-particella; infine ν è un indice di forma (pari a 1 per un mezzo semi-infinito, 2 per un cilindro infinitamente lungo e 3 per una sfera).

Nella Tabella 10.2 è riportata la distribuzione della temperatura adimensionale (Carslaw, Jaeger, 2005):

$$Y = \frac{t_p - t}{t_{p0} - t} \tag{10.32}$$

in funzione del tempo adimensionale (numero di Fourier):

$$\text{Fo} = \frac{\alpha_p \theta}{R_p^2} \tag{10.33}$$

dove α_p [$= k_p/(c_p \cdot R_p)$] indica la diffusività termica della particella.

A pari tempo adimensionale, le temperature adimensionali in una piastra infinita (Y_p) o in un cilindro infinito (Y_c) possono essere combinate per individuare la distribuzione termica all'interno di una particella cilindrica (Y_{cf}) o prismatica (Y_{pr}), come indicato in Tabella 10.2.

Con riferimento alla Fig. 10.4a, tenendo conto dell'equazione di trasferimento termico, il bilancio termico si scrive:

$$U_i\,(T_\infty - t)\,S_c d\theta = \rho_L V_c c_L dt \tag{10.34}$$

dove S_c e V_c indicano la superficie totale e il volume del contenitore dell'alimento.

Tabella 10.2 Distribuzione termica adimensionale, $Y_i(r,Fo)$, in solidi di semplice geometria (piastra e cilindro infiniti, sfera) eventualmente combinati (scatola cilindrica o prismatica) al variare dell'ascissa (r) e del tempo adimensionale (Fo), note le radici dell'equazione caratteristica associata, che dipende dal numero di Biot modificato ($Bi' = h_p R_p / k_p$) e, nel caso del cilindro infinito, dalle funzioni di Bessel di ordine zero (J_0) e uno (J_1). Per ulteriori dettagli si rinvia a Carslaw, Jaeger (2005)

Geometria	Y_i	$Y_i(Bi' \to \infty)$
Piastra infinita	$Y_p = 2\sum_{n=1}^{\infty} e^{-\lambda_n^2 \mathrm{Fo}} \cdot \frac{\sin(\lambda_n)\cos\left(\lambda_n \frac{r}{R_p}\right)}{\lambda_n + \sin(\lambda_n)\cos(\lambda_n)}$ Equazione caratteristica: $\lambda_n \tan(\lambda_n) = \mathrm{Bi}'$	$Y_p = 2\sum_{n=1}^{\infty} \frac{(-1)^{n-1}}{\lambda_n} e^{-\lambda_n^2 \mathrm{Fo}} \cos\left(\lambda_n \frac{r}{R_p}\right)$ Equazione caratteristica: $\tan(\lambda_n) = \infty$ $\lambda_n = (2n-1)\pi/2$ per $n = 1, 2, \ldots$
Cilindro infinito	$Y_c = 2\sum_{n=1}^{\infty} \frac{e^{-\lambda_n^2 \mathrm{Fo}}}{\lambda_n} \frac{J_1(\lambda_n) J_0\left(\lambda_n \frac{r}{R_p}\right)}{J_0^2(\lambda_n) + J_1^2(\lambda_n)}$ Equazione caratteristica: $\lambda_n = \mathrm{Bi}' \frac{J_0(\lambda_n)}{J_1(\lambda_n)}$	$Y_c = 2\sum_{n=1}^{\infty} \frac{e^{-\lambda_n^2 \mathrm{Fo}}}{\lambda_n} \frac{J_0\left(\lambda_n \frac{r}{R_p}\right)}{J_1(\lambda_n)}$ Equazione caratteristica: $J_0(\lambda_n) = 0$ $\lambda_1 = 2{,}4048$; $J_1(\lambda_1) = 0{,}5192$ $\lambda_2 = 5{,}5201$; $J_1(\lambda_2) = -0{,}3403$ $\lambda_3 = 8{,}6537$; $J_1(\lambda_3) = 0{,}2715$ $\lambda_4 = 11{,}792$; $J_1(\lambda_4) = -0{,}2325$ $\lambda_5 = 14{,}931$; $J_1(\lambda_5) = 0{,}2065$ $\lambda_6 = 18{,}071$; $J_1(\lambda_6) = -0{,}1877$

segue

segue **Tabella 10.2**

Geometria	Y_i	$Y_i(Bi'\to\infty)$
Sfera T_∞, T_0, O, R_p	$Y_s = 4\frac{R}{r}\sum_{n=1}^{\infty}\frac{\exp(-\lambda_n^2 \mathrm{Fo})}{\lambda_n}\sin\left(\lambda_n\frac{r}{R_p}\right)\frac{\sin(\lambda_n)-\lambda_n\cos(\lambda_n)}{2\lambda_n-\sin(2\lambda_n)}$ Equazione caratteristica: $1-\lambda_n\cot(\lambda_n) = \mathrm{Bi}'$	$Y_s = 2\frac{R}{r}\sum_{n=1}^{\infty}\frac{(-1)^{n+1}}{\lambda_n}e^{-\lambda_n^2 \mathrm{Fo}}\sin\left(\lambda_n\frac{r}{R_p}\right)$ Equazione caratteristica: $\cot(\lambda_n) = \infty$ $\lambda_n = n\pi$
Cilindro finito 2 h, R_p	$Y_{cf} = Y_p Y_c$	
Prisma	$Y_{pr} = Y_{p1}Y_{p2}Y_{p3}$	

Tenendo conto della condizione iniziale dell'eq. 10.19, per integrazione si ricava:

$$\int_0^t \frac{dt}{T_\infty - t} = \int_0^\theta \frac{U_i S_c}{\rho_L V_c c_L} d\theta \qquad (10.35)$$

Nell'ipotesi che tutti i parametri di processo siano costanti, si ottiene:

$$t = T_\infty - (T_\infty - t_0)\exp\left[-\frac{U_i S_c}{\rho_L V_c c_L}\theta\right] \qquad (10.36)$$

Con riferimento alla Fig. 10.4b, il bilancio termico (eq. 10.34) dovrà includere anche il riscaldamento delle particelle sospese:

$$U_i(T_\infty - t_0)S_c d\theta = \rho'_L c'_L V_c dt \qquad (10.37)$$

Ipotizzando costanti tutti i parametri di processo, la temperatura della sospensione risulta:

$$t = T_\infty - (T_\infty - t_0)\exp\left[-\frac{U_i S_c}{\rho'_L V_c c'_L}\theta\right] \qquad (10.38)$$

Stimato il numero di Biot tramite l'eq. 10.27, per $Bi < 0{,}1$ la temperatura della particella si potrà ritenere uniforme e pari a t_{ps}, mentre per $Bi > 0{,}1$ si dovrà determinare la distribuzione termica all'interno della particella risolvendo l'equazione di Fourier (eq. 10.28) con le condizioni iniziale (eq. 10.29) e al contorno (eq. 10.30 e 10.31). Per le geometrie più elementari si può far uso delle equazioni risolutive presentate nella Tabella 10.2.

In sintesi, la verifica del grado di riduzione decimale n associato alla cosiddetta sterilità commerciale richiede la conoscenza:

- dei parametri cinetici caratterizzanti la morte termica dei microrganismi più termoresistenti;
- dei parametri chimico-fisici e di trasporto del calore e della quantità di moto dell'alimento e del fluido riscaldante;
- dei parametri geometrici del sistema di scambio termico utilizzato per il trattamento termico dell'alimento sfuso o confezionato.

10.4 Esempi di processi di sterilizzazione

Per esemplificare i processi sopra descritti, si tratterà la sterilizzazione di una purea di piselli, tal quale o arricchita con piselli integri in percentuale del 10% (p/p), contenente 10^5 spore di *Clostridium botulinum* (di note proprietà termocinetiche: $t_R = 121\,°C$; $D_R = 0{,}25$ min; $z = 10\,°C$) per kg di prodotto; l'obiettivo è ottenere 12 riduzioni decimali della popolazione microbica (vedi **Allegato on line 10.1**). Si ipotizza che la purea (contenente eventualmente piselli integri) sia disponibile alla temperatura iniziale di 100 °C e che venga sterilizzata:

- in continuo allo stato sfuso, immettendola alla velocità superficiale v di 2 $m\,s^{-1}$ in un serpentino di sosta (diametro interno 26,64 mm, diametro esterno 33,4 mm) in acciaio inox ($k_m = 21\ W m^{-1} K^{-1}$), tracciato con vapore vivo a 150 °C;
- in discontinuo dopo confezionamento in scatole metalliche (diametro interno 71,3 mm, diametro esterno 72,3 mm; altezza 103 mm; $k_{sm} = 45\ W m^{-1} K^{-1}$) in un'autoclave munita di sistema di agitazione delle scatole e alimentata con vapore vivo a 121 °C.

Sono note le proprietà chimico-fisiche della purea (frazione ponderale dell'acqua $x_{WL} = 0{,}88$; densità $\rho_L = 995$ kgm^{-3}; calore specifico $c_L = 3864$ Jkg^{-1}K^{-1}; conducibilità termica $k_L = 0{,}58$ Wm^{-1}K^{-1}; comportamento reologico newtoniano con viscosità dinamica $\mu_L = 2$ mPa s; coefficiente di espansione volumetrica $\beta = 0{,}0002$ °C^{-1}) e dei piselli di forma approssimativamente sferica e diametro medio pari a 8 mm (frazione ponderale dell'acqua $x_{Wp} = 0{,}69$; densità $\rho_p = 1056$ kg m^{-3}; calore specifico $c_p = 3352$ Jkg^{-1}K^{-1}; conducibilità termica $k_p = 0{,}49$ Wm^{-1}K^{-1}). Il tempo di morte alla t_R di 121 °C sarà nei casi in esame pari a:

$$F_t = n\, D_R = 12 \times 0{,}25 = 3 \text{ min}$$

10.4.1 Alimenti sfusi omogenei

La purea fluirà nel tubo in modo turbolento, essendo il numero di Reynolds pari a:

$$\text{Re} = \frac{\rho_L v d_i}{\mu_L} = \frac{995 \times 2 \times 0{,}02664}{2 \times 10^{-3}} = 26.507 > 4.000$$

la velocità massima all'interno del tubo sarà dunque:

$$v_m = 1{,}22 \times 2 = 2{,}44 \text{ ms}^{-1}$$

Tramite la seguente relazione adimensionale (Ibarz, Barbosa-Cánovas, 2003), dove Nu è il numero di Nusselt e Pr il numero di Prandtl:

$$\text{Nu} = 0{,}023\ \text{Re}^{0{,}8}\ \text{Pr}^{1/3} = 0{,}023 \times (26.507)^{0{,}8}\ (13{,}3)^{1/3} = 188{,}3$$

con

$$\text{Pr} = \frac{c_L \mu_L}{k_L} = \frac{3.864 \times 2 \times 10^{-3}}{0{,}58} = 13{,}3$$

si stimerà il coefficiente di scambio termico della purea:

$$h_i = \frac{\text{Nu}\, k_L}{d_i} = \frac{188{,}3 \times 0{,}58}{0{,}02664} = 4.112 \text{ Wm}^{-2}\text{K}^{-1}$$

Noto il coefficiente di scambio termico del vapore vivo ($h_o = 5000$ Wm^{-2}K^{-1}), si calcolerà con l'eq. 10.18 (ove il rapporto R_i / R_o è stato sostituito dal rapporto tra i corrispondenti diametri del tubo) il coefficiente di scambio termico globale riferito alla superficie interna del tubo:

$$U_i = \frac{1}{\dfrac{1}{4.112} + \dfrac{0{,}02664}{2 \times 21} \ln \dfrac{0{,}0334}{0{,}02664} + \dfrac{1}{5.000}\left(\dfrac{0{,}02664}{0{,}334}\right)} = 1.831 \text{ Wm}^{-2}\text{K}^{-1}$$

Nell'ipotesi di utilizzare un serpentino, costituito da spezzoni di 6 m di lunghezza, tracciato con vapore vivo a 150 °C per Z compreso tra 0 e 42 m, si riporta in Tabella 10.3 la variazione del tempo di sosta θ, della temperatura della purea t, della velocità di efficienza letale L e della popolazione residua N/N_0 al variare della lunghezza del serpentino Z. Per Z compreso tra 42 e 84 m il serpentino verrà tracciato con acqua a 30 °C ($h_o = 2000$ Wm^{-2}K^{-1}). Applicando nuovamente l'eq. 10.18, si ricalcola il coefficiente di scambio termico globale riferito alla superficie interna del tubo, che risulta $U_i' = 1273$ Wm^{-2}K^{-1}.

Tabella 10.3 Sterilizzazione di purea di piselli utilizzando un serpentino tracciato con vapore vivo a 150 °C per Z compreso tra 0 e 42 m e con acqua a 30 °C per Z compreso tra 42 e 84 m: variazione del tempo di sosta θ, della temperatura della purea t, della velocità di efficienza letale $L(\theta)$, del tempo di morte globale F_t e della popolazione residua N/N_0 al variare della lunghezza del serpentino Z

Z [m]	θ [s]	t [°C]	$L(\theta)$	F_t [s]	(N/N_0)
0,0	0	100,0	0,01	0,0	1,00E+00
3,0	1,23	105,1	0,03	0,0	9,97E-01
6,0	2,46	109,7	0,07	0,1	9,88E-01
9,0	3,69	113,8	0,19	0,2	9,63E-01
12,0	4,92	117,4	0,44	0,6	9,08E-01
15,0	6,15	120,8	0,95	1,5	7,96E-01
18,0	7,38	123,7	1,88	3,2	6,10E-01
21,0	8,61	126,4	3,47	6,5	3,68E-01
24,0	9,84	128,8	6,03	12,3	1,50E-01
27,0	11,07	131,0	9,91	22,2	3,34E-02
30,0	12,3	132,9	15,48	37,8	3,04E-03
33,0	13,53	134,6	23,10	61,5	7,96E-05
36,0	14,76	136,2	33,11	96,1	3,95E-07
39,0	15,99	137,6	45,74	144,5	2,31E-10
42,0	**17,22**	**138,9**	**61,15**	**210,3**	**9,57E-15**
45,0	18,45	131,0	10,09	254,1	1,15E-17
48,0	19,68	123,8	1,90	261,5	3,70E-18
51,0	20,91	117,0	0,40	262,9	2,98E-18
54,0	22,14	110,8	0,10	263,2	2,84E-18
60,0	24,6	99,6	0,01	263,3	2,80E-18
66,0	27,06	89,9	0,00	263,3	2,80E-18
72,0	29,52	81,6	0,00	263,3	2,80E-18
78,0	31,98	74,5	0,00	263,3	2,80E-18
84,0	34,44	68,3	0,00	263,3	2,80E-18

Si rileva che per Z = 42 m la purea è stata riscaldata a 138,9 °C, cui corrisponde un tempo di morte totale F_t di 210,3 s e una popolazione microbica residua di $9{,}6 \times 10^{-10}$ spore di *Clostridium botulinum* per kg di prodotto, mentre l'effetto letale durante la fase di raffreddamento diviene trascurabile per t <117 °C.

10.4.2 Sospensioni alimentari sfuse

Nel caso di una purea di piselli arricchita con piselli integri in percentuale del 10% (p/p) le proprietà fisiche della sospensione si stimano tramite le equazioni 10.24 e 10.25:

$$c'_L = 0{,}9 \times 3.864 + 0{,}1 \times 3.352 = 3.813 \text{ J kg}^{-1} \text{ K}^{-1}$$

$$\rho'_L = \frac{1}{\dfrac{0{,}9}{995} + \dfrac{0{,}1}{1.056}} = 1.001 \text{ kg m}^{-3}$$

Nel tubo il moto dei piselli nella purea avverrà con minimo scorrimento rispetto alla velocità di massa della purea ($v_{rel} = 0{,}005\ \mathrm{ms^{-1}}$). Pertanto, il numero di Reynolds per la particella sarà:

$$\mathrm{Re_p} = \frac{\rho_L v_{rel}(2R_p)}{\mu_L} = \frac{995 \times 0{,}005 \times 0{,}008}{2 \times 10^{-3}} = 19{,}9$$

Noto il numero di Prandtl della purea (Pr = 13,3), si valuta il coefficiente h_p di scambio termico fluido-particella con la seguente relazione adimensionale (Ibarz, Barbosa-Cánovas, 2003):

$$\mathrm{Nu_p} = 2 + 0{,}00282\ (\mathrm{Re_p})^{1,16}\ (\mathrm{Pr})^{0,89} = 2{,}9$$

$$h_p = \frac{\mathrm{Nu}_p k_L}{d_p} = \frac{2{,}9 \times 0{,}58}{0{,}008} = 211\ \mathrm{Wm^{-2}K^{-1}}$$

Noti il volume e la superficie della particella:

$$V_p = 4/3\ \pi\ R_p^3 = 4/3 \times \pi \times 0{,}004^3 = 2{,}68 \times 10^{-7}\ \mathrm{m^3}$$
$$S_p = 4\ \pi\ R_p^2 = 4 \times \pi \times 0{,}004^2 = 2{,}01 \times 10^{-4}\ \mathrm{m^2}$$

si calcola il numero di Biot:

$$\mathrm{Bi} = \frac{h_p (V_p / S_p)}{k_p} = \frac{211}{0{,}49}\left(\frac{2{,}68 \times 10^{-7}}{2{,}01 \times 10^{-4}}\right) = 0{,}58$$

che, essendo maggiore di 0,1, fa presumere che la temperatura della particella non sia uniforme, ma presenti un minimo nel punto centrale.

Per applicare l'espressione della temperatura adimensionale (Y_s) per un corpo sferico, occorre determinare almeno le prime 12 radici (λ_n) dell'equazione caratteristica (Tabella 10.2):

$$\mathrm{Bi'} = 1 - \lambda_n \cot(\lambda_n)$$

con

$$\mathrm{Bi'} = \frac{h_p R_p}{k_p} = \frac{211 \times 0{,}004}{0{,}49} = 1{,}732$$

ossia

$\lambda_1 = 1{,}933$ $\lambda_2 = 4{,}862$ $\lambda_3 = 7{,}946$ $\lambda_4 = 11{,}062$
$\lambda_5 = 14{,}189$ $\lambda_6 = 17{,}321$ $\lambda_7 = 20{,}456$ $\lambda_8 = 23{,}593$
$\lambda_9 = 26{,}731$ $\lambda_{10} = 29{,}870$ $\lambda_{11} = 33{,}009$ $\lambda_{12} = 36{,}149$

In corrispondenza del centro della particella (r = 0), la temperatura adimensionale sarà funzione del numero di Fourier (Carslaw, Jaeger, 2005):

$$Y_s(0,\mathrm{Fo}) = 4\sum_{n=1}^{\infty} \frac{\exp(-\lambda_n^2 \mathrm{Fo})}{\lambda_n} \times \frac{\sin(\lambda_n) - \lambda_n \cos(\lambda_n)}{2\lambda_n - \sin(2\lambda_n)}$$

con

$$\mathrm{Fo} = \frac{\alpha_p \theta}{R_p^2}$$

$$\alpha_p = \frac{k_p}{c_p \rho_p} = \frac{0,49}{3.352 \times 1.056} = 1,38 \times 10^{-7} \ \mathrm{m^2 s^{-1}}$$

Nell'ipotesi di utilizzare un serpentino, costituito da spezzoni di 6 m di lunghezza, tracciato con vapore vivo a 150 °C per Z compreso tra 0 e 108 m, in Tabella 10.4 si indica la variazione del tempo di sosta θ, del numero di Fourier Fo, delle temperature della sospensione t e del centro del pisello (t_{pc}), della velocità di efficienza letale L e della popolazione residua N/N_0 al variare della lunghezza del serpentino Z.

Per Z compreso tra 108 e 204 m il serpentino verrà tracciato con acqua a 30 °C (h_o = 2000 $\mathrm{W m^{-2} K^{-1}}$). Applicando l'eq. 10.18, si stima il coefficiente di scambio termico globale riferito alla superficie interna del tubo, che risulta U_i' = 1273 $\mathrm{W m^{-2} K^{-1}}$.

Si rileva che per Z = 108 m, ossia dopo un tempo di sosta di 44,3 s della spora localizzata in corrispondenza dell'asse del serpentino, la purea è stata riscaldata a 149 °C, conseguendo un tempo di morte totale F_t di 79,1 s e una popolazione microbica residua di 0,534 spore/kg di prodotto. Nel tratto di serpentino successivo, la purea inizierà a raffreddarsi, mentre il centro dei piselli, per il ritardato trasporto termico nelle particelle sospese, si manterrà a temperature più alte. Per Z =132 m si realizza un tempo di morte globale F_t di 194,9 s e una concentrazione residua di $1,01 \times 10^{-8}$ spore/kg. Per Z >168 m l'effetto letale diviene trascurabile, essendo t < 43,9 °C e t_{pc} < 100,7 °C.

Tabella 10.4 Sterilizzazione di purea di piselli con piselli integri utilizzando un serpentino tracciato con vapore vivo a 150 °C per Z compreso tra 0 e 108 m e con acqua a 30 °C per Z compreso fra 108 e 204 m: variazione del tempo di sosta θ, della temperatura della purea t e del centro del pisello t_{pc}, della velocità di efficienza letale $L(\theta)$, del tempo di morte globale F_t e della popolazione residua N/N_0 al variare della lunghezza del serpentino Z

Z [m]	θ [s]	t [°C]	Fo	t_{pc} [°C]	L(θ)	F_t [s]	(N/N₀)
0,0	0,0	100,0	0,00	100,0	0,01	0,0	1,00E+00
12,0	4,9	117,6	0,04	100,0	0,01	0,0	9,94E-01
24,0	9,8	128,9	0,08	101,4	0,01	0,1	9,87E-01
36,0	14,8	136,3	0,13	105,2	0,03	0,2	9,74E-01
48,0	19,7	141,1	0,17	110,4	0,09	0,4	9,37E-01
60,0	24,6	144,2	0,21	115,8	0,30	1,3	8,19E-01
72,0	29,5	146,3	0,25	120,7	0,94	4,2	5,29E-01
84,0	34,4	147,6	0,30	125,1	2,59	12,4	1,49E-01
96,0	39,4	148,4	0,34	128,9	6,180	33,2	6,12E-03
108,0	**44,3**	**149,0**	**0,38**	**132,1**	**12,955**	**79,1**	**5,34E-06**
120,0	49,2	107,5	0,04	132,1	12,813	142,6	3,09E-10
132,0	54,1	80,4	0,08	129,7	7,344	194,9	1,01E-13
144,0	59,0	62,8	0,13	122,2	1,305	214,2	5,23E-15
156,0	64,0	51,4	0,17	111,7	0,118	217,0	3,42E-15
168,0	**68,9**	**43,9**	**0,21**	**100,7**	**0,009**	**217,2**	**3,30E-15**
180,0	73,8	39,1	0,25	90,4	0,001	217,2	3,29E-15
192,0	78,7	35,9	0,30	81,3	0,000	217,2	3,29E-15
204,0	83,6	33,8	0,34	73,5	0,000	217,2	3,29E-15

10.4.3 Alimenti confezionati omogenei

Lo scambio termico all'interno delle scatole è stato largamente studiato in letteratura (Kannan, Gourisankar Sandaka, 2008); il processo avviene per convezione naturale indotta dalle variazioni di densità del liquido a contatto con le pareti del contenitore.

Nel caso del riscaldamento in batch di prodotti omogenei inscatolati il coefficiente di scambio termico interno h_i si può stimare tramite la correlazione di Evans e Stefany (1966), che praticamente coincide con quella determinata in condizioni quasi stazionarie da Kannan e Gourisankar Sandaka (2008):

$$\text{Nu} = 0{,}55\ (\text{Gr Pr})^{0{,}25}$$

dove il numero di Grashof (Gr) dipende dalla differenza ΔT tra la temperatura di parete del contenitore e la temperatura t della massa del liquido.

Durante il riscaldamento in batch, ΔT varia e nel caso in esame si ridurrà da un valore iniziale di (121–100 =) 21 °C a un valore minimo di (121–116 =) 5 °C, con un valore medio di 13 °C. In media, il numero di Grashof sarà dell'ordine di:

$$\text{Gr} = \frac{d_i^2 \rho_L^2 \beta g \Delta T}{\mu_L^2} = \frac{0{,}0713 \times 995^2 \times 0{,}0002 \times 9{,}81 \times 13}{\left(2 \times 10^{-3}\right)^2} = 2{,}29 \times 10^6$$

Essendo già noto il valore di Pr (= 13,3), il numero di Nusselt e il coefficiente di scambio termico della purea risulteranno:

$$\text{Nu} = 0{,}55\ (2{,}29 \times 10^6 \times 13{,}3)^{0{,}25} = 40{,}8$$

$$h_i = \frac{\text{Nu}\, k_L}{d_i} = \frac{40{,}8 \times 0{,}58}{0{,}0713} = 333{,}2\ \text{Wm}^{-2}\text{K}^{-1}$$

Tenendo conto del coefficiente di scambio termico del vapore vivo (h_o = 5000 W m^{-2}K^{-1}), si calcolerà con l'equazione 10.18 il coefficiente di scambio termico globale riferito alla superficie interna del contenitore:

$$U_i = \frac{1}{\dfrac{1}{333{,}2} + \dfrac{0{,}0713}{2 \times 45} \ln\left(\dfrac{0{,}0723}{0{,}0713}\right) + \dfrac{1}{5.000}\left(\dfrac{0{,}0713}{0{,}0723}\right)} = 312\ \text{Wm}^{-2}\text{K}^{-1}$$

La Tabella 10.5 riporta la variazione della temperatura t della purea, della velocità di efficienza letale L e della popolazione residua N/N_0 al variare del tempo di sosta θ.

Si rileva che per θ = 480 s la purea è stata riscaldata a 119,9 °C, mentre il corrispondente tempo di morte totale F_t ammonta a 167,6 s e la popolazione microbica residua a 6,7×10^{-7} spore/kg di prodotto. Successivamente, si inizia il raffreddamento delle scatole con acqua a 30 °C (h_o = 2000 W m^{-2}K^{-1}). Tramite l'eq. 10.18, si stima il coefficiente di scambio termico globale riferito alla superficie interna del contenitore, che risulta U_i' = 285 W m^{-2}K^{-1}. L'effetto letale prosegue fino a un tempo di morte totale F_t di 191 s e a una popolazione residua di 1,9×10^{-8} spore/kg.

Tabella 10.5 Sterilizzazione di purea di piselli in scatole metalliche riscaldate con vapore vivo a 121 °C per $\theta \leq 480$ s e poi raffreddate con acqua a 30 °C per $\theta > 480$ s: variazione della temperatura della purea *t*, della velocità di efficienza letale $L(\theta)$, del tempo di morte globale F_t e della popolazione residua N/N_0 al variare del tempo di sosta θ

θ [s]	*t [°C]*	*L(θ)*	*F_t [s]*	*(N/N₀)*
0	100,0	0,01	0	1,0E+00
60	106,5	0,04	1,3	8,2E–01
120	110,9	0,10	5,3	4,4E–01
180	114,0	0,20	14,3	1,1E–01
240	116,2	0,33	30,1	9,8E–03
300	117,7	0,46	53,9	2,6E–04
360	118,7	0,59	85,3	2,0E–06
420	119,4	0,69	123,7	5,7E–09
480	**119,9**	**0,77**	**167,6**	**6,7E–12**
540	94,2	0,00	190,9	1,9E–13
600	75,9	0,00	191,0	1,9E–13
660	62,8	0,00	191,0	1,9E–13
720	53,4	0,00	191,0	1,9E–13
780	46,7	0,00	191,0	1,9E–13
840	42,0	0,00	191,0	1,9E–13

10.4.4 Sospensioni alimentari confezionate

Nel caso di una purea di piselli arricchita con piselli integri in percentuale del 10% (p/p) e preconfezionata in scatole metalliche l'agitazione indotta provocherà un certo scorrimento tra il moto dei piselli e il moto della massa della purea all'interno del contenitore, probabilmente inferiore a quello che si riscontra in un tubo ($v_{rel} = 0{,}002\ ms^{-1}$).

Pertanto, il numero di Reynolds riferito alla particella sarà:

$$\mathrm{Re}_p = \frac{\rho_L v_{rel}(2R_p)}{\mu_L} = \frac{995 \times 0{,}002 \times 0{,}008}{2 \times 10^{-3}} \approx 8{,}0$$

$$\mathrm{Nu_p} = 2 + 0{,}00282\ (\mathrm{Re_p})^{1{,}16}\ (\mathrm{Pr})^{0{,}89} = 2{,}3$$

$$h_p = \frac{\mathrm{Nu}_p k_L}{d_p} = \frac{2{,}3 \times 0{,}58}{0{,}008} = 168\ \mathrm{Wm^{-2}K^{-1}}$$

Anche in questo caso la distribuzione della temperatura all'interno della particella non sarà uniforme, ma presenterà un minimo nel punto centrale.

Per applicare l'espressione della temperatura adimensionale (Y_s) relativa a un corpo sferico, occorrerà determinare almeno le prime 12 radici (λ_n) dell'equazione caratteristica (vedi Tabella 10.2):

Tabella 10.6 Sterilizzazione di purea di piselli con piselli integri in scatole metalliche riscaldate con vapore vivo a 121 °C per $\theta \leq 480$ s e poi raffreddate con acqua a 30 °C per $\theta > 480$ s: variazione delle temperature della purea t e del centro del pisello t_{pc}, della velocità di efficienza letale $L(\theta)$, del tempo di morte globale F_t e della popolazione residua N/N_0 al variare del tempo di sosta θ

θ [s]	*t [°C]*	*Fo*	*tpc [°C]*	*L(θ)*	*F*t *[s]*	*(N/N0)*
0	100,0	0,000	100,00	0,01	0,0	1,00E+00
60	106,5	0,517	104,78	0,02	1,0	8,64E–01
120	111,0	1,034	110,42	0,09	4,3	5,17E–01
180	114,1	1,550	113,94	0,20	12,8	1,40E–01
240	116,2	2,067	116,19	0,33	28,6	1,23E–02
300	117,7	2,584	117,69	0,47	52,6	3,14E–04
360	118,7	3,101	118,72	0,59	84,3	2,40E–06
420	119,4	3,617	119,42	0,70	122,9	6,39E–09
480	**119,91**	**4,134**	**119,91**	**0,78**	**167,1**	**7,20E–12**
540	92,1	0,517	94,19	0,00	190,6	1,98E–13
600	72,9	1,034	74,29	0,00	190,6	1,96E–13
660	59,6	1,550	60,03	0,00	190,6	1,96E–13
720	50,5	2,067	50,56	0,00	190,6	1,96E–13
780	44,1	2,584	44,15	0,00	190,6	1,96E–13
840	39,8	3,101	39,77	0,00	190,6	1,96E–13
900	36,7	3,617	36,74	0,00	190,6	1,96E–13
960	34,7	4,134	34,66	0,000	190,6	1,96E–13

$$\text{Bi}' = 1 - \lambda_n \cot(\lambda_n)$$

con

$$\text{Bi}' = \frac{h_p r_p}{k_p} = \frac{168 \times 0,004}{0,49} = 1,38$$

ossia

$$\lambda_1 = 1{,}780 \quad \lambda_2 = 4{,}791 \quad \lambda_3 = 7{,}902 \quad \lambda_4 = 11{,}030$$
$$\lambda_5 = 14.164 \quad \lambda_6 = 17.301 \quad \lambda_7 = 20{,}439 \quad \lambda_8 = 23{,}578$$
$$\lambda_9 = 26{,}718 \quad \lambda_{10} = 29{,}858 \quad \lambda_{11} = 32{,}998 \quad \lambda_{12} = 36{,}139$$

Nelle condizioni operative in esame, il coefficiente di scambio termico globale U_i è uguale a quello dell'esempio precedente. In Tabella 10.6 è riportato l'effetto del tempo di sosta θ e del numero di Fourier Fo sulle temperature della sospensione t e del centro del pisello t_{pc}, sulla velocità di efficienza letale L e sulla popolazione residua N/N_0.

Si rileva che per θ = 480 s la sospensione e il centro dei piselli sono stati riscaldati a 119,9 °C, ottenendo un tempo di morte totale F_t di 167,1 s e una popolazione microbica residua di $7{,}2 \times 10^{-7}$ spore/kg. Successivamente, le scatole vengono raffreddate con acqua a 30 °C, raggiungendo un tempo di morte totale F_t di 190,6 s e una popolazione residua di $1{,}96 \times 10^{-8}$ spore/kg.

10.5 Curve di morte termica non convenzionali

Sebbene la cinetica di morte termica dei microrganismi sia comunemente assunta del primo ordine, il diagramma semilogaritmico tra popolazione microbica residua N e tempo di processo θ a temperatura costante t può deviare dalla linea retta per vari motivi legati alla specie e ai ceppi microbici di interesse, alla natura del mezzo di coltura e di stoccaggio delle cellule o delle spore, alla loro età, nonché alle temperature di stoccaggio e di processo (Stumbo, 1973). In alcuni casi, si può riscontrare nella fase iniziale un incremento del numero delle spore; in altri, quando le velocità di attivazione e di morte delle spore si compensano, si riscontra la cosiddetta fase di latenza, la cui durata tende a ridursi al crescere di t. Quando nella coltura microbica sono presenti due o più specie o ceppi di diversa resistenza termica, nella curva di sopravvivenza si possono individuare almeno due parti, la prima determinata dalla scomparsa dei microrganismi più termolabili e la seconda di quelli più termoresistenti.

In Fig. 10.5 sono presentati i quattro tipi di curve di sopravvivenza più comunemente osservati (Xiong et al, 1999): curva lineare con fase di latenza nulla (A) o estesa (B), con coda o bifasica (C, D) e sigmoidale (E, F). Per descrivere le diverse curve di sopravvivenza, sono stati proposti numerosi modelli matematici di tipo lineare e non (vedi cap. 5). Nella simulazione presentata in Fig. 10.5 le curve di sopravvivenza sono ottenute con il modello sviluppato da Xiong et al (1999), nel quale la popolazione microbica è suddivisa in due frazioni f_1 e f_2 $(= 1 - f_1)$, caratterizzate entrambe da una cinetica di morte termica del primo ordine aventi costanti di morte termica diverse ($k_1 > k_2$), ma pari durata della fase di latenza ($t_{L1} = t_{L2} = t_L$):

$$\frac{dN_1(\theta)}{d\theta} = -k_1(t)N_1(\theta) \qquad \text{per } \theta \geq \theta_L \tag{10.39}$$

$$N_1(\theta) = N_{10} > 0 \qquad \text{per } 0 \leq \theta \leq \theta_L \tag{10.40}$$

$$\frac{dN_2(\theta)}{d\theta} = -k_2(t)N_2(\theta) \qquad \text{per } \theta \geq \theta_L \tag{10.41}$$

$$N_2(\theta) = N_{20} > 0 \qquad \text{per } 0 \leq \theta \leq \theta_L \tag{10.42}$$

$$N(\theta) = N_1(\theta) + N_2(\theta) \qquad \text{per } \theta \geq 0 \tag{10.43}$$

$$N_0 = N_{10} + N_{20} \qquad \text{per } 0 \leq \theta \leq \theta_L \tag{10.44}$$

dove $N_1(\theta)$ e N_{10} sono rispettivamente le concentrazioni istantanee e iniziale delle cellule a minore resistenza termica alla temperatura di processo t, $N_2(\theta)$ e N_{20} sono le concentrazioni istantanee e iniziale delle cellule a maggiore resistenza termica, θ è il generico tempo del processo termico subito dalla popolazione microbica in esame e infine f è il rapporto tra N_{10} e N_0, che esprime la frazione iniziale della popolazione microbica più termosensibile.

Come dimostrato da Xiong et al (1999), il modello a 4 parametri, esplicitato dalle equazioni 10.39-10.44, è in grado di ricostruire non solo la curva di sopravvivenza di tipo lineare (A: $k_2 = t_L = 0; f_1 = 1$), ma anche quella lineare con latenza (B: $k_2 = t_L = 0$; $t_L > 0$; $f_1 = 1$), quella lineare con coda (C: $k_2 = t_L = 0$; $0 < f_1 < 1$), quella bifasica (D: $t_L = 0$; $0 < f_1 < 1$) e infine quelle sigmoidali con latenza con coda (E: $k_2 = 0$; $t_L > 0$; $0 < f_1 < 1$) e senza coda

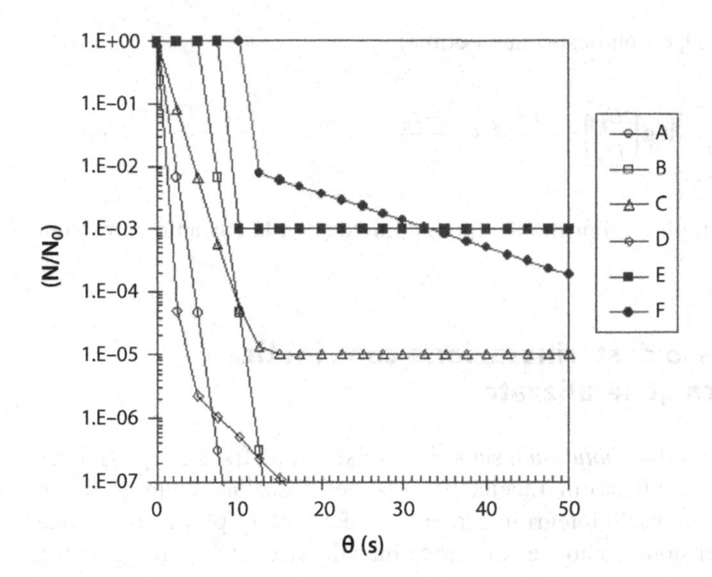

Fig. 10.5 Esempi dei tipi di curve di sopravvivenza più comunemente osservati (Xiong et al, 1999): curve lineari con fase di latenza nulla (A) o estesa (B), curve con coda o bifasica (C, D) e curve sigmoidali (E, F)

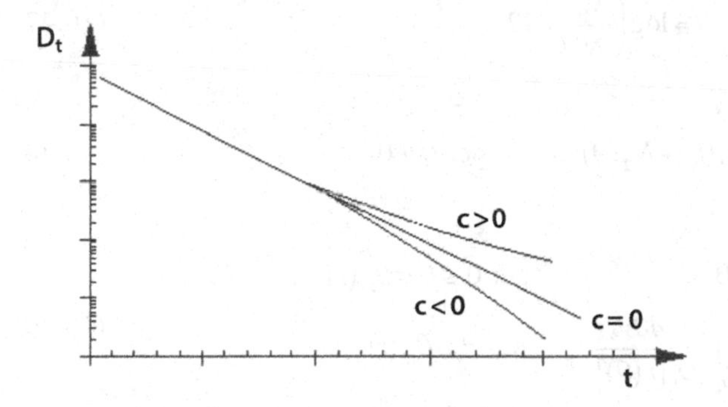

Fig. 10.6 Diagramma semilogaritmico del tempo di riduzione decimale D_t in funzione della temperatura t per spore batteriche sottoposte a calore umido: lineare ($c = 0$), con concavità verso l'alto ($c > 0$) o con concavità verso il basso ($c < 0$)

(F: $t_L > 0$; $0 < f_1 < 1$), come evidenziato dalle curve della Fig. 10.5. Inoltre, il diagramma semilogaritmico del tempo di riduzione decimale D_t in funzione della temperatura t può deviare dall'andamento lineare e presentare concavità verso l'alto o verso il basso, come schematizzato in Fig. 10.6. Dette concavità sono state osservate, rispettivamente, con spore di *Geobacillus stearothermophilus* e di *Clostridium sporogenes* (Brown, Ayres, 1982). Il legame tra D_t e t può essere empiricamente espresso con un polinomio di secondo grado:

$$\log(D_t) = a - bt + ct^2 \tag{10.45}$$

dove a, b e c indicano i coefficienti della regressione quadratica. In genere, b è positivo, mentre per $c > 0$ si rileva una concavità verso l'alto e per $c < 0$ una concavità verso il basso. Ovviamente, il caso più critico in relazione alla sterilità microbica è rappresentato dalla concavità verso l'alto. Per le spore di *Clostridium sporogenes* l'andamento della curva di sopravvivenza sembra dipendere dalla temperatura: è sigmoidale per t intorno a 105 °C, lineare tra 110 e 115 °C e concavo verso il basso intorno a 121 °C. In altri casi, l'andamento della curva di sopravvivenza varia anche con la composizione del mezzo di coltura (Brown, Ayres, 1982).

In questi casi, il legame tra D_t e t può esprimersi come:

$$\log\left(\frac{D_t}{D_R}\right)=-\frac{t-t_R}{z_1}+\frac{t^2-t_R^2}{z_2} \tag{10.46}$$

dove z_1 e z_2 sono coefficienti empirici, il primo dei quali coincide con la costante di resistenza termica z solo per $z_2 \to \infty$.

10.6 Esempio di processo di sterilizzazione con cinetica di morte microbica generalizzata

Nel caso in cui le spore di *Clostridium botulinum* siano suddivise in due frazioni f_1 e f_2 diversamente termosensibili (come specificato in Tabella 10.7) la sterilizzazione commerciale di una purea di piselli arricchita con piselli integri in percentuale del 10% (p/p), preconfezionata in scatole metalliche di dimensioni già note e con carica iniziale N_0 di 10^5 spore/kg, richiederà un grado di riduzione decimale pari a:

$$n=\log\left(\frac{N_0}{N}\right)=12 \tag{10.47}$$

con

$$N(\theta)=N_1(\theta)+N_2(\theta) \qquad \text{per } \theta \ge 0 \tag{10.48}$$

$$\log\left(\frac{N_{10}}{N_1}\right)=\begin{cases}0 & \text{per } 0 \le \theta \le \theta_L(t)\\ \displaystyle\int_{t_L}^{t}\frac{d\theta}{D_1[t(\theta)]} & \text{per } \theta \ge \theta_L(t)\end{cases} \tag{10.49}$$

$$\log\left(\frac{N_{20}}{N_1}\right)=\begin{cases}0 & \text{per } 0 \le \theta \le \theta_L(t)\\ \displaystyle\int_{t_L}^{t}\frac{d\theta}{D_2[t(\theta)]} & \text{per } \theta \ge \theta_L(t)\end{cases} \tag{10.50}$$

Assumendo gli stessi coefficienti di trasferimento del calore dell'esempio proposto nel paragrafo 10.4.4 (U_i = 312 $\text{W m}^{-2}\text{K}^{-1}$; h_p = 168 $\text{W m}^{-2}\text{K}^{-1}$), si osserverà la stessa evoluzione temporale delle temperature della sospensione t e del centro dei piselli t_{pc}, ma la riduzione della concentrazione delle spore differirà per il diverso modello di morte termica. Nella Tabella 10.8 viene esplicitato l'effetto del tempo di sosta θ sulle temperature t e t_{pc}, sul tempo di latenza $\theta(t)$, sui tempi di riduzione decimale D_1 e D_2 delle frazioni microbiche a diversa termosensibilità, sulle popolazioni residue N_1, N_2 e N e sul numero complessivo di riduzioni decimali n.

Si rileva che per θ = 960 s la sospensione e il centro dei piselli sono stati riscaldati a circa 120,9 °C, conseguendo un grado di riduzione decimale di 11,6 e la scomparsa della frazione microbica più termosensibile (N_1) e una popolazione microbica complessiva (N) di

Tabella 10.7 Caratteristiche termocinetiche esemplificative di una popolazione di spore di *Clostridium botulinum* con due frazioni diversamente termosensibili f_1 e f_2, caratterizzate da una curva di sopravvivenza sigmoidale con fase di latenza: per descrivere l'effetto della temperatura t sui tempi di riduzione decimale $D_1(t)$ e $D_2(t)$ e sulla durata della fase di latenza $\theta_L(t)$ è stata utilizzata l'eq. 10.46

Parametri cinetici	$D_1(t)$	$D_2(t)$	$\theta_L(t)$	***Unità di misura***
f_i	0,95	0,05	–	–
t_{iR}	121	121	121	°C
D_{iR}	15,0	60,0	20	s
z_{i1}	10,0	10,0	100	°C
z_{i2}	12500,0	10000,0	∞	$(°C)^2$

Tabella 10.8 Sterilizzazione di purea di piselli arricchita con piselli integri in scatole metalliche riscaldate con vapore vivo a 121 °C per $\theta \leq 960$ s e poi raffreddate con acqua a 30 °C per $\theta > 960$ s: effetto del tempo di sosta θ sulle temperature della purea t e del centro del pisello t_{pc}, sul tempo di latenza $\theta_L(t)$ e sui tempi di riduzione decimali D_1 e D_2 delle frazioni microbiche a diversa termosensibilità, sulle popolazioni residue N_1, N_2 e N e sul numero complessivo di riduzioni decimali n

θ [s]	t [°C]	t_{pc} [°C]	$\theta_L(t)$ [s]	$D_1(t)$ [s]	$D_2(t)$ [s]	N_1 [spore/kg]	N_2 [spore/kg]	N [spore/kg]	n –
0	100,0	100,0	32,4	803	2594	9,50E+04	5,00E+03	1,00E+05	0
20	102,4	100,5	32,0	723	2347	9,50E+04	5,00E+03	1,00E+05	0,0
30	103,5	101,4	31,4	610	1996	9,50E+04	5,00E+03	1,00E+05	0,0
40	104,6	102,5	30,6	496	1640	9,28E+04	4,97E+03	9,78E+04	0,0
50	105,6	103,6	29,8	398	1331	8,81E+04	4,91E+03	9,30E+04	0,0
60	106,5	104,8	29,1	320	1081	8,26E+04	4,83E+03	8,74E+04	0,1
70	107,4	105,9	28,3	259	885	7,62E+04	4,74E+03	8,09E+04	0,1
80	108,2	106,9	27,7	212	732	6,90E+04	4,63E+03	7,37E+04	0,1
90	108,9	107,9	27,0	176	614	6,13E+04	4,50E+03	6,57E+04	0,2
100	109,7	108,8	26,5	148	521	5,31E+04	4,35E+03	5,74E+04	0,2
120	111,0	110,4	25,5	109	390	3,68E+04	4,00E+03	4,08E+04	0,4
180	114,1	113,9	23,5	56	208	5,81E+03	2,67E+03	8,48E+03	1,1
240	116,2	116,2	22,3	37	140	2,60E+02	1,30E+03	1,56E+03	1,8
300	117,7	117,7	21,6	28	107	3,27E+00	4,60E+02	4,63E+02	2,3
360	118,7	118,7	21,1	23	89	1,32E-02	1,21E+02	1,21E+02	2,9
480	119,9	119,9	20,5	18	73	1,57E-08	5,19E+00	5,19E+00	4,3
600	120,5	120,5	20,2	17	66	1,84E-15	1,18E-01	1,18E-01	5,9
720	120,8	120,8	20,1	16	63	6,27E-23	1,77E-03	1,77E-03	7,8
840	120,9	120,9	20,1	15	61	1,14E-30	2,17E-05	2,17E-05	9,7
960	**120,9**	**120,9**	**20,0**	**15**	**61**	**1,51E-38**	**2,39E-07**	**2,39E-07**	**11,6**
1020	94,8	96,2	35,4	1,7E+03	5,3E+03	1,52E-40	2,46E-08	2,46E-08	12,6
1080	76,2	77,4	54,6	7,0E+04	1,9E+05	1,46E-40	7,75E-09	7,75E-09	13,1
1200	53,5	53,5	94,5	9,5E+06	2,2E+07	1,46E-40	7,65E-09	7,65E-09	13,1
1320	41,9	41,9	123,6	1,1E+08	2,5E+08	1,46E-40	7,65E-09	7,65E-09	13,1
1440	36,0	36,0	141,4	4,0E+08	8,7E+08	1,46E-40	7,65E-09	7,65E-09	13,1

$2{,}4 \times 10^{-7}$ spore/kg. Successivamente, si inizia il raffreddamento delle scatole con acqua a 30 °C, durante il quale l'effetto letale prosegue fino a un abbattimento pari a 13,1 riduzioni decimali e a una popolazione residua di $7{,}65 \times 10^{-9}$ spore/kg.

Rispetto all'esempio del par. 10.4.4, la presenza di una piccola frazione di spore più termoresistenti richiede il prolungamento della fase di mantenimento di circa 8 minuti.

10.7 Conclusioni

In questo capitolo è stato affrontato il problema della progettazione dei cicli di pastorizzazione/sterilizzazione di alimenti, omogenei o con particelle sospese, allo stato sfuso o confezionato, assumendo innanzitutto che la cinetica di morte termica fosse del primo ordine e che la legge di variazione del tempo di riduzione decimale con la temperatura di processo fosse lineare. In tal modo, è stato possibile evidenziare il contributo delle proprietà chimico-fisiche dell'alimento, del fluido riscaldante e del sistema utilizzato per lo scambio indiretto di calore (tubo, canale o contenitore). La resistenza termica del sistema si accresce nel caso di sospensioni, in quanto si deve tener conto dell'ulteriore trasferimento del calore per conduzione all'interno delle particelle stesse.

Dagli esempi applicativi proposti si rileva che la fase di riscaldamento è solitamente piuttosto lenta e che per abbreviarla si deve ricorrere al riscaldamento diretto per iniezione/infusione di vapore vivo. In tal modo, la quantità di calore sensibile necessaria per portare un'unità di massa di alimento dalla temperatura iniziale t_0 a quella di sterilizzazione t_S, ossia $c_L\,(t_S - t_0)$, viene fornita dal vapore stesso, che a contatto del liquido più freddo condensa, cedendo il proprio calore latente di condensazione (λ_{cond} = 2114,3 kJ kg^{-1} a 150 °C) (Ibarz, Barbosa-Cánovas, 2003). Completata la fase di mantenimento, il tenore di umidità iniziale dell'alimento viene ripristinato riducendo subitamente la pressione da 4-5 bar a 0,25-0,31 bar (*flash-cooling*), al fine di provocare l'evaporazione adiabatica pressoché istantanea dell'umidità in eccesso a spese del liquido che si raffredda a 65-70 °C, fornendo così il necessario calore latente di evaporazione ($\lambda_{evap} \approx$ 2340 kJ kg^{-1}).

La corretta previsione dell'evoluzione temporale della temperatura del liquido, o della temperatura al centro delle eventuali particelle sospese, è ostacolata dalla complessità del trasferimento di calore per convezione negli alimenti in scatola, ove il rimescolamento del liquido all'interno del contenitore e lo scorrimento relativo liquido-particelle controllano l'entità dei coefficienti di scambio termico liquido-parete e liquido-particella.

Per i liquidi omogenei l'inserimento di termocoppie o *data-trace* in appropriati punti interni dei contenitori – a loro volta diversamente posizionati (centralmente o lateralmente) sui nastri di trasporto dei tunnel di pastorizzazione/sterilizzazione – permette di conoscere l'effettiva evoluzione termica subita dal liquido e, quindi, di stimare accuratamente l'effetto letale sulle spore termofile. Ciò può risultare adeguato anche nel caso in cui le particelle sospese siano di minute dimensioni, ma per le particelle più grandi la temperatura nel punto centrale può differire alquanto da quella del liquido, risultando insufficiente per assicurare il grado di riduzione decimale prefissato. Spesso la termocoppia o il *data-trace* non possono essere posizionati nel punto centrale della particella; in ogni caso, il loro inserimento può alterare il libero scorrimento tra le particelle e il liquido di governo, influendo negativamente sull'entità dell'effettivo coefficiente di scambio termico. Per evitare qualsiasi restrizione al movimento delle particelle sospese, è stato sviluppato un metodo che prevede l'applicazione di sensori a cristalli liquidi sulle particelle (Stoforos, Merson, 1991), senza tuttavia riuscire a rilevare il profilo tempo-temperatura nel loro punto centrale.

Un aspetto da non trascurare è rappresentato dall'effetto del trattamento termico sui componenti termolabili a valenza nutrizionale (vitamine, amminoacidi, enzimi, antiossidanti ecc.) e sui parametri organolettici (colore, gusto, consistenza ecc.) dei prodotti sterilizzati. Uno degli obiettivi primari della ricerca nel settore degli alimenti a lunga conservazione a temperatura ambiente è quello di minimizzare la severità dei processi di sterilizzazione, onde assicurare, a parità di sterilità commerciale, la massima qualità nutrizionale e sensoriale possibile per il prodotto. In queste condizioni, il dimensionamento del ciclo ottimale di trattamento termico deve tener conto non solo del conseguimento del numero di riduzioni decimali n, ma anche della massima preservazione delle caratteristiche nutrizionali e sensoriali.

In conclusione, il criterio di dimensionamento sopra esplicitato è stato estrapolato a una cinetica di morte termica più complessa, in modo da assicurare il grado di riduzione decimale prefissato anche in presenza di curve di sopravvivenza microbica con latenza e coda.

10.8 Appendice: Principali simboli e sigle utilizzati nel capitolo

Simboli e sigle	Descrizione	Unità di misura
α_p	diffusività termica della particella	$m^2\ s^{-1}$
θ	tempo	s
θ_c	fine della fase di raffreddamento	vedi sopra
θ_h	fine della fase di riscaldamento	vedi sopra
θ_m	fine della fase di mantenimento	vedi sopra
θ_R	tempo di residenza medio del prodotto nell'apparecchiatura	vedi sopra
λ_{cond}	calore latente di condensazione	$kJ\ kg^{-1}$
λ_{evap}	calore latente di evaporazione	vedi sopra
λ_n	generica radice n-esima dell'equazione caratteristica	
μ	viscosità del liquido alla temperatura di trattamento	mPa s
ν	indice di forma	
ρ_L	densità del liquido alla temperatura di trattamento	$kg\ m^{-3}$
ρ'_L	densità della sospensione	vedi sopra
ρ_p	densità delle particelle	vedi sopra
∇_c	durata della fase di raffreddamento	s
∇_h	durata della fase di riscaldamento	vedi sopra
∇_m	durata della fase di mantenimento	vedi sopra
A	costante (fattore di frequenza)	s^{-1}
Bi	numero di Biot	
Bi'	numero di Biot modificato	
c_L	calore specifico dell'alimento	$J\ kg^{-1}\ K^{-1}$
c'_L	calore specifico della sospensione	vedi sopra
c_p	calore specifico della particella	vedi sopra
d_i	diametro interno	m

dZ	lunghezza infinitesimale del tubo	vedi sopra
D_t	tempo di riduzione decimale	s, min
D_R	tempo di riduzione decimale alla temperatura di riferimento t_R	s, min
E_a	energia di attivazione del processo di morte termica	J mol^{-1}
Fo	numero di Fourier	
F_t	tempo di morte globale	s
Gr	numero di Grashof	
h_i	coefficiente di scambio termico dell'alimento	W m^{-2} K^{-1}
h_o	coefficiente di scambio termico del fluido riscaldante	vedi sopra
h_p	coefficiente di scambio termico fluido-particella	vedi sopra
J	joule	
J_0	funzione di Bessel di ordine zero	
J_1	funzione di Bessel di ordine uno	
k	costante di morte termica	s^{-1}
k_L	conducibilità termica del liquido	W m^{-1} K^{-1}
k_m	conducibilità termica del tubo	vedi sopra
k_p	conducibilità termica della particella	vedi sopra
L	velocità di efficienza letale	
min	minuti	
n	grado di riduzione decimale della popolazione microbica	
N	numero di microrganismi	dipende dal metodo di conta: tipicamente ufc g^{-1}, ufc mL^{-1}
$N(\theta)$	numero di microrganismi presenti al tempo θ	vedi sopra
N_0	numero di microrganismi presenti all'inizio del processo	vedi sopra
N_1	numero di microrganismi a minore resistenza termica presenti nell'alimento	vedi sopra
N_2	numero di microrganismi a maggiore resistenza termica presenti nell'alimento	vedi sopra
Nu	numero di Nusselt	
Nu$_p$	numero di Nusselt relativo alla particella	
Pr	numero di Prandtl	
Q_V	portata volumetrica del liquido da trattare	m^3 s^{-1}
r	generica distanza dal centro della particella	m
R	costante dei gas perfetti	J mol^{-1} K^{-1}
R_i	raggio interno del tubo	m
R_o	raggio esterno del tubo	vedi sopra
R_p	raggio della particella	vedi sopra
Re	numero di Reynolds	

s	secondi	
s	spessore della parete di un contenitore	m
S_c	superficie totale del contenitore	m^2
S_p	superficie della particella	vedi sopra
t	temperatura di processo	°C
t_0	temperatura iniziale	vedi sopra
t_K	temperatura di processo in gradi Kelvin	K
t_p	temperatura della particella	°C
t_{pc}	temperatura nel centro della particella	vedi sopra
t_{ps}	temperatura superficiale della particella	vedi sopra
t_R	temperatura di riferimento	vedi sopra
t_s	temperatura di sterilizzazione	vedi sopra
T_∞	temperatura del fluido riscaldante	vedi sopra
U_i	coefficiente di scambio termico globale riferita alla superficie esterna del tubo	$W\ m^{-2}\ K^{-1}$
v	velocità superficiale	$m\ s^{-1}$
v_m	velocità massima	vedi sopra
V_a	volume del tubo di sosta o dell'apparecchio utilizzato	m^3
V_c	volume del contenitore	vedi sopra
V_p	volume della particella	vedi sopra
W	watt	
x_L	frazione ponderale della fase solida nella sospensione	
x_p	frazione ponderale della fase liquida nella sospensione	
Y	temperatura adimensionale	
Y_c	temperatura adimensionale in un cilindro infinito	
Y_{cf}	temperatura adimensionale in un cilindro finito	
Y_p	temperatura adimensionale in una piastra	
Y_{pr}	temperatura adimensionale in un prisma	
Y_s	temperatura adimensionale in una sfera	
z	costante di resistenza termica	°C
Z	lunghezza del serpentino	m

Bibliografia

Alais C (1984) *Scienza del latte*. Tecniche Nuove, Milano

Brennan JG, Butters JR, Cowell ND, Lilly AEV (1976) *Food engineering operations*, 2nd edn. Applied Science Publishers, London

Brown KL, Ayres CA (1982) Thermobacteriology of UHT processed foods. In: Davies R (ed) *Developments in food microbiology*, vol 1. Applied Science Publishers, London, pp 119-152

Carslaw HS, Jaeger JC (2005) *Conduction of heat in solids*, 2nd edn. Oxford University Press, Oxford
Chick H (1908) An investigation of the laws of disinfection. *Journal of Hygiene*, 8(1): 92-158
Evans LB, Stefany NE (1966) An experimental study of transient heat transfer to liquids in cylindrical enclosures. *Chemical Engineering Progress Symposium Series*, 62: 209-215
Ibarz A, Barbosa-Cánovas GV (2003) *Unit operations in food engineering*. CRC Press, Boca Raton
Kannan A, Gourisankar Sandaka PCh (2008) Heat transfer analysis of canned food sterilization in a still retort. *Journal of Food Engineering*, 88(2): 213-228
Pagliarini E (1988) Nuovi sistemi di sterilizzazione. In: Peri C (ed) *Nuovi orientamenti dei consumi e delle produzioni alimentari. Innovazione e ricerca nel settore delle tecnologie alimentari*. CNR, Roma, pp 63-89
Singh RP, Heldman DR (1983) *Introduction to food engineering*, 2nd edn. Academic Press, London
Stoforos NG, Merson RL (1991) Measurement of heat transfer coefficients in rotating liquid/particulate systems. *Biotechnology Progress*, 7(3): 267-271
Stumbo CR (1973) *Thermobacteriology in food processing*, 2nd edn. Academic Press, New York
U.S. Food and Drug Administration. Kinetics of microbial inactivation for alternative food processing technologies http://www.fda.gov/Food/ScienceResearch/ResearchAreas/SafePracticesforFoodProcesses/ucm100158.htm
Xiong R, Xie G, Edmondson AE, Sheard MA (1999) A mathematical model for bacterial inactivation. *International Journal of Food Microbiology*, 46(1): 45-55

Capitolo 11
Microbiologia predittiva e valutazione del rischio microbiologico nel settore alimentare

Nicoletta Belletti, Sara Bover-Cid

11.1 Introduzione

La sicurezza microbiologica degli alimenti è di fondamentale importanza per tutti gli attori implicati a vario titolo nella filiera alimentare, dai governi e dalle agenzie preposte alla tutela della salute dei consumatori fino alle imprese di produzione, trasformazione, distribuzione e vendita dei prodotti alimentari, e agli stessi consumatori. Il *Codex Alimentarius* definisce la sicurezza degli alimenti come la "garanzia che l'alimento non arrechi danni al consumatore quando è preparato e/o consumato secondo l'uso previsto" (CAC, 2009).

Negli ultimi decenni si sono registrati significativi sviluppi nell'approccio alla sicurezza degli alimenti. L'adozione del sistema HACCP e l'applicazione delle norme di buona pratica igienica, per esempio, hanno posto la prevenzione al centro delle strategie per la riduzione degli episodi di tossinfezione alimentare. Sebbene questi strumenti conservino la loro iniziale importanza, è emersa la necessità a livello internazionale di orientare le scelte in termini di sicurezza degli alimenti su un piano più generale e globale, che permetta non solo di prevenire gli episodi epidemici, ma anche di stimare in maniera realistica la probabilità e la gravità dell'impatto sui consumatori delle malattie trasmesse da alimenti e gli effetti delle misure di controllo messe in atto dagli operatori del settore alimentare e dalle autorità sanitarie.

In quest'ottica la sicurezza di un alimento al momento del consumo si costruisce lungo tutta la filiera alimentare (produzione primaria, trasformazione, distribuzione, trasporto, conservazione, consumo), che viene concepita come un processo continuo durante il quale possono avere luogo sia eventi in grado di ridurre o eliminare i pericoli microbiologici, sia eventi in grado di determinare una contaminazione, in particolare da microrganismi patogeni, o un aumento di concentrazione del contaminante oltre la soglia considerata sicura.

L'accordo sull'applicazione delle misure sanitarie e fitosanitarie – stipulato dagli Stati membri della World Trade Organization (WTO, 1995) stabilisce che le decisioni assunte dagli Stati membri riguardo alla sicurezza degli alimenti devono basarsi su informazioni scientifiche. In particolare, tale accordo individua nell'analisi del rischio, già impiegata in altri campi (ambientale, chimico, economico), lo strumento fondamentale per dimostrare l'equivalenza igienica degli alimenti prodotti in Paesi differenti. Allo scopo di armonizzare quanto più possibile le misure sanitarie, la World Trade Organization ha affidato alla Codex Alimentarius Commission (CAC) il compito di elaborare gli standard di riferimento, le linee guida e le raccomandazioni necessarie per armonizzare le singole normative nazionali in base a rigorosi criteri scientifici. Le attività congiunte della CAC, della Food and Agriculture Organization (FAO) e della World Health Organization (WHO) hanno stimolato l'impiego

F. Gardini, E. Parente (a cura di) *Manuale di microbiologia predittiva*
DOI 10.1007/978-88-470-5355-7_11

dell'analisi del rischio per la costruzione di programmi e politiche di controllo della sicurezza degli alimenti centrati sulla protezione della salute del consumatore. Inoltre, lo stesso tipo di approccio può essere adottato, sia pure con un diverso livello di complessità, anche dagli operatori del settore alimentare per la valutazione igienico-sanitaria dei propri prodotti.

L'analisi del rischio (*risk analysis*) è un processo scientifico, sistematico e trasparente basato sull'interazione di tre elementi: valutazione del rischio (*risk assessment*), gestione del rischio (*risk management*) e comunicazione del rischio (*risk communication*) (CAC, 1999; CAC, 2007).

- La *valutazione del rischio microbiologico* si basa sulle informazioni scientifiche disponibili in un dato momento in relazione a un dato problema, che vengono raccolte, analizzate e condivise per fornire il supporto scientifico alle decisioni in materia di sicurezza microbiologica degli alimenti. Questa valutazione si articola a sua volta in quattro fasi: identificazione del pericolo, caratterizzazione del pericolo, valutazione dell'esposizione e caratterizzazione del rischio (vedi par. 11.2).
- La *gestione del rischio microbiologico* individua la necessità di una valutazione del rischio microbiologico e, in funzione dei risultati di questa, studia e mette in atto le opportune misure per il controllo del rischio, tenendo anche conto degli aspetti sociali, economici e di fattibilità delle misure proposte. In altre parole, da questa fase scaturiscono a livello governativo le politiche di sicurezza degli alimenti in grado di assicurare un'adeguata protezione dei consumatori. Nel contesto dell'industria alimentare, la gestione del rischio consiste nella selezione e nell'introduzione delle azioni più adeguate (misure di controllo, azioni correttive ecc.) per produrre alimenti sicuri.
- La *comunicazione del rischio microbiologico* è costituita sia dallo scambio interattivo di informazioni tra chi conduce la valutazione del rischio e chi si occupa della gestione del rischio, sia dalla comunicazione dei risultati delle due fasi precedenti a tutte le figure implicate nella filiera alimentare, ivi compresi i consumatori.

Nell'applicazione pratica, l'analisi del rischio rappresenta il fattore chiave e l'anello di congiunzione che consente di tradurre le politiche di sanità pubblica (in relazione a specifici pericoli microbiologici) in obiettivi di sicurezza degli alimenti, che le imprese potranno tradurre a loro volta in criteri di processo, ossia in misure applicabili a livello operativo per consentire la gestione della sicurezza all'interno del processo produttivo.

Per definire quantitativamente questi obiettivi, sono stati introdotti e adottati a livello internazionale i concetti di *Appropriate Level of Protection* (ALOP) e di *Food Safety Objective* (FSO) (FAO/WHO, 2002; ICMSF, 2002) descritti nella Tabella 11.1. Dal punto di vista pratico, sebbene esprima chiaramente un obiettivo di salute pubblica, l'ALOP non è una misura applicabile nell'operatività aziendale per la gestione della sicurezza degli alimenti. Il concetto di FSO (ICMSF, 2002) risponde proprio all'esigenza di tradurre l'ALOP in un valore chiaro, facilmente comunicabile e utilizzabile come strumento di gestione della sicurezza da tutti gli attori della filiera alimentare (aziende di produzione, distribuzione, vendita ecc.) (Gorris, 2005). Un FSO rappresenta il ponte tra un obiettivo di salute pubblica e la gestione della sicurezza nella filiera alimentare a livello operativo (aziende alimentari), consentendo soprattutto di rendere trasparente, quantificabile e dimostrabile il livello di sicurezza delle produzioni.

A integrazione dei concetti di ALOP e FSO, e per fornire traguardi più concreti a livello operativo nelle fasi della filiera che precedono il consumo, è stato introdotto il concetto di *Performance Objective*; parallelamente sono stati ridefiniti su base scientifica altri concetti

Tabella 11.1 Concetti chiave impiegati nel controllo della sicurezza degli alimenti basato sull'analisi del rischio

Concetto	***Esempi pratici***
Livello appropriato di protezione (ALOP, Appropriate Level of Protection) Livello di protezione ritenuto appropriato da un Paese, che stabilisce una misura sanitaria o fitosanitaria atta a proteggere la vita o la salute dell'uomo, degli animali o delle piante nel proprio territorio	– L'incidenza annuale di listeriosi non deve superare 2,5 casi per 1.000.000 abitanti, dei quali non più di 0,5 casi causati dal consumo di pesce affumicato – L'incidenza annuale dei casi di colera legati al consumo di pesce e gamberetti non può superare 10 casi per 100.000 abitanti
Obiettivo di sicurezza alimentare (FSO, Food Safety Objective) Massima frequenza e/o concentrazione di un pericolo in un alimento al momento del consumo per conseguire o contribuire a un ALOP stabilito	– Nei prodotti *ready-to-eat* la concentrazione di *L. monocytogenes* al momento del consumo non può eccedere 10^2 ufc/g – La concentrazione di enterotossina stafilococcica nei formaggi deve essere ≤1 µg/100 g
Obiettivo di performance (PO, Performance Objective) Massima frequenza e/o concentrazione di un pericolo in un alimento in uno specifico punto della filiera alimentare, prima del consumo, per conseguire o contribuire a un FSO o a un ALOP, dove applicabile	– La concentrazione di *Salmonella* e *E. coli* patogeno nei succhi di frutta non può superare 1 ufc/10 L al momento della distribuzione – La concentrazione di *Clostridium perfringens* in prodotti cotti a base di carne non può superare 10^2 ufc/g
Criterio di performance (PC, Performance Criterion) Effetto sulla frequenza e/o concentrazione di un pericolo in un alimento, che deve essere ottenuto, mediante l'applicazione di una o più misure di controllo, per conseguire o contribuire a un PO o a un FSO	– Nelle conserve in scatola a bassa acidità assicurare una riduzione della concentrazione di spore di *Clostridium botulinum* di 12 cicli logaritmici – Nella produzione di formaggi e carni fermentate contenere l'incremento di *S. aureus* entro 3 cicli logaritmici
Criterio di processo Parametro di controllo in un punto del processo che, singolarmente o in associazione con altri parametri, consente di ottenere un PC	– Tre minuti a 121 °C per ridurre di 12 cicli logaritmici la concentrazione di spore di *C. botulinum* proteolitico

noti come *Performance Criterion*, *Process Criterion*, *Product Criterion* e *Microbiological Criterion* (Gorris, 2005). La definizione di questi concetti, che rappresentano le misure per la gestione del rischio microbiologico – *microbiological risk management* (MRM) *metrics* – è riportata in Tabella 11.1.

Le imprese del settore alimentare, in quanto responsabili della sicurezza dei propri prodotti, sono tenute a progettare e organizzare il processo produttivo in modo da rispettare i valori di FSO, a tale scopo devono stabilire e controllare i performance objectives, i performance criteria, i process criteria e i product criteria. In quest'ottica, le imprese sono relativamente libere di stabilire in che modo raggiungere un FSO, ma al tempo stesso devono essere in grado di dimostrarne il conseguimento in base ai risultati della valutazione del rischio.

11.2 La valutazione del rischio microbiologico

La valutazione del rischio microbiologico (VRM) si realizza nel contesto dell'analisi del rischio, all'interno della quale rappresenta la base scientifica diretta a supportare le decisioni per una corretta gestione del rischio associato a un pericolo microbiologico. La gestione e la valutazione del rischio sono processi separati ma in costante interazione tra loro, con un processo iterativo. Lo scopo della VRM dipende dai quesiti indicati da chi è preposto alla gestione del rischio, il cui contesto deve essere chiaramente definito. Attraverso un approccio sistematico e strutturato, la VRM permette di raccogliere, valutare e sintetizzare le informazioni provenienti da differenti fonti circa l'origine e il destino di un pericolo microbiologico lungo tutta la filiera alimentare fino al momento del consumo; tale approccio comprende sia la conoscenza del pericolo sia la stima della probabilità di esposizione da parte del consumatore.

LA VRM è uno strumento importante tanto per i governi quanto per le imprese che operano nella filiera alimentare. Infatti, le informazioni generate – come la stima e la classificazione dei rischi, l'identificazione dei fattori che determinano il rischio, ma anche l'individuazione della mancanza di dati – possono assistere governi e istituzioni pubbliche nella definizione delle politiche di sicurezza degli alimenti, nello sviluppo degli FSO e nella determinazione dei criteri microbiologici. Chi si occupa di gestione del rischio a livello governativo utilizza i risultati della VRM per individuare le attività di gestione prioritarie per la sicurezza degli alimenti, come indicato dal *Codex Alimentarius* e come stabilito a livello europeo nei regolamenti del cosiddetto "pacchetto igiene". Inoltre, con l'istituzione dell'Autorità Europea per la Sicurezza Alimentare (EFSA) la valutazione del rischio è stata assunta chiaramente come base scientifica indipendente per lo sviluppo della legislazione comunitaria in materia di sicurezza degli alimenti (Regolamento CE 178/2002). La VRM rappresenta uno strumento di rilevante importanza anche per le imprese alimentari nella progettazione e nella gestione di processi di produzione sicuri: per esempio, nelle attività decisionali relative alla valutazione della shelf life, nello sviluppo di nuovi prodotti, nell'ottimizzazione dei trattamenti termici, nell'implementazione di trattamenti alternativi non termici, nella definizione e ottimizzazione di processi, prodotti e formulazioni (Lammerding, 2007).

La Codex Alimentarius Commission definisce le quattro fasi per condurre la valutazione del rischio: identificazione del pericolo, caratterizzazione del pericolo, valutazione dell'esposizione, caratterizzazione del rischio (CAC, 1999). Queste quattro fasi sono precedute da una pianificazione iniziale (che compete al gruppo che si occupa della gestione del rischio), che include la formulazione del problema e una chiara presentazione dello scopo della VRM, e seguite dalla validazione finale e dalla redazione del rapporto a conclusione dell'intero processo.

11.2.1 Identificazione del pericolo

Si tratta di un processo essenzialmente qualitativo, il cui obiettivo è identificare i pericoli microbiologici che, se presenti in un alimento, possono provocare danni alla salute umana.

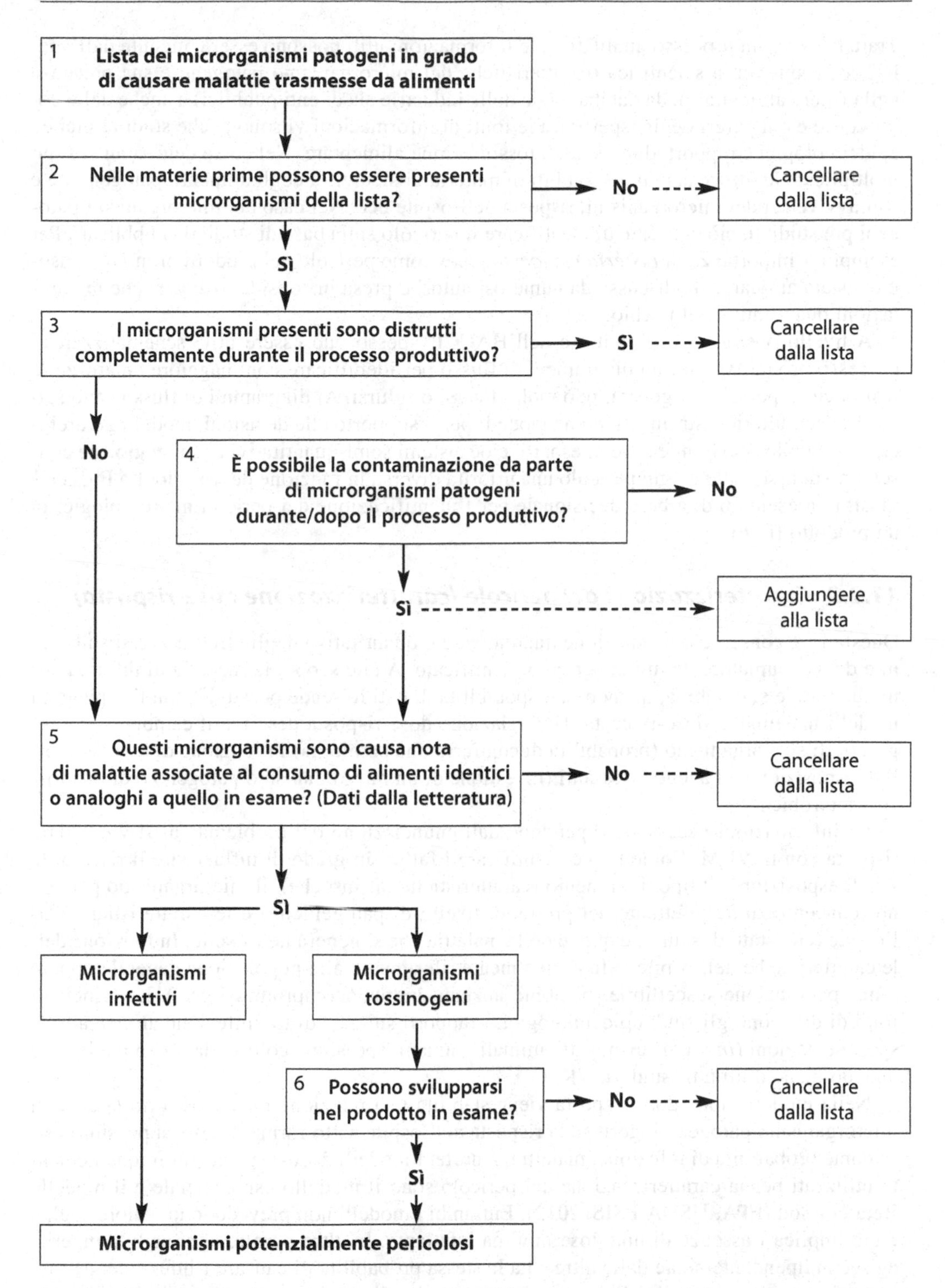

Fig. 11.1 Esempio di albero decisionale per l'identificazione dei pericoli di natura microbica nei prodotti alimentari. (Modificato da Notermans, Mead, 1996)

Trattandosi di un processo qualitativo, le informazioni utili possono essere ottenute dall'analisi della letteratura scientifica (caratteristiche del microrganismo patogeno e sua presenza nella filiera alimentare), da database (sia delle industrie sia di enti pubblici) e anche dalle conoscenze e dai pareri degli esperti; tra le fonti di informazioni vi sono anche studi clinici ed epidemiologici e rapporti di episodi di tossinfezione alimentare. Nel corso degli anni si sono moltiplicate le informazioni disponibili in materia di sicurezza degli alimenti, patogenicità e sopravvivenza dei microrganismi, risposta dell'ospite ecc. Nel caso dei microrganismi patogeni più studiati, ciò consente di identificare il pericolo sulla base di studi già pubblicati. Per esempio, l'importanza di *Listeria monocytogenes* come pericolo nei prodotti pronti al consumo è stata ampiamente discussa da numerosi autori e presa in considerazione anche in valutazioni quantitative del rischio.

A livello operativo, nel contesto dell'HACCP, spesso può essere utile schematizzare il processo produttivo con un diagramma di flusso per identificare con maggiore chiarezza le fasi in cui il pericolo si genera, può moltiplicarsi o ridursi. Ai diagrammi di flusso sono stati affiancati ulteriori strumenti, come modelli per il supporto alle decisioni, modelli gerarchici, alberi delle decisioni e sistemi esperti, cioè sistemi semi-quantitativi a punteggio che consentono di assegnare a ogni pericolo una priorità diversa in funzione del rischio. La Fig. 11.1 mostra un esempio di albero decisionale per l'identificazione dei pericoli microbiologici in un prodotto finito.

11.2.2 Caratterizzazione del pericolo (caratterizzazione dose-risposta)

Questa fase consente la valutazione qualitativa e/o quantitativa degli effetti avversi sulla salute del consumatore dovuti al pericolo identificato. A tale scopo, la raccolta di informazioni qualitative si combina, quando la disponibilità di dati lo rende possibile, con l'impiego di modelli matematici dose-risposta. Una relazione dose-risposta descrive il cambiamento degli effetti sull'organismo (probabilità di contrarre una patologia) in funzione di diversi livelli di esposizione ad agenti stressanti (ingestione di un microrganismo patogeno o di una tossina microbica).

Le informazioni necessarie dipendono dall'enunciazione del problema cui si vuole dare risposta con la VRM, l'obiettivo è identificare i fattori in grado di influenzare il rischio: la via di esposizione, il tipo di alimento (caratteristiche intrinseche), il microrganismo patogeno (concentrazione infettante nel prodotto, livello di patogenicità) e le caratteristiche dell'ospite (età, stato di salute) e quelle della malattia che si genera nell'ospite. In funzione delle caratteristiche dell'ospite si fa normalmente riferimento alla popolazione generale oppure a una popolazione suscettibile (bambini, anziani, immunocompromessi ecc.). Le principali fonti di dati sono gli studi epidemiologici, i rapporti sui casi di tossinfezione alimentare, le sperimentazioni (*in vivo*) su soggetti animali o umani, spesso raccolti in database pubblici, e quando disponibili altri studi di VRM.

Nella modellazione dose-risposta viene stabilita una relazione matematica tra la dose di microrganismo patogeno ingerita e la risposta dell'ospite sotto forma di diversi possibili esiti: come probabilità di infezione, malattia o morte. I modelli dose-risposta più frequentemente utilizzati per la caratterizzazione del pericolo sono il modello esponenziale e il modello Beta Poisson (EPA, USDA/FSIS, 2012). Entrambi i modelli non prevedono un valore soglia, e ciò implica l'assenza di una dose minima infettante. In altre parole, ogni cellula ingerita agisce indipendentemente dalle altre e ha la stessa probabilità di causare l'infezione; pertanto ogni concentrazione di cellule superiore a zero implica la presenza di un rischio che cresce all'aumentare della patogenicità del microrganismo.

Il modello esponenziale (eq. 11.1) è normalmente scelto per la sua semplicità, poiché prevede la stima di un solo parametro; inoltre, nell'intervallo di valori di dose normalmente considerati (dosi basse), ha un andamento lineare:

$$P_{\text{inf}} = 1 - e^{-rD} \tag{11.1}$$

dove P_{inf} è la probabilità di infezione, r è la probabilità che una singola cellula possa causare l'infezione (indicativo del grado di infettività del microrganismo) e D è il numero di cellule del microrganismo patogeno ingerite. Il valore di r è tipico per ogni microrganismo patogeno. Il principale svantaggio del modello esponenziale è che non considera la variabilità tra individui (r costante).

Il modello Beta Poisson (eq. 11.2), che prevede la stima di due parametri, riflette il processo biologico di infezione e risulta in una funzione monotona crescente compresa nell'intervallo 0-1. Questo modello fornisce di solito il miglior adattamento ai dati epidemiologici basati sulla raccolta di casi di infezioni alimentari e, in generale, ai dati caratterizzati da elevata varianza:

$$P_{\text{inf}} = 1 - \left(1 + \frac{D}{\beta}\right)^{-\alpha} \tag{11.2}$$

dove P_{inf} è la probabilità di infezione e α e β sono i parametri della distribuzione beta, tipici per ogni patogeno, che definiscono la forma della curva.

I parametri dei modelli (r per l'esponenziale, α e β per il Beta Poisson) possono essere stimati sulla base di dati epidemiologici o provenienti dalla vigilanza di casi di tossinfezione alimentare. Solitamente i parametri che descrivono i due modelli sono reperiti in studi pubblicati per microrganismi patogeni di rilievo per la sicurezza degli alimenti – per esempio *L. monocytogenes* (McLauchlin et al, 2004), *Salmonella* (Gonzales-Barron et al, 2012) e *E. coli* O157:H7 (Cassin et al, 1998) – oppure in revisioni della letteratura (EPA, USDA/FSIS, 2012). La Fig. 11.2 mette a confronto l'impiego dei due modelli nella modellazione della probabilità di infezione da *Salmonella*.

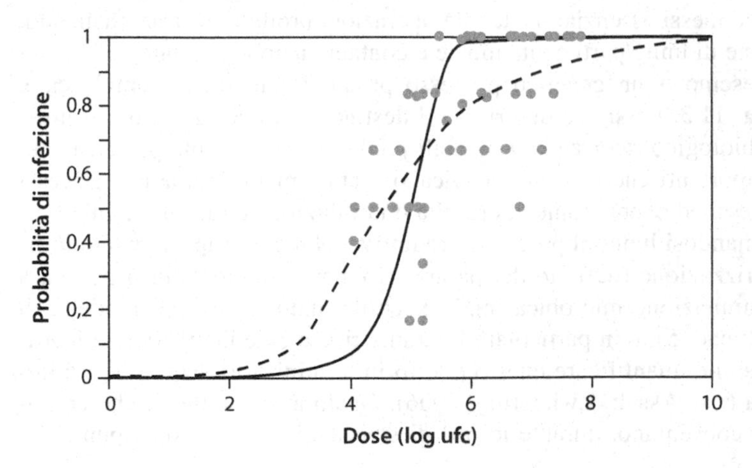

Fig. 11.2 Caratterizzazione quantitativa del pericolo. Curve generate con due modelli dose-risposta – esponenziale (*linea continua*) e Beta Poisson (*linea tratteggiata*) – sulla base dei dati di infezioni provocate da diversi serovar di *Salmonella* (Modificato da Gonzales-Barron et al, 2012)

La modellazione della probabilità di infezione, malattia o morte attraverso i modelli dose-risposta risente ancora della limitata disponibilità di dati quantitativi che consentano la costruzione di modelli accurati e affidabili. Si tratta infatti di un'area nella quale la ricerca è particolarmente attiva.

11.2.3 Valutazione dell'esposizione

La valutazione dell'esposizione fornisce la stima del livello di esposizione al pericolo microbiologico in termini di probabilità e di concentrazione nell'alimento (per esempio in una porzione) al momento del consumo. Il grado di complessità al quale condurre la valutazione dell'esposizione dipende dal tipo di dati, dalla disponibilità di risorse e dai quesiti cui si deve dare risposta. La realizzazione della valutazione dell'esposizione può interessare l'intera filiera alimentare (*from farm to fork*) oppure una sola porzione di essa, a seconda dell'obiettivo della VRM. In generale le informazioni necessarie per condurre questa fase riguardano l'incidenza del pericolo identificato, il livello di contaminazione iniziale, la struttura del processo produttivo (sotto forma di diagramma di flusso), le caratteristiche del prodotto (composizione, a_w, pH ecc.), il destino del microrganismo lungo il processo (crescita, inattivazione, ricontaminazione), i modelli di consumo (frequenza, quantità per anno ecc.). Di conseguenza, la valutazione dell'esposizione rappresenta la fase della VRM che richiede il maggior impegno in termini di raccolta di informazioni.

Considerato che è praticamente impossibile determinare in modo analitico, ossia con misure dirette, la concentrazione del microrganismo patogeno al momento del consumo, tale dato deve essere ottenuto attraverso l'applicazione di modelli matematici ricavati dalla microbiologia predittiva. Come descritto in questo manuale, i modelli predittivi permettono di descrivere il comportamento dei microrganismi negli alimenti in funzione delle condizioni intrinseche ed estrinseche e rappresentano di conseguenza uno strumento imprescindibile per realizzare la valutazione quantitativa dell'esposizione.

Per un buon esempio di metodologia per la stima dell'esposizione a un patogeno in uno specifico processo alimentare, si può fare riferimento al *modular process risk model* (MPRM) sviluppato da Nauta (2001) a partire dal *process risk model* suggerito da Cassin et al (1998). Grazie alla sua sistematicità, lo schema modulare proposto ha il vantaggio di semplificare notevolmente la creazione del modello. Il metodo si basa sul concetto che ogni fase della filiera alimentare può essere interessata da sei processi fondamentali che possono essere descritti matematicamente: due processi sono di natura prettamente microbiologica (crescita e inattivazione) e quattro sono connessi essenzialmente alle operazioni produttive (frazionamento, mescolamento, eliminazione di unità/parti contaminate e contaminazione crociata).

Se consideriamo, per esempio, un generico processo produttivo in modo semplificato, come schematizzato in Fig. 11.3, possiamo descrivere il destino del microrganismo identificato come pericolo microbiologico ricorrendo a modelli predittivi. Lo schema presenta solo alcuni degli eventi più importanti che possono verificarsi; naturalmente numerosi processi produttivi sono più complessi ed eventi come la crescita o la riduzione della carica microbica possono ripetersi, sommandosi lungo il processo produttivo. Nel caso rappresentato in figura, il processo di pastorizzazione (definito dai parametri tempo e temperatura) porterà a una riduzione della contaminazione microbica iniziale. Utilizzando il classico modello di inattivazione termica (vedi cap. 5), e in particolare i parametri D e z della cinetica di inattivazione termica, sarà possibile quantificare questo effetto in termini di riduzioni logaritmiche della carica microbica (van Asselt, Zwietering, 2006). Qualora le caratteristiche chimico-fisiche del prodotto lo consentano, durante le fasi di stoccaggio (in qualsiasi punto del

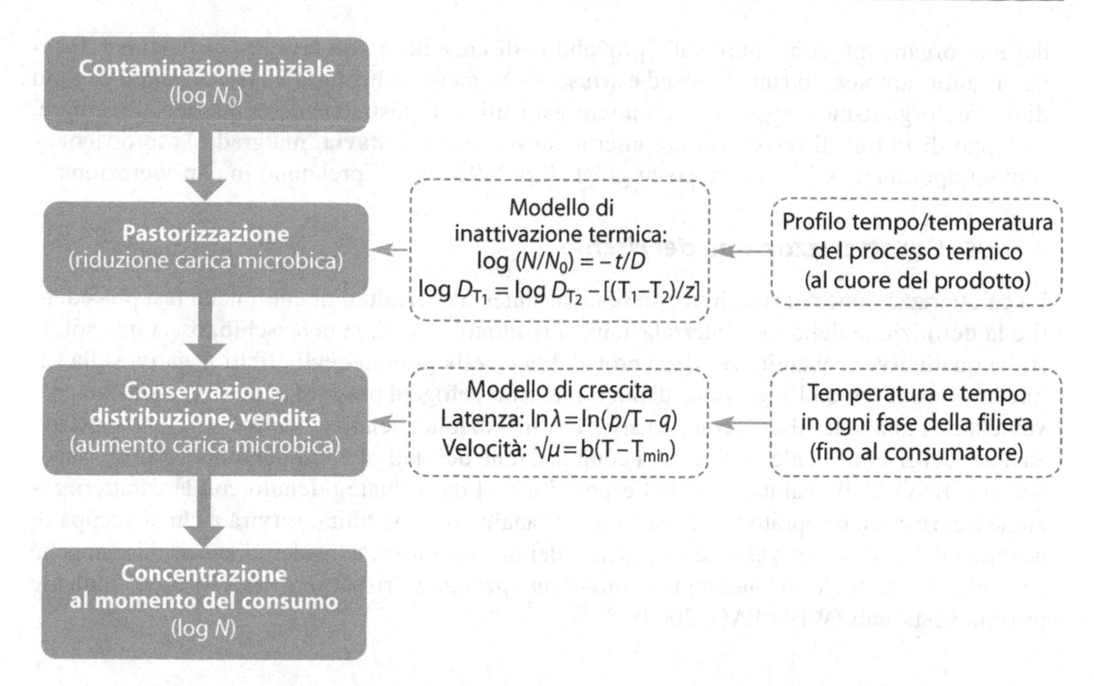

Fig. 11.3 Diagramma di flusso di un processo per valutare l'esposizione mediante modelli predittivi

processo), distribuzione e vendita può verificarsi una crescita del microrganismo, che può essere quantificata con modelli predittivi per esempio valutando gli effetti dei fattori intrinseci ed estrinseci sulla durata della fase di latenza (fase lag) e sulla velocità specifica di crescita (vedi cap. 6). Analogamente, quando il processo prevede una manipolazione dell'alimento è ipotizzabile una ricontaminazione, che può essere quantificata ricorrendo a un modello di trasferimento superficie-alimento (Pérez-Rodríguez et al, 2008). Attraverso una corretta descrizione degli eventi che costituiscono il processo e l'applicazione di idonei modelli predittivi, è così possibile stimare la contaminazione finale del prodotto. Il tipo di approccio può essere deterministico o probabilistico (vedi oltre, par. 11.3). I modelli da utilizzare e il livello di precisione necessario dipendono essenzialmente dai dati a disposizione e dal livello di complessità con cui deve essere condotta la valutazione dell'esposizione.

A livello operativo, nell'industria alimentare la valutazione dell'esposizione consente di indagare e valutare la conformità ai criteri microbiologici di sicurezza (Regolamento CE 2073/2005), per esempio per *L. monocytogenes* negli alimenti pronti al consumo fino alla fine della shelf life del prodotto (Koutsoumanis, Angelidis, 2007; Carrasco et al, 2007). I risultati di questo tipo di valutazione hanno un'utilità immediata per le imprese come strumento decisionale per classificare un prodotto in base alla sua capacità di supportare la crescita di un patogeno, come pure per progettare o modificare la formulazione di un prodotto allo scopo di prevenire o ridurre la possibilità di crescita del patogeno. La valutazione dell'esposizione è anche impiegata per gli studi di shelf life, per fissare correttamente la data di scadenza al fine di garantire il rispetto dei criteri microbiologici.

Fino a qualche anno fa, i modelli predittivi per i microrganismi patogeni si sono concentrati essenzialmente sull'inattivazione (mediante calore, alte pressioni ecc.) e sulla crescita dei microrganismi, come pure sulla probabilità di crescita o non crescita in funzione di diversi fattori ambientali (intrinseci ed estrinseci). Numerosi altri fattori influenzano il destino di un microrganismo (interazione tra microrganismi, composizione della matrice alimentare, sviluppo di fattori di resistenza nei microrganismi ecc.), tuttavia, malgrado la loro riconosciuta importanza, sono ancora pochi gli studi di VRM che li prendono in considerazione.

11.2.4 Caratterizzazione del rischio

La caratterizzazione del rischio rappresenta la sintesi dei risultati ottenuti nelle fasi precedenti e la definizione delle loro interrelazioni. Il risultato è la stima del rischio, ossia una solida stima qualitativa o quantitativa della probabilità e della gravità degli effetti negativi sulla salute umana causati dall'ingestione di microrganismi patogeni presenti in un dato alimento proveniente da una data filiera (comprensiva di distribuzione, vendita e consumo). La caratterizzazione del rischio finale risulta dalla combinazione dei dati ottenuti dal modello dose-risposta specifico e dalla valutazione dell'esposizione. Il dato finale ottenuto con la caratterizzazione del rischio, e soprattutto il risultato dell'analisi di sensibilità, servirà a chi si occupa di gestione del rischio per valutare l'influenza dei diversi fattori considerati sul rischio, nonché per definire strategie di intervento (*mitigation strategies*) rispetto al rischio e per indicare priorità gestionali (WHO/FAO, 2009).

11.3 Differenti approcci alla VRM

La valutazione del rischio microbiologico può essere condotta con approcci diversi: da una valutazione qualitativa, basata sulla raccolta e sullo studio dei dati disponibili, fino a una valutazione completamente quantitativa, basata sulla stima del rischio associato alla presenza di un determinato patogeno in un determinato alimento per una specifica popolazione di riferimento. I differenti tipi di impostazione della valutazione del rischio sono schematizzati,

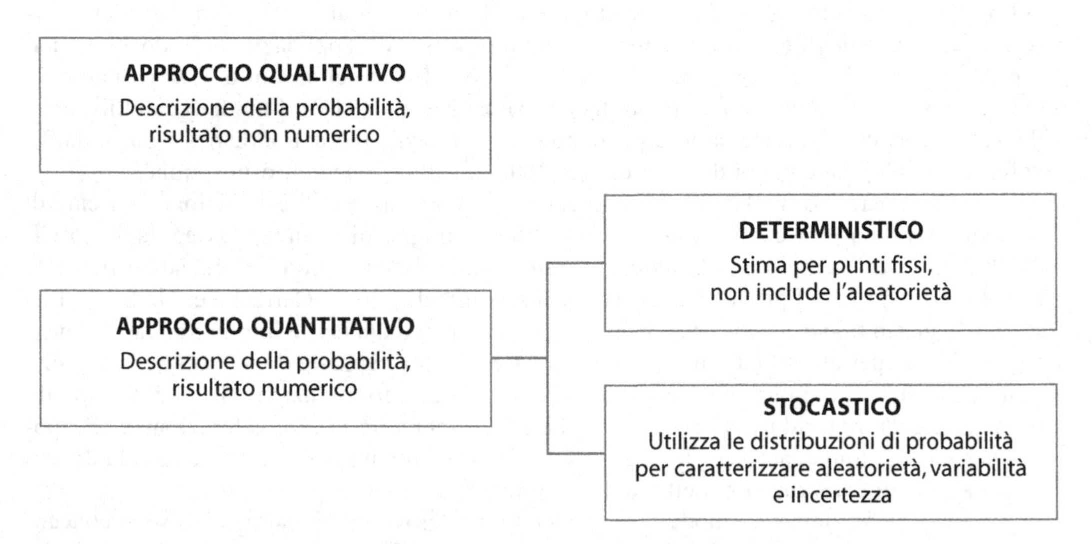

Fig. 11.4 Possibili approcci alla valutazione del rischio. (Modificato da Basset et al, 2012)

in ordine crescente di complessità e di necessità di dati, nella Fig. 11.4. A una maggiore complessità corrisponde un'analisi più completa, che apporta un maggior numero di informazioni e fornisce una stima finale del rischio più precisa. La validità dei diversi approcci, dal più semplice al più complesso, dipende dal contesto in cui vengono applicati: la scelta deve essere effettuata in sede di formulazione del problema in funzione dei dati e delle risorse a disposizione, ma soprattutto della precisione necessaria.

11.3.1 L'approccio qualitativo

Questo approccio si basa sull'analisi sistematica della letteratura disponibile relativamente al problema o al pericolo oggetto di studio. Il risultato finale non è altro che una caratterizzazione descrittiva, basata su una scala arbitraria di giudizi o valori, in grado di esprimere la probabilità e l'impatto del pericolo sulla sicurezza dell'alimento. L'approccio qualitativo viene spesso adottato quando i dati a disposizione sono limitati, e può essere utilizzato per definire un profilo del rischio preliminare a quello quantitativo, in modo da fornire in tempi contenuti un'opinione scientifica sul livello del rischio in esame, indicando la necessità o meno di un'analisi più approfondita. La procedura più utilizzata fa riferimento allo standard internazionale ISO 31000:2009, derivato dal precedente standard australiano AS/NZS 4360:2004.

Sulla base dei dati a disposizione, la probabilità che il pericolo (nel caso specifico un microrganismo patogeno) si presenti viene espressa secondo cinque livelli qualitativi:

- *quasi certa*, l'evento è atteso nella maggior parte delle circostanze;
- *probabile*, l'evento può verificarsi nella maggior parte delle circostanze;
- *possibile*, l'evento può verificarsi in alcune circostanze;
- *improbabile*, l'evento potrebbe talvolta verificarsi;
- *rara*, l'evento potrebbe verificarsi in circostanze eccezionali.

Anche la gravità del pericolo per l'uomo viene espressa mediante cinque livelli qualitativi:

- *insignificante*, impatto trascurabile; lieve alterazione della normale operatività; lieve incremento dei normali costi operativi;
- *minore*, modesto impatto per una popolazione limitata; alcune alterazioni gestibili dell'operatività; qualche incremento dei costi operativi;
- *moderata*, modesto impatto per un'ampia popolazione; alterazioni significative ma gestibili della normale operatività; netto incremento dei costi operativi; necessità di un aumento del monitoraggio;
- *maggiore*, impatto elevato per una piccola popolazione; significativa compromissione dei sistemi e grave alterazione dell'operatività; necessità di un elevato livello di monitoraggio;
- *catastrofica*, impatto elevato per un'ampia popolazione; collasso dei sistemi.

La combinazione delle due misure qualitative consente di ottenere una stima qualitativa del livello di rischio, che assume la forma di una matrice dei livelli di rischio. Un esempio di tale matrice è presentato nella Tabella 11.2, ripresa dalle linee guida australiane per l'acqua potabile (Australian Government, 2011).

Nel corso degli anni sono stati sviluppati strumenti informatici in grado di facilitare e standardizzare la valutazione qualitativa del rischio microbiologico, talora integrandola con descrittori semi-quantitativi. Uno dei sistemi più utilizzati che consente uno screening di differenti pericoli e/o differenti scenari è quello semi-quantitativo proposto da Ross e Sumner (2002), mediante l'utilizzo del foglio elettronico Risk Ranger (vedi par. 11.4).

Tabella 11.2 Esempio di matrice dei livelli di rischio per l'analisi qualitativa del rischio

		Gravità del pericolo				
		Insignificante	*Minore*	*Moderata*	*Maggiore*	*Catastrofica*
Probabilità	*Quasi certa*	Moderato	Alto	Estremo	Estremo	Estremo
	Probabile	Moderato	Alto	Alto	Estremo	Estremo
	Possibile	Basso	Moderato	Alto	Estremo	Estremo
	Improbabile	Basso	Basso	Moderato	Alto	Estremo
	Rara	Basso	Basso	Moderato	Alto	Alto

Modificata da Australian Government, 2011.

11.3.2 L'approccio quantitativo

Quando si esegue una valutazione quantitativa del rischio microbiologico (VQRM) il risultato finale, cioè la stima del rischio, viene espresso in termini numerici. Anche in questo caso la valutazione può essere condotta con differenti modalità in funzione del livello di precisione necessario e della disponibilità di dati. La VQRM può essere realizzata attraverso un approccio deterministico o un approccio stocastico (o probabilistico). L'approccio deterministico non include nel risultato finale l'analisi dell'aleatorietà e della probabilità, aspetti che vengono invece presi in considerazione nell'approccio stocastico.

Con il metodo deterministico i dati utilizzati (input) per ogni variabile inclusa nel modello di valutazione del rischio sono costituiti da valori singoli, fissi, come il valore medio di un set di dati, il valore massimo, il 95° percentile (per esempio corrispondente al caso peggiore) o il valore minimo. Il risultato dell'analisi deterministica è un singolo valore (media, peggiore dei casi ecc.), corrispondente alla stima del rischio, che può includere o meno l'intervallo di confidenza indicativo del grado di incertezza. Il metodo deterministico è apprezzato per la sua relativa semplicità e rapidità. Consente una prima stima che, se correttamente costruita e interpretata, costituisce un valido strumento soprattutto a livello aziendale, nel caso in cui l'impresa possieda un database interno relativo al proprio processo (frequenza di contaminazione, livello di contaminazione iniziale, condizioni di processo ecc.).

Il vantaggio di questo metodo – la relativa rapidità e semplicità – rappresenta anche il suo svantaggio, soprattutto quando non ci si può permettere un risultato troppo conservativo. Se per esempio in un processo termico si assume che il livello potenziale di un patogeno contaminante sia massimo e, contemporaneamente, che sia massima anche la sua resistenza termica, il processo termico necessario per ottenere il livello di protezione desiderato potrebbe essere incompatibile con il mantenimento della qualità organolettica del prodotto.

Quando la VQRM deve fornire risultati più precisi, che tengano in considerazione anche attributi dei dati quali incertezza e variabilità (vedi oltre), si tende attualmente, se i dati a disposizione lo consentono, a privilegiare il metodo stocastico. Secondo tale metodo, a ogni fattore che contribuisce al rischio non vengono associati valori fissi, bensì intervalli di valori rappresentati matematicamente da una distribuzione di probabilità: le variabili del modello di rischio sono rappresentate da intervalli di dati, ciascuno caratterizzato da una certa frequenza (o probabilità). Il risultato finale sarà a sua volta una distribuzione di probabilità del rischio di malattia associato all'ingestione, da parte di un individuo o di una popolazione, di un alimento contaminato. A ogni fattore viene associata una particolare funzione di distribuzione (triangolare, beta, gamma, Poisson) sulla base dei dati empirici a disposizione, delle informazioni in grado di spiegare il fenomeno biologico sottostante la malattia, dei dati pubblicati o di altre informazioni rilevanti. L'approccio stocastico richiede chiaramente una maggiore competenza rispetto a quella necessaria per un modello deterministico. Una fase delicata è la scelta della distribuzione da associare a ogni fattore. Negli ultimi anni si ricorre sempre più spesso a software specifici (come @Risk) in grado di agevolare l'utente nella scelta delle distribuzioni e, soprattutto, nell'analisi del modello. Questi software utilizzano tecniche di simulazione matematica per combinare i risultati espressi come distribuzioni di probabilità.

Il metodo di Monte Carlo (o simulazione di Monte Carlo) è una delle tecniche più utilizzate per le valutazioni quantitative stocastiche. Si basa sulla costruzione di una distribuzione dell'output di un modello ottenuta generando una serie di risultati a partire da valori diversi di input. Gli input che vengono fatti variare sono quelli relativi a parametri che si assume possano essere variabili a causa di fenomeni casuali (come livello iniziale di contaminazione, durata reale di un trattamento termico, temperatura reale di un trattamento termico) o per i quali esiste un'incertezza (come velocità specifica di crescita, tempo di riduzione decimale). Ciascuna di queste variabili è descritta da una distribuzione di probabilità (normale, lognormale, di Poisson ecc.) nota o presunta, della quale occorre indicare forma e parametri (media, deviazione standard ecc.). Durante la simulazione i valori di input vengono estratti casualmente e contemporaneamente da ognuna delle distribuzioni di probabilità che descrivono i parametri che vengono fatti variare. Viene così prodotto un numero N (sufficientemente elevato per ottenere risultati statisticamente affidabili) di possibili combinazioni assunte dai valori degli input selezionati; i valori di input con frequenza più elevata ricorreranno dunque più volte. Ogni combinazione di valori viene introdotta nelle equazioni del modello di rischio e dà luogo a una soluzione. Il procedimento è iterativo (tipicamente viene ripetuto migliaia di volte) e le soluzioni ottenute compongono un campione di possibili valori assunti dall'output, formando una distribuzione (pseudoprobabilistica) dell'output stesso. Da questa distribuzione è possibile inferire affermazioni probabilistiche (per esempio che, dato un insieme di fattori, vi è una probabilità $p \leq 0{,}01$ che la concentrazione di *L. monocytogenes* nel prodotto sia >100 ufc/g). Aumentando il numero delle iterazioni si ottengono campioni più grandi e quindi maggiore precisione e accuratezza.

Carrasco et al (2007) hanno messo a confronto il procedimento deterministico e quello stocastico nello studio della shelf life di tre marche di prosciutto cotto affettato e confezionato in atmosfera modificata utilizzando tre diverse opzioni di processo; gli autori hanno valutato la conformità al criterio microbiologico – stabilito dal Regolamento (CE) 2073/2005 per *Listeria monocytogenes* (100 ufc/g) – nell'ipotesi di una contaminazione durante l'affettatura. Lo studio è stato condotto stimando sia la concentrazione del patogeno (procedimento deterministico) sia la probabilità di superare il limite critico fissato (procedimento stocastico) dopo 10 giorni di conservazione e al termine della shelf life indicata dal produttore. I risultati sono riassunti nella Tabella 11.3. Nonostante per tutte e tre le opzioni di processo al termine della shelf life l'elevata concentrazione del patogeno (stimata con il procedimento deterministico) concordi con la probabilità bassa o nulla di conformità al criterio microbiologico (stimata con il procedimento stocastico), i due procedimenti conducono a risultati differenti, dai quali potrebbero derivare differenti decisioni per la gestione del rischio: in particolare, il metodo deterministico stima che la popolazione al termine della shelf life sia sempre >10 ufc/g, mentre il metodo probabilistico prevede che, seppure con bassa probabilità, almeno una delle opzioni di processo possa garantire che il limite non venga superato. Va sottolineato che, quando l'obiettivo è dimostrare la conformità a criteri microbiologici di sicurezza, è opportuno concordare con le autorità sanitarie competenti il procedimento di stima, le ipotesi di partenza, i modelli predittivi e i parametri di input da utilizzare (Carrasco et al, 2007).

Tabella 11.3 Risultati della valutazione quantitativa del rischio in relazione alla conformità ai criteri microbiologici di sicurezza per *L. monocytogenes* in tre diverse marche di prosciutto cotto affettato e confezionato in atmosfera modificata

	Approccio deterministico		***Approccio stocastico***	
	Concentrazione di L. monocytogenes (log ufc/g)		***Conformità ai criteri microbiologici (percentili ≤100 ufc/g)***	
Caratteristiche del prodotto	Dopo 10 gg di conservazione	Al termine della shelf life	Dopo 10 gg di conservazione	Al termine della shelf life
13,8% CO_2 (MAP) a_w 0,988 Shelf life 41 gg	$2,6 \times 10^2$	$7,3 \times 10^6$	14,5	0
13,6% CO_2 (MAP) a_w 0,979 Shelf life 55 gg	$3,2 \times 10^1$	$9,2 \times 10^5$	75,9	4,9
30,1% CO_2 (MAP) a_w 0,980 Shelf life 34 gg	$1,1 \times 10^2$	1.3×10^5	73,9	0,9

Il livello iniziale di *L. monocytogenes* è stato stimato da dati pubblicati; per l'approccio stocastico è stato considerato l'intervallo (10-100 ufc/g), mentre per l'approccio deterministico è stata calcolata la media geometrica dello stesso intervallo (Elaborazione su dati di Carrasco et al, 2007).

11.3.2.1 Variabilità e incertezza nella VQRM

La bontà della stima del rischio nel contesto della VQRM dipende in prima istanza dalla qualità dei dati in ingresso che, come si è visto, provengono da numerose fonti. Praticamente tutti gli aspetti della valutazione del rischio contengono una certa dose di incertezza. Nell'approccio stocastico, oltre all'incertezza, viene considerata anche la variabilità di un sistema in forma probabilistica.

La *variabilità* rappresenta l'eterogeneità o diversità (biologica, genetica, ambientale, di processo ecc.) caratteristica di un sistema e viene solitamente rappresentata con una distribuzione di frequenza. Riflette il fatto che differenti individui sono soggetti a differenti livelli di esposizione e di rischio. La sua influenza sul risultato finale non può essere diminuita con ulteriori studi o misurazioni, sebbene la conoscenza ottenuta attraverso studi addizionali consenta di caratterizzarla meglio e comprenderne l'impatto sul risultato finale della VQRM.

L'*incertezza* è la mancanza di conoscenza riguardo a un fenomeno, o a un parametro, ed è dovuta alla mancanza di dati o a una conoscenza incompleta. Dal punto di vista matematico definisce l'ampiezza dell'intervallo di valori all'interno del quale si stima sia collocato il valore misurato. Il livello di incertezza di una misurazione può essere ridotto con l'aggiunta di ulteriori dati e/o misurazioni.

Entrambi questi aspetti dovrebbero essere caratterizzati e quantificati, se possibile, in ogni fase della valutazione del rischio, per orientare meglio le decisioni da prendere nella gestione del rischio. Negli ultimi anni è stata infatti riconosciuta l'importanza di includere tali aspetti nei modelli predittivi sviluppati per studiare il comportamento dei microrganismi. Nei modelli VQRM di primo ordine variabilità e incertezza non sono distinte e sono espresse da una sola distribuzione di probabilità; in quelli di secondo ordine si utilizzano distribuzioni di probabilità diverse. Nel secondo caso, la variabilità è spiegata dai valori contenuti in ciascuna distribuzione di probabilità, mentre l'incertezza è considerata come un insieme di distribuzione di probabilità. Nella maggior parte degli studi di VQRM pubblicati, tuttavia, la distinzione tra incertezza e variabilità è ancora limitata (Pérez-Rodríguez, Valero, 2013).

11.4 Strumenti informatici per la VRM

Sono ormai assai numerosi i software proposti e utilizzati come strumenti di supporto alla VRM (Basset et al, 2012). La scelta del software da utilizzare dipende dalla precisione richiesta in relazione al problema posto da chi si occupa della gestione del rischio. Come già ricordato, un maggior livello di precisione implica una maggiore difficoltà dell'analisi e la

Tabella 11.4 Alcuni dei principali software disponibili per condurre la VRM

Risk Ranger http://www.foodsafetycentre.com.au/riskranger.php Strumento semi-quantitativo proposto come foglio elettronico Excel; è semplice e intuitivo, anche se non tutte le domande sono di facile risposta. Consente uno screening preliminare per orientare sperimentazioni e approfondimenti. (Ross, Sumner, 2002)
sQMRA (swift Quantitative Microbiological Risk Assessment) http://foodrisk.org/exclusives/sqmra/ Può essere utilizzato per ottenere rapidamente una stima relativa del rischio associato a determinate combinazioni patogeno-alimento. Inoltre, può essere impiegato come guida per la gestione del rischio o per la selezione delle combinazioni patogeno-alimento da sottoporre a una VQRM completa. (Evers, Chardon, 2010)
Fresh Produce Risk Ranking Tool http://foodrisk.org/exclusives/rrt/ Destinato specificamente alla valutazione semi-quantitativa del rischio nei prodotti freschi. Consente di stabilire i livelli di rischio per combinazioni patogeno-prodotto sulla base di un database che raccoglie tutti i report di incidenti alimentari associati a prodotti freschi. (RTI, 2009)
FDA-iRISK https://irisk.foodrisk.org/ Strumento on line disegnato per analizzare dati relativi a pericoli microbiologici e chimici negli alimenti. Il risultato ottenuto è una stima dell'impatto sulla salute a livello di popolazione. Uno svantaggio è che non consente una valutazione parziale (per esempio la sola valutazione dell'esposizione) senza giungere alla caratterizzazione del rischio. (FDA, 2012)
MicroHibro http://www.microhibro.com/ Applicazione on line per la valutazione quantitativa del rischio microbiologico in prodotti vegetali o a base di carne. Lo strumento prende in considerazione dati di frequenza e di concentrazione al momento della distribuzione, aggiungendo una serie di variabili chiave (come contaminazione crociata, sopravvivenza e tassi di intervento) in grado di influenzare il risultato finale. Consente di utilizzare modelli propri. (Grupo Hibro, Universidad de Córdoba, España)

A. SUSCEPTIBILITY AND SEVERITY

1 Hazard Severity

SEVERE hazard - causes death to most victims
MODERATE hazard - requires medical intervention in most cases
MILD hazard - sometimes requires medical attention
MINOR hazard - patient rarely seeks medical attention

2 How susceptible is the population of interest?

GENERAL - all members of the population
SLIGHT - e.g., infants, aged
VERY - e.g.,neonates, very young, diabetes, cancer, alcoholic etc
EXTREME - e.g., AIDS, transplants recipients, etc.

B. PROBABILITY OF EXPOSURE TO FOOD

3 Frequency of Consumption

daily
weekly
monthly
a few times per year
OTHER

If "OTHER" enter "number of days between a 100g serving": 10

4 Proportion of Population Consuming the Product

all (100%)
most (75%)
some (25%)

5 Size of Consuming Population

Australia
ACT
New South Wales
Northern Territory
Queensland
South Australia
Tasmania
Victoria
Western Australia
OTHER

Population considered: 19.500.000

If "OTHER" please specify: 6.500.000

C. PROBABILITY OF FOOD CONTAINING AN INFECTIOUS DOSE

6 Probability of Contamination of Raw Product per Serving

Rare (1 in a 1000)
Infrequent (1 per cent)
Sometimes (10 per cent)
Common (50 per cent)
All (100 per cent)
OTHER

If "OTHER" enter a percentage value between 0 (none) and 100 (all): 0,0001%

7 Effect of Processing

The process RELIABLY ELIMINATES hazards
The process USUALLY (99% of cases) ELIMINATES hazards
The process SLIGHTLY (50% of cases) REDUCES hazards
The process has NO EFFECT on the hazards
The process INCREASES (10 x) the hazards
The process GREATLY INCREASES (1000 x) the hazards
OTHER

If "OTHER" enter a value that indicates the extent of risk increase: 1,00E-03

8 Is there potential for recontamination after processing?

NO
YES - minor (1% frequency)
YES - major (50% frequency)
OTHER

If "OTHER" enter a percentage value between 0 (none) and 100 (all): 9,00%

9 How effective is the post-processing control system?

WELL CONTROLLED - reliable, effective, systems in place (no increase in pathogens)
CONTROLLED - mostly reliable systems in place (3-fold increase)
NOT CONTROLLED - no systems, untrained staff (10 -fold increase)
GROSS ABUSE OCCURS - (e.g.1000-fold increase)
NOT RELEVANT - level of risk agent does not change

10 What increase in the post-processing contamination level would cause infection or intoxication to the average consumer?

none
slight (10 fold increase)
moderate (100-fold increase)
significant (10,000-fold increase)
OTHER

If "other", what is the increase (multiplicative) needed to reach an infectious dose ?: 1E+02

11 Effect of preparation before eating

Meal Preparation RELIABLY ELIMINATES hazards
Meal Preparation USUALLY ELIMINATES (99%) hazards
Meal Preparation SLIGHTLY REDUCES (50%) hazards
Meal Preparation has NO EFFECT on the hazards
OTHER

If "other", enter a value that indicates the extent of risk increase: 1,00E-03

RISK ESTIMATES

probability of illness per day per consumer of interest (*Pinf* x *Pexp*): 1,42E-07

total predicted illnesses/annum in population of interest: 2,54E+02

RISK RANKING (0 to 100): 40

Fig. 11.5 Esempio di valutazione del rischio semi-quantitativa effettuata mediante foglio di calcolo di Risk Ranger

necessità non solo di una maggiore quantità di dati, ma anche di conoscenze specifiche che consentano di minimizzare il rischio di interpretazioni scorrette.

In alcuni casi, per condurre un'analisi preliminare dei dati e in funzione del livello di accuratezza e precisione richiesti, potrà comunque essere necessario ricorrere per i calcoli matematici e statistici a strumenti non specifici (come @Risk, Crystall Ball, Analytica, R ecc.).

La Tabella 11.4 presenta alcuni degli strumenti più noti per la stima qualitativa, semiquantitativa o quantitativa del rischio microbiologico (vedi anche cap. 8).

Uno degli strumenti più largamente utilizzati è Risk Ranger (Ross, Sumner, 2002), un foglio elettronico Excel che applica i principi alla base della valutazione del rischio microbiologico: probabilità di esposizione al pericolo, gravità del pericolo, probabilità e gravità delle conseguenze originatesi da quel pericolo. Il programma propone undici domande (Fig. 11.5): alcune prevedono la scelta tra diverse ipotesi (risposte qualitative), altre l'inserimento di dati numerici (risposte quantitative). Le risposte qualitative vengono convertite dal software in valori numerici che vengono combinati con quelli delle risposte quantitative inserite. Il risultato finale è costituito dalle stime della probabilità dell'occorrenza della malattia nella popolazione di interesse (*risk estimates*) e da un valore compreso tra 0 e 100 (*risk ranking*), che esprime la gravità del rischio per quella determinata combinazione "patogeno-prodotto-condizioni" (dove 0 = assenza di rischio; 100 = consumo dell'alimento contaminato da una concentrazione letale del patogeno da parte di tutti i membri della popolazione). Il programma consente di evidenziare i fattori che contribuiscono al rischio e di creare una graduatoria del rischio associata alle diverse combinazioni patogeno-prodotto-condizioni. La qualità del risultato finale è naturalmente funzione della bontà dei dati inseriti; per questo motivo è importante stabilire la qualità delle fonti dei dati in ingresso e definire chiaramente le ipotesi su cui si basano le risposte fornite.

Risk Ranger permette di confrontare in modo rapido differenti scenari semplicemente cambiando alcuni dei parametri di input; ciò consente, per esempio, una valutazione preliminare dell'effetto dell'introduzione di una nuova misura di controllo del processo o dell'aggiunta di un nuovo ingrediente al prodotto.

11.5 Conclusioni

Le imprese alimentari garantiscono la sicurezza dei propri prodotti attraverso piani di autocontrollo basati sul sistema HACCP e valutano tale sicurezza con il supporto delle conoscenze scientifiche e dell'esperienza, sebbene si cominci a prendere in considerazione l'uso degli strumenti della microbiologia predittiva in combinazione con appropriate analisi di laboratorio. La VRM non è tuttora considerata una necessità nei processi industriali, ma l'applicazione dei suoi principi e delle sue procedure è di grande utilità quando occorre prendere decisioni in molte situazioni caratterizzate da variabilità e incertezza.

L'introduzione di misure quantitative del rischio nella gestione del rischio microbiologico ha creato un quadro propizio all'applicazione della VRM a livello operativo, come supporto al processo decisionale. Con ogni probabilità, lo sviluppo della VRM nell'industria avrà un carattere prodotto/processo specifico e sarà associato a end-point per "eventi avversi" in termini di sopravvivenza/crescita dei patogeni (per esempio, conformità a criteri microbiologici o FSO) più che in termini di danni per la salute del consumatore. Per l'impresa alimentare la VRM può anche avere il ruolo di strumento sistematico e strutturale per orientare le decisioni in materia di investimenti per la raccolta di dati, la sperimentazione, la progettazione di prodotti e processi e l'innovazione (Lammerding, 2007).

Il sistema HACCP si è poco evoluto nel corso degli ultimi decenni ed è necessario adeguare i programmi di sicurezza degli alimenti agli obiettivi di salute pubblica (Gorris, 2005). Attualmente, i programmi HACCP si focalizzano sui pericoli e non sui rischi che possono essere associati agli alimenti; pertanto, come ha affermato Robert Buchanan "Se non comincia ad adottare e adattare i concetti e le tecnologie della valutazione del rischio e della gestione del rischio, l'HACCP diventerà obsoleto" (Buchanan, 2009).

Bibliografia

Australian Government - National Health and Medical Research Council (2011) *Australian Drinking Water Guidelines 6.* NHMRC, Canberra

Australian Standards (2004) *AS/NZS 4360:2004 Risk management*

Bassett J, Nauta M, Lindqvist R, Zwietering M (2012) *Tools for microbiological risk assessment.* ILSI Europe Report Series

Buchanan R (2009) *The worldwide impact of predictive microbiology on food protection.* 6th International Conference on Predictive Modeling in Foods. Washington DC

CAC - Codex Alimentarius Commission (1999) *Principles and guidelines for the conduct of microbiological risk assessment* (CAC/GL 30-1999)

CAC - Codex Alimentarius Commission (2007) *Principles and guidelines for the conduct of microbiological risk management* (CAC/GL 63-2007)

CAC - Codex Alimentarius Commission (2009) *Food hygiene. Basic texts*, 4th edn. WHO/FAO, Rome

Carrasco E, Valero A, Pérez-Rodríguez F et al (2007) Management of microbiological safety of ready-to-eat meat products by mathematical modelling: *Listeria monocytogenes* as an example. *International Journal of Food Microbiology*, 114(2): 221-226

Cassin MH, Lammerding AM, Todd EC et al (1998) Quantitative risk assessment for *Escherichia coli* O157:H7 in ground beef burgers. *International Journal of Food Microbiology*, 41(1): 21-44

EPA - Environmental Protection Agency, USDA/FSIS - US Department of Agriculture/Food Safety and Inspection Service (2012) *Microbial risk assessment guideline: pathogenic microorganisms with focus on food and water*

Evers EG, Chardon JE (2010) A swift Quantitative Microbiological Risk Assessment (sQMRA) tool. *Food Control*, 21(3): 319-330

FAO - Food and Agriculture Organization, WHO - World Health Organization (2002) *Principles and guidelines for incorporating microbiological risk assessment in the development of food safety standards, guidelines and related texts.* FAO/WHO, Rome

FDA - US Food and Drug Administration (2012) *iRisk - A comparative risk assessment tool.* http://jifsan.umd.edu/events/event_record.php?id=71

Gonzales-Barron UA, Redmond G, Butler F (2012) A risk characterization model of *Salmonella* Typhimurium in Irish fresh pork sausages. *Food Research International*, 45(2): 1184-1193

Gorris LGM (2005) Food safety objective: an integral part of food chain management. *Food Control*, 16(9): 801-809

ICMSF - International Commission on Microbiological Specifications for Food (2002) *Microorganisms in Foods 7. Microbiological testing in food safety management.* Kluwer Academic/Plenum Publishers, New York

ISO - International Organization for Standardization (2009) *ISO 31000:2009 Risk management – Principles and guidelines*

Koutsoumanis K, Angelidis AS (2007) Probabilistic modeling approach for evaluating the compliance of ready-to-eat foods with new European Union Safety criteria for *Listeria monocytogenes. Applied and Environmental Microbiology*, 73(15): 4996-5004

Lammerding A (2007) *Using microbiological risk assessment (MRA) in food safety management.* Summary report of a Workshop held in October 2005 in Prague, Czech Republic.ILSI Europe Report Series

McLauchlin J, Mitchell RT, Smerdon WJ, Jewell K (2004) *Listeria monocytogenes* and listeriosis: a review of hazard characterisation for use in microbiological risk assessment of foods. *International Journal of Food Microbiology*, 92(1): 15-33

Nauta MJ (2001) *A modular process risk model structure for quantitative microbiological risk assessment and its application in an exposure assessment of* Bacillus cereus *in a REPFED*. RIVM report 149106 007

Notermans S, Mead GC (1996) Incorporation of elements of quantitative risk analysis in the HACCP system. *International Journal of Food Microbiology*, 30(1-2): 157-173

Pérez-Rodríguez F, Valero A (2013) *Predictive microbiology in foods*. Springer, New York

Pérez-Rodríguez F, Valero A, Carrasco E et al (2008) Understanding and modelling bacterial transfer to foods: a review. *Trends in Food Science & Technology*, 19(3): 131-144

Regolamento (CE) n. 178/2002 del Parlamento europeo e del Consiglio del 28 gennaio 2002 che stabilisce i principi e i requisiti generali della legislazione alimentare, istituisce l'Autorità europea per la sicurezza alimentare e fissa procedure nel campo della sicurezza alimentare

Regolamento (CE) n. 2073/2005 della Commissione del 15 novembre 2005 sui criteri microbiologici applicabili ai prodotti alimentari

Ross T, Sumner J (2002) A simple, spreadsheet-based, risk assessment tool. *International Journal of Food Microbiology*, 77(1-2): 39-53

RTI International (2009) *Risk Ranking Tool User's Guide*. Research Triangle Park, NC

van Asselt ED, Zwietering MH (2006) A systematic approach to determine global thermal inactivation parameters for various food pathogens. *International Journal of Food Microbiology*, 107(1): 73-82

WTO - World Trade Organization (1995) *The WTO agreement on the application of sanitary and phytosanitary measures (SPS agreement)* http://www.wto.org/english/tratop_e/sps_e/spsagr_e.htm

WHO - World Health Organization, FAO - Food and Agriculture Organization (2009) *Risk characterization of microbiological hazards in food: guidelines*. Microbiological Risk Assessment Series, 17

Capitolo 12
Test statistici, analisi della varianza e disegni sperimentali

Vincenzo Trotta

In questo capitolo saranno brevemente richiamati alcuni degli strumenti statistici più frequentemente utilizzati nelle ricerche e nelle sperimentazioni in campo microbiologico. Per una presentazione sistematica e dettagliata degli argomenti introduttivi meno familiari al lettore, come distribuzione di probabilità, analisi esplorativa dei dati, processo decisionale in statistica e tipi di errore, si rinvia a manuali specifici (per esempio: Camussi et al, 1995; Sokal, Rohlf, 1995; Rocchetta, Vanelli, 1998).

12.1 Applicazione dei test statistici

Di solito la progettazione di un esperimento presuppone la formulazione e la verifica di un'ipotesi sulla frequenza di una o più variabili nella popolazione. In generale si verifica l'ipotesi nulla H_0 che non vi sia nessuna differenza (o nessuna relazione) tra i parametri di popolazione, per esempio nessuna differenza tra le medie di due campioni.

È quindi necessario scegliere un appropriato test statistico per verificare (o meglio, per falsificare) l'ipotesi nulla H_0, cioè che i campioni appartengano (o non appartengano) alla medesima popolazione. I test statistici utilizzati a questo scopo sono assimilabili a variabili casuali che possono essere descritte tramite distribuzioni di probabilità. Le distribuzioni campionarie dei test statistici rappresentano dunque le distribuzioni di probabilità (una per ciascuno dei possibili gradi di libertà) costruite sulla base di campioni casuali estratti da una popolazione dove H_0 è vera.

Questi test prevedono alcuni assunti, che devono essere rispettati per garantire l'attendibilità del test impiegato. Comunemente gli assunti fondamentali sono i seguenti.

Primo. I campioni devono provenire da una popolazione distribuita normalmente. La normalità della distribuzione è sempre verificabile dai dati dei campioni tramite test di normalità o test di asimmetria e curtosi (in proposito, si consulti Sokal, Rohlf 1995). La trasformazione in differenti scale delle variabili esaminate spesso ne migliora la normalità della distribuzione, oltre che la linearità delle risposte.

Secondo. I campioni devono provenire da popolazioni con uguale varianza. Spesso varianze differenti sono causate da distribuzioni asimmetriche: per rendere più simili le varianze è talvolta sufficiente risolvere il problema della normalità della distribuzione.

Terzo. Le osservazioni devono essere campionate a caso da popolazioni ben definite. Questo assunto va quindi attentamente considerato in fase di disegno sperimentale.

F. Gardini, E. Parente (a cura di) *Manuale di microbiologia predittiva*
DOI 10.1007/978-88-470-5355-7_12

Il mancato rispetto di questi assunti rende il test non attendibile, cioè la probabilità P associata alla statistica non è esatta. In pratica, tuttavia, molti test statistici sono "robusti", cioè sopportano moderate violazioni degli assunti senza che la probabilità associata P risulti gravemente compromessa.

12.2 Il χ^2 come indice di dispersione

Per le variabili quantitative è possibile decidere – stabilito un certo livello p di probabilità d'errore (livello di significatività) – se il campione analizzato è stato estratto da una popolazione a noi nota.

L'indice di dispersione χ^2 (o chi quadrato) permette di misurare le deviazioni tra frequenze osservate e frequenze attese, in base a ipotesi prestabilite. La formula generale del χ^2 è:

$$\chi^2 = \sum_{i=1}^{n} \frac{(f_i - F_i)^2}{F_i} \tag{12.1}$$

dove f_i è il numero degli individui del campione osservati che possiedono o che non possiedono l'attributo in esame e F_i il numero dei corrispondenti individui attesi. La divisione del quadrato di ogni singolo scostamento per il numero degli attesi ha lo scopo di introdurre nell'indice una stima della dimensione del campione. Si ricorda che è indispensabile utilizzare i numeri effettivi del campione; se si conoscono solo le percentuali o le proporzioni delle classi, il χ^2 non può essere applicato, poiché a parità di scostamento percentuale il suo valore cresce proporzionalmente alla numerosità del campione.

È abbastanza intuitivo che quanto più grande è il valore del χ^2, tanto più è probabile che gli scostamenti indichino un rifiuto dell'ipotesi nulla.

Solo attraverso la conoscenza della distribuzione campionaria del χ^2 è possibile giudicare se un suo determinato valore debba essere considerato indice di una deviazione insolita.

Esiste una famiglia di distribuzioni di probabilità del χ^2 in relazione al numero di gradi di libertà, che è pari al numero delle osservazioni meno il numero di parametri noti (in generale i gradi di libertà di un χ^2 corrispondono al numero di classi osservate meno 1).

Si noti che all'aumentare dei gradi di libertà il valore di χ^2 con $p \leq 0{,}05$ cresce. Per esempio, la probabilità dello 0,05 è associata a un valore di χ^2 di 3,84 con 1 grado di libertà, mentre con 2 gradi di libertà la stessa probabilità è associata a un χ^2 di 5,99; con 5 gradi di libertà il valore corrispondente di χ^2 sarà 11,10. Infatti, essendo il χ^2 una sommatoria di scostamenti al quadrato, quanto più alto è il numero delle categorie, tanto più alto sarà il suo valore anche con piccoli scostamenti.

La numerosità campionaria e le frequenze dei vari eventi influenzano fortemente la distribuzione delle probabilità e, quindi, del χ^2. Per numeri attesi inferiori a 5 il χ^2 non può essere applicato (per una trattazione dettagliata si rimanda a Sokal, Rohlf, 1995).

12.3 Campionamento da una distribuzione normale

Come è noto, la *distribuzione normale* è completamente definita da due parametri, la media μ e la deviazione standard σ, al variare dei quali variano le probabilità associate alle diverse osservazioni.

È possibile ottenere una distribuzione di probabilità unica, convertendo ogni distribuzione in una *distribuzione normale standard* mediante trasformazione di ciascuna variabile x_i in z_i:

$$z_i = \frac{(x_i - \mu)}{\sigma} \tag{12.2}$$

Questa distribuzione possiede due interessanti proprietà:

- metà delle osservazioni è costituita da valori positivi e l'altra metà da valori negativi, pertanto $p(z \geq 0) = p(z \leq 0) = 0{,}5$;
- la probabilità di trovare un valore di z al di fuori dell'intervallo –1,96 +1,96 è pari al 5%.

Dal momento che la possibilità di descrivere fenomeni è affidata alla raccolta di un numero limitato di osservazioni, è essenziale sapere quale sia il numero di osservazioni (cioè il campione) in grado di farci "conoscere" la popolazione. Se si conosce la distribuzione di campioni estratti da una popolazione, è possibile fare previsioni su tale popolazione anche quando si ha a disposizione un solo campione.

Nel paragrafo precedente sono stati esaminati un indice di scostamento casuale (il χ^2) e le probabilità a esso associate in relazione alla distribuzione campionaria per variabili discontinue. Lo stesso problema si pone quando vengono considerate variabili continue che assumono una distribuzione normale. Poiché una popolazione a distribuzione normale è completamente definita da due parametri (μ e σ), occorre porsi i seguenti quesiti:

1. Come saranno distribuite le medie m di campioni estratti a caso dalla stessa popolazione: con quale media? con quale varianza?
2. Come saranno distribuite le deviazioni standard s e le varianze s^2 dei campioni: con quale media? con quale varianza?

Si possono formulare alcune ipotesi.

1. Per il teorema del limite centrale (vedi Box 12.1) le medie dei campioni saranno distribuite normalmente con media uguale alla media di popolazione e varianza direttamente proporzionale alla varianza di popolazione (se una popolazione ha bassa varianza, il campionamento sarà costituito da osservazioni poco distanti l'una dalle altre; viceversa nel caso opposto) e inversamente proporzionale al numero delle osservazioni con cui ogni media è stata costruita (nel caso limite: se il numero di osservazioni di ogni campione è molto vicino o addirittura uguale al numero di osservazioni della popolazione, ogni campione avrà media uguale a μ e la varianza delle medie sarà 0). Potremo quindi formalizzare scrivendo:

$$M \text{ (media di medie di campioni)} = \mu$$

$$\sigma_m^2 = \frac{\sigma^2}{n} \quad \text{oppure} \quad n \times \sigma_m^2 = \sigma^2 \tag{12.3}$$

cioè n volte la varianza delle medie ($\sigma_{\bar{y}}^2$) è uguale alla varianza di popolazione, da cui si ricava la deviazione standard delle medie di campioni o errore standard delle medie:

$$\sigma_m = \frac{\sigma}{\sqrt{n}} \tag{12.4}$$

Box 12.1 Teorema del limite centrale

Di questo famoso teorema esistono numerose versioni. Nella più semplice, il teorema afferma che: se da una popolazione *comunque distribuita* con media μ e deviazione standard σ si estraggono a caso campioni di numerosità n, le medie campionarie di tali campioni tenderanno a distribuirsi approssimativamente secondo una curva normale, con media pari a μ e deviazione standard pari a σ. Non imponendo limitazioni riguardo alla forma della distribuzione della popolazione, il teorema vale anche per distribuzioni discrete, come quella binomiale e quella di Poisson.

2. Lo stesso ci si attende riguardo alle *varianze* e alle *deviazioni standard* dei campioni. La distribuzione delle varianze campionarie (s_k^2) sarà asimmetrica a sinistra (vi è un effetto "scala" essendo le varianze misure al quadrato) con media che, secondo l'ipotesi, sarà:

$$m_{s^2} = \sigma^2 \tag{12.5}$$

cioè la media delle varianze campionarie (m_{s^2}) sarà uguale alla varianza di popolazione.

È dunque possibile dedurre la media di una popolazione dalle medie di campioni e la varianza di popolazione dalle varianze di campioni; inoltre (e di particolare interesse) è possibile stimare la varianza di popolazione sia partendo dalla varianza delle medie campionarie (eq. 12.3) sia partendo dalla media delle varianze campionarie (eq. 12.5).

La verifica delle ipotesi sopra formulate potrà essere effettuata sperimentalmente tramite simulazioni sulle distribuzioni delle medie e delle varianze campionarie (**Allegato on line 12.1**).

Ovviamente, la distribuzione normale standard si applica anche alla distribuzione delle medie campionarie e assume la forma:

$$z_m = \frac{(m-\mu)}{\sigma/\sqrt{n}} \tag{12.6}$$

12.4 Distribuzione *t* di Student

Il problema di ogni sperimentatore è avere una stima della popolazione attraverso un numero limitato di osservazioni (campione); in altre parole: come è possibile conoscere l'intervallo in cui giace μ conoscendo solo m e s?

Questa possibilità è offerta dalla distribuzione nota come t di Student:

$$t = \frac{(m-\mu)}{s_m} \tag{12.7}$$

Va sottolineato che t non è altro che una *deviata normale*, cioè un valore della distribuzione normale standard che assume la forma:

$$t = \frac{(m-\mu)}{s/\sqrt{n}} \tag{12.8}$$

La distribuzione t è una distribuzione di probabilità a simmetria centrata sullo 0 e con varianza 1 (come la distribuzione z). In base alla numerosità del campione, t presenta diverse distribuzioni, definite dagli $(n - 1)$ gradi di libertà della statistica. Per campioni con n sufficientemente grande la distribuzione t è simile a una distribuzione normale.

12.4.1 Stima dell'intervallo fiduciario di μ

Trasformando in disuguaglianza l'eq. 12.8, si ottiene:

$$m - t_{1-p} \times \left(s / \sqrt{n}\right) \leq \mu \leq m + t_{1-p} \times \left(s / \sqrt{n}\right) \quad (12.9)$$

ogni campione possiede, cioè, un intervallo tale da coprire μ, con una data probabilità p associata al valore di t.

12.4.2 Confronto tra due campioni

Le ricerche sono spesso progettate per scoprire e valutare differenze di effetti, cioè se due campioni possono ragionevolmente essere considerati come estratti a caso dalla stessa popolazione (attribuendo quindi al caso le eventuali differenze tra di loro) o estratti da popolazioni diverse (attribuendo quindi le differenze ai trattamenti sperimentali). La risposta al quesito può essere ottenuta in modi diversi a seconda di come è programmato l'esperimento.

Esperimenti a campioni appaiati

Questi esperimenti si effettuano con coppie di unità sperimentali, del tutto simili tra loro. Un'applicazione comune è rappresentata dall'auto-appaiamento, nel quale un singolo individuo viene misurato prima e dopo il trattamento. In questo caso l'ipotesi nulla H_0 è che non vi siano differenze dovute al trattamento in esame; ci si aspetta, quindi, che il campione delle differenze tra le coppie sia costituto da valori estratti a caso da una popolazione di differenze distribuita normalmente con media $\mu_D = 0$ e deviazione standard σ_D.

Per verificare la probabilità dello scostamento, si può applicare un test t (eq. 12.8):

$$t = \frac{m_D - \mu_D}{s / \sqrt{n}} \quad (12.10)$$

Esperimenti a campioni indipendenti

Il confronto a coppie non può essere impiegato in presenza di due campioni indipendenti con media m_1 e m_2, che sono stime delle rispettive medie di popolazione μ_1 e μ_2. In questi casi il test delle differenze tra le popolazioni è ancora basato sulla distribuzione t, ma t assume la forma:

$$t = \frac{[(m_1 - m_2) - (\mu_1 - \mu_2)]}{s_{m_1 - m_2}} \quad (12.11)$$

L'ipotesi nulla sarà che i due campioni sono estratti a caso dalla stessa popolazione, e quindi $\mu_1 = \mu_2$ e $\mu_1 - \mu_2 = 0$. Poiché m_1 e m_2 sono distribuite normalmente e indipendenti, anche la loro differenza sarà distribuita normalmente. Il denominatore $s_{m_1-m_2}$ è la *deviazione standard* (o *errore standard*) della *differenza delle medie*.

Poiché i due campioni sono estratti dalla stessa popolazione, anche $\sigma^2_{\bar{x}_1} = \sigma^2_{\bar{x}_2}$. La varianza della differenza di due serie di dati sarà quindi $2\sigma^2$ (la varianza della differenza di due serie di dati distribuiti normalmente è uguale alla somma delle singole varianze). Mentre la varianza della differenza tra due medie sarà $\sigma^2/n + \sigma^2/n = 2\sigma^2/n$ e la deviazione standard (errore standard della differenza) $\sqrt{(2\sigma^2/n)}$, dove n è il numero di osservazioni per ciascun campione. Se le medie sono costruite con numeri diversi di osservazioni ($n_1 \neq n_2$), allora $\sigma^2/n_1 + \sigma^2/n_2 = \sigma^2(n_1 + n_2)/n_1 \times n_2$.

Nel caso di campioni con uguale numerosità, la media delle due varianze campionarie fornirà una stima di σ^2. Nel caso di campioni con numerosità diversa, occorre effettuare una media "pesata", partendo dalle due devianze indicate, per convenzione, con $\sum x^2$:

$$s_m^2 = \frac{\Sigma x_1^2 + \Sigma x_2^2}{gl_1 + gl_2} \tag{12.12}$$

Nel caso di due campioni indipendenti la stima della varianza di popolazione è basata sui gradi di libertà (gl_1 e gl_2) di t.

12.5 Distribuzione *F* di Fisher

Conoscendo la distribuzione delle varianze di campioni estratti a caso dalla stessa popolazione, è anche possibile stabilire dei valori critici oltre i quali vi sono basse probabilità di affermare che due varianze siano omogenee, cioè varianze di campioni estratti dalla stessa popolazione. Questi valori critici sono forniti dalla distribuzione nota come F di Fisher come rapporti tra varianze campionarie per vari gradi di libertà:

$$F = \frac{s_1^2}{s_2^2} \tag{12.13}$$

Poiché s_1 e s_2 sono stime della stessa varianza di popolazione, il valore di F dovrebbe – se l'ipotesi nulla è vera – essere circa 1. A differenza delle distribuzioni teoriche di probabilità di t, quelle di F sono identificate da due valori di gradi di libertà gl_1 e gl_2, relativi alle due varianze che formano il rapporto.

12.6 Confronto tra le medie di più campioni

L'analisi della varianza (ANOVA) è una tecnica statistica che serve a separare la variazione di una variabile continua in una parte attribuibile a uno o più fattori e in una parte non attribuibile a tali fattori. Si usa quindi l'ANOVA per esaminare il contributo di differenti fonti di variazione (fattori o combinazioni di fattori) sulla variabilità totale della variabile continua considerata e per verificare l'ipotesi nulla che le medie dei trattamenti siano uguali. È anche possibile usare l'ANOVA nell'analisi di regressione (vedi capp. 13 e 14).

Come si è visto, la varianza di medie di campioni moltiplicata per il numero di osservazioni con cui ciascun campione è costruito è uguale alla varianza della popolazione (eq. 12.3):

$$n \times \sigma_m^2 = \sigma^2$$

e la media delle varianze di campioni è uguale alla varianza della popolazione (eq. 12.5):

$$m_{s2} = \sigma^2$$

Se assumiamo che i campioni che stiamo analizzando appartengono alla stessa popolazione (ipotesi nulla: H_0), possiamo procedere al calcolo indipendente di σ^2 da entrambe le equazioni sopra richiamate e verificare quindi attraverso il test F se l'ipotesi è vera o falsa.

Per campioni di uguale numerosità n, si avrà:

$$n \times \sigma_m^2 = n \times \sum_{k=1}^{n} \frac{(m_k - \bar{M})^2}{k-1} \tag{12.14}$$

dove n è il numero di individui di ciascun campione, k è il numero dei campioni e $\bar{M}$ è la media dei campioni (per campioni di numerosità diversa, occorre pesare le medie). I gradi di libertà di questa *varianza tra campioni* sono $(k - 1)$. Avremo anche:

$$m_{s^2} = \frac{(s_1^2 + s_2^2 + \ldots + s_k^2)}{k} \tag{12.15}$$

(se i campioni hanno numerosità diversa occorre pesare le varianze). I gradi di libertà di questa *varianza entro campioni* sono $(N - k) = k \times (n_k - 1)$.

La verifica dell'ipotesi nulla si effettua attraverso il test F:

$$F = \frac{s^2 \text{ tra}}{s^2 \text{ entro}} \tag{12.16}$$

con $(k - 1)$ e $\Sigma(n_k - 1)$ gradi di libertà.

L'analisi della varianza qui presentata è denominata ANOVA a una via, in quanto il gruppo di osservazioni è classificato soltanto sulla base di un criterio. Il test F valuta se le medie dei campioni appartengono alla stessa popolazione o meno. L'ANOVA è, quindi, un test sulle medie e valuta quanto sono distanti le medie, cioè la varianza *tra campioni*, tenendo conto della varianza *entro campioni*: ripartisce cioè la variazione totale della variabile risposta nelle sue componenti.

12.7 Modelli lineari

In un modello lineare una variabile dipendente è messa in relazione con una serie di fattori o con un'altra variabile (vedi cap. 13). I modelli lineari additivi servono a stimare congiuntamente l'influenza di più variabili esplicative (o fattori) su una variabile risposta.

Nei modelli lineari esistono due tipi di fattori: a effetti fissi e a effetti random. Con un fattore fisso tutte le quantità t_i dovute agli effetti del trattamento sono ignote ma fisse e incluse nell'analisi. Per esempio, in un esperimento con microrganismi, sono fattori fissi le temperature di incubazione e le fasi di crescita. Se si ripete l'esperimento, solitamente si useranno di nuovo gli stessi livelli del fattore fisso. Con un fattore random le quantità t_i rappresentano un campione random proveniente da una popolazione di t a media zero. Per esempio, le repliche di un esperimento sono in genere considerate come fattore random. Se si ripete l'esperimento, probabilmente sarà coinvolto un nuovo campione di effetti random t ma proveniente sempre dalla stessa popolazione di quelli coinvolti nel primo esperimento. Di conseguenza, le inferenze fatte per un modello con un fattore fisso sono ristrette ai particolari trattamenti usati nell'esperimento, mentre per un fattore random le inferenze riguardano una popolazione di trattamenti. La distinzione tra fattori fissi e fattori random in disegni sperimentali complessi influenza i test delle ipotesi.

Per spiegare la variabilità che si manifesta tra le osservazioni, si ricorre spesso a un modello lineare additivo:

$$X_i = \mu + \varepsilon_i \tag{12.17}$$

Secondo tale modello, ogni osservazione X_i è formata da un valore medio μ più un elemento casuale ε_i che rappresenta l'errore. Quando la popolazione di X viene campionata a caso, gli errori ε_i appartengono a una popolazione normale con media $\mu_\varepsilon = 0$. Una qualsiasi media campionaria sarà composta da:

$$\bar{X} = \sum_1^n \frac{X_i}{n} = \sum_1^n \frac{(\mu + \varepsilon_i)}{n} = \mu + \sum_1^n \frac{\varepsilon_i}{n} \tag{12.18}$$

Poiché la quantità $\Sigma\varepsilon_i/n$ tende a zero all'aumentare di n, una media campionaria è una stima della media di popolazione solo se il campione è sufficientemente grande.

Più in generale, oltre che da μ e ε_i, un'osservazione può essere formata da altre componenti che hanno un effetto additivo nella determinazione dell'osservazione stessa. È possibile attraverso l'analisi della varianza isolare le componenti e verificarne il peso nella determinazione della variabilità complessiva mostrata dalla variabile in esame. Nel caso più semplice si ha:

$$X_{ij} = \mu + t_i + \varepsilon_{ij} \tag{12.19}$$

dove μ è sempre la media di popolazione, X_{ij} è la j^{ma} osservazione dell'i^{mo} trattamento, t_i è l'effetto del trattamento i^{mo} e ε_{ij} è l'errore relativo al j^{mo} individuo dell'i^{mo} trattamento.

In questo modello la varianza d'errore σ_ε^2 rappresenta la varianza entro campioni, mentre la varianza tra campioni è rappresentata dalla varianza d'errore σ_ε^2 sommata a una componente che stima l'eventuale variabilità dovuta ai trattamenti. La presenza di quest'ultima componente si verifica tramite il test F dell'ANOVA (vi sarà variabilità solo se i trattamenti sono differenti).

Se il fattore dell'ANOVA è fisso, un test F significativo indica la presenza di variabilità additiva dovuta agli effetti dei trattamenti. Si respinge quindi l'ipotesi nulla relativa alle medie campionarie e si può procedere a un'ulteriore indagine per verificare quali tra gli effetti t sono differenti (confronti multipli: per i test più appropriati, si rimanda per esempio a Sokal, Rohlf, 1995; Rocchetta, Vanelli, 1998). Nel caso in cui il fattore sia random, si può solo stimare la componente di varianza dovuta agli effetti dei trattamenti t ed esprimere il suo contributo in termini percentuali rispetto alla variabilità totale (la varianza tra campioni sarà composta dalla somma di $\sigma_\varepsilon^2 + n\sigma_t^2$).

In una ANOVA si assume che:

1. gli errori (e le osservazioni) entro ciascun gruppo provengano da una popolazione distribuita normalmente;
2. le varianze d'errore siano simili per ogni campione;
3. gli errori e le osservazioni siano indipendenti, cioè ogni unità sperimentale (o campione) deve essere indipendente dall'altra, sia entro sia tra gruppi.

La violazione di questi assunti non preclude necessariamente la possibilità di eseguire un'analisi statistica: si può ricorrere a metodi non parametrici o a test basati sulle permutazioni (per i quali si rimanda, per esempio, a Sokal, Rohlf, 1995).

12.8 ANOVA multifattoriali

12.8.1 Analisi della varianza fattoriali

Di solito in biologia si tende a disegnare esperimenti che coinvolgono due o più fattori, la cui importanza può essere uguale o diversa. Le ipotesi nulle che vengono testate sono:

- che non esistono differenze tra i valori medi di ciascun fattore (indipendentemente dall'altro);
- che non esiste interazione tra i fattori.

Il termine interazione indica che tutte le combinazioni dei fattori sono incluse nel disegno sperimentale e che ogni livello di un fattore si presenta in combinazione con ogni altro livello degli altri fattori. Un disegno sperimentale così strutturato prende il nome di disegno fattoriale (Fig. 12.1).

Estendendo il modello lineare espresso dall'eq. 12.19 in uno schema di analisi a due criteri di classificazione è possibile identificare le possibili componenti di un'osservazione:

$$X_{ijk} = \mu + \alpha_i + \beta_j + (\alpha\beta)_{ij} + \varepsilon_{ijk} \qquad (12.20)$$

dove μ è la media di popolazione, α_i è l'effetto sull'i^{mo} gruppo del fattore A, β_j è l'effetto sul j^{mo} gruppo del fattore B, $(\alpha\beta)_{ij}$ è l'effetto dell'interazione nel sottogruppo che rappresenta l'i^{mo} gruppo del fattore A e il j^{mo} gruppo del fattore B, e infine ε_{ijk} è l'errore relativo alla k^{ma}

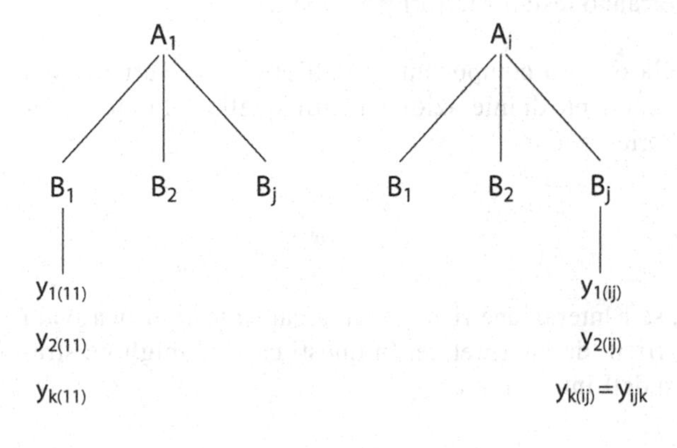

Fig. 12.1 Disegno fattoriale di ANOVA a due fattori. I livelli *j* del fattore B sono gli stessi e interagiscono con ogni livello *i* del fattore A

Tabella 12.1 Schemi di scomposizione della variabilità. Modello I: entrambi i fattori fissi; modello II: entrambi i fattori random; modello III: un fattore fisso (A) e uno random

Fonti di variazione	*gradi di libertà*	*Modello I*	*Modello II*	*Modello III*
Generale	$abn-1$			
Tra livelli di A	$a-1$	$\sigma_\varepsilon^2+\left(\frac{nb}{a-1}\right)\Sigma\alpha^2$	$\sigma_\varepsilon^2+n\sigma^2(AB)+nb\sigma^2 A$	$\sigma_\varepsilon^2+n\sigma^2(AB)+\left(\frac{nb}{a-1}\right)\Sigma\alpha^2$
Tra livelli di B	$b-1$	$\sigma_\varepsilon^2+\left(\frac{na}{b-1}\right)\Sigma\beta^2$	$\sigma_\varepsilon^2+n\sigma^2(AB)+na\sigma^2 B$	$\sigma_\varepsilon^2+na\sigma^2 B$
Interazione	$(a-1)(b-1)$	$\sigma_\varepsilon^2+\left[\frac{n}{(a-1)(b-1)}\right]\Sigma(\alpha\beta)^2$	$\sigma_\varepsilon^2+n\sigma^2(AB)$	$\sigma_\varepsilon^2+n\sigma^2(AB)$
Errore	$ab(n-1)$	σ_ε^2	σ_ε^2	σ_ε^2

a = numero di livelli del fattore A; b = numero di livelli di B; n = numero medio di osservazioni entro a entro b.

osservazione nel sottogruppo ij e rappresenta una variabile indipendente normalmente distribuita con media zero.

I fattori A e B possono essere entrambi fissi (modello I), entrambi random (modello II) oppure uno fisso (A) e l'altro random (modello III). In Tabella 12.1 sono presentati i differenti schemi di scomposizione della variabilità per i tre modelli.

Nel modello I la varianza di ciascun fattore principale è costituita, oltre che dalla varianza d'errore σ_ε^2, solo dall'effetto aggiuntivo dovuto a quel fattore e non contiene l'interazione. I test F appropriati sono:
- interazione/errore
- tra livelli di A/errore
- tra livelli di B/errore.

Nel modello II entrambi i fattori principali contengono la componente d'errore, l'interazione e la componente relativa al fattore considerato. I test F appropriati sono:
- interazione/errore

e, nel caso questo test sia significativo,
- tra livelli di A/interazione
- tra livelli di B/interazione.

Se l'interazione non risulta significativa, la varianza d'interazione viene inglobata in quella di errore e su questo nuovo errore verranno testati i fattori principali.

Nel modello III, oltre alla quota della propria componente e dell'errore, la varianza del fattore a effetto fisso (A) contiene la componente di interazione mentre quella del fattore random (B) non la contiene. I test F appropriati sono:
- interazione/errore;
- tra livelli di A/interazione;
- tra livelli di B/errore.

In presenza di fattori a effetto fisso, se l'interazione risulta statisticamente significativa, i test sugli effetti principali diventano difficili da interpretare. In questi casi, la migliore strategia consiste nell'interpretare la natura dell'interazione.

I disegni fattoriali completi descritti nel capitolo 6 possono essere analizzati tramite ANOVA fattoriali simili al modello I (fattori a effetti fissi) in cui vengono stimati tutti gli effetti dei singoli fattori e tutte le interazioni.

Anche i disegni fattoriali frazionari o di Box-Hunter, i *central composite design* e i disegni di Box-Behnken descritti nel capitolo 6 possono essere analizzati tramite analisi della varianza fattoriali del tipo I, l'unica differenza è che spesso non si ha la possibilità di stimare alcune delle interazioni. Poiché i fattori principali sono a effetto fisso, è possibile comunque stimare gli effetti dei singoli fattori (i test F appropriati sono tra livelli di un fattore/errore).

In presenza di fattori a effetti random (compresi i modelli misti), è possibile interpretare i test sugli effetti principali anche se l'interazione risulta significativa. Tuttavia i test sugli effetti principali in presenza di interazione perdono di potere: il denominatore del test F (l'interazione) aumenterà più del numeratore (fattore A o B), rendendo difficile individuare la presenza degli effetti principali.

Nei disegni fattoriali a più fattori occorre distinguere tra due tipi di medie:

- le *medie marginali*, cioè le medie dei livelli di un fattore mescolando tutti i livelli del secondo fattore (la media marginale di A1 è la media del primo livello di A raggruppando tutti i livelli di B, vedi Fig. 12.1);
- le *medie delle celle*, cioè le medie delle osservazioni entro ogni combinazione di A e B.

12.8.2 Analisi della varianza gerarchiche (nested ANOVA)

Nei disegni gerarchici oltre a uno o più fattori principali è presente un fattore i cui livelli sono racchiusi (*nested*) entro i fattori principali di interesse. La caratteristica dei disegni gerarchici è che le categorie del fattore (o dei fattori) nested entro ogni livello del fattore principale sono differenti. Il fattore principale può essere fisso o random, ma in generale in biologia il fattore nested è sempre random. Un disegno sperimentale così strutturato prende il nome di disegno fattoriale nested o annidato (Fig. 12.2)

Il modello lineare utilizzato per analizzare uno schema di ANOVA gerarchica a due criteri di classificazione è:

$$X_{ijk} = \mu + \alpha_i + \beta_{j(i)} + \varepsilon_{ijk} \tag{12.21}$$

dove μ è la media di popolazione, α_i è l'effetto sull'i^{mo} gruppo del fattore A, $\beta_{j(i)}$ è una variabile random con media zero e varianza σ_β^2 che misura la varianza delle medie della variabile

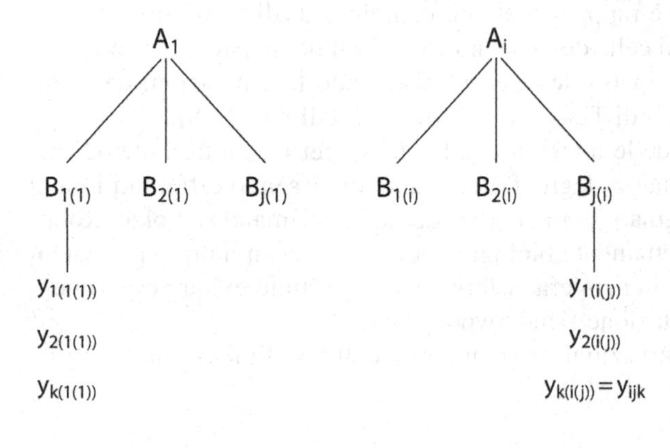

Fig. 12.2 Disegno di ANOVA gerarchica a due fattori. I livelli j del fattore nested B sono differenti entro ogni livello i del fattore A

Tabella 12.2 Schemi di scomposizione della variabilità in una ANOVA gerarchica a due fattori

Fonti di variazione	***Gradi di libertà***	***A fisso, B nested***
Generale	$abn-1$	
Tra livelli di A	$a-1$	$\sigma_\varepsilon^2+n\sigma_\beta^2+nq\dfrac{\Sigma\sigma_\alpha^2}{p-1}$
Tra livelli di B entro A	$a(b-1)$	$\sigma_\varepsilon^2+n\sigma_\beta^2$
Errore	$ab(n-1)$	σ_ε^2

a = numero di livelli del fattore A; *b* = numero di livelli di B; *n* = numero medio di osservazioni entro *a* entro *b*.

risposta su tutti i possibili livelli del fattore B entro ogni livello del fattore A e ε_{ijk} è l'errore relativo alla k^{ma} osservazione entro il j^{mo} livello di B entro l'i^{mo} livello di A. Lo schema di scomposizione della variabilità per un disegno nested a due fattori è presentato in Tabella 12.2.

La varianza del fattore nested è costituita, oltre che dalla varianza d'errore σ_ε^2, solo dall'effetto aggiuntivo dovuto al fattore nested, mentre la varianza del fattore principale contiene, oltre alla varianza d'errore e alla varianza dovuta al fattore stesso, anche la varianza del fattore random. I test *F* appropriati sono:
- fattore nested/errore
- tra livelli di A/fattore nested.

La varianza del fattore nested stima le varianze delle differenze tra ogni media di B (media di cella) e la media dell'appropriato livello di A, sommate su tutti i livelli di A.

12.9 Disegni sperimentali

L'analisi dei dati dipende dal disegno sperimentale, cioè da come i livelli dei vari fattori interagiscono o sono racchiusi uno dentro l'altro. In generale, quanto più il disegno è efficiente, tanto più piccola è la varianza d'errore.

È frequente che un esperimento disegnato in maniera perfettamente bilanciata – cioè con campioni di dimensioni uguali – giunga alla conclusione con campioni di dimensioni differenti a causa di perdite casuali di osservazioni o di vere e proprie limitazioni sperimentali. La situazione più comune in biologia è rappresentata da campioni di dimensioni differenti ma con almeno un'osservazione in ogni cella del disegno sperimentale. Esistono tre modi per calcolare la varianza degli effetti principali e le interazioni quando le dimensioni dei campioni sono differenti: ANOVA di Tipo I, di Tipo II e di Tipo III (vedi par. 12.8).

Il calcolo della varianza d'errore e delle interazioni è lo stesso per tutti e tre i metodi. Le differenze stanno nel calcolo della varianza degli effetti principali, essendo differenti i modi in cui vengono calcolate le medie marginali (per maggiori dettagli, si rimanda a Sokal, Rohlf, 1995). Poiché da un punto di vista strettamente biologico non vi è nessun motivo per calcolare le medie marginali o dei campioni in maniera differente, è opportuno evitare esperimenti sbilanciati, almeno in fase di progettazione (Underwood, 1997).

Si ricordi che eliminare alcune osservazioni per rendere le celle di dimensioni uguali riduce il potere dei test.

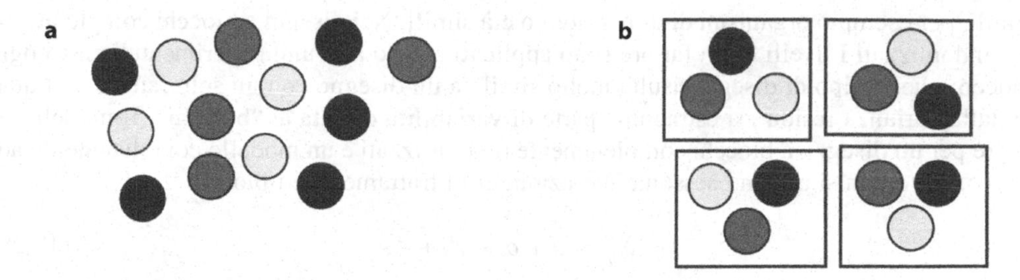

Fig. 12.3 Schematizzazione di un esperimento con 4 trattamenti e 3 unità sperimentali per ogni trattamento in un disegno completamente randomizzato (**a**) e a blocchi randomizzati (**b**)

È anche possibile che in una ANOVA fattoriale non vi siano osservazioni in una o più celle. In questi casi è molto difficile effettuare delle analisi poiché, non potendosi calcolare tutte le medie marginali o di cella, non si possono eseguire test sugli effetti principali e sulle interazioni. Quando mancano celle non esiste un'analisi corretta; alcuni approcci consentono tuttavia di verificare differenti ipotesi (considerare i test degli effetti principali e sulle interazioni come una serie di confronti tra le medie marginali e le medie di cella).

In esperimenti manipolativi le varie unità sperimentali ricevono differenti trattamenti (i livelli di uno o più fattori): per ottenere un buon disegno sperimentale è necessario randomizzare i livelli dei trattamenti sulle unità sperimentali e replicare i trattamenti stessi. In un disegno completamente randomizzato un'unità sperimentale è collocata a caso in ogni combinazione dei vari fattori considerati (Fig. 12.3a). In biologia si usano spesso disegni sperimentali fattoriali con una singola osservazione per cella. Una versione completamente randomizzata di questo disegno è raramente usata, poiché senza replicazione entro cella è impossibile valutare gli effetti dell'interazione tra fattori. Esistono due tipi principali di disegni sperimentali di questo tipo: disegni a blocchi completamente randomizzati e disegni con misure ripetute.

12.9.1 Disegni a blocchi completamente randomizzati

In questi disegni sperimentali un fattore è dato dai "blocchi" mentre l'altro fattore è il trattamento principale di interesse. A livello pratico, si raggruppano le unità sperimentali all'interno di blocchi (in genere unità spaziali o temporali) e ogni livello di uno o più fattori è applicato a un'unità sperimentale entro ciascun blocco (Fig. 12.3b). In microbiologia un "blocco" inteso come unità temporale può essere, per esempio, l'insieme degli esperimenti eseguiti in un dato giorno con un dato batch di substrato; un "blocco" inteso come unità spaziale può essere un incubatore (diversi incubatori possono avere temperature lievemente diverse) o uno scaffale in un incubatore (diversi scaffali in un incubatore possono avere temperature lievemente diverse).

Generalmente uno schema a blocchi randomizzati si usa quando ci si muove in un ambientale sperimentale abbastanza eterogeneo da influenzare fortemente le misure della variabile considerata. Se le unità sperimentali sono raggruppate in blocchi con caratteristiche ambientali simili, è possibile sottrarre la variabilità tra blocchi (e quindi una buona parte della variabilità ambientale) dalla variabilità residua, rendendo più precise le stime dei parametri. I blocchi possono anche rappresentare unità sperimentali con caratteristiche fisiche o biologiche simili, per esempio organismi di dimensioni o età simili. Nei disegni a blocchi completamente randomizzati i livelli di un fattore sono applicati a caso alle unità sperimentali entro ogni blocco; questo tipo di disegni risulta molto simile a un disegno con un solo fattore, nel quale dalla varianza residua si estrae una parte di variabilità dovuta ai "blocchi". Il modello lineare per un disegno a blocchi completamente randomizzati è un modello completamente additivo, dove non si assume nessuna interazione tra i trattamenti e i blocchi:

$$X_{ijk} = \mu + \alpha_i + \beta_j + \varepsilon_{ij} \qquad (12.22)$$

In questo modello, ε_{ij} contiene due componenti: l'errore "vero", dovuto alla variabilità casuale tra le osservazioni entro ciascuna combinazione di trattamento e blocco, e l'errore dovuto a tutte le possibili interazioni tra i trattamenti e i blocchi.

Indipendentemente dal fatto che il fattore principale o i blocchi siano fissi o random, i test F appropriati per uno schema a blocchi completamente randomizzati sono:

- tra livelli del fattore principale/errore
- tra blocchi/errore.

Fortunatamente anche in presenza di interazione tra il fattore principale e i blocchi i test F restano gli stessi, solo che quello per il fattore principale risulta meno potente.

12.9.2 Disegni a blocchi randomizzati generalizzati

Se è possibile avere delle repliche entro ogni combinazione di blocchi e trattamenti, siamo di fronte a un disegno a blocchi randomizzati generalizzati. Saranno quindi replicate entro ogni blocco le unità sperimentali cui sono applicati i livelli del fattore principale. Avere più repliche è sempre vantaggioso: è infatti possibile separare la varianza di interazione tra i blocchi e il fattore principale dalla varianza residua, rendendo statisticamente più potenti i test sui trattamenti. Un simile disegno è analizzato con il modello fattoriale misto descritto nel par. 12.8.1 (modello III, Tabella 12.1).

La differenza tra il disegno a blocchi randomizzati generalizzati e il disegno completamento randomizzato sta nel fatto che nel primo la randomizzazione è confinata alle unità sperimentali entro ciascun blocco, mentre nel secondo le unità sperimentali sono collocate a caso per ogni combinazione dei due fattori.

12.9.3 Disegni con misure ripetute

Anche i disegni con misure ripetute si basano sui disegni fattoriali di ANOVA a due vie senza repliche. In questi disegni le unità sperimentali sono misurate in maniera ripetuta nel tempo e i trattamenti sono applicati in maniera sequenziale a tutti i soggetti (le ripetizioni sono simili ai "blocchi" dei disegni a blocchi randomizzati). Se il fattore ripetuto è il tempo, questo non può essere randomizzato. Un problema comune ai disegni con misure ripetute è rappresentato dalla correlazione tra i trattamenti (effetto di un trattamento sul successivo): a volte proprio la natura di tale correlazione rappresenta il motivo determinante per la scelta di questi disegni.

Per analizzare un disegno con misure ripetute si utilizza un modello ANOVA completamente additivo a due fattori (lo stesso usato per un disegno a blocchi completamente randomizzati). Negli esperimenti con misure ripetute spesso è possibile verificare la presenza di relazioni (lineari, quadratiche ecc.) tra i livelli del fattore principale.

12.9.4 Disegni parzialmente nested

I disegni parzialmente nested (o parzialmente fattoriali) sono abbastanza comuni in biologia. Nelle forme più semplici questi disegni sono a tre fattori: A e C fattoriali e B nested in A ma incrociato con C. Per quanto possano apparire complessi, questi disegni sono analizzati con modelli lineari riconducibili a quelli descritti in precedenza.

I disegni *split-plot* sono una variante dei disegni a blocchi completamente randomizzati, con uno o più fattori applicati alle unità sperimentali entro ogni blocco. Un secondo fattore è quindi applicato all'intero blocco, ovviamente con blocchi replicati per ogni livello di questo fattore (Fig. 12.4).

È possibile avere una variante parzialmente nested di un disegno con misure ripetute inserendo un ulteriore trattamento tra soggetti. In questo disegno i soggetti sono collocati random nei gruppi di trattamenti e le loro risposte sono misurate diverse volte nel tempo. Un disegno di questo tipo si analizza allo stesso modo di un disegno split-plot, cioè tramite un modello di ANOVA parzialmente nested. Si noti che un disegno a blocchi randomizzati o uno split-plot può avere misure ripetute effettuate su ogni unità sperimentale entro ogni blocco (è possibile cioè combinare più disegni sperimentali).

Il modello lineare per uno split-plot a tre fattori (A e C incrociati e B nested in A ma incrociato con C) è:

$$X_{ijkl} = \mu + \alpha_i + \beta_{j(j)} + \gamma_k + \alpha\gamma_{ik} + \beta\gamma_{j(i)k} + \varepsilon_{ijkl} \tag{12.23}$$

dove, generalmente, A e C sono fattori a effetto fisso mentre B è random.

Le componenti attese della varianza e i test *F* appropriati per un simile modello sono riportati in Tabella 12.3. In molti disegni parzialmente nested si registra spesso una singola osservazione per cella, e di conseguenza la varianza residua è uguale a zero. In questi casi non è possibile stimare σ_ε^2 a meno che non si assuma che $\sigma_{\beta\gamma}^2$ (la varianza dovuta a B(A)xC) sia

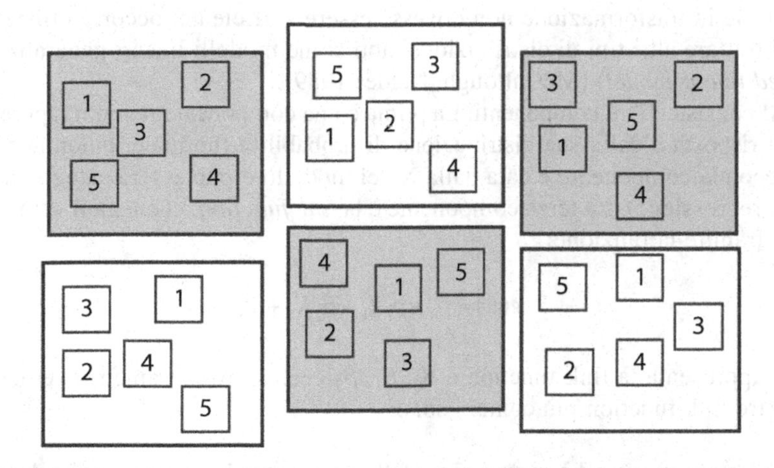

Fig. 12.4 Rappresentazione schematica di un disegno split-plot (vedi testo). A tre dei sei blocchi (B) è applicato il livello di un fattore (A, differente atmosfera di incubazione aerobio/anaerobio); entro ogni blocco sono applicati i cinque livelli di un secondo fattore (C, per esempio: differente temperatura di incubazione)

Tabella 12.3 Componenti attese della varianza e test *F* appropriati per un disegno parzialmente nested (split-plot o con misure ripetute) con i fattori A e C fissi e incrociati, B random e nested in A ma incrociato con C

Fonti di variazione	***Gradi di libertà***	***Varianza attesa (MS)***	***Test F***
A	$a-1$	$\sigma_\varepsilon^2+nc\sigma_\beta^2+nbc\sigma_\alpha^2$	MS_A/MS_B
B(A)	$a(b-1)$	$\sigma_\varepsilon^2+nc\sigma_\beta^2$	$MS_{B(A)}/MS_{residuo}$
C	$c-1$	$\sigma_\varepsilon^2+n\sigma_{\beta\gamma}^2+nab\sigma_\gamma^2$	$MS_C/MS_{B(A)C}$
AxC	$(a-1)(c-1)$	$\sigma_\varepsilon^2+n\sigma_{\beta\gamma}^2+nb\sigma_{\alpha\gamma}^2$	$MS_{AC}/MS_{B(A)C}$
B(A)xC	$a(b-1)(c-1)$	$\sigma_\varepsilon^2+n\sigma_{\beta\gamma}^2$	$MS_{B(A)C}/MS_{residuo}$
Residuo	$abc(n-1)$	σ_ε^2	

a = numero di livelli di A; *b* = numero di livelli di B; *c* = numero di livelli di C; *n* = numero medio di osservazioni entro *a* entro *b* entro *c*.

zero. In questi casi è possibile comunque effettuare gli altri test sugli effetti principali (A, C e AxC), non si può cioè verificare l'effetto dei blocchi (disegni split-plot) o delle ripetizioni temporali (disegni con misure ripetute).

12.10 Modelli lineari generalizzati

Molte delle analisi descritte in questo capitolo per i modelli lineari assumono che sia la variabile risposta sia gli errori siano distribuiti normalmente. Come già visto, spesso la trasformazione dei dati può aiutare a risolvere i problemi relativi alla normalità della distribuzione degli errori. Se la trasformazione non dovesse essere sufficiente, occorre utilizzare modelli in grado di trattare altri tipi di distribuzione, noti come modelli lineari generalizzati o GLM (*generalized linear model*) (McCullough, Nelder 1989).

Un GLM consiste di tre componenti. La prima è una componente random rappresentata dalla variabile risposta e dalla sua distribuzione di probabilità (normale, binomiale, di Poisson ecc.). La seconda componente è data dalla X del modello e può essere categorica (ANOVA) o continua (regressione). La terza componente è la *link function*, che lega il valore atteso della Y alla X tramite la funzione:

$$g(\mu)=\beta_0+\beta_1X_1+\beta_2X_2+... \tag{12.24}$$

dove $g(\mu)$ rappresenta la link function e β_0, β_1, β_2 ecc. sono i parametri che devono essere stimati. Le tre link function più comuni sono:

- identità, dove $g(\mu) = \mu$ ed è usata nei modelli lineari standard (quelli precedentemente descritti);
- log link, dove $g(\mu) = \log \mu$ ed è usata nei modelli loglineari;
- logit link, dove $g(\mu) = \log [\mu/(1-\mu)]$ ed è usata per dati binari o per regressioni logistiche.

I GLM sono considerati modelli parametrici e lineari (la variabile risposta è descritta da una combinazione lineare delle variabili predittive) e si applicano spesso quando le variabili risposta sono binarie (per esempio presenza/assenza o vivi/morti).

Si immagini di voler valutare la sopravvivenza di determinati microrganismi in seguito a uno specifico trattamento (per esempio, elevata temperatura).

Si disegna quindi un esperimento perfettamente bilanciato (cioè con lo stesso numero di repliche e di individui per replica) che prevede un gruppo trattato e un gruppo di controllo. Poiché il numero iniziale di individui appartenenti al gruppo trattato e a quello di controllo è uguale, si decide di analizzare i dati di sopravvivenza tramite un'analisi della varianza usando le percentuali (opportunamente trasformate). Si scopre che vi sono differenze di mortalità, nel caso specifico che la mortalità è maggiore tra gli individui trattati.

A questo punto si decide di verificare se tale differenza persiste dopo un secondo ciclo di trattamento. Poiché la differenza di mortalità osservata dopo il primo ciclo di trattamento è risultata significativa, l'esperimento condotto per il secondo ciclo (usando i sopravvissuti dei due gruppi) risulta sbilanciato. In una situazione simile è fortemente sconsigliato l'uso delle percentuali per la verifica delle ipotesi: partendo da numerosità campionarie differenti, una stessa percentuale assume significati differenti. In una situazione limite, per esempio, si può registrare una percentuale di sopravvivenza del 50% sia in un campione costituito da 10.000 individui in cui ne sopravvivono 5.000, sia in un campione costituito da due individui in cui ne sopravvive uno solo. È intuitivo che la stima della percentuale di sopravvivenza ricavata dal primo campione è decisamente più affidabile rispetto a quella ricavata dal secondo campione (un individuo può morire "per caso", cioè per cause indipendenti dal trattamento in esame, mentre è decisamente poco probabile che 5.000 individui di un campione di 10.000 muoiano "per caso").

Il problema può essere risolto mediante l'applicazione di un modello lineare generalizzato con distribuzione binomiale, in cui viene meno l'assunto base dell'analisi della varianza (la distribuzione normale dei dati e degli errori) e di conseguenza i test F canonici non sono applicabili. La varianza assegnata a un fattore risulta essere un valore numerico di χ^2 (a distribuzione binomiale, vivo o morto, che pesa tutto per la numerosità totale del campione) in cui gli effetti sono aggiunti uno alla volta. Di conseguenza, la probabilità assegnata a un fattore altro non è che la probabilità del valore di χ^2 (cioè della sua varianza) con i relativi gradi di libertà.

Bibliografia

Camussi A, Moller F, Ottaviano E, Sari Gorla M (1995) *Metodi statistici per la sperimentazione biologica*, 2a ed. Zanichelli, Bologna

Fisher RA (1935) *The design of experiments*. Oliver and Boyd, Edinburgh

Ford ED (2000) *Scientific method for ecological research*. Cambridge University Press, Cambridge

Fox GA (1993) Failure-time analysis: emergence, flowering, survivorship, and other waiting times. In: Scheiner SM, Gurevitch J (eds) *Design and analysis of ecological experiments*. Chapman & Hall, New York, pp 253-289

McCullagh P, Nelder JA (1989) *Generalized linear models*. 2nd edn. Chapman & Hall, New York

Rocchetta G, Vanelli ML (1998) *Metodologie statistiche in biologia*. Clueb, Bologna

Sokal RR, Rohlf FJ (1995) *Biometry*, 3rd edn. WH Freeman, New York

Thompson SK (1992) *Sampling*. Wiley, New York

Underwood AJ (1997) *Experiments in ecology*. Cambridge University Press, Cambridge

Capitolo 13
Procedure di regressione lineare e non lineare

Carlo Trivisano, Enrico Fabrizi

13.1 Introduzione

Nell'analisi statistica è abbastanza comune che i dati da analizzare siano costituiti da risposte y_i $(i=1,2,...,n)$ che sappiamo essere dipendenti da un vettore $\mathbf{x}_i$ di dimensione $p\times 1$ contenente valori di input osservati o fissati dal ricercatore. La situazione può essere rappresentata dall'equazione:

$$y_i = f(\mathbf{x}_i, \boldsymbol{\beta}) + \varepsilon_i \tag{13.1}$$

dove il termine ε_i è un residuo stocastico utilizzato per descrivere l'errore sperimentale nella misura di y_i o l'effetto di variabili non osservabili. In termini statistici è comune assumere:

$$\varepsilon_i \sim NID(0,\sigma^2) \tag{13.2}$$

cioè che i residui siano distribuiti in modo normale, con valore atteso 0, varianza costante σ^2 e siano inoltre a due a due indipendenti. Il termine $f(\mathbf{x}_i, \boldsymbol{\beta})$ esprime la componente sistematica della relazione tra y_i e $\mathbf{x}_i$, nel senso che $E(y_i) = f(\mathbf{x}_i, \boldsymbol{\beta})$ ovvero, sfruttando le proprietà della distribuzione normale, che $y_i \sim NID(f(\mathbf{x}_i, \boldsymbol{\beta}),\sigma^2)$. I parametri incogniti del modello sono dati dal vettore dei coefficienti di regressione $\boldsymbol{\beta}$, nella maggior parte dei casi anch'esso di dimensione $p\times 1$, e dalla varianza dei residui σ^2.

La funzione f può assumere, a seconda dei casi, forme molto diverse. Un caso particolare, rilevante in teoria e in pratica, è rappresentato dal modello di regressione lineare, in cui:

$$y_i = \mathbf{x}_i^t\boldsymbol{\beta} + \varepsilon_i = \sum_{j=1}^{p} x_{ji}\beta_j + \varepsilon_i \tag{13.3}$$

Per dare flessibilità al modello lineare assumiamo $x_{1i}=1$ $\forall i$, ovvero introduciamo un'intercetta e rilassiamo il vincolo che il piano di regressione passi per l'origine degli assi. Il modello di regressione lineare è più generale di quanto possa sembrare a prima vista. Infatti relazioni non lineari tra y_i e $\mathbf{x}_i$ possono essere ricondotte alla forma 13.3 con opportune trasformazioni; per esempio $y_i = \exp(\mathbf{x}_i^t\boldsymbol{\beta})\varepsilon_i$ formalizza un'equazione di tipo moltiplicativo che può essere linearizzata applicando il logaritmo naturale a entrambi i membri dell'equazione: $\log y_i = \mathbf{x}_i^t\boldsymbol{\beta} + \log\varepsilon_i$ equivalente a $y_i^* = \mathbf{x}_i^t\boldsymbol{\beta} + \varepsilon_i^*$, che è nella forma 13.3. Anche l'equazione $y_i = \beta_1 + \beta_2 x_i + \beta_3 x_i^2 + \beta_4 x_i^3$ è riconducibile al modello di regressione lineare: basta ridefinire

F. Gardini, E. Parente (a cura di) *Manuale di microbiologia predittiva*
DOI 10.1007/978-88-470-5355-7_13 © Springer-Verlag Italia 2013

$x_{2i}=x_i^2$, $x_{3i}=x_i^3$ per ritrovare la forma 13.3. In termini tecnici parliamo di modello lineare quando è lineare la relazione che lega y_i e il vettore dei coefficienti di regressione $\boldsymbol{\beta}$.

Nei modelli di regressione lineare è molto semplice interpretare le componenti di $\boldsymbol{\beta}$: β_j ci dice di quanto varia la variabile risposta y al variare di x_j, fermi restando i valori assunti da tutte le altre variabili. Nell'interpretare l'effetto di x_j su y descritto da β_j occorre tener conto che tale effetto è condizionato alla presenza di tutte le altre variabili: se ne venissero escluse alcune o incluse altre, potrebbe cambiare. Tecnicamente, β_j è una derivata parziale, assunta costante su tutto il dominio di x_j.

Non tutti i modelli di regressione sono riconducibili alla forma lineare. Per esempio, la funzione di regressione $f(\mathbf{x}_i, \boldsymbol{\beta}) = \beta_1 x_{1i}+\beta_2 x_{2i}+\beta_3 \exp(\beta_4 x_{4i})$ può essere utilizzata per descrivere un esperimento in cui la variabile risposta dipende in modo lineare dalle prime due componenti del vettore di input, mentre la terza esercita un effetto esponenziale. In questo caso la relazione non è lineare né linearizzabile. Altri esempi di modelli di regressione non lineare molto comuni in microbiologia sono rappresentati dalle curve di crescita in cui i valori di input x_i sono costituiti da una successione di tempi di osservazione in corrispondenza dei quali si rileva il comportamento della variabile risposta. Esempi di questo tipo sono dati dalle equazioni:

- logistica: $f(\mathbf{x}_i, \boldsymbol{\beta}) = \dfrac{\beta_1}{1+\exp(\beta_2+\beta_3 x_i)}$
- di Gompertz: $f(\mathbf{x}_i, \boldsymbol{\beta}) = \beta_1 \exp\left(-\beta_2 x_i^{\beta_3}\right)$
- esponenziale modificata: $f(\mathbf{x}_i, \boldsymbol{\beta}) = \beta_1 [1-\exp(-\beta_3 x_i)]$

I modelli di regressione riconducibili all'eq. 13.1 possono essere adattati a un insieme molto ampio di problemi; esistono tuttavia casi che richiedono un'impostazione lievemente diversa. L'eq. 13.1 è adeguata quando y_i può assumere valori in un intervallo di numeri reali e non limitato; le funzioni f scelte per la regressione hanno spesso come codominio l'intero asse reale e in ogni caso i residui sono ipotizzati normali: almeno in linea di principio possono assumere tutti i valori tra $-\infty$ e $+\infty$. Quando l'insieme dei valori che y può assumere è discreto o fortemente limitato si utilizza un modello di regressione un po' diverso, noto come *modello lineare generalizzato*. Per capire in che cosa consista ricordiamo che, nel presentare il modello di regressione, abbiamo evidenziato come la 13.1 implichi $E(y_i) = f(\mathbf{x}_i, \boldsymbol{\beta})$ in virtù del fatto che il valore atteso dei residui è assunto uguale a 0. I modelli lineari generalizzati si basano sull'ipotesi:

$$g\left(E(y_i)\right) = \mathbf{x}_i^t \boldsymbol{\beta} \tag{13.4}$$

Possiamo pensare la funzione g (detta *link*) come $g \equiv f^{-1}$ per un'opportuna scelta di f; tuttavia i modelli lineari generalizzati si differenziano da quelli di regressione descritti dalla 13.1 anche per altri aspetti: non necessariamente i residui mantengono una struttura additiva e l'ipotesi di normalità $y_i \sim NID(f(\mathbf{x}_i, \boldsymbol{\beta}), \sigma^2)$ può essere rilassata.

Un importante esempio di applicazione di questo tipo di modelli si ha quando y è una variabile binaria (detta di Bernoulli) che può assumere soltanto due valori, etichettabili come 0 e 1. In questo caso $E(y_i) = \pi_i$, dove π_i è la probabilità con cui y_i assume il valore 1. Ovviamente $\pi_i \in [0,1]$. Possiamo supporre che una certa funzione di π_i possa essere una funzione lineare del vettore $\mathbf{x}_i$. Per esempio $\text{logit}(\pi_i) = \log\pi_i - \log(1-\pi_i) = \mathbf{x}_i^t \boldsymbol{\beta}$ definisce un modello di regressione logistica. Notiamo come la funzione logit mappi l'intervallo [0,1] sull'intero asse reale $\mathbb{R}$.

Nei paragrafi 13.2 e 13.3 descriveremo come si possono stimare i parametri dei modelli di regressione lineare e non lineare e come fare inferenza sugli stessi; in modo particolare come associare loro una misura di variabilità che quantifichi l'incertezza legata alla stima, e come testare l'ipotesi che differiscano da un valore dato per il solo effetto della variabilità campionaria. Nel paragrafo 13.4 ci occuperemo invece dei modelli lineari generalizzati concentrando l'attenzione su quelli utilizzati per trattare variabili dipendenti binarie.

13.2 Stima dei parametri e inferenza: modello di regressione lineare

In questo paragrafo ci occupiamo del modello di regressione lineare (eq. 13.3). Affrontiamo innanzitutto il problema della stima dei parametri incogniti $(\boldsymbol{\beta}, \sigma^2)$.

Il criterio più diffuso per ottenere una stima di $\boldsymbol{\beta}$ è quello dei minimi quadrati, che consiste nel minimizzare il funzionale:

$$S(\boldsymbol{\beta}) = \sum_{i=1}^{n} \left(y_i - \mathbf{x}_i^t \boldsymbol{\beta}\right)^2 \tag{13.5}$$

Intuitivamente occorre trovare il valore di $\boldsymbol{\beta}$ tale per cui i punti che si ottengono attraverso la funzione di regressione, $\mathbf{x}_i^t \boldsymbol{\beta}$, siano i più vicini possibili ai valori delle risposte y_i nel senso della distanza euclidea: di qui l'idea di minimizzare $S(\boldsymbol{\beta})$. In virtù dell'ipotesi sulla distribuzione dei residui (eq. 13.2), questo criterio è equivalente a quello, di più generale applicazione in statistica, noto come massima verosimiglianza. Esso consiste nel considerare la densità di probabilità $f(y_1,...,y_n|\mathbf{x}_1,...,\mathbf{x}_n; \boldsymbol{\beta}, \sigma^2)$ come funzione dei parametri incogniti e nello scegliere come stima di questi ultimi i valori che rendono massima tale funzione, cioè i valori dei parametri maggiormente verosimili date le osservazioni a disposizione. In questo caso si tratta di massimizzare il funzionale:

$$L(\boldsymbol{\beta}, \sigma^2) = \frac{1}{(2\pi\sigma^2)^{n/2}} \exp\left[-\frac{\sum_{i=1}^{n} \left(y_i - \mathbf{x}_i^t \boldsymbol{\beta}\right)^2}{2\sigma^2}\right] \tag{13.6}$$

il cui massimo in $\boldsymbol{\beta}$ è lo stesso punto che si ottiene minimizzando l'eq. 13.5. Si noti tuttavia come il criterio dei minimi quadrati prescinda in un certo senso dall'ipotesi di normalità dei residui e possa essere giustificato indipendentemente da questa.

Indichiamo con $\hat{\boldsymbol{\beta}}$ la stima dei minimi quadrati del vettore dei coefficienti di regressione $\boldsymbol{\beta}$. Se indichiamo con $\mathbf{y} = (y_1,...,y_n)^t$ il vettore $n \times 1$ delle risposte e con $\mathbf{X} = (\mathbf{x}_1^t,...,\mathbf{x}_n^t)^t$ la matrice $n \times p$ che contiene i valori di input relativi a tutte le unità, allora si può dimostrare che $\hat{\boldsymbol{\beta}} = (\mathbf{X}^t\mathbf{X})^{-1}\mathbf{X}^t\mathbf{y}$; questa scrittura mostra che, affinché $\hat{\boldsymbol{\beta}}$ sia definito, $\mathbf{X}^t\mathbf{X}$ deve essere una matrice invertibile, condizione che è soddisfatta se $\mathbf{X}$ è di rango p, ossia di rango pieno. Tecnicamente $\mathbf{X}$ sarà di rango inferiore a p se almeno una delle sue colonne può essere ottenuta come somma pesata delle altre, ovvero se $\mathbf{X}$ contiene informazione ridondante. Questo problema è noto in statistica come *collinearità esatta.* È bene che la collinearità non sia neppure avvicinata; la stima di $\boldsymbol{\beta}$ è ancora scrivibile come $\hat{\boldsymbol{\beta}} = (\mathbf{X}^t\mathbf{X})^{-1}\mathbf{X}^t\mathbf{y}$, ma conterrà componenti statisticamente poco affidabili.

Indichiamo con $\mathbf{B}$ lo stimatore di minimi quadrati/massima verosimiglianza, ossia la funzione che permette di associare la stima $\hat{\boldsymbol{\beta}}$ a ciascun campione che avremmo potuto ottenere replicando l'esperimento che ci ha portato le osservazioni $y_i, \mathbf{x}_i$ $(i = 1,2,\ldots,n)$. Lo stimatore $\mathbf{B}$ gode di buone proprietà statistiche:

- è corretto, ossia $E(\mathbf{B}) = \boldsymbol{\beta}$;
- la matrice di varianza e covarianza di $\mathbf{B}$ è data da $Var(\mathbf{B}) = \sigma^2(\mathbf{X}^t\mathbf{X})^{-1}$ ed è minima rispetto a quella di qualunque altro stimatore che sia funzione lineare di $\mathbf{y}$;
- è consistente, ossia al divergere di n $\mathbf{B} \rightarrow \boldsymbol{\beta}$ (tecnicamente, la convergenza è in probabilità) e l'errore di stima che si commette diventa sempre più piccolo.

Per quanto riguarda il parametro σ^2, uno stimatore corretto è dato da:

$$S^2 = \frac{\sum_{i=1}^{n} \tilde{e}_i^2}{n-p} \tag{13.7}$$

dove $\tilde{e}_i = y_i - \mathbf{x}_i^t\mathbf{B}$. S^2 ha una semplice giustificazione intuitiva: $\sigma^2 = Var(\varepsilon_i) = E(\varepsilon_i^2)$ in quanto $Var(\varepsilon_i) = E(\varepsilon_i^2) - (\mathrm{E}(\varepsilon_i))^2$ e $\mathrm{E}(\varepsilon_i) = 0$. Gli scarti $\tilde{e}_i$ possono essere letti come equivalenti empirici dei residui $\varepsilon_i = y_i - \mathbf{x}_i^t\boldsymbol{\beta}$ e quindi S^2 come approssimazione del valore incognito σ^2. La stima s^2 – ottenuta inserendo nella 13.7 i residui empirici (calcolabili) $\hat{e}_i = y_i - \mathbf{x}_i^t\hat{\boldsymbol{\beta}}$ al posto di $\tilde{e}_i = y_i - \mathbf{x}_i^t\mathbf{B}$ – può essere utilizzata per ottenere una stima di $Var(\mathbf{B})$: $\mathrm{var}(\mathbf{B}) = s^2(\mathbf{X}^t\mathbf{X})^{-1}$.

Una volta stimati $\boldsymbol{\beta}$ e σ^2, è importante disporre di un indicatore che fornisca una misura sintetica di quanto il modello di regressione lineare sia adatto a descrivere la relazione tra $\mathbf{y}$ e $\mathbf{X}$. Questo indicatore è il coefficiente di determinazione lineare ed è basato sulla seguente scomposizione della devianza campionaria della variabile risposta:

$$\begin{array}{ccccc} \sum_{i=1}^{n}(y_i - \bar{y})^2 & = & \sum_{i=1}^{n}(\hat{y}_i - \bar{y})^2 & + & \sum_{i=1}^{n}\hat{e}_i^2 \\ SQT & = & SQR & + & SQE \end{array} \tag{13.8}$$

dove $\hat{y}_i = \mathbf{x}_i^t\hat{\boldsymbol{\beta}}$ e SQT, SQR e SQE sono acronimi che stanno rispettivamente per somma dei quadrati totale, somma dei quadrati di regressione e somma dei quadrati degli errori. Quanto più il modello di regressione lineare è efficace, tanto più SQR tenderà a prevalere su SQE nella composizione di SQT. Per cui possiamo definire il coefficiente di determinazione lineare come $R^2 = SQR/SQT$ ovvero $R^2 = 1 - SQE/SQT$, un indicatore che per costruzione assume valori nell'intervallo [0,1]: in particolare $R^2 = 1$ corrisponde al caso di una relazione deterministica lineare in cui $\hat{e}_i = 0$ $\forall i$, mentre si ha $R^2 = 0$ nel caso in cui $\hat{\boldsymbol{\beta}} = 0$.

R^2 presenta un difetto: aggiungendo nuovi elementi al vettore dei dati di input, R^2 aumenta, anche se i valori aggiunti non hanno nessun potere esplicativo nei confronti della variabile risposta; tale effetto numerico, noto come sovradattamento, può indurre a preferire ingiustificatamente modelli con un elevato numero di "regressori" (ovvero con p elevato). Per risolvere questo problema si utilizza il coefficiente di determinazione lineare corretto definito come:

$$R^2_{corr} = 1 - \frac{SQE/(n-p)}{SQT/(n-1)} \tag{13.9}$$

in cui le somme dei quadrati sono divise per il numero dei rispettivi gradi di libertà, ovvero le quantità che vanno poste ai denominatori per ottenere stimatori corretti della varianza (dei residui nel caso di SQE e di Y nel caso di SQT).

Spesso analizzando i risultati di un modello di regressione siamo interessati a effettuare test statistici, per esempio a valutare se l'affermazione che un certo elemento β_j di $\boldsymbol{\beta}$ è uguale a un certo valore prefissato sulla base della teoria (o semplicemente uguale a 0) è coerente con i dati osservati oppure no.

Prima di descrivere i dettagli di queste procedure, sottolineiamo che esse si basano sull'assunzione di normalità, indipendenza a due a due e varianza costante dei residui, ossia sull'ipotesi racchiusa nell'eq. 13.2.

È bene procedere ai test sui parametri del modello solo dopo aver verificato che le ipotesi sui residui siano, almeno approssimativamente, soddisfatte. A tale scopo possiamo sia condurre test formali sui residui (per esempio testandone la normalità attraverso una statistica test di Shapiro-Wilks), sia analizzarli graficamente (per l'analisi grafica dei residui, si rimanda al cap. 14).

La scomposizione della devianza (eq. 13.8) è alla base della costruzione della statistica test che si utilizza per valutare la significatività congiunta dei coefficienti della regressione, ovvero per testare il sistema di ipotesi:

$$H_0\text{: } \beta_2 = ... = \beta_p = 0 \qquad H_1\text{: } \beta_j \neq 0 \text{ per almeno un } j$$

Notiamo che H_0 implica che siano nulli tutti i coefficienti della regressione tranne β_1, associato all'intercetta. Se H_0 è vera, è possibile dimostrare che:

$$\frac{SQR/(p-1)}{SQE/(n-p)} \sim F(p-1, n-p) \tag{13.10}$$

Poiché la statistica test è basata sulla scomposizione (eq. 13.8), questo test è noto come ANOVA per analogia con quello utilizzato per testare l'uguaglianza delle medie di p gruppi.

Un eventuale rifiuto di H_0 non fornisce informazioni su quale delle componenti di $\boldsymbol{\beta}$ sia significativamente diversa da 0. Per testare le ipotesi:

$$H_0\text{: } \beta_j = 0 \qquad H_1\text{: } \beta_j \neq 0$$

è possibile sfruttare le proprietà statistiche di $\mathbf{B}$, che combinate con la normalità di Y implicano che $\mathbf{B} \sim MVN(\boldsymbol{\beta}, \sigma^2(\mathbf{X}^t\mathbf{X})^{-1})$ da cui discende che la j-esima componente di $\mathbf{B}$ è distribuita anch'essa normalmente: $B_j \sim N(\beta_j, \sigma^2 c_{jj})$, dove c_{jj} è il j-esimo elemento sulla diagonale di $(\mathbf{X}^t\mathbf{X})^{-1}$. Stimando l'incognito σ^2 con S^2 otteniamo che, se H_0 è vera, allora:

$$\frac{B_j - \beta_j}{\sqrt{S^2 c_{jj}}} \sim t(n-p) \tag{13.11}$$

Ripetendo questo test per ciascun coefficiente β_j è possibile ottenere, almeno in prima approssimazione, informazioni su quali coefficienti sono significativamente diversi da 0. La cautela con la quale vanno analizzati i risultati di questa batteria di test, soprattutto in presenza di p elevati, è legata al fatto che – trattandosi di procedure indipendenti tra loro – la probabilità di ottenere la significatività di alcuni coefficienti per il solo effetto del caso non è trascurabile; stabilito un livello di significatività α, tale probabilità sarà uguale a $1-(1-\alpha)^p$.

13.3 Stima dei parametri e inferenza: modello di regressione non lineare

I minimi quadrati sono il metodo più diffuso per la stima del parametro $\boldsymbol{\beta}$ nel modello di regressione non lineare (eq. 13.1). La stima $\hat{\boldsymbol{\beta}}$ è ottenuta come minimo del funzionale:

$$S(\boldsymbol{\beta}) = \sum_{i=1}^{n} [y_i - f(\mathbf{x}_i, \boldsymbol{\beta})]^2 \tag{13.12}$$

Assumendo che i residui siano distribuiti in modo normale, come nell'eq. 13.2, la stima dei minimi quadrati coincide con quella di massima verosimiglianza, ottenuta massimizzando:

$$L(\boldsymbol{\beta}, \sigma^2) = \frac{1}{(2\pi\sigma^2)^{n/2}} \exp\left\{ -\frac{\sum_{i=1}^{n} [y_i - f(\mathbf{x}_i, \boldsymbol{\beta})]^2}{2\sigma^2} \right\} \tag{13.13}$$

A differenza dei modelli di regressione lineare che abbiamo trattato nel paragrafo precedente, in cui era possibile ottenere la stima dei minimi quadrati $\hat{\boldsymbol{\beta}}$ in forma chiusa, nel caso più generale di modelli di regressione non lineare derivando $S(\boldsymbol{\beta})$ e ponendo le derivate prime uguali a 0, si ottiene un sistema di equazioni di stima:

$$\frac{\partial S(\boldsymbol{\beta})}{\partial \boldsymbol{\beta}} = -2 \sum_{i=1}^{n} [y_i - f(\mathbf{x}_i, \boldsymbol{\beta})] \frac{\partial f(\mathbf{x}_i, \boldsymbol{\beta})}{\partial \boldsymbol{\beta}} = \mathbf{0} \tag{13.14}$$

che in generale è risolvibile solo con metodi numerici (e che potrebbe non essere neppure scrivibile nel caso in cui f non sia una funzione derivabile). Esistono numerosi algoritmi numerici per trovare il minimo di funzionali come $S(\boldsymbol{\beta})$. Tipicamente, sono caratterizzati da tre elementi essenziali:

- un valore iniziale $\boldsymbol{\beta}_0$ del parametro da cui cominciare la ricerca del minimo;
- un algoritmo iterativo con cui ottenere valori successivi $\boldsymbol{\beta}_h$ del parametro ($h = 1,2,3,...$) tali che $S(\boldsymbol{\beta}_h) \leq S(\boldsymbol{\beta}_{h+1})$;
- un criterio di arresto basato su una costante di tolleranza $k_{stop} \geq 0$, tale da stabilire che, quando $|S(\boldsymbol{\beta}_{H-1}) - S(\boldsymbol{\beta}_H)| < k_{stop}$, l'algoritmo ha raggiunto la convergenza e $\boldsymbol{\beta}_H$ rappresenta la stima dei minimi quadrati che stiamo cercando.

Esistono vari algoritmi iterativi utilizzabili per la "discesa" verso il minimo; tra i più comuni possiamo citare l'algoritmo Gauss-Newton basato sull'approssimazione numerica delle derivate prime e utilizzato dalla funzione `nls` di R (Fox, Weisberg, 2010). Per maggiori dettagli su questi temi, si rimanda al capitolo 14. Va tuttavia sottolineato come il funzionale $S(\boldsymbol{\beta})$ possa risultare difficile da minimizzare numericamente: l'algoritmo iterativo può attraversare regioni relativamente "piatte" in termini di $S(\boldsymbol{\beta})$, rendendo lento il raggiungimento del minimo; peggio ancora, $S(\boldsymbol{\beta})$ può essere caratterizzato da molteplici minimi locali; in questo caso la soluzione a cui si arresta l'algoritmo può non coincidere con il minimo globale che stiamo cercando ed esserne anche molto lontana. Il modo migliore per evitare questi problemi consiste in una buona scelta del valore iniziale $\boldsymbol{\beta}_0$. Per esempio, se le componenti del vettore $\boldsymbol{\beta}$ sono facilmente interpretabili, è possibile utilizzare queste interpretazioni per scegliere i valori iniziali. Riconsideriamo per esempio la curva di crescita logistica già menzionata nel par. 13.1:

$$y_i = \frac{\beta_1}{1+\exp(\beta_2+\beta_3 x_i)} + \varepsilon_i$$

dove:
$i = 1,2,...,n$
β_1 rappresenta la dimensione asintotica della popolazione

$$\left(\beta_1 = \lim_{x_i \to +\infty} \frac{\beta_1}{1+\exp(\beta_2+\beta_3 x_i)} \quad \text{purché } \beta_3 < 0 \right)$$

β_2 è interpretabile come dimensione della popolazione quando $x_i = 0$: infatti

$$\beta_2 = \log\left(\frac{\beta_1}{y_0} - 1\right)$$

β_3 governa la rapidità della crescita della curva.

Considerazioni analoghe valgono anche per numerose curve di crescita correntemente utilizzate, tanto che molti software offrono algoritmi di inizializzazione automatica basati su argomenti simili a quelli esposti per la curva di crescita logistica. Tuttavia, non sempre la situazione è così favorevole, poiché a volte i parametri non sono facilmente interpretabili. Un metodo utile per scegliere valori iniziali, e che non richiede di conoscere l'interpretazione dei parametri, consiste nel proporre un valore per $\boldsymbol{\beta}_0$ e nel disegnare su uno stesso grafico a dispersione le serie dei punti $(x_i, f(x_i, \boldsymbol{\beta}_0))$ e (x_i, y_i); se $\boldsymbol{\beta}_0$ è ben scelto, i due insiemi di punti dovrebbero presentare un andamento simile; nei problemi in cui $\boldsymbol{\beta}$ non ha una dimensione eccessiva si può procedere per tentativi, andando a scegliere il set di valori iniziali per cui il grafico ha l'aspetto "migliore". Quando abbiamo più di una variabile di input, la relazione tra $\mathbf{y}$ e $\mathbf{X}$ non è facile da studiare, neppure in modo esplorativo, e la scelta dei valori iniziali può rappresentare un problema complesso.

In alternativa, una parziale garanzia rispetto al rischio di una convergenza su un minimo locale consiste nella scelta di valori iniziali differenti e ben distanziati tra loro; se la soluzione ottenuta è la stessa in tutti i casi, la probabilità che quello trovato sia il minimo globale è elevata.

In analogia con il paragrafo precedente, indichiamo con $\mathbf{B}$ lo stimatore di minimi quadrati/massima verosimiglianza, ossia la funzione che associa a ogni campione $(y_i, \mathbf{x}_i)$ $i=1,2,...,n$ la stima $\hat{\boldsymbol{\beta}}$. Per quanto riguarda il parametro σ^2, uno stimatore comunemente utilizzato è (eq. 13.7):

$$S^2 = \frac{\sum_{i=1}^{n} \tilde{e}_i^2}{n-p}$$

dove $\tilde{e}_i = y_i - f(\mathbf{x}_i, \mathbf{B})$. Per una giustificazione intuitiva dello stimatore, si rimanda al par. 13.2.

Lo studio delle proprietà statistiche degli stimatori $\mathbf{B}$ e S^2 è nel caso generale più complesso che in quello particolare, ancorché significativo, del modello di regressione lineare. I risultati su cui possiamo fare affidamento, e che sono recepiti dai vari software che effettuano stime per i modelli di regressione non lineare, sono di tipo asintotico, ossia si basano su approssimazioni e semplificazioni matematiche valide quando la dimensione campionaria n è grande. In primo luogo è possibile dimostrare che **B** è consistente, ossia che al divergere di n $\mathbf{B} \rightarrow \boldsymbol{\beta}$; inoltre

$$\mathbf{B} \sim MVN\left(\boldsymbol{\beta}, \sigma^2 \left(\mathbf{F}'\mathbf{F}\right)^{-1}\right) \tag{13.15}$$

dove **F** è la matrice $n \times p$ il cui generico elemento $\mathbf{F}_{ij}$ è definito dalla derivata parziale

$$\mathbf{F}_{ij} = \frac{\partial f\left(\mathbf{x}_i, \boldsymbol{\beta}\right)}{\partial \beta_j}$$

valutata in β_j; questa matrice delle derivate prime ricopre lo stesso ruolo svolto da **X** nel modello di regressione lineare.

La proprietà 13.15, detta di asintotica normalità, può essere utilizzata per testare la significatività congiunta di un sottoinsieme del parametro $\boldsymbol{\beta}$, analogamente a quanto fatto con la statistica 13.10 per il modello lineare. Supponiamo di dividere $\boldsymbol{\beta}$ in due parti, $\boldsymbol{\beta} = (\boldsymbol{\beta}_1, \boldsymbol{\beta}_2)$, di dimensioni p_1 e p_2 tali che $p_1 + p_2 = p$ e di essere interessati a testare il sistema di ipotesi H_0: $\boldsymbol{\beta}_2 = 0$. Assumendo per semplicità che le componenti di $\boldsymbol{\beta}_2$ siano le ultime componenti di $\boldsymbol{\beta}$, possiamo riscrivere il sistema di ipotesi come segue:

$$H_0\text{: } \beta_{p_1+1} = \ldots = \beta_p = 0 \qquad H_1\text{: } \beta_j \neq 0 \text{ per almeno un } j \in (p_1 + 1, \ldots, p)$$

È possibile dimostrare che, se H_0 è vera,

$$\frac{\mathbf{B}_2' \left(\mathbf{J}' \left(\mathbf{F}'\mathbf{F}\right)^{-1} \mathbf{J}\right) \mathbf{B}_2 / p_2}{\sum_{i=1}^{n} \left(y_i - f\left(\mathbf{x}_i, \mathbf{B}\right)\right)^2 / (n-p)} \sim F\left(p_2, n-p\right) \tag{13.16}$$

dove $\mathbf{B}_2$ è ottenuto applicando a **B** la stessa partizione usata per $\boldsymbol{\beta}$; $\mathbf{J} = [\mathbf{0}_{p_1 \times p_2} | \mathbf{I}_{p_1}]$ è una matrice di dimensione $p_1 \times p$. Nel caso del modello lineare, attraverso l'eq. 13.10 avevamo testato l'uguaglianza a 0 congiunta di tutti i coefficienti di regressione con l'esclusione dell'intercetta; nel più generale modello di regressione non lineare, l'interpretazione dei parametri sarà generalmente più complessa e quindi siamo ricorsi a una formulazione diversa.

È facile notare che, nonostante l'analogia tra la 13.16 e la 13.10, abbiamo evitato di far diretto riferimento a una scomposizione della devianza campionaria analoga all'eq. 13.8. La ragione è che quest'ultima non è estendibile in modo immediato alla regressione non lineare; si può dimostrare infatti come la 13.8 sfrutti il fatto che

$$\sum_{i=1}^{n} \hat{e}_i = \sum_{i=1}^{n} y_i - \mathbf{x}_i' \hat{\boldsymbol{\beta}} = 0$$

ciò che non è vero in generale per modelli di regressione non lineare.

Si osservi che, per la stessa ragione, il calcolo di una misura sintetica di adattamento definita come $R^2 = 1 - SQE/SQT$, ancorché venga talvolta effettuato, non si presta a un'interpretazione semplice come nel caso del modello lineare; in quel caso, poiché $SQR + SQE = SQT$, SQE/SQT è un rapporto di parte al tutto che assumerà valori nell'intervallo [0,1]. Nella regressione non lineare ciò non è necessariamente vero. Per questa ragione la maggior parte dei software non fornisce nell'output una statistica di questo tipo.

Un eventuale rifiuto di H_0 ottenuto sulla base della statistica test (13.16) non fornisce informazioni su quale delle componenti di $\boldsymbol{\beta}$ sia significativamente diversa da 0.

Procedendo in modo analogo al paragrafo precedente, possiamo utilizzare nuovamente l'eq. 13.15 per testare le ipotesi:

$$H_0\colon \beta_j = 0 \qquad H_1\colon \beta_j \neq 0$$

Se H_0 è vera, sostituendo all'incognito σ^2 lo stimatore S^2 otteniamo (eq. 13.11):

$$\frac{B_j - \beta_j}{\sqrt{S^2 c_{jj}}} \sim t(n-p)$$

dove c_{jj} è il j-esimo elemento sulla diagonale di $(\mathbf{F}^t\mathbf{F})^{-1}$.

Se il campione che stiamo analizzando è di piccole dimensioni, le procedure di test che abbiamo introdotto possono portare a risultati fuorvianti. Purtroppo questo può accadere anche se l'ipotesi 13.2 sui residui risulta approssimativamente valida sulla base dell'analisi dei residui, che può essere condotta utilizzando strumenti simili a quelli visti per il modello di regressione lineare. Quando il campione a disposizione contiene un numero basso di osservazioni, l'inferenza statistica per modelli di regressione non lineare può essere condotta utilizzando procedure alternative, tipicamente quelle basate su metodi di ricampionamento: in particolare *jackknife* e *bootstrap*. Per un'introduzione a questi metodi nel contesto della regressione non lineare, si rimanda a Huet et al (2004).

Spesso le variabili di input candidate a entrare nel modello sono numerose. L'esclusione di variabili rilevanti comporta un modello incompleto dal punto di vista sostanziale; inoltre implica anche problemi di natura statistica, e in particolare la distorsione dello stimatore **B**. Tuttavia l'inserimento di tutte le variabili a disposizione espone al rischio di includere informazioni ridondanti; ciò non porta solo a un modello inutilmente complesso, ma pone anche problemi statistici: in termini tecnici l'informazione ridondante si traduce in una matrice dei regressori **X** quasi multicollineare, ossia con correlazioni multiple molto elevate tra le colonne, causando un forte deterioramento delle proprietà statistiche dello stimatore **B** – inflazione delle varianze $V(B_j)$ per alcuni, se non tutti i j – e problemi di stabilità numerica nel calcolo delle stime. Inoltre un modello ridondante tende anche a sovradattarsi ai dati, ossia a riprodurre la variabilità erratica degli errori campionari, producendo residui empirici di dimensione ridotta, ma perdendo gran parte della sua capacità predittiva. Occorre quindi cercare di scegliere il modello che includa tutte e sole le variabili di input necessarie per descrivere la componente sistematica del modo in cui la variabile y risponde alle variabili di input; occorre cioè un criterio di scelta tra modelli potenzialmente alternativi. Un criterio molto popolare in statistica è quello proposto da Akaike (Akaike information criterion, AIC). Per ciascuno dei modelli $m = 1, \ldots, M$ che vogliamo confrontare si tratta di scegliere quello che minimizza la statistica:

$$AIC_m = -2 \log L_m\left(\hat{\boldsymbol{\beta}}, \hat{\sigma}^2\right) + 2p_m$$

dove $L_m(\hat{\boldsymbol{\beta}}, \hat{\sigma}^2)$ è la verosimiglianza del modello m valutata in corrispondenza del suo punto di massimo, mentre p_m è il numero di variabili di input incluse nel modello m-esimo. Per una descrizione della giustificazione teorica dell'AIC, basata sulla teoria dell'informazione, rimandiamo alla letteratura (si veda per esempio Burnham e Anderson, 1998). Qui riportiamo solo alcune osservazioni.

AIC_m è composto di due addendi, il primo

$$-2\log L_m\left(\hat{\boldsymbol{\beta}},\hat{\sigma}^2\right)=2\log\frac{1}{L_m\left(\hat{\boldsymbol{\beta}},\hat{\sigma}^2\right)}$$

è detto devianza. Si tratta di una misura di adattamento del modello ai dati, molto utilizzata in statistica, in quanto semplice funzione della funzione di verosimiglianza. La sua struttura si basa su argomenti di teoria dell'informazione: $\log q^{-1}$ rappresenta una misura della "sorpresa" generata dal verificarsi di un evento di probabilità q (una funzione decrescente di $q \in [0,1]$); allo stesso modo la devianza può essere considerata una misura della sorpresa generata dai dati rispetto al modello che stiamo analizzando. Come le misure di adattamento viste in precedenza, la devianza tende a favorire modelli di dimensione elevata (sovradattamento). Questo ci permette di giustificare intuitivamente la presenza del secondo termine di AIC_m, p_m, che rappresenta un termine di penalizzazione per la complessità del modello.

13.4 Modelli di regressione per variabili binarie (probabilità)

In questo paragrafo esamineremo modelli di regressione in cui si descrive la probabilità di un certo evento al variare di un insieme di variabili di input. Tecnicamente si tratta di assumere che la variabile risposta sia di tipo 0/1 (Bernoulli) o binomiale. Una variabile casuale binomiale descrive il numero di "successi" in n prove tra loro indipendenti, condotte sotto le stesse condizioni e di tipo Bernoulli, ossia caratterizzate dall'avere solo due esiti possibili etichettabili con 0 e 1. Dati di tipo binomiale sono piuttosto frequenti in microbiologia: supponiamo di raccogliere, all'interno di un esperimento sulla conservazione di un alimento mediante aggiunta di un dato conservante, un certo numero di campioni (per esempio 100) di alimento a ciascuno dei livelli prefissati di conservante e di contare per ogni livello di conservante il numero di campioni non alterati. Ciò che interessa modellare è la probabilità π_i che un generico campione di alimento corrispondente al livello x_i del conservante non sia alterato. Se considerassimo ciascuno dei campioni a uno stesso livello di conservante come un esperimento separato, potremmo descrivere la situazione con una variabile di Bernoulli di valore atteso π_i, come si è fatto per semplicità nel par. 13.1.

I modelli di regressione esaminati nei parr. 13.2 e 13.3 non possono essere utilizzati in questo caso. Essi prevedono che i residui siano distribuiti in modo normale e che quindi possano assumere tutti i valori sull'asse reale. Inoltre la funzione che descrive la relazione tra π_i e x_i deve essere limitata dagli asintoti $y = 0$ e $y = 1$ che sono i limiti logici per una probabilità. Una soluzione spesso utilizzata consiste nel supporre che esista una relazione lineare tra il logit di π_i e il vettore delle variabili input $\mathbf{x}_i$. Possiamo introdurre il logit come una trasformazione monotona crescente di π_i che ci permette di mappare le informazioni sulla probabilità di un evento dall'intervallo [0,1] all'intervallo $[-\infty, +\infty]$. Se definiamo:

$$\text{logit}(\pi_i)=\log\frac{\pi_i}{1-\pi_i} \tag{13.17}$$

avremo che

$\pi_i = 0{,}5$ implica $\text{logit}(\pi_i) = 0$

$\pi_i > 0{,}5$ implica $\text{logit}(\pi_i) > 0$ e $\lim_{\pi_i \to 1} \text{logit}(\pi_i) = +\infty$

$\pi_i < 0{,}5$ implica $\text{logit}(\pi_i) < 0$ e $\lim_{\pi_i \to 0} \text{logit}(\pi_i) = -\infty$

Il modello di regressione logistica può essere descritto dalla seguente coppia di assunzioni:

$$y_i \sim Binomial\,(N_i, \pi_i(\mathbf{x}_i)) \tag{13.18}$$

dove N_i è il numero di campioni corrispondenti al livello $\mathbf{x}_i$ delle variabili di input ($i = 1,2,\ldots,n$);

$$\text{logit}\left(\pi_i\left(\mathbf{x}_i\right)\right) = \mathbf{x}_i^t\boldsymbol{\beta} = \sum_{j=1}^{p} x_{ji}\beta_j \tag{13.19}$$

Analogamente a quanto visto per il modello lineare, si è soliti assumere $x_{1i} = 1$, ovverosia includere nel modello di regressione un'intercetta generale. Possiamo osservare come la 13.18 implichi $E(y_i) = N_i\pi_i(\mathbf{x}_i)$; l'assunzione 13.19 può essere riscritta in modo equivalente nella forma:

$$\pi_i\left(\mathbf{x}_i\right) = \frac{\exp\left(\mathbf{x}_i^t\boldsymbol{\beta}\right)}{1+\exp\left(\mathbf{x}_i^t\boldsymbol{\beta}\right)}$$

in modo da evidenziare chiaramente la natura non lineare del modello di regressione logistica. Entrambe le assunzioni 13.18 e 13.19 sono relativamente forti e devono essere valutate accuratamente sia in sede di specificazione del modello sia nell'analisi dei risultati. In questo paragrafo presenteremo brevemente la teoria del modello di regressione logistica nel caso in cui le equazioni 13.18 e 13.19 siano rispettate. Per una discussione delle possibili estensioni di questo modello al caso in cui tali equazioni non siano sostenibili rimandiamo, tra i possibili riferimenti, al capitolo Huet et al (2004, pp. 153-197).

Prima di discutere la stima dei parametri, ci soffermiamo brevemente sull'interpretazione dei coefficienti β_j. Nel modello lineare essi erano interpretabili come derivate prime parziali della variabile risposta rispetto alla j-esima variabile di input: $\beta_j = \partial y_i/\partial x_{ji}$; in questo contesto la stessa interpretazione è valida per logit $(\pi_i(\mathbf{x}_i))$ ma non per la variabile risposta; i coefficienti β_j vanno quindi letti nella scala dei logaritmi degli *odds ratio*.

Supponiamo per semplicità che $\mathbf{x}_i = (1,x_{2i})$ e che x_{2i} sia a sua volta una variabile 0/1 che segnala la presenza o l'assenza di una determinata caratteristica di input. In questo caso la differenza tra logit $(\pi_i(1,1))$ e logit $(\pi_i(1,0))$ è data da $\beta_1 + \beta_2 - \beta_1 = \beta_2$, ovvero β_2 coincide esattamente con il logaritmo dell'odds ratio che potremmo ottenere costruendo una tabella a doppia entrata classificando il campione rispetto alla variabile risposta e a x_2; un valore positivo implica un odds ratio maggiore di 1 e quindi una tendenza a presentarsi congiuntamente delle caratteristiche identificate con 1 nella variabile risposta e in x_2 (l'interpretazione di $\beta_2<0$ è speculare).

Sempre assumendo di avere una sola variabile di input x_2 ma continua, il coefficiente β_2 va interpretato come il logaritmo dell'odds ratio che si otterrebbe analizzando una tabella a doppia entrata di dimensione 2×2 ottenuta cross classificando i dati rispetto alla variabile risposta e a una coppia di valori x_{2i} e $x_{2i}+1$; per come è strutturato il modello, questo logit è infatti assunto costante rispetto a tutti i valori che può assumere x_2. Nel caso in cui siano presenti due o più variabili di input, l'interpretazione è analoga; l'unico accorgimento è tenere conto che, analogamente a quanto detto riguardo al modello lineare, il valore del coefficiente β_j va letto come la derivata prima parziale del logit rispetto a x_{ji} una volta date tutte le altre variabili presenti nell'insieme delle variabili di input, ossia tenuto conto dell'effetto di tutte le altre variabili di input.

Notiamo infine che derivate prime parziali costanti sulla scala logit implicano derivate prime non costanti se calcolate rispetto alla variabile risposta. Abbiamo infatti:

$$\frac{\partial y_i}{\partial x_{ji}} = x_{ji} \frac{\exp(\mathbf{x}_i' \boldsymbol{\beta})}{[1+\exp(\mathbf{x}_i' \boldsymbol{\beta})]^2} \tag{13.20}$$

che varierà al variare di x_j. Tuttavia questa derivata parziale ha il pregio di poter essere interpretata direttamente come la variazione che la probabilità π_i subisce al variare di x_j da x_{ji} a $x_{ji}+1$ ed è quindi di potenziale aiuto nell'interpretazione dei risultati, a condizione di trovare il modo di sintetizzare i valori diversi che si ottengono al variare delle variabili di input. Per poter presentare un unico valore, si ricorre al calcolo delle derivate parziali in corrispondenza dei valori medi aritmetici delle variabili di input. I coefficienti così ottenuti sono noti come effetti marginali alla media. Si noti che l'effetto marginale ha un'interpretazione più semplice nel caso in cui x_j sia dicotomica: in questo caso infatti la variazione da 0 a 1 è l'unica che possiamo avere per la variabile di input. Sottolineiamo che in presenza di due o più variabili di input anche gli effetti marginali andranno interpretati come misure dell'impatto di una variabile di input, condizionato a quello di tutte le altre variabili incluse nel modello.

Nel trattare la regressione lineare e non lineare abbiamo citato il metodo dei minimi quadrati come il più comunemente adottato per la stima del parametro $\boldsymbol{\beta}$. Abbiamo inoltre osservato come ciò porti esattamente alla stessa soluzione che si otterrebbe massimizzando la funzione di massima verosimiglianza sotto l'ipotesi di normalità dei residui.

Nel caso della regressione logistica, il metodo dei minimi quadrati e quello della massima verosimiglianza non portano più a soluzioni coincidenti; in questo contesto il metodo della massima verosimiglianza gode di proprietà statistiche migliori e per questa ragione viene correntemente utilizzato come metodo di stima per $\boldsymbol{\beta}$. Se consideriamo la funzione di log-verosimiglianza, ossia la trasformata logaritmica della funzione di verosimiglianza – che ha lo stesso punto di massimo, ma è caratterizzata da una più semplice struttura additiva – otterremo:

$$\log L(\boldsymbol{\beta}) = \ell(\boldsymbol{\beta}) = \sum_{i=1}^{n} \log \binom{N_i}{y_i} + y_i \log \pi_i (\mathbf{x}_i' \boldsymbol{\beta}) + (N_i - y_i) \log(1 - \pi_i (\mathbf{x}_i' \boldsymbol{\beta})) \tag{13.21}$$

Le derivate parziali di questa funzione hanno una struttura molto complessa e la soluzione del sistema di equazioni che si ottiene uguagliandole a 0 richiede di essere risolto con metodi di ottimizzazione numerica. Si tratta tuttavia di un problema relativamente semplice: la funzione di verosimiglianza è caratterizzata da un unico massimo globale, che pone raramente problemi di convergenza. L'algoritmo più utilizzato è quello dei minimi quadrati iterati, non dissimile dai classici algoritmi di ottimizzazione di tipo Newton-Raphson.

Le proprietà statistiche dello stimatore di massima verosimiglianza (che indicheremo con **B**) sono difficili da studiare per dimensioni campionarie finite. I risultati utilizzabili in pratica nella conduzione di test o nella costruzione di intervalli di confidenza si basano sulle proprietà asintotiche di tale stimatore, approssimativamente soddisfatte per grandi campioni. In particolare, **B** è consistente (nel senso già discusso nei paragrafi precedenti) e asintoticamente normale:

$$\mathbf{B} \underset{n \to +\infty}{\to} MVN(\boldsymbol{\beta}, \mathbf{V})$$

dove **V** è una matrice di varianza e covarianza (di dimensione $p \times p$ e definita positiva). L'asintotica normalità è alla base dei test utilizzati per valutare la significatività complessiva del modello di regressione logistica e di quella dei singoli coefficienti. Per valutare l'uguaglianza a 0 congiunta di tutte le componenti di **B** a eccezione di quella relativa all'intercetta, ossia il sistema di ipotesi

$$H_0\colon \beta_2 = \ldots = \beta_p = 0 \qquad H_1\colon \beta_j \neq 0 \text{ per almeno un } j$$

possiamo utilizzare la statistica test:

$$-2\log\left(\frac{L(\mathbf{B})}{L(\tilde{B}_1)}\right) \tag{13.22}$$

dove con $L(\tilde{B}_1)$ indichiamo la verosimiglianza del modello che include la sola intercetta valutata nel suo punto di massimo. La tilde nella notazione si giustifica con il fatto che non necessariamente $\tilde{B}_1$ coincide con la prima componente di **B**. Se H_0 è vera, è possibile dimostrare che la 13.22 si distribuisce come una variabile casuale $\chi^2(p-1)$.

Per testare la significatività di una singola componente di $\boldsymbol{\beta}$, ovvero il sistema di ipotesi:

$$H_0\colon \beta_j = 0 \qquad H_1\colon \beta_j \neq 0$$

si utilizza una statistica simile a quella vista nei paragrafi precedenti:

$$\frac{B_j - \beta_j}{\sqrt{\mathrm{v}_{jj}}}$$

dove v_{jj} è il j-esimo elemento sulla diagonale della matrice **V**. Se H_0 è vera, in campioni sufficientemente grandi questa statistica si distribuisce come una $N(0,1)$.

Analogamente ai modelli di regressione non lineare discussi nel paragrafo precedente, non disponiamo di una misura sintetica della qualità dell'adattamento della regressione logistica ai dati, paragonabile per semplicità di interpretazione e diffusione all'R^2 che si usa nel modello lineare. Tuttavia la comodità di disporre di misure di questo tipo, e la necessità di confrontare la qualità dell'adattamento di modelli basati su insiemi differenti di variabili di input, ne ha rese popolari alcune, quali lo pseudo-R^2 proposto da McFadden (1973):

$$R^2_{McF} = 1 - \frac{L(\tilde{\beta}_1)}{L(\hat{\boldsymbol{\beta}})} \tag{13.23}$$

dove $L(\tilde{B}_1)$ rappresenta la verosimiglianza massimizzata nel caso in cui nessuna variabile di input sia stata inclusa, mentre $L(\hat{\boldsymbol{\beta}})$ è il valore massimo della verosimiglianza per il modello che si sta valutando. Se $\beta_2 = \ldots = \beta_p = 0$, allora $R^2_{McF} = 0$; inoltre l'indice cresce man mano che migliora la capacità di adattarsi ai dati osservati; è tuttavia possibile dimostrare che non può mai raggiungere il valore 1.

Un'altra critica che può essere rivolta a R^2_{McF} e agli altri indici dello stesso tipo è di non essere vere misure di adattamento, essendo basate sul confronto tra due modelli e non sul confronto tra i valori che siamo in grado di prevedere sulla base del modello e quelli osservati. Su questi temi si veda per esempio Hosmer, Lemeshow (2000, pp. 143-202).

Bibliografia

Burnham KP, Anderson DR (1998) *Model selection and inference: a practical information-theoretic approach*. Springer-Verlag, New York
Fox J, Weisberg S (2010) Nonlinear regression and nonlinear least squares in R (An Appendix to *An R companion to applied regression*, 2nd edn. Sage Publications, Thousand Oaks, CA) http://socserv.socsci.mcmaster.ca/jfox/Books/Companion/appendix/Appendix-Nonlinear-Regression.pdf
Hosmer DW, Lemeshow S (2000) *Applied logististic regression*, 2nd edn. John Wiley, New York
Huet S, Bouvier A, Poursat M-A, Jolivet E (2004) *Statistical tools for nonlinear regression. A practical guide with S-PLUS and R examples*, 2nd edn. Springer-Verlag, New York
McFadden D (1974) Conditional logit analysis of qualitative choice behaviour. In: Zarembka P (ed) *Frontiers in econometrics*. Academic Press, New York, pp 105-142

Capitolo 14
La regressione in R

Carlo Trivisano, Enrico Fabrizi, Vincenzo Trotta

14.1 Introduzione

R è un ambiente statistico sviluppato da un team di ricercatori di fama mondiale per la gestione e l'analisi dei dati e per la costruzione di grafici. Si tratta di uno GNU software, distribuito gratuitamente sotto i vincoli della GPL (General Public Licence). R è inoltre *open source*, in quanto il suo codice sorgente è scaricabile liberamente. Il download del software e della relativa documentazione (compresi alcuni brevi manuali introduttivi in italiano) può essere effettuato dal sito del CRAN (Comprehensive R Archive Network) all'indirizzo http://cran.r-project.org/.

Il programma è articolato in una serie di package, che a loro volta comprendono collezioni di comandi, set di dati ecc. Diversi package vengono installati contemporaneamente all'installazione del software; tuttavia mentre alcuni sono caricati automaticamente a ogni avvio di R, altri devono essere opportunamente caricati all'inizio della sessione di lavoro mediante il comando `library()`, per poter essere utilizzati (per esempio, `library(MASS)` carica il package MASS). Esistono poi numerosi altri package, scaricabili dalla rete, che possono essere installati di volta in volta se ritenuti utili. L'installazione di un package è piuttosto semplice e richiede solitamente pochi secondi. Sul sito del CRAN sono attualmente disponibili circa 5300 package aggiuntivi, che implementano le più svariate tecniche di analisi, gestione e manipolazione dei dati.

L'esecuzione di un qualsiasi comando in R crea un oggetto. Esistono molte tipologie di oggetti in R: variabili, matrici, espressioni, liste, data frame ecc. Una volta creato, un oggetto può essere in seguito utilizzato da altri comandi per creare nuovi oggetti.

Per creare un oggetto si utilizza il comando <-. Per esempio, la linea di comandi

```
> x <- 1+4
```

crea l'oggetto `x` che contiene il risultato dell'operazione 1+4 = 5, mentre la linea di comandi

```
> crescita <- read.table("crescita.txt", header=T, sep="\t")
```

legge il file di dati `crescita.txt` (**Allegato on line 14.1**) e crea l'oggetto `crescita`. Il file in questione contiene un set di 17 dati relativi allo sviluppo di *Streptococcus thermophilus* in un terreno di coltura (M17) a pH 5,5 e a 37 °C. Il dataset è costituito di due variabili: il tempo trascorso dall'inoculo (`t`) e il logaritmo in base 10 del conteggio delle cellule (`LOG10N`).

F. Gardini, E. Parente (a cura di) *Manuale di microbiologia predittiva*
DOI 10.1007/978-88-470-5355-7_14

L'opzione `header=T` del comando `read.table` indica che la prima riga del file contiene i nomi delle variabili; l'opzione `sep="\t"` indica invece che le colonne di dati nel file sono separate da tabulazione.

Poiché il file `crescita.txt` contiene una tabella rettangolare di dati, l'oggetto creato è di tipo *dataframe*. Il dataframe è probabilmente la tipologia di oggetto più importante dell'ambiente R, almeno per quanto riguarda l'analisi dei dati; esso rappresenta una matrice di dati in cui a ogni riga corrisponde un'osservazione e a ogni colonna una variabile.

Il comando `getwd()` restituisce il percorso della cartella di lavoro corrente. Se si desidera cambiare cartella di lavoro, si può utilizzare il comando `setwd()`; per esempio il comando `setwd("D:/ricerche/")` rende cartella di lavoro corrente la cartella `ricerche`.

Utilizzando il menu a tendina è possibile salvare durante una sessione un *workspace* (area di lavoro). Un workspace è un file (con estensione `.RData`) contenente tutti gli oggetti creati durante la sessione. È inoltre possibile salvare un secondo file (con estensione `.Rhistory`) che contiene la lista di tutti i comandi eseguiti durante la sessione. Cliccando su un file `.RData` si attiva una sessione di R che carica automaticamente il workspace selezionato. Durante una sessione di lavoro si può comunque caricare un workspace utilizzando il comando `load()` o il menu a tendina.

L'ambiente R è in grado di produrre grafici di elevata qualità e di esportarli nei più comuni formati (vettoriali, bitmap ecc.). Il comando `plot()` può produrre una varietà di grafici diversi a seconda della tipologia di oggetto cui è applicato e delle opzioni utilizzate.

Per esempio, il comando

```
> plot(crescita$t, crescita$LOG10N, xlab="t", ylab="LOG10N")
```

produce il grafico a dispersione riportato in Fig. 14.1.

La sintassi è intuitiva: `crescita$t` (la variabile `t` del dataframe `crescita`) è l'oggetto contenente le ascisse dei punti del grafico, `crescita$LOG10N` è l'oggetto contenente le ordinate dei punti del grafico, il testo `"t"` è la label per l'asse delle ascisse, mentre il testo

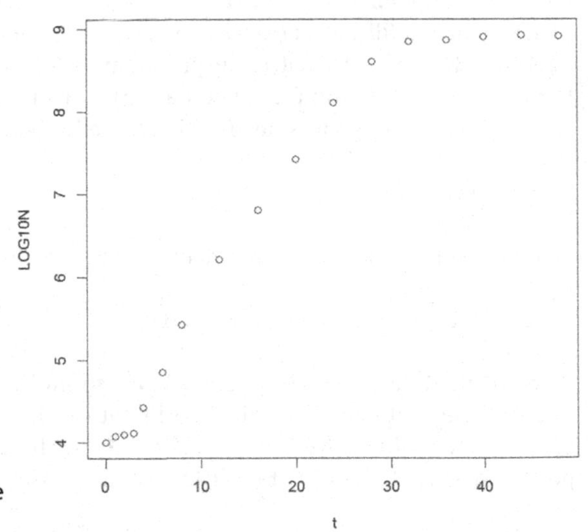

Fig. 14.1 Esempio di grafico a dispersione generato in ambiente R

"LOG10N" è la label per l'asse delle ordinate. Lo stesso grafico potrebbe essere ottenuto più rapidamente con il comando `plot(crescita)`; infatti, quando l'argomento del comando `plot` è un dataframe, viene prodotta una matrice di $n \times (n-1)$ grafici a dispersione combinando tra loro le n variabili del dataframe; in questo caso, poiché il dataframe contiene solo due variabili, verrebbe prodotto un solo grafico a dispersione.

R contiene funzioni per generare campioni casuali da un vasto numero di distribuzioni di probabilità. Per esempio, per creare l'oggetto `x1` – contenente un campione casuale di dimensione $n = 20$, generato da una distribuzione normale con valore atteso pari a 10 e deviazione standard pari a 3 – si può utilizzare la funzione `rnorm()` nel seguente modo:

```
> x1 <- rnorm(20,10,3)
> x1
[1]   16.435466  14.138365  11.378414  13.292722  12.528283
[6]   11.290673  15.304093   8.982168  12.596374   8.605205
[11]  11.790797  11.070423   9.901076   3.731771   7.911866
[16]   8.637528   4.860109   7.413782   5.152940  10.200494
```

Ogni esecuzione del comando precedente genererà ovviamente un campione diverso, a meno che non si fissi il "seme" del generatore di numeri casuali con il comando `set.seed()`. I comandi per generare numeri casuali da altre distribuzioni di probabilità seguono una sintassi simile a quella di `rnorm()`.

I comandi per il calcolo di semplici statistiche descrittive hanno in genere nomi piuttosto evocativi. Per esempio:

```
> mean(x1)
[1] 10.26113
```

restituisce la media del campione `x1`

```
> sd(x1)
[1] 3.42087
```

restituisce la deviazione standard del campione

```
> median(x1)
[1] 10.63546
```

restituisce la mediana del campione.

L'istogramma di frequenza presentato nella Fig. 14.2 può invece essere costruito mediante il comando

```
> hist(x1,xlab="Campione di n =20", ylab="Freq", breaks=7)
```

Estraiamo ora un secondo campione casuale dalla stessa distribuzione e denominiamolo `x2`

```
> x2 <- rnorm(20,10,3)
```

Per sottoporre a verifica l'ipotesi che i due campioni provengano da popolazioni con uguale varianza (vedi cap. 12, eq. 12.13), si usa la funzione `var.test()`:

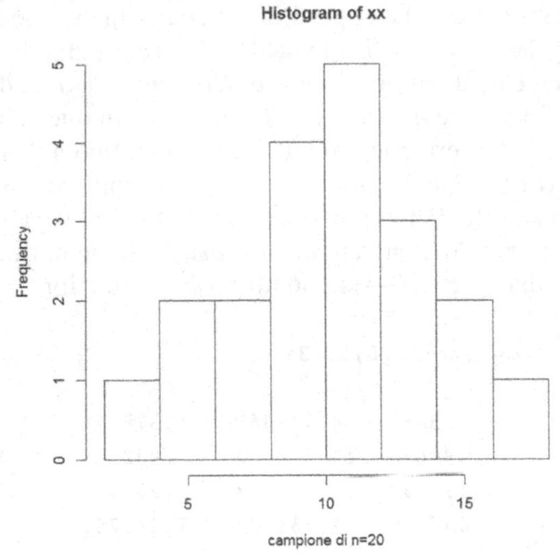

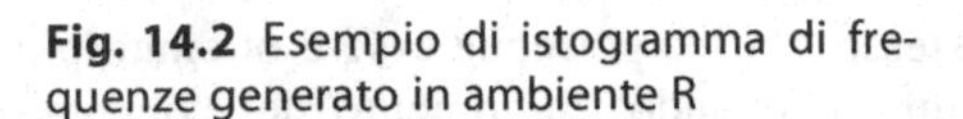
Fig. 14.2 Esempio di istogramma di frequenze generato in ambiente R

```
> var.test(x1,x2)

        F test to compare two variances

data:  x1 and x2
F = 1.354, num df = 19, denom df = 19, p-value = 0.5152
alternative hypothesis: true ratio of variances is not equal to 1
95 percent confidence interval:
 0.5359476 3.4209293
sample estimates:
ratio of variances
          1.354045
```

Il valore del p-value indica, come atteso, che si accetta l'ipotesi nulla che i due campioni provengano da popolazioni con varianze uguali. Si può ora sottoporre a verifica l'ipotesi che i due campioni provengano da popolazioni con media uguale utilizzando un test *t* (vedi cap. 12, eq. 12.11):

```
> t.test(x1,x2, var.equal=TRUE)

        Two Sample t-test

data:  x1 and x2
t = 0.6828, df = 38, p-value = 0.4989
alternative hypothesis: true difference in means is not equal to 0
95 percent confidence interval:
 -1.353143  2.730404
sample estimates:
mean of x mean of y
 10.261127  9.572497
```

Anche in questo caso si accetta l'ipotesi di uguaglianza delle medie. Di default R esegue la versione di Welch del test *t*, che non assume l'uguaglianza delle varianze di popolazione, a meno che non si utilizzi l'opzione `var.equal=TRUE`.

R è dotato di un efficiente sistema di help. L'help relativo a un comando si attiva digitando `help()`, o alternativamente `?` seguito dal nome del comando: per esempio, per maggiori informazioni sulla funzione `t.test` si può digitare `help(t.test)` o semplicemente `?t.test`. Con `help.start()` si avvia un ipertesto contenente la documentazione on line.

14.2 Regressione lineare e non lineare in R

È possibile stimare in R i parametri di un modello di regressione lineare con il comando `lm()` del package `stats`, che è caricato all'avvio di R. Se si vogliono utilizzare i dati del dataframe `crescita` per stimare i parametri del modello

$$y_i = \beta_1 + \beta_2 x_i + \varepsilon_i \quad (14.1)$$

in cui gli y_i $(i = 1,2,...,n)$ rappresentano i valori della variabile `LOG10N` e gli x_i rappresentano i valori della variabile `t`, allora la sintassi da utilizzare è

```
> m0 <- lm(LOG10N~t, data=crescita)
```

in questo modo si crea un oggetto `m0` che contiene tutto quanto è prodotto dalla funzione `lm`.

La sintassi `LOG10N~t` (che in R rappresenta una formula) è piuttosto generale e come vedremo in seguito è utilizzata in tutte le funzioni di R che servono per stimare i parametri di modelli di regressione.

Se si volessero stimare con il metodo dei minimi quadrati i parametri di un modello polinomiale, ma lineare nei parametri, del tipo

$$y_i = \beta_1 + \beta_2 x_i + \beta_2 x_i^2 + \varepsilon_i \quad (14.2)$$

sarebbe ancora possibile utilizzare la funzione `lm()`, ma con la seguente sintassi

```
> lm(LOG10N ~ I(t) + I(t^2), data=crescita)
```

la funzione `I()` può essere utilizzata per inserire qualsiasi funzione delle variabili indipendenti.

Il risultato prodotto dalla funzione `lm()`, come l'oggetto `m0`, ha una struttura piuttosto complessa (è una lista di R), ma può essere facilmente esplorato con opportuni comandi. Per esempio, il risultato del comando `summary(m0)` è il seguente:

```
Call:
lm(formula = LOG10N ~ t, data = crescita)
Residuals:
     Min         1Q     Median        3Q        Max
-1.1942    -0.3824    -0.1930    0.5544    0.9011
Coefficients:
              Estimate     Std. Error    t value    Pr(>|t|)
(Intercept)   4.331372       0.240176      18.03    1.40e-11 ***
t             0.120267       0.009687      12.41    2.71e-09 ***
```

```
---
Signif. codes:  0 '***' 0.001 '**' 0.01 '*' 0.05 '.' 0.1 ' ' 1

Residual standard error: 0.6334 on 15 degrees of freedom
Multiple R-squared: 0.9113,     Adjusted R-squared: 0.9054
F-statistic: 154.1 on 1 and 15 DF,   p-value: 2.712e-09
```

La funzione `summary()` produce le principali statistiche che risultano dalla procedura di stima dei parametri di un modello di regressione lineare. Queste statistiche possono essere distinte in tre gruppi:

- statistiche descrittive dei residui empirici;
- stima dei minimi quadrati dei parametri del modello (`Estimate`); errore standard stimato (`Std. Error`) dello stimatore dei minimi quadrati (ossia la radice quadrata degli elementi della diagonale della matrice $s^2(\mathbf{X}^t\mathbf{X})^{-1}$ introdotta nel cap. 13); valori osservati delle statistiche (vedi cap. 13, eq. 13.1) utilizzate per sottoporre a verifica il sistema di ipotesi H_0: $\beta_j = 0$, H_1: $\beta_j \neq 0$ e associato livello di significatività osservato (p-value, indicato come `Pr(>|t|)`);
- errore standard dei residui empirici; valori della statistica R^2 e della sua versione corretta (vedi cap. 13, eq. 13.9); valore osservato della statistica F (cap. 13, eq. 13.10) e `p-value` a essa associato.

Dai risultati ottenuti possiamo concludere che i parametri del modello risultano significativamente diversi da 0 e che l'adattamento del modello ai dati è soddisfacente, almeno a giudicare dai valori assunti dalla statistica R^2.

Tuttavia la Fig. 14.1 suggerisce una relazione non lineare tra le variabili `t` e `LOG10N`. Al fine di verificare se l'ipotesi di linearità è consistente con i dati osservati, è utile analizzare con maggiore attenzione i residui empirici. L'analisi grafica dei residui permette di avere un primo riscontro sull'ipotesi di linearità avanzata e su altre ipotesi alla base del modello di regressione lineare, come quella di omoschedasticità ($V(\varepsilon_i) = \sigma^2 \ \forall i$).

Il comando `plot(m0)` produce una batteria di grafici di ispezione dei residui. Alcuni di questi grafici richiedono una conoscenza dell'analisi statistica del modello lineare più approfondita di quella presentata in queste pagine. Ci soffermeremo pertanto esclusivamente sul primo grafico, detto grafico dei residui: un grafico a dispersione che presenta in ascissa i valori stimati $\hat{y}_i = \beta_1 + \beta_2 x_i$ e in ordinata i residui empirici ($\hat{e}_i = y_i - \hat{y}_i$).

Il grafico dei residui si ottiene con il comando `plot(m0,which=1)` ed è riportato in Fig. 14.3. Esso evidenzia un pattern dei residui empirici al variare dei valori stimati. I valori previsti sono sistematicamente più elevati di quelli osservati in alcune zone del loro campo di definizione e sistematicamente più bassi di quelli osservati in altre. In altre parole il grafico indica una violazione dell'ipotesi di linearità coerentemente con quanto suggerito dal grafico riportato in Fig. 14.1.

Il comando `lm()` è utilizzato anche per eseguire un'analisi della varianza, un metodo statistico che può essere usato per scomporre la variabilità di una variabile oggetto di studio secondo i vari fattori presenti nel disegno sperimentale (vedi cap. 12). Se l'esperimento è stato disegnato correttamente, si possono ottenere informazioni rigorose sugli effetti dei fattori e delle loro interazioni sulla variabile dipendente di interesse.

Per esempio, se `x` è una variabile qualitativa (`factor`, nella terminologia di R), `lm(y ~ x)` rappresenta il modello più semplice, ovvero una ANOVA a una via. Se si hanno due fattori, si possono specificare due tipi di modelli: `y ~ x + z`, ovvero una ANOVA a due vie; oppure

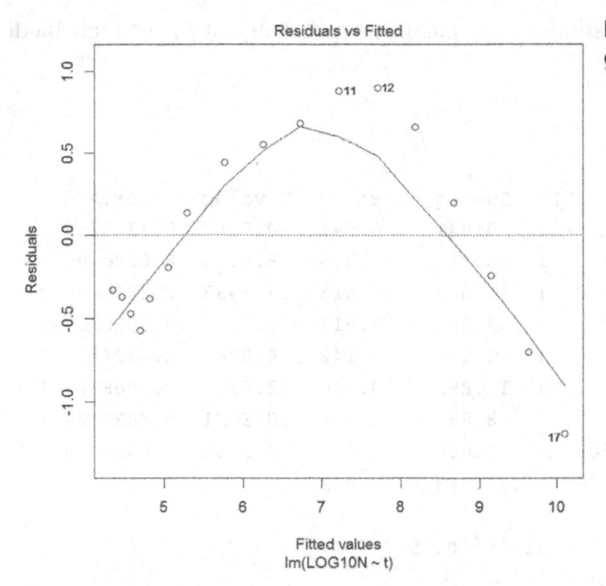

Fig. 14.3 Esempio di grafico dei residui generato in ambiente R

`y ~ x + z + x * z`, ovvero un modello a due vie con interazione. Se un fattore è di tipo gerarchico rispetto a un altro, il modello si scrive come `y ~ x + z %in% x`; la sintassi indica che il primo livello è costituito dal fattore `x` e il secondo dal fattore `z` *nested* in `x`.

Riassumendo: l'operatore `*` indica un'interazione tra i termini, l'operatore `+` indica il sommarsi di un effetto, mentre `%in%` indica un termine entro un altro (fattore nested).

Creiamo ora il dataframe `stress.termico` leggendo i dati contenuti nel file `stress.termico.txt` (**Allegato on line 14.2**)

```
> stress.termico <- read.table("stress.termico.txt", header = T)
```

Il file contiene un set di 60 dati relativi alla sopravvivenza (misurata come log N/N_0) di *Lactobacillus plantarum* in seguito a uno stress termico della durata di 15 minuti. Scopo dell'esperimento è verificare se esistono differenze di sopravvivenza dovute a due fasi di crescita (esponenziale e stazionaria, indicate rispettivamente con `E` e `S` nel file), a due trattamenti (aerobio e anaerobio, indicati con `AE` e `AN`) o a due temperature di incubazione (25 e 35 °C). Per ogni prova sono state inoltre allestite due repliche biologiche (indicate con `A` e `B`). Se si ipotizza la normalità distributiva della variabile risposta condizionatamente ai fattori sperimentali, i dati possono essere analizzati con un modello di ANOVA di tipo misto (cioè con termini fattoriali e nested insieme), con:

- fase di crescita, trattamento e temperatura di incubazione come effetti principali fissi;
- replica entro fase di crescita, trattamento e temperatura di incubazione come fattore random.

Il modello di ANOVA può essere stimato nel modo seguente:

```
> mod.stress <- lm(lognn0 ~ trattamento * Temperatura * Fase + replica %in%
  trattamento %in% Temperatura %in% Fase, stress.termico)
```

Il comando anova(mod.stress) restituisce la seguente sequenza di test *F*, detta tabella di ANOVA (Analysis of Variance Table):

```
Analysis of Variance Table

Response: lognn0
                                       Df  Sum Sq  Mean Sq  F value     Pr(>F)
trattamento                             1   0.841    0.841   0.9907  0.3250256
Temperatura                             1  15.816   15.816  18.6255  8.880e-05 ***
Fase                                    1  46.613   46.613  54.8933  2.888e-09 ***
trattamento:Temperatura                 1   3.017    3.017   3.5534  0.0660381 .
trattamento:Fase                        1   4.142    4.142   4.8780  0.0324556 *
Temperatura:Fase                        1  10.896   10.896  12.8320  0.0008469 ***
trattamento:Temperatura:Fase            1   8.787    8.787  10.3481  0.0024327 **
trattamento:Temperatura:Fase:replica    8   0.090    0.011   0.0132  0.9999996
Residuals                              44  37.363    0.849
---
Signif. codes:  0 '***' 0.001 '**' 0.01 '*' 0.05 '.' 0.1 ' ' 1
```

R utilizza sempre come denominatore dei test *F* nelle ANOVA la varianza (Mean Sq) d'errore (Residuals): in questo caso ciò è accettabile (le differenze tra repliche non sono significative e i fattori principali sono tutti a effetto fisso), ma non sempre è questo il denominatore corretto. Osservando la tabella di ANOVA si registrano differenze significative per temperatura di crescita e fase e le seguenti interazioni significative: "trattamento×fase", "temperatura×fase" e "trattamento×temperatura×fase". Se un esperimento è perfettamente bilanciato, oltre alla funzione lm() può essere utilizzata anche la funzione aov().

Riprendiamo a questo punto l'analisi del dataframe crescita. In microbiologia sono ben noti modelli non lineari adatti per descrivere la crescita microbica (vedi capp. 4 e 6). Consideriamo ora il problema della stima dei parametri di tre modelli di crescita alternativi: la curva logistica, quella di Gompertz modificata e il modello di Baranyi e Roberts (1994).

Il package stats contiene il comando nls() specificamente dedicato alla stima dei minimi quadrati dei parametri di un modello non lineare. La sintassi del comando nls() è simile a quella del comando lm().

Un package molto utile per l'analisi di modelli di regressione non lineari è nlstools, che non essendo nella lista dei package di R installati di default deve essere installato e caricato con il comando library(nlstools). Questo package contiene una serie di utilities per l'analisi e la diagnostica di modelli di regressione non lineare. In nlstools sono inoltre presenti oggetti di tipo "formula" che contengono le equazioni di alcuni modelli di crescita, tra i quali il modello di Gompertz – nella formulazione di Zwietering et al (1990) – e quello di Baranyi e Roberts (1994) (vedi cap. 4). Queste equazioni richiedono che il dataframe sia composto da due sole variabili, una di nome t (tempo) e una di nome LOG10N (le formule sono cioè scritte nell'ipotesi che si analizzi il logaritmo in base 10 dei conteggi delle cellule). I modelli prevedono 4 parametri: LOG10Nmax (logaritmo in base 10 del numero massimo di cellule), LOG10N0 (logaritmo in base 10 del numero minimo di cellule), mumax (velocità specifica di crescita massima) e lag (durata della fase lag).

Il package non contiene una formula specifica per il modello di crescita logistico, ma è possibile crearne una nel modo seguente:

```
> logistic4p <- LOG10N ~ LOG10N0 + (LOG10Nmax - LOG10N0) / (1+exp(4 * mumax * (lag - t)
  / (LOG10Nmax - LOG10N0) * log(10) + 2))
```

La formula segue la specificazione del modello proposta da Zwietering et al (1990) (vedi cap. 4); in alternativa è possibile scrivere direttamente la formula nel comando `nls()`.

Le seguenti linee di comando eseguono la stima dei minimi quadrati dei tre modelli di crescita considerati:

```
> m1 <- nls(logistic4p, data=crescita, start=c(lag=4, mumax=1, LOG10N0=4, LOG10Nmax=9))
> m2 <- nls(gompertzm, data=crescita, start=c(lag=4, mumax=1, LOG10N0=4, LOG10Nmax=9))
> m3 <- nls(baranyi, data=crescita, start=c(lag=4, mumax=1, LOG10N0=4, LOG10Nmax=9))
```

La funzione `nls()` richiede un set di valori iniziali per i parametri da stimare (opzione `start=`); per orientarsi nella scelta di questi valori, segnaliamo la funzione `preview()` di `nlstools()`, per il cui uso si rimanda al manuale del package.

La funzione `summary()` applicata agli oggetti `m1`, `m2` e `m3` produce un output simile a quello visto per un oggetto creato con la funzione `lm()`, escluse le statistiche R^2 e F che, come si è visto nel capitolo 13 (par. 13.3), non hanno in questo contesto un'interpretazione analoga a quella che hanno nella regressione lineare:

```
> summary(m1)
...
Parameters:
           Estimate  Std. Error  t value   Pr(>|t|)
lag        -3.65890    2.48115    -1.475     0.164
mumax       0.49294    0.01951    25.266  1.95e-12 ***
LOG10N0     2.74411    0.41189     6.662  1.56e-05 ***
LOG10Nmax   9.03738    0.08454   106.900   < 2e-16 ***
---
Signif. codes:  0 '***' 0.001 '**' 0.01 '*' 0.05 '.' 0.1 ' ' 1
Residual standard error: 0.126 on 13 degrees of freedom
Number of iterations to convergence: 9
Achieved convergence tolerance: 2.965e-06

> summary(m2)
...
Parameters:
           Estimate  Std. Error  t value   Pr(>|t|)
lag         0.97333    1.35058     0.721     0.484
mumax       0.51719    0.02258    22.904  6.82e-12 ***
LOG10N0     3.67075    0.20988    17.490  2.05e-10 ***
LOG10Nmax   9.09693    0.09111    99.846   < 2e-16 ***
---
Signif. codes:  0 '***' 0.001 '**' 0.01 '*' 0.05 '.' 0.1 ' ' 1
Residual standard error: 0.1284 on 13 degrees of freedom
```

```
> summary(m3)
...
Parameters:
           Estimate  Std. Error  t value   Pr(>|t|)
lag         0.82302    0.85357    0.964     0.353
mumax       0.43487    0.01613   26.968   8.50e-13 ***
LOG10N0     3.89326    0.09295   41.885   2.96e-15 ***
LOG10Nmax   8.88943    0.05371  165.496    < 2e-16 ***
---
Signif. codes:  0 '***' 0.001 '**' 0.01 '*' 0.05 '.' 0.1 ' ' 1
Residual standard error: 0.1181 on 13 degrees of freedom
```

Il modello di Baranyi e Roberts presenta il più basso valore osservato per l'errore standard dei residui empirici, dunque il miglior adattamento ai dati. Poiché i tre modelli hanno lo stesso numero di parametri (cioè sono equivalenti in termini di complessità), l'errore standard dei residui empirici può essere utilizzato per la selezione del modello.

I comandi che seguono producono i grafici riportati in Fig. 14.4, dalla quale risulta evidente che le differenze tra i tre modelli in termini di adattamento sono in realtà minime:

```
> par(mfrow=c(2,2))
> plotfit(m1, smooth=T, main="logistic")
> plotfit(m2, smooth=T, main="gompertz")
> plotfit(m3, smooth=T, main="baranyi")
```

La funzione `overview()` del package `nlstools` dà in output risultati più completi di quelli della funzione `summary()` in quanto fornisce anche intervalli di confidenza per grandi campioni (basati sulla normalità asintotica degli stimatori dei minimi quadrati, vedi cap. 13, eq. 13.15) e la stima della matrice di correlazione degli stimatori. Intervalli di confidenza più accurati per piccoli campioni possono essere calcolati con le funzioni `nlsBoot()` e `nlsConfRegions()` del package `nlstools`.

Il comando `plot()` applicato a un oggetto prodotto con `nls()` non produce direttamente grafici di diagnostica, a differenza di quando è applicato a un oggetto risultante dalla funzione `lm()`. Per costruire grafici di diagnostica dei residui occorre prima estrarre i residui con il comando `nlsResiduals()` del package `nlstools` (per esempio, il comando `plot(nlsResiduals(m1), which=1)` crea un grafico analogo a quello riportato in Fig. 14.3).

14.3 Regressione logistica in R

L'**Allegato on line 14.3** presenta il risultato di un esperimento nel quale 200 bottiglie in PET da 500 mL contenenti una bevanda (aranciata) sono state inoculate con concentrazioni diverse di *Saccharomyces cerevisiae* e addizionate con diverse quantità di aroma citral e, successivamente, tenute in bagno d'acqua a 55 °C per tempi diversi. Combinando opportunamente i fattori sperimentali, è stato creato un disegno con 20 condizioni diverse, ciascuna applicata a 10 bottiglie. Le bottiglie sono state osservate per 60 giorni. Maggiori dettagli sull'esperimento possono essere reperiti in Belletti et al (2007). L'obiettivo era verificare quali condizioni sperimentali favoriscono il deterioramento delle bottiglie. In altre parole si voleva stimare la probabilità di osservare una bottiglia deteriorata (o non deteriorata) al variare delle condizioni

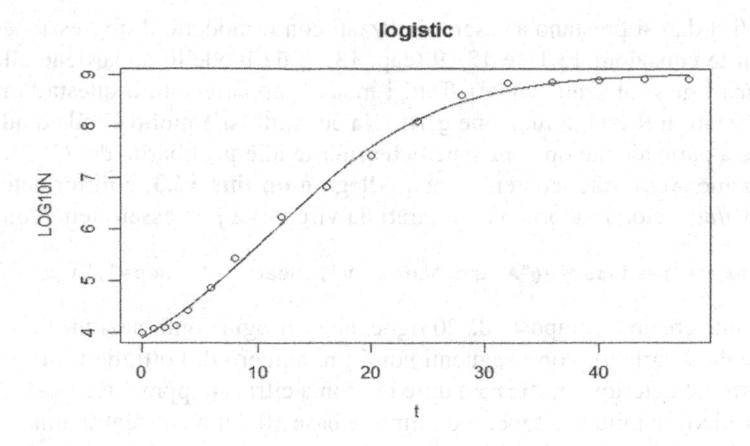

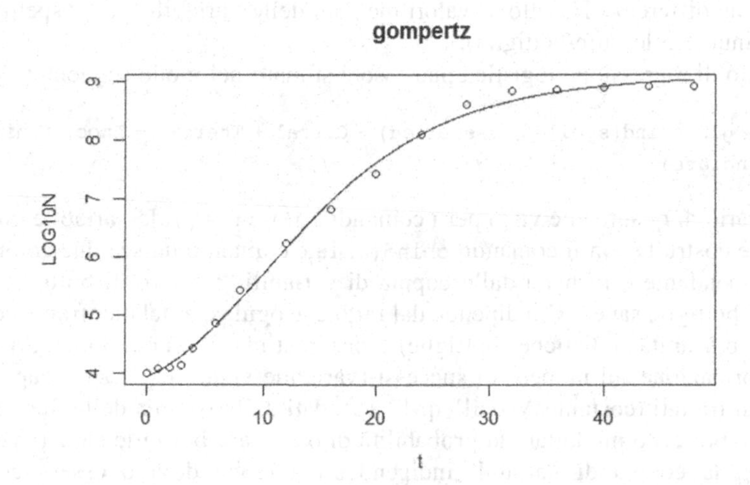

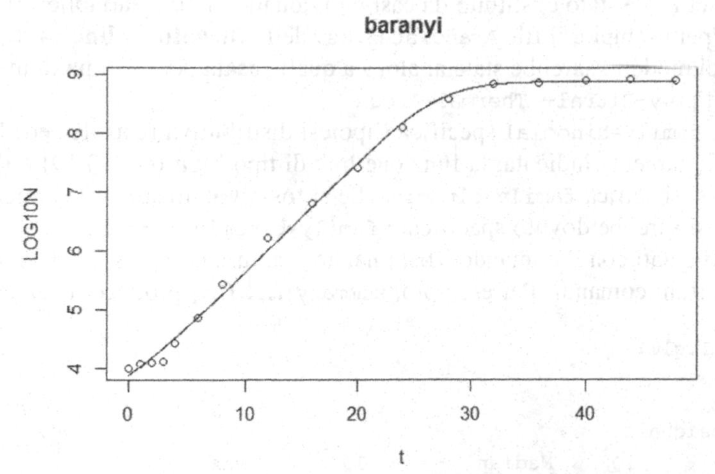

Fig. 14.4 Adattamento ai dati del file `crescita.txt` (vedi **Allegato on line 14.1**) di tre modelli alternativi: logistico, di Gompertz e di Baranyi e Roberts (grafici generati in ambiente R)

sperimentali. I dati si prestano a essere analizzati con il modello di regressione logistica specificato con le equazioni 13.18 e 13.19 (cap. 13). Tale modello appartiene alla famiglia dei modelli lineari generalizzati (GLM). Tutti i modelli appartenenti a questa famiglia possono essere analizzati in R con la funzione `glm()`, la cui sintassi è molto simile a quella della funzione `lm()`, a parte alcune opzioni specifiche riferite alle peculiarità dei GLM.

Il file `Aranciate1.csv`, contenuto nell'**Allegato on line 14.3**, è in formato csv (*comma-separated values*: cioè i valori sono separati da virgole) e può essere letto con il comando

```
> Aranciate <- read.table("Aranciate1.csv", header=T, sep=",")
```

Il dataframe creato è composto da 20 righe, una per ogni combinazione delle variabili sperimentali, e da 5 variabili con i seguenti nomi : `n`, numero di bottiglie trattate; `spoiled`, numero di bottiglie deteriorate; `Citral`, dose di aroma citral (in ppm); `Thermal`, durata del trattamento termico (in minuti); `Inoc`, logaritmo in base 10 della concentrazione di *S. cerevisiae* (in ufc/bottiglia). I dati delle ultime tre colonne sono centrati sulla mediana, cioè sono espressi come differenza rispetto ai valori mediani delle variabili (pari rispettivamente a 60 ppm, 10 minuti e 3 log ufc/bottiglia).

Il modello di regressione logistica può essere stimato nel modo seguente:

```
> m1.glm <- glm(cbind(spoiled, n-spoiled) ~ Citral + Thermal + Inoc, family=binomial,
  data=Aranciate)
```

Al contrario di quanto si è visto per i comandi `lm()` e `nls()`, la variabile dipendente della formula è costruita con il comando `cbind()`. Tale comando unisce due colonne, quindi la variabile dipendente è formata dalla coppia di variabili "numero di bottiglie deteriorate", "numero di bottiglie sane". Ciò dipende dal fatto che ogni riga del dataframe contiene informazioni su più unità statistiche (bottiglie) e per la stima del modello occorre utilizzare la doppia informazione sul numero di successi (variabile y_i dell'eq. 13.18, cap. 13) e sul numero di casi trattati (costante N_i dell'eq. 13.18), dati dalla somma delle due variabili. Qualora si fosse preferito modellare la probabilità di osservare bottiglie sane (anziché bottiglie deteriorate), la coppia di variabili indipendenti avrebbe dovuto essere costruita come `cbind(n-spoiled,spoiled)`.

Se il dataset fosse stato costituito da casi individuali con una variabile (y) risposta di tipo 0/1 (si veda, per esempio, il file `Aranciate2.csv` dell'**Allegato on line 14.4**), la sintassi della formula del modello sarebbe stata analoga a quella usata per la stima di un modello lineare, ossia del tipo `y~Citral+ Thermal+Inoc`.

L'opzione `family=binomial` specifica l'ipotesi distributiva (cap. 13, eq. 13.18). Pur non essendo esplicitamente indicata, la funzione link di tipo logit (eq. 13.19) è l'opzione di default quando si specifica `family=binomial`. Se si fosse voluto stimare un modello di regressione probit, si sarebbe dovuto specificare `family=binomial(probit)`.

Gli oggetti creati con il comando `glm()` hanno struttura complessa e devono essere esplorati con opportuni comandi. Per esempio, `summary(m1.glm)` produce il seguente output:

```
> summary(m1.glm)

Call:

Deviance Residuals:
     Min          1Q      Median          3Q         Max
-2.97791     0.01531     0.05530     0.25261     1.96296
```

```
Coefficients:
            Estimate  Std. Error  z value  Pr(>|z|)
(Intercept) 4.67247   0.87331     5.350    8.78e-08 ***
Citral     -0.10362   0.01975    -5.248    1.54e-07 ***
Thermal    -0.61569   0.12156    -5.065    4.09e-07 ***
Inoc        3.09336   0.60227     5.136    2.80e-07 ***
---
Signif. codes:  0 '***' 0.001 '**' 0.01 '*' 0.05 '.' 0.1 ' ' 1
(Dispersion parameter for binomial family taken to be 1)
    Null deviance: 160.129  on 19  degrees of freedom
Residual deviance:  21.229  on 16  degrees of freedom
AIC: 38.808
Number of Fisher Scoring iterations: 7
```

Il risultato è simile a quello creato dalla funzione `summary` applicata a oggetti creati con `lm()` o `nls()`. In primo luogo vengono prodotte alcune statistiche descrittive dei residui di devianza (per una definizione di tale residuo si rimanda a Hosmer e Lemeshow, 2000; segnaliamo tuttavia che per quanto riguarda i GLM esistono diverse definizioni di residuo, il cui approfondimento esula dagli scopi di questo testo). Oltre alla stima dei parametri del modello e dei relativi errori standard, sono riportati i risultati (valore della statistica test e livello di significatività osservati) del test asintotico utilizzato per sottoporre a verifica il sistema di ipotesi H_0: $\beta_j = 0$, H_1: $\beta_j \neq 0$. La quantità `Null deviance` è la devianza (vedi cap. 13, par. 13.3) del modello con la sola intercetta, mentre la quantità `Residual deviance` è la devianza del modello stimato. AIC è il valore assunto dalla statistica Akaike information criterion.

Il comando `predict(m2,type="response")` calcola la stima della probabilità di osservare una bottiglia deteriorata per ogni combinazione pianificata delle variabili sperimentali. Qualora si desideri stimare la probabilità di osservare bottiglie deteriorate per combinazioni non pianificate delle variabili sperimentali, occorre specificare opportunamente nel comando `predict()` i valori dei fattori sperimentali per i quali si vuole fare la previsione. Per esempio, `predict(m2, newdata=dati.n, type="response")` stima la probabilità di osservare bottiglie deteriorate per le condizioni sperimentali contenute nel dataframe `dati.n`.

I risultati della stima di un modello GLM possono inoltre essere analizzati con il comando `anova()`. Per esempio, `anova(m1, test="Chisq")` produce la seguente tabella di analisi della devianza:

```
Model: binomial, link: logit
Response: cbind(spoiled, n - spoiled)
Terms added sequentially (first to last)

        Df  Deviance   Resid. Df   Resid. Dev    Pr(>Chi)
NULL                          19      160.129
Citral   1    43.234          18      116.895   4.858e-11 ***
Thermal  1    33.025          17       83.870   9.097e-09 ***
Inoc     1    62.641          16       21.229   2.481e-15 ***
---
Signif. codes:  0 '***' 0.001 '**' 0.01 '*' 0.05 '.' 0.1 ' ' 1
```

La prima riga riporta i risultati relativi al modello con la sola intercetta (`Resid. Dev` è la devianza per tale modello, `Resid. Df` il numero di gradi di libertà). Le righe successive riportano i risultati dei modelli specificati con tutte le variabili esplicative indicate nella prima colonna fino alla riga in esame (per esempio, la terza riga fa riferimento al modello che contiene le variabili `Citral` e `Thermal`). Nella statistica che segue denotiamo con M_i il modello riferito alla riga *i*. La seconda colonna (`Df`) riporta la differenza tra il numero di parametri del modello della riga in esame e quello del modello della riga precedente (p_i). La terza colonna (`Deviance`) riporta la differenza tra la devianza del modello della riga precedente (`Resid. Dev`, quinta colonna) e quella del modello della riga in esame; si tratta del valore osservato della statistica

$$-2\log\left[\frac{L(M_i)}{L(M_{i-1})}\right]$$

Questa statistica – che ha distribuzione asintotica $\chi(p_i)$ – è analoga all'eq. 13.22 (cap. 13) ed è utilizzata per sottoporre a verifica l'ipotesi che l'adeguatezza del modello M_i sia migliore di quella del modello M_{i-1}. L'ultima colonna (`Pr(>Chi)`) riporta il livello di significatività osservato.

Il risultato della funzione `anova()` è in un certo senso sequenziale, ossia va letto immaginando di aggiungere di volta in volta una variabile esplicativa al modello. L'ordine con cui le variabili esplicative vengono considerate è quello con cui sono state inserite nella formula. Cambiando tale ordine possono cambiare i risultati dell'analisi della devianza. Per tale motivo – se si è interessati a selezionare le variabili esplicative eliminando quelle ridondanti, come illustrato nel capitolo 13 – è consigliabile utilizzare un'opportuna procedura di selezione delle variabili. Per esempio, il comando `step()` del package `MASS` implementa una procedura di selezione delle variabili basata sull'Akaike information criterion.

Bibliografia

Baranyi J, Roberts TA (1994) A dynamic approach to predicting bacterial growth in food. *International Journal of Food Microbiology*, 23(3-4): 277-294

Belletti N, Sado Kamdem SL, Patrignani F et al (2007) Antimicrobial activity of aroma compounds against *Saccharomyces cerevisiae* and improvement of microbiological stability of soft drinks as assessed by logistic regression. *Applied and Environmental Microbiology*, 73(17): 5580-5586

Hosmer DW, Lemeshow S (2000) *Applied logististic regression*, 2nd edn. Wiley, New York

Zwietering MH, Jongenburger I, Rombouts FM, Van't Riet K (1990) Modeling of the bacterial growth curve. *Applied and Environmental Microbiology*, 56(6): 1875-1881

Indice degli Allegati on line

Gli Allegati on line richiamati nei diversi capitoli sono disponibili sulla piattaforma Springer Extras (http://extras.springer.com/), inserendo nel campo <SEARCH ISBN> la password 978-88-470-5354-0.

Di seguito sono elencate le cartelle relative ai diversi capitoli e i file corrispondenti ai numeri degli allegati citati nel testo alle pagine indicate.

Cap.	Nome cartella	N. All.	Nome file	Pagine
3	Alleg-on-line-03	3.0	Allegati_cap3.pdf	–
		3.1	Modelli_all1_salmonellaintuorloduovo.xls	37
		3.2	Modelli_all2_BaranyiRobertsstep3v2_1.mmd	42, 46
		3.3	Modelli_all3_ModBM.pdf	46
		3.4	Modelli_all4_BMistruzioni.ppt	46
4	Alleg-on-line-04	4.0	Allegati_cap4.pdf	–
		4.1	all1Salmonella.xlsx	62
		4.2	lisCB165_27log.csv	62, 80, 81
		4.3	lisCB165_27.csv	62
		4.4	esponenziale.mmd	63, 64
		4.5	BaranyiRoberts1.mmd	68
		4.6	Hillsetal2cbifasico.mmd	71
		4.7	Hillsetal2cbifasicolim.mmd	71
		4.8	HillsMackey3compv2.mmd	71
		4.9	McKellarHPM.mmd	71, 77
		4.10	sakacinP.mmd	73
		4.11	competizionev2_1.mmd	76
		4.12	randomexitv3_2_1.mmd	77, 78
		4.13	nascitastocastica.mmd	77, 78, 80
		4.14	poissoncelle.xlsx	80
		4.15	discretecontinuousv0_1.mmd	80
		4.16	modprimaricrescita2.mmd	80
5	Alleg-on-line-05	5.1	allegato5_1.xlsx	99

Tutti i modelli contenuti nei file .mmd degli Allegati on line a questo volume sono stati implementati da Eugenio Parente e sono liberamente modificabili sotto licenza Creative Commons Public License “Attribuzione - Non commerciale - Condividi allo stesso modo” (http://creativecommons.org/licenses/by-nc-sa/3.0/it/).
L’autore sarà grato se chi produrrà versioni modificate di questi modelli vorrà comunicarle all’indirizzo eugenio.parente@unibas.it.

Indice analitico

B

D

E

Nella stessa collana:

NORMAN G. MARRIOTT, ROBERT B. GRAVANI
Sanificazione nell'industria alimentare
Edizione italiana a cura di Angela M. Vecchio

JAMES M. JAY, MARTIN J. LOESSNER, DAVID A. GOLDEN
Microbiologia degli alimenti
Edizione italiana a cura di Andrea Pulvirenti
con la collaborazione di Angela Tedesco

LUCIANO PIERGIOVANNI, SARA LIMBO
Food packaging
Materiali, tecnologie e qualità degli alimenti

ANTONIO RIZZI, ALBERTO MONTANARI, MASSIMO BERTOLINI,
ELEONORA BOTTANI, ANDREA VOLPI
Logistica e tecnologia RFID
Creare valore nella filiera alimentare e nel largo consumo

Finito di stampare nel mese di maggio 2013

Printed in the United States
By Bookmasters